全国高职高专工作过程导向规划教材编写委员会

全国高职高专 工作过程导向 规划教材

机电设备故障诊断与维修

解金柱　王万友　主编

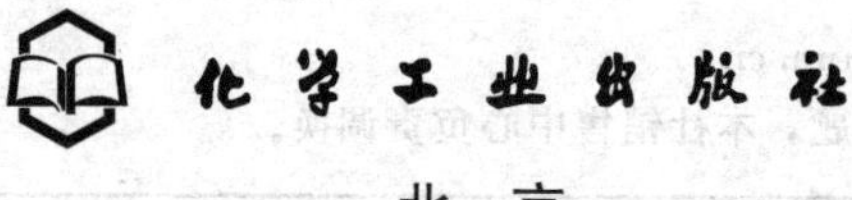

·北　京·

图书在版编目（CIP）数据

机电设备故障诊断与维修/解金柱，王万友主编．—北京：化学工业出版社，2010.3（2024.2重印）
全国高职高专工作过程导向规划教材
ISBN 978-7-122-05708-2

Ⅰ．机… Ⅱ．①解…②王… Ⅲ．①机电设备-故障诊断-高等学校：技术学校-教材②机电设备-维修-高等学校：技术学院-教材 Ⅳ．TM07

中国版本图书馆CIP数据核字（2010）第015505号

责任编辑：王 烨　　文字编辑：谢蓉蓉
责任校对：周梦华　　装帧设计：尹琳琳

出版发行：化学工业出版社（北京市东城区青年湖南街13号 邮政编码100011）
印 装：涿州市般润文化传播有限公司
787mm×1092mm 1/16 印张20¼ 字数528千字 2024年2月北京第1版第11次印刷

购书咨询：010-64518888　　售后服务：010-64518899
网 址：http://www.cip.com.cn
凡购买本书，如有缺损质量问题，本社销售中心负责调换。

定 价：58.00元

前言

课程建设与改革是提高教学质量的核心，也是教学改革的重点和难点。为贯彻教育部教学改革的重要精神，同时为配合职业院校教学改革和教材建设，更好地为职业院校深化改革服务，化学工业出版社组织二十所职业院校的老师共同编写了这套“全国高职高专工作过程导向规划教材”，该套教材涉及机械、电气、汽车专业领域，其中机械专业包括：《机械图样识读与测绘》、《机械图样识读与测绘》（化工专业适用）、《工程力学》、《机械制造基础》、《机械设计基础》、《电气控制技术》（非电类专业适用）、《液压气动技术及应用》、《机械制造工艺与装备》、《机电设备故障诊断与维修》、《数控加工手工编程》、《数控加工自动编程》、《数控机床维护与故障诊断》、《冷冲压模具设计》、《塑料成型模具设计》、《金属压铸模具设计》、《模具制造技术》、《模具试模与维修》、《电工电子技术》（非电类专业适用）18种教材。

编者在编写前进行了长时间、广泛地调研，吸收煤炭、化工、冶金、运输、制造等行业的机械设备现代维修理论和实际应用技术，按照高职机械、机电类专业的教学要求，兼顾行业特征要求进行编写。全书共有8个学习情境（37个任务）。每个学习情境设有【学习目标】、【学习小结】、【自我评估】、【评价标准】等部分；每个任务设有【任务描述】、【任务分析】、【知识准备】、【任务实施】和【知识拓展】。学习情境和学习任务的设置符合现代企业的工作需求，遵循“资讯—计划—决策—实施—检查—评估”的行动模式。每个任务基于完整的工作过程，具有可操作性和可行性，内容的安排合理。在教学过程中，建议不同院校根据本学校不同专业的设置和教学学时数的情况，可以选择适当的任务进行教学。

本书由解金柱、王万友主编，金英姬、凌桂琴、梁艳辉、杨千秋副主编。其中学习情境1由杨千秋编写；学习情境2由解金柱编写；学习情境3由凌桂琴编写；学习情境4由王万友编写；学习情境5由索阳阳编写；学习情境6由梁艳辉编写；学习情境7由金英姬编写，学习情境8由陈嘉编写。解金柱负责全书的组织和统稿。

北京鑫华源机械制造有限责任公司高级工程师蔡振南、京煤集团液压设备制造有限公司高级工程师可志海对本书初稿进行了细致的审阅，并提出许多宝贵意见，在此深表谢意。同时，我们也向文献资料的编著者和支持本书编写工作的人员、单位表示衷心的感谢。

本书是高等职业技术院校机械、机电类专业的教学用书，亦可作为中专相应专业的教材或参考书，同时也可供从事机械、机电设备维修的工程技术人员参考。

由于编者水平有限，书中不妥之处，恳请读者批评指正。

编　者

目录

学习情境 1 机械设备检修工艺流程的制定与实施

学习情境 2 通用零件的故障诊断与修理

学习情境 3 液压传动设备的故障诊断与修理

学习情境 4 大型设备的故障诊断与修理

学习情境 5 起重设备的故障诊断与修理

学习情境 6 电气设备的故障诊断与修理

学习情境 7 数控机床的故障诊断与排除

学习情境 8 机电设备的安装

学习情境1 机械设备检修工艺流程的制定与实施①

学习目标

机械设备检修工艺流程的制定与实施可分为几个步骤。首先要为机械的修理提供技术准备；第二是确定故障位置和原因；第三是对设备零件拆卸、清洗；第四是做进一步检查，分析其失效原因；第五是制定合理的修复方案；第六是零件的装配与调试；第七是对修理后的机械设备试车和验收。

通过学习，认识机电设备检修的程序，掌握各程序的操作技能，最终达到制定和编制机电设备检修方案、检修工序、检修进度、安全操作规程、方案实施的技术措施等能力。

知识目标：

1. 了解机电设备检修工艺流程的制定与实施所包含的内容和程序；

2. 掌握机械设备修理前的技术准备内容；

3. 熟悉零件故障类型，掌握故障诊断检测方法与操作步骤；
4. 掌握设备零件拆卸、清洗的一般工艺原则；
5. 掌握零件失效的形式和零件失效的原因；
6. 掌握零件修复工艺的选择；
7. 掌握零件装配工艺的特点和装配后的调整原则；
8. 掌握试车与验收的内容和基本程序。

技能目标：

1. 能进行设备修理前的技术准备；
2. 能进行故障诊断操作，初步确定故障的位置；
3. 能制定零件拆卸清洗的工艺过程，进行拆卸清洗工作；
4. 能确定已拆卸零件的失效形式，并分析其失效原因；
5. 能制定已失效零件的修理方案；
6. 能进行零件装配前的准备工作，以及零件的装配和装配后的调试；
7. 能组织试车和验收。

能力目标：

1. 具有为机械修理提供技术依据，如设备图册、机械修理年度计划或修理准备工作计划、设备使用过程中的故障修理记录、设备的修理内容及修理的方案、设备的各项技术性能的能力；
2. 具有根据设备的损坏状况及年度修理计划确定机械修理的组织形式，以达到保证维修质量、缩短停修时间、降低修理费用的目的；
3. 具有合理安排拆卸前的准备工作，根据拆卸的一般原则和注意事项，正确制定拆卸工艺的能力；
4. 具有根据零件的材质、精密程度、污物性质和各工序对清洁程度要求的不同，采用不同的清除方法，选择适宜的设备、工具、工艺和清洗介质，获得良好清洗效果的能力。
5. 具有通过检查已拆卸零件，识别零件失效形式，分析失效原因的能力；
6. 具有针对零件的失效形式，制定合理的修理方案的能力；
7. 具有制定零件装配工艺过程，进行零件装配和装配后调试的能力；
8. 具有提供机械修理后的验收标准，并为设备的使用、维护与保养准备必要的资料的能力；
9. 具有编制设备检修计划和检修工艺的能力；
10. 具有良好的协作工作能力和具有主动性工作的自觉性。

任务 1.1 修理前的技术准备

【任务描述】

机器设备修理前要制定技术准备文件，技术准备的及时性和正确性，是保证修理质量、缩短修理时间、降低修理费用的重要因素。因此熟悉技术文件内容和制定技术文件，是每位职工必须掌握的技能。

【任务分析】

技术准备主要是为维修提供技术依据。其内容包括准备现有的或需要编制的机械设备图册；确定维修工作类别和年度维修计划；整理机械设备在使用过程中的故障及其处理记录；调查维修前机械设备的技术状况；明确维修内容和方案；提出维修后要保证的各项技术性能要求；提供必备的有关技术文件等。

【知识准备】

☆ 修理技术文件的准备 ☆

1. 设备大修理常用的技术文件

① 修理技术任务书；

② 修换件明细表及图纸；

③ 电器元件及特殊材料表（正常库存以外的品种规格）；

④ 修理工艺及专用工、检、研具的图纸及清单；

⑤ 质量标准。

2. 修理前技术文件的使用

设备主修工程技术人员根据修理类别，对修理前设备的技术状况进行充分的调查后，编制上述文件，交给机修部门的计划人员或生产准备人员。机修部门的计划人员或生产准备人员应设法尽量保证在机械设备大修理开始前将更换件（包括外购件）备齐，并按清单准备好所需用的工、检、研具。

（1）修理工作的类别　修理类别是按修理工作量大小、修理内容和要求对修理工作的划分。修理类别分为大修、项修（中修）、小修等。

设备大修是工作量最大的一种计划修理。设备大修需对设备进行全部解体，修理基准件，更换或修复磨损件；全部研刮和磨削导轨面；修理、调整设备的电气系统；修复设备的附件以及翻新外观等，从而全面消除修前存在的缺陷，恢复设备的规定精度和性能。

项目修理（简称项修）是对设备精度、性能的劣化缺陷进行针对性的局部修理。现在项修代替了中修。项修时，一般要进行局部拆卸、检查，更换或修复失效的零件，必要时对基准件进行局部修理和修正坐标，从而恢复所修部分的性能和精度。项修的工作量视实际情况而定。

设备的小修是维修工作量最小的一种计划修理。小修的工作内容主要是针对日常点检和定期检查发现的问题，拆卸有关的零部件进行检查、调整、更换或修换失效的零件，以恢复设备的正常功能。

（2）修理前技术状况调查的步骤和内容

① 技术参数调查。查阅故障修理、定期检查、定期测试及事故等记录；向机械动力员、操作工人及维修工人等了解日常运行和维修情况。

② 停机检查主要内容。检查全部或主要几何精度；测量性能参数降低情况；各转动机械运动的平衡性，有无异常振动和噪声；气压、液压及润滑系统的情况和有无泄漏；离合器、制动器、安全保护装置及操作件是否灵活可靠；电气系统的失效和老化状况；部分解体，测量基础件和关键件的磨损量，确定需要更换和修复的零件，必要时测绘和核对修换件的图纸。

【任务实施】

☆ 修理前技术准备的实施 ☆

1. 概述

设备主修工程技术人员根据年度机械设备修理计划或修理准备工作计划负责修理前的技术准备工作，对实行状态监测维修的设备，可分析过去的故障修理记录、定期维护（包括检查）和技术状态诊断记录确定修理内容和编制修理技术文件；对实行定期维修的设备，一般应先调查修理前机器设备的技术状态，然后分析确定修理内容和编制修理技术文件。对大型、高精度、关键设备的大修理方案，必要时应从技术和经济角度做可行性分析。

2. CAK3665 数控车床 Z 进给轴修理前技术准备

数控车床属于实行状态监测维修的设备，通过对其运行状态异常的分析判断，确定其为纵向（Z 轴）进给部分的故障，需要对 Z 轴做拆卸诊断、修理，为此首先查阅设备的使用说明书，准备 Z 轴的装配示意图，通过研读装配示意图，制定装配工艺流程，准备维修用的工、夹、量具和备件等物资。

CAK3665 数控车床 Z 进给轴的装配图见图 1-1，Z 轴装配工艺流程卡见表 1-1。

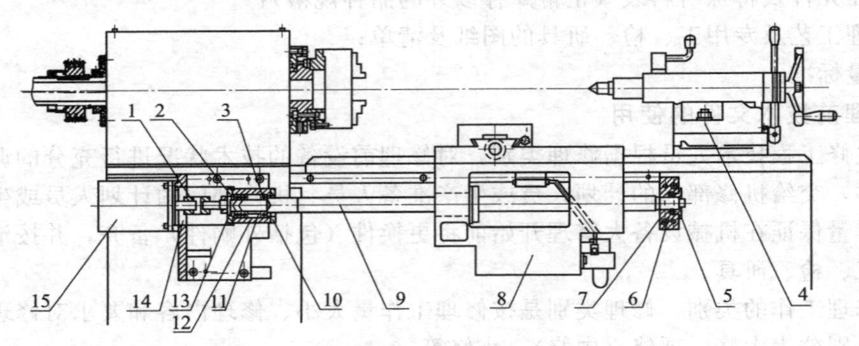

图 1-1　Z 轴装配示意图

1—联轴器；2—滚针轴承；3—深沟轴承；4—锁紧螺母；5—轴承端盖；6—深沟轴承；7—轴承座；8—托板箱；9—滚珠丝杠；10—压盖；11—轴承内套；12—轴承外套；13—端盖；14—电机座；15—伺服电机

【知识拓展】

☆ 机械零件测绘时应注意的事项 ☆

测绘人员在测绘工作开始前，应熟悉有关机器设备的使用维护说明书，初步了解机械的结构及性能，并向机器操作工人了解机器存在的故障情况。测绘使用的测绘工具须有合格证，在使用前应加以检查，以免影响测量准确度，从而减少测量工作的差错。

测绘零件时应注意下列各项：

表 1-1　Z 轴装配工艺流程卡

		部件装配工艺流程卡	产品型号		部件图号		共　页
			产品名称		部件名称		第 1 页

	序号	装配内容及技术要求	装入零件：图号及名称	装入零件：数量	工艺装配工具
	1	清洗零件			
		A. 将轴承座、丝杠螺母座、电机座用柴油进行必要的清洗，滚动轴承用汽油或柴油进行清洗			油盘、油刷、汽油、柴油
		B. 清洗后的零件如必要用棉布擦拭			棉布
		C. 将清洗后的滚珠丝杠副、轴承等吊挂在立架上，将清洗后的其他零件放置在橡胶板上			立架、橡胶板
	2	拆卸机床尾座、主轴卡盘并放置在橡胶板上			内六角扳手
	3	Z 轴溜板箱 51011 安装在床鞍上			
		A. 在溜板箱 51011 的丝杠螺母座安装中装入检套和检棒，检查其与床身导轨平行度，其上、侧母线全长允差均为≤0.01/200mm			百分表、检套、检棒、磁力表座、内六角扳手、桥尺
		B. 在支架 10040 上装检套和检棒，溜板箱 51011 上装检套和检棒。打表找正检棒上、侧母线的同轴度，允差均为≤0.01/全长(图 1-1)			
		C. 紧固溜板箱 51011，装入定位销			
	4	Z 轴轴承支架 10033 拨正			
		A. 将支架 10033 把合在床身上，装检套、检棒。检测检棒与床身导轨平行度上、侧母线均≤0.01/200mm			百分表、检套、检棒、磁力表座、桥尺
		B. 在支架 10040 上装检套和检棒、轴承支架 10033 上装检套和检棒，打表检测 10033 与 10040 检棒同轴度，在上、侧母线允差均≤0.01/全长(图 1-1)			
	5	装配电机支架 10040 组件(图 1-1)			
		A. 从床身上拆下支架 10033			内六角扳手、铝套、榔头、什锦锉、油石、铜棒、木方
		B. 将滚珠丝杠副装在溜板箱上，把件 10029 及密封圈套在滚珠丝杆上			
		C. 将滚珠丝杠副伸出电机座，在丝杠上面如图 1-1 依次装入 760206 轴承 1 件、10025、10026、760206 轴承 2 件、10027 及密封圈、10028，锁紧螺母 M24x1.5(注：轴承内应涂润滑脂为滚道的 1/3)			
		D. 用 50mm×50mm×300mm 木方抵住溜板箱 51011 与电机座 10040，旋转滚珠丝杠副，将已安装在丝杠副上的组件拉入电机座，或脱开丝杠螺母与溜板箱的连接，用配套的铝套将已装在丝杠副上的组件敲入电机座			内六角扳手、铝套、榔头、什锦锉、油石、铜棒、木方
		E. 将组件 10027、组件 10029 依次固定在 10040 上			
	6	装配轴承支架 10033 组件			
		将支架 10033 套在滚珠丝杠副上，将其固定在床身相应位置，用铝套将轴承 106 安装到位，固定 10037(注：轴承内涂润滑脂为滚道的 1/3，并做好防尘)			内六角扳手、什锦锉、油石、铜棒、铝套
	7	Z 轴滚珠丝杆安装			
		A. 将溜板箱移至电机座端，松开滚珠丝杠螺母螺钉，转动滚珠丝杠后，再拧紧其与溜板箱连接螺钉			铜棒、内六角扳手
		B. 左右移动溜板箱，要求溜板箱在滚珠丝杠全行程上移动松紧劲一致			
	8	滚珠丝杠副轴向窜动及径向跳动调整			
		A. 完成上述工作后在床身上架千分杠杆表，在丝杠副中心孔内用黄油粘一 ϕ6mm 钢球，用千分表表头接触其轴向顶面进行检测(丝杠副与电机连接端)，通过调整锁紧螺钉的预紧力来达到要求，轴窜不大于 0.008mm			黄油、千分杠杆表、磁力表座、ϕ6mm 钢球、勾子扳手
编制		B. 在相应位置检测丝杠径向跳动，径跳不大于 0.012mm			百分表，磁力表座
	9	伺服电机的安装			
校核		在上述工作合格，且伺服电机单独在机床外运行合格后按图依次装入联轴器、伺服电机、旋转滚珠丝杠副，依次先后固定伺服电机与联轴器，确保所有连接有效			内六角扳手
	10	按装配示意图装入此轴滚珠丝杠副防护板等其他零件			内六角扳手
底图号	11	机床防护门、尾座等其他零件的安装			内六角扳手
装订号	12	机床运动精度检测完毕后装入机床主轴卡盘			内六角扳手

① 绘图时先绘制传动系统图及装配图的草图，再测绘零件图。绘制装配图时应根据零件实际安装位置及方向进行测绘。

对于复杂的部件，不便绘制整个装配图时，可分成几个小部件进行绘制。装配图及零件图的图形位置应尽可能与其安装位置一致。重要的装配尺寸应在拆卸部件前测量，为以后的装配工作留作依据。

② 测量零件尺寸时，要正确选择基准面。基准面确定后，所有要测量的尺寸均依此为准进行测量，尽量避免尺寸的换算，以减少误差。

对于零件长度尺寸链的尺寸测量，要考虑装配关系，尽量避免分段测量。分段测量的尺寸只能作为核对尺寸的参考。

③ 对于磨损零件，对其磨损原因应加以分析，以便在修理时加以改进，磨损零件测量位置的选择要特别注意，尽可能地选择在未磨损或磨损较少的部位。如果整个配合表面已磨损，在草图上就加以说明。

④ 测绘零件的某一尺寸时，必须同时测量配合零件的相应尺寸，尤其是在只更换一个零件时更应如此。这样做既可以校对测量尺寸是否正确，减少差错，又可以为决定修理尺寸提供依据。

⑤ 正确操作测量工具和仪表的准确读值。站姿、手姿、视线等多个因素都将影响读值。

⑥ 测量工具用完后，要擦拭干净，使工具及仪表处于自由状态。要及时放回工具盒内，切忌和其他零件混合放置。

⑦ 防止压砸和摔掉测试仪表，否则仪表易出现测试和读值方面的误差。

任务 1.2 机械零件的故障初步诊断、检测方法

【任务描述】

设备运行中出现异常，第一步是结合故障现象对设备故障的性质进行诊断与分析。

机械零件故障诊断、检测方法与操作步骤实质上是对机械系统进行全面的分析、寻找和确定机械故障的过程，因此熟悉机械故障的常见类型，熟悉故障分析的一般过程与步骤，掌握故障的诊断技术，机械设备检修工件才能顺利开展。

【任务分析】

由于机械设备种类繁多、功能各异、新旧不同，产家四面八方，而且绝大多数设备尚未配置自动监测、检测、报警、预防和排除故障的装置，对于机修人员所面临的故障处置对象多为事后被动性的，这就给问题的解决带来了一定程度上的复杂性与多样性。但总体来讲，机械系统的故障诊断包括识别现状和预测未来两个方面，其诊断过程分为状态监测、识别诊断和决策预防三个阶段，其故障模式及其分析方法又具有相对典型性。这就更要求设备修理人员必须熟悉常见故障类型，掌握故障诊断的检测方法和操作步骤。

【知识准备】

1. 机械故障的基本概念

（1）机械系统的故障的含义　机械系统的故障与失效可谓是同义语，但是习俗上故障通常是指可以排除的障碍，即可以修复的失效；所谓失效是指零件、元件、器件、部件、设备

或系统失去预定的功能，不能正常履行其功能的状态，以更换为修理手段。

(2) 零部件、元器件常见的失效类型　按照失效机理划分，常见的失效类型有：

① 断裂失效——有韧性与脆性断裂、过载断裂、疲劳断裂、环境断裂等。

断裂失效往往是裂纹的扩展所致。裂纹的形成可分为工艺（铸造、锻造、热处理、机加工）与使用（冲击、疲劳、蠕变等）两类。

② 磨损失效——有黏着磨损、磨料磨损、微动磨损、胶合磨损、接触疲劳磨损、腐蚀磨损、冲蚀磨损、气蚀与电蚀磨损等。

③ 过量变形——有撞击与静载过量变形、纵弯失稳、蠕变翘曲、过盈压溃、热胀与泡胀畸变、冷缩、真空负压变形等。

④ 腐蚀——有化学腐蚀、电化学腐蚀、接触腐蚀、冲刷腐蚀、气穴腐蚀等。

⑤ 其他失效——有松动、打滑、泄漏、烧损、老化等。

2. 故障诊断的一般过程与步骤

(1) 故障诊断的过程

① 状态监测　对机械进行诊断首先是采集在运行中的各种信息，并通过传感器将信息变成一定的电信号（电流电压），然后将采集的电信号进行数据处理，得到能反映机器运行状态的参数，从而实现对机器运行状态的监测。

② 识别诊断　根据状态监测所提供的运行状态特征参数的变化，识别机器的运转是否正常，并预测机器的可靠性和性能变化的趋势。

③ 决策预防　当识别诊断出异常状态，对其原因、部位和危险程度进行评价，研究和决定其修正和预防的办法。

(2) 故障诊断的基本程序

① 对故障对象的现场调查。

② 现场的初步分析。

③ 组织会诊，全面分析，对故障提出进一步的精细分析与处置的基本对策。

④ 检测试验，查清故障原因。

根据故障的类型及其影响的基本因素，综合会诊意见、处置方法，并有针对性地对机械系统的某些分系统和零部件进行逐项检测试验，查清故障的原因。

【任务实施】

☆ CAK3665 数控车床 Z 轴故障诊断 ☆

1. 现场调查

CAK3665 数控车床不能纵向进给，X 轴进给正常，其他也无异常。

2. 现场初步分析

因该设备是实验设备，而且经功能检验，只是 Z 轴进给功能异常，这样对 Z 轴进给系统做重点检查。

3. 检验测试，查清故障原因

首先松开电机与丝杠之间的连接器，给进给电机输入运行信号，观察其运转正常，再测试其振动、声音并无异常，温度也无异常变化，排除了动力源和动力机部分的故障。

然后，松开丝杠螺母副与床鞍之间的连接螺钉，手动移动床鞍，床鞍沿导轨移动并无异常。手动旋转滚珠丝杠，出现卡滞现象，出现此种现象可能是滚珠丝杠螺母副的原因，也可能是滚珠丝杠支承部分的原因，具体还需要进一步的拆卸来检查确认。

根据实际情况，可结合生产设备，现场进行 CAK3665 数控车床 Z 轴故障诊断。

【知识拓展】

☆ 机电设备常见故障 ☆

1. 动力系统的常见故障

机械的动力系统包括动力源、动力机和动力传输系统。常见故障分析如下。

（1）动力源的常见故障　机器的动力源包括电源、气源、热源及燃料供给源。常见故障包括：

① 电源故障。机器的运转离不开电动机及电机控制元件，当一部机器不能运转时，应首先检查电源，检查主电路的保险丝是否完好，机器电控制系统的保险是否完好，接触器、继电器的触点接头是否松动以及接触器的线圈是否因过电流引起的毁损，再检查机器主控板的其他电气元器件的完好情况。

② 气源故障。有的机器由于功能需要还有气动源，当气源出现故障时，应检查供气管路是否出现因过量变形出现漏气。检查气阀是否能完成其打开、关闭功能，是否因腐蚀磨损而引起的阀门失效。

③ 热源故障。热源零件一般在高温下服役，因此在温度冷热变化的条件下，应检查热源零件是否出现蠕变松动和高温变形以及高温疲劳失效。

（2）动力机故障　动力机包括电动机、汽油机、柴油机、汽轮机等。常见故障包括：

① 电机故障，例如电机转子的不平衡故障。

② 汽、柴油发动机故障，如曲轴连杆的断裂失效故障。

③ 蒸汽机故障：蒸汽机的故障大部分都发生在承压件上，也就是产生于生产蒸汽的管道、管系和压力容器。

（3）动力传输系统供气供热管道的常见故障。

2. 机械紧固件的常见故障

紧固件系统的功能是传递载荷，紧固件系统包括螺纹紧固件、铆钉、封闭式紧固件、销紧固件和特殊紧固件。紧固件常见故障部位是头杆的圆角处，或螺纹紧固件上螺母内侧的第一个螺纹或杆身到螺纹的过渡处。

3. 润滑系统的常见故障

润滑不仅能减少为克服摩擦所要求的功耗，同时还能避免滚动和滑动表面的过度磨损。在所有的润滑方式中，都是接触表面被润滑介质隔开，此种介质可以是固体、半固体或加压的液体或气体膜。因此润滑系统包括以下几种：流体动压润滑、流体静压润滑、弹性流体动压润滑、边界润滑及固体润滑等。

4. 传动系统的常见故障

（1）轴类零件故障　轴零件多数是承受交变载荷，因此失效形式以疲劳断裂为主，有时是由于疲劳裂纹的萌生和扩展而引起的脆性断裂，而这些裂纹一般都起源于轴的阶梯部位、沟槽处以及配合部位等应力集中处，因此在交变载荷的作用下裂纹的萌生和扩展导致轴类零件出现早期的断裂失效。

另外，在轴的配合处还可能发生微振磨损，在微振磨损过程中有时产生细微裂纹。

（2）齿轮类零件的故障　齿轮是传递运动和动力的通用基础零件。其类型很多、工况条件复杂多变，失效形式也是多种多样的。但从发生失效部位来看，经常是在轮齿部位。

轮齿部位的失效形式主要有轮齿折断、轮齿塑性变形、齿面磨损、齿面疲劳及其他损伤形式。

（3）其他零件故障　如弹簧、轴承、卡簧、键、密封件等的故障。

任务1.3 机械零件的拆卸、清洗与保管

【任务描述】

设备出现故障后，修理人员先是在现场进行初步判断，究竟是否还要具体检查与核实。因此，设备零件拆卸与清洗的主要目的是为了进一步检查零件缺陷的性质，为制定合理的修理措施提供依据。

【任务分析】

由于机器的构造各有其特点，零部件在重量、结构、精度等各方面有极大差异，为准确判断零件故障性质，必须对零件进行拆卸，经清洗后再次检查与分析。在机械修理工作中，拆装、清洗工作约占整个修理工作量的30%～40%，因此，掌握拆卸的操作技术、一般原则、注意事项、清洗的常用方法是高效率、高质量地完成检修工作的有力保障。

【知识准备】

1. 机械零件的拆卸

(1) 拆卸前的准备工作

① 拆卸场地的选择与清理　拆卸前应选择好工作地点，不要选在有风沙、尘土、泥土的地方，工作场地应是避免闲杂人员频繁出入的地方，以防造成意外的混乱。

② 备齐拆卸设备、工具及保护措施　事前准备好拆卸设备及工具，如压力机、退卸器、拨轮器、扳手和锤头等；预先拆下电气元件，以免受潮损坏；对于易氧化、锈蚀等零件要及时采取相应的保护保养措施。

③ 拆前放油　尽可能在拆卸前将机器中的润滑油趁热放出，以利于拆卸工作的顺利进行。

④ 了解机器的结构　为避免拆卸工作中的盲目性，确保修理工作的正常进行，在拆卸前，应详细了解机器设备各方面的状况，熟悉设备各个部分的构造。

(2) 拆卸的一般原则

① 根据机器设备的结构特点，选择合理的拆卸顺序　机械的拆卸顺序，一般是先由整体拆成总成，由总成拆成部件，由部件拆成零件，或由附件到主机，由外部到内部。在拆卸比较复杂的部件时，必须熟读装配图，并详细分析部件的结构以及零件的装配顺序关系，标出拆卸顺序号。严禁混乱拆卸。

② 拆卸合理　在机械的修理拆卸中，应坚持能不拆的就不拆、该拆的必须拆的原则。若零部件可不必经拆卸就符合要求，就不必拆开，这样既减少拆卸工作量，又能延长零部件的使用寿命；如对于过盈配合的零部件，拆装次数过多会使过盈量消失而致使装配不紧；对较精密的间隙配合件，拆后再装，很难恢复已磨合的配合关系，从而加速零件的磨损。

③ 正确使用拆卸工具和设备　在清楚了拆卸机器零部件的步骤后，合理选择和正确使用相应工具是很重要的。拆卸时，应尽量采用专用的或选用合适的工具和设备，避免乱敲乱打，以防零件损伤或变形。例如拆卸轴套、滚动轴承、齿轮、皮带轮等应该使用锤击、退卸器、拉拨工具（拨轮器）或压力机；拆卸螺栓或螺母应尽量采用尺寸相符的固定扳手。

(3) 拆卸时的注意事项　在机械修理中，拆卸时还应考虑到修理后的装配工作，为此应注意以下事项。

① 做好记号　机器中有许多配合的组件和零件，因为经过选配或重量平衡等原因，装配的位置和方向均不允许改变。因此在拆卸时，按顺序号依次拆卸，如果原记号已错乱或有不清晰者，则应按原样重新标记，以便安装时对号入位，避免发生错乱。

② 分类存放零件　对拆卸下来的零件存放应遵循如下原则：同一总成或同一部件的零件，尽量放在一起；根据零件的大小与精密度，分别存放；不应互换的零件要分组存放；怕脏、怕碰的精密部件应单独拆卸与存放；怕油的橡胶件不应与带油的零件一起存放；易丢失的零件，如垫圈、螺母要用铁丝串在一起或放在专门的容器里；各种螺栓应装上螺母存放。

③ 保护拆卸零件的加工表面　在拆卸的过程中，一定不要损伤拆下零件的加工表面，否则将给修复工作带来麻烦，并会因此而引起漏气、漏油、漏水等故障，亦会导致机器的技术性能降低。

2. 清洗零件

清洗方法和清洗质量对鉴定零件故障性质的准确性、维修质量、维修成本和使用寿命等均产生重要影响。清洗包括清除油污、水垢、积炭、锈层和旧漆层等。

根据零件的材质、精密程度、污物性质和各工序对清洁程度的要求不同，必须采用不同的清除方法，选择适宜的设备、工具、工艺和清洗介质，以便获得良好的清洗效果。

(1) 拆卸前的清洗　拆卸前的清洗主要是指拆卸前的外部清洗。其外部清洗的目的是除去机械设备外部积存的大量尘土、油污、泥砂等脏物，以便于拆卸和避免将尘土、油泥等脏物带入厂房内部。外部清洗一般采用自来水冲洗，即用软管将自来水接到清洗部位，用水流冲洗油污，并用刮刀、刷子配合进行；高压水冲刷，即采用1～10MPa压力的高压水流进行冲刷。对于密度较大的厚层污物，可加入适量的化学清洗剂并提高喷射压力和水的温度。

(2) 拆卸后的清洗

① 清除油污　凡是和各种油料接触的零件在解体后都要进行清除油污的工作，即除油。常用的清洗液有有机溶剂、碱性溶液和化学清洗液等。清洗方式则有人工式和机械自动式。

1) 清洗液

a. 有机溶剂常见的有煤油、轻柴油、汽油、丙酮、酒精和三氯乙烯等。有机溶剂除油是以溶解污物为基础，它对金属无损伤，可溶解各类油脂，不需加热，使用简便，清洗效果好。但有机溶剂多数为易燃物，成本高，主要适用于规模小的单位和分散的维修工作。

b. 碱性溶液是碱或碱性盐的水溶液。利用碱性溶液和零件表面上的可皂化油起化学反应，生成易溶于水的肥皂和不易浮在零件表面上的甘油，然后用热水冲洗，很容易除油。对不可皂化油和可皂化油不容易去掉的情况，应在清洗溶液中加入乳化剂，使油垢乳化后与零件表面分开。常用的乳化剂有肥皂、水玻璃（硅酸钠）、骨胶、树胶等。清洗不同材料的零件应采用不同的清洗溶液。碱性溶液对于金属有不同程度的腐蚀作用，尤其是对铝的腐蚀较强。

用碱性溶液清洗时，一般需将溶液加热到80～90℃。除油后用热水冲洗，去掉表面残留碱液，防止零件被腐蚀。碱性溶液应用最广。

c. 化学清洗液是一种化学合成水基金属清洗剂，以表面活性剂为主。由于其表面活性物质降低界面张力而产生润湿、渗透、乳化、分散等多种作用，具有很强的去污能力。它还具有无毒、无腐蚀、不燃烧、不爆炸、无公害、有一定防锈能力、成本较低等优点，目前已逐步替代其他清洗液。

2) 清洗方法

a. 擦洗。将零件放入装有柴油、煤油或其他清洗液的容器中，用棉纱擦洗或毛刷刷洗。这种方法操作简便，设备简单，但效率低，用于单件小批生产的中小型零件。一般情况下不宜用汽油，因其有溶脂性，会损害人的身体且易造成火灾。

b. 煮洗。将配制好的溶液和被清洗的零件一起放入用钢板焊制适当尺寸的清洗池中，在池的下部设有加温用的炉灶，将零件加温到 80～90℃煮洗。

c. 喷洗。将具有一定压力和温度的清洗液喷射到零件表面，以清除油污。此方法清洗效果好，生产效率高，但设备复杂。适于零件形状不太复杂、表面有严重油垢的清洗。

d. 振动清洗。将被清洗的零部件放在振动清洗机的清洗篮或清洗架上，浸没在清洗液中，通过清洗机产生振动来模拟人工漂刷动作，并与清洗液的化学作用相配合，达到去除油污的目的。

e. 超声清洗。超声清洗是靠清洗液的化学作用与引入清洗液中的超声波振荡作用相配合达到去污目的。

② 清除水垢　机械设备的冷却系统经长期使用硬水或含杂质较多的水后，在冷却器及管道内壁上沉积一层黄白色的水垢。它的主要成分是碳酸盐、硫酸盐，有的还含二氧化硅等。水垢使水管流通截面缩小，热导率降低，严重影响冷却效果，影响冷却系统的正常工作，因此必须定期清除。水垢的清除方法可用化学去除法，有以下几种：

1）磷酸盐清除水垢。用 3%～5%的磷酸三钠溶液注入并保持 10～12h 后，使水垢生成易溶于水的盐类，而后用水冲掉。洗后应再用清水冲洗干净，以去除残留碱盐而防腐。

2）碱溶液清除水垢

a. 对铸铁的发动机汽缸盖和水套可用苛性钠 750g、煤油 150g 加水 10L 配成溶液，将其过滤后加入冷却系统中停留 10～12h 后，然后启动发动机使其以全速工作 15～20min，直到溶液开始有沸腾现象为止，此后放出溶液，再用清水清洗。

b. 对铝制汽缸盖和水套可用硅酸钠 15g、液态肥皂 2g 加水 1L 配成溶液，将其注入冷却系统中，启动发动机到正常工作温度；再运转 1h 后放出清洗液，用水清洗干净。

c. 对于钢制零件，溶液浓度可大些，约有 10%～15%的苛性钠；对有色金属零件浓度应低些，约有 2%～3%的苛性钠。

3）酸洗液清除水垢。酸洗液常用的是磷酸、盐酸或铬酸等。用 2.5%盐酸溶液清洗，主要使之生成易溶于水的盐类，如 $CaCl_2$、$MgCl_2$ 等。将盐酸溶液加入冷却系统中，然后使发动机以全速运转 1h 后，放出溶液，再以超过冷却系统容量 3 倍的清水冲洗干净。

【任务实施】

☆ CAK3665 数控车床 Z 轴系统拆卸 ☆

可以按照下列顺序进行 Z 轴滚珠丝杠副的拆卸：

① 拆去防护罩；

② 拆伺服电机的电源连接线和控制线；

③ 松开伺服电机与滚珠丝杠副之间的联轴器，拆去伺服电机；

④ 拆去防尘盖 10037，拔去定位销，松开螺钉，拆去 Z 轴轴承支架 10033；

⑤ 松开锁紧螺母，拆去端盖 10027；

⑥ 松开六角螺栓，移开压盖 10029，放入两半环垫圈，重新扣上压盖 10029，以防止下一步拆丝杠时拉坏轴承 760206；用 50mm×50mm×300mm 木方抵住溜板箱 51011 与电机座 10040，旋转滚珠丝杠副，使丝杠副从电机座内拉出；

⑦ 松开溜板箱 51011 与滚珠丝杠副的连接螺钉，取下丝杠副，垂直吊挂；

⑧ 拆电机座 10040 内的轴承和隔套；

⑨ 拔去溜板箱定位销；

⑩ 将上述拆卸物分类放置，准备清洗，清洗零件请按装配工艺流程卡内第 1 工序完成。

【知识拓展】

☆常用零件的拆卸方法☆

常用零件的拆卸应遵循拆卸的一般原则，结合其各自的特点，采用相应的拆卸手段来达到拆卸的目的。

1. 齿轮副的拆卸

为了提高传动链精度，对传动比为1的齿轮副采用误差相消法装配，即将一外齿轮的最大径向跳动处的齿间与另一个齿轮的最小径向跳动处相啮合。为避免拆卸后再装误差不能相消，拆卸时在两齿轮的相互啮合处做上记号，以便装配时恢复原精度。

2. 轴上定位零件的拆卸

在拆卸齿转箱中的轴类零件时，必须先了解轴的阶梯方向，进而决定拆卸轴时的移动方向，然后拆去两端轴盖和轴上的轴向定位零件，如紧固螺钉、圆螺母、弹簧垫圈、保险弹簧等零件。先要松开装在轴上的齿轮、套等不能穿过轴盖孔的零件的辅向紧固关系，并注意轴上的键能随轴通过各孔，才能用木锤击打轴端而拆下轴；否则不仅拆不下轴，还会造成对轴的损伤。

3. 螺纹连接的拆卸

(1) 断头螺钉的拆卸

① 在螺钉上钻孔，打入多角淬钢锥，将螺钉拧出，如图1-2(a) 所示。注意打击力不可过大，以防损坏母体螺纹。

② 如果螺钉断在机件表面以下，可在断头端中心钻孔，在孔内攻反旋向螺纹，用相应反旋向螺钉或丝锥拧出，如图1-2(b) 所示。

③ 如果螺钉断在机件表面以上，可在断头上加焊螺母拧出，如图1-2(c) 所示；或在凸出断头上用钢锯锯出一个沟槽，然后用螺丝刀将其拧出。

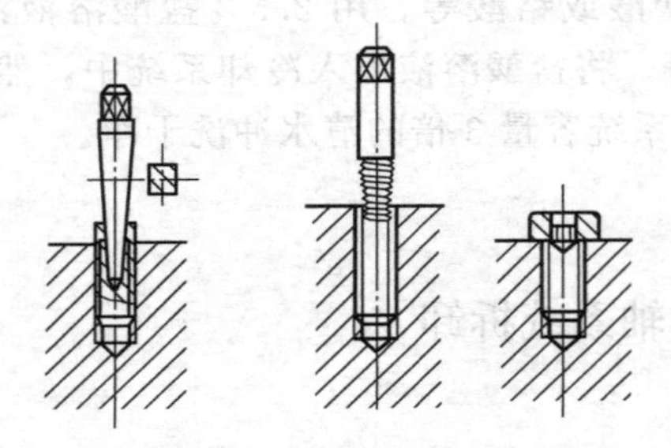

(a) 打多角淬火钢锥 (b) 攻反旋向丝 (c) 加焊螺母

图1-2 断头螺钉的拆卸

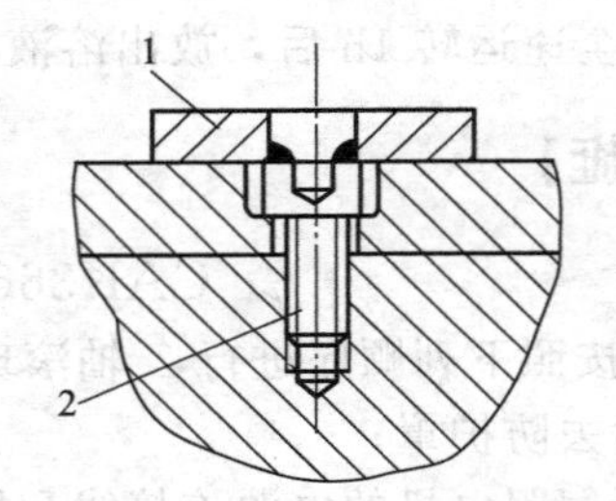

图1-3 打滑六角螺钉的拆卸

1—螺母；2—螺钉

(2) 打滑六角螺钉的拆卸 六角螺钉用于固定或连接处较多，当内六角磨圆后会产生打滑现象而不易拆卸，这时用一个孔径比螺钉头外径稍小一点的六方螺母，放在内六角螺钉头上，如图1-3所示。将螺母1与螺钉2焊接成一体，待冷却后用扳手拧螺母六方，即可将螺钉迅速拧出。

4. 过盈配合件的拆卸

拆卸过盈配合件，应使用专门的拆卸工具，如拨轮器、压力机等，不允许使用铁锤直接敲击机件，以防损坏零部件。在无专用工具的情况下，可用木锤、铜锤、塑料锤或垫以木棒(块)、铜棒（块）用铁锤敲击。

滚动轴承的拆卸属于过盈配合件的拆卸范畴，它的使用范围较广泛，又有其拆卸特点，所以在拆卸时，除遵循过盈配合件的拆卸要点外还要考虑到它自身的特殊性。

(1) 尺寸较大轴承的拆卸　拆卸尺寸较大的轴承或其他过盈连接件时，为了使轴和轴承免受损害，要利用加热来拆卸，如图 1-4 所示，给轴承内圈加热而拆卸轴承。加热前把靠近轴承的那部分轴用石棉隔离开来，然后在轴上套上一个套圈使零件隔热。将拆卸工具的抓钩抓住轴承的内圈，迅速将加热到 100℃的油倒入，使轴承加热，然后开始从轴上拆卸轴承。

(2) 轴承外圈的拆卸　齿轮两端装有单列圆锥滚动轴承外圈，如图 1-5 所示，在用拨轮器不能拉出轴承外圈时，可同时用干冰局部冷却轴承外圈，迅速从齿轮中拉出轴承的外圈。

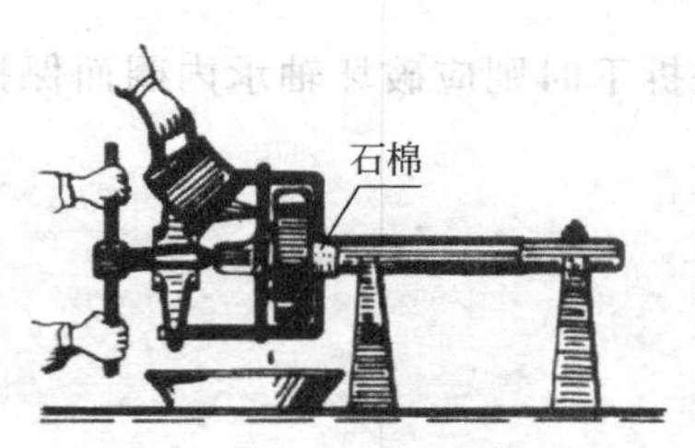

图 1-4　轴承内圈加热拆卸轴承

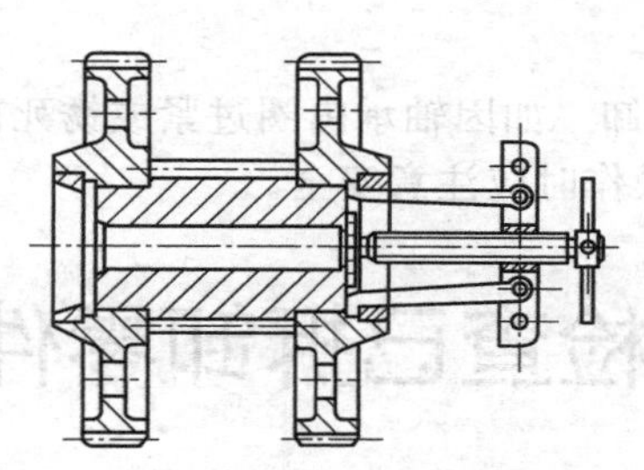

图 1-5　干冰局部冷却轴承外圈

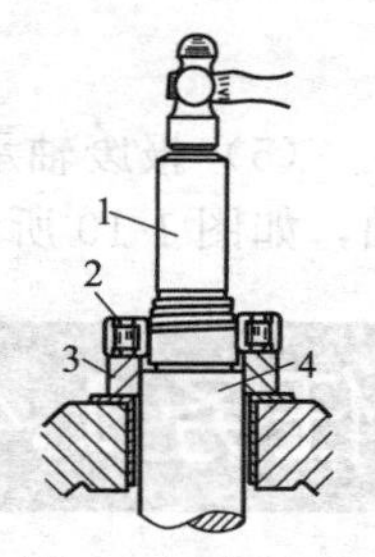

图 1-6　用手锤、铜棒拆卸轴承

1—铜棒；2—轴承；3—垫块；4—轴

(3) 滚珠轴承的拆卸　拆卸滚珠轴承时，应在轴承内圈上加力拆下；拆卸位于轴末端的轴承时，可用小于轴承内径的铜棒或软金属、木棒抵住轴端，轴承下垫以垫块，再用手锤敲击，如图 1-6 所示。

若用压力机拆卸，可用图 1-7 所示的垫法，将轴承压出。用此方法拆卸轴承的关键是必须使垫块同时抵住轴承内外圈，且着力点正确，如图 1-7、图 1-8 所示。否则，轴承将受损。垫块可用两块等高的方铁或用 U 形和两半圆形铁组成。

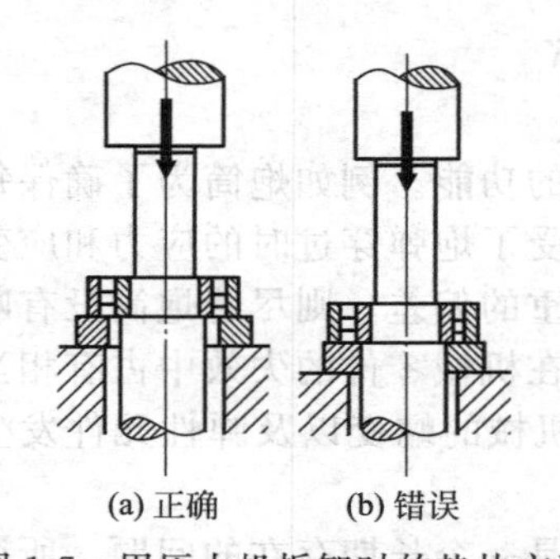

图 1-7　用压力机拆卸时的垫块方法

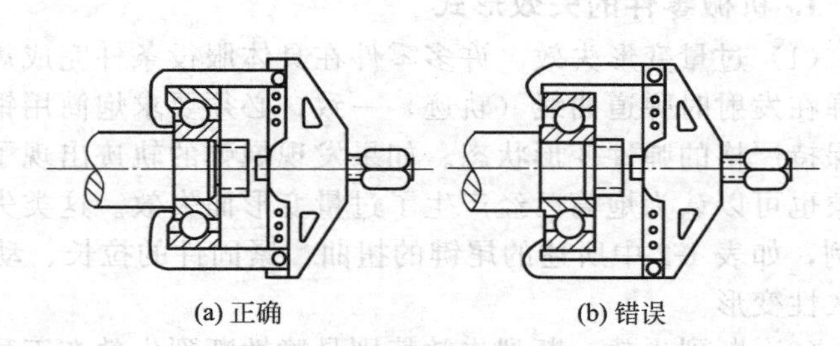

图 1-8　拆卸轴承时的着力点

(4) 锥形滚柱轴承的拆卸　拆卸时一般将外圈分别拆卸。如拆卸轴承 6020 时，用图 1-9(a) 所示的拨轮器将外圈拉出。先将拨轮器张套放入外圈底部，然后放入张杆使张套张开，勾住外圈，再扳动手柄，使张套外移，即可拉出外圈。用图 1-9(b) 所示的内圈拉头来拆卸内圈。先将拉套套在轴承内圈上，转动拉套，使其收拢后，下端凸缘压入内圈沟槽，然后转动把手，拉出内圈。

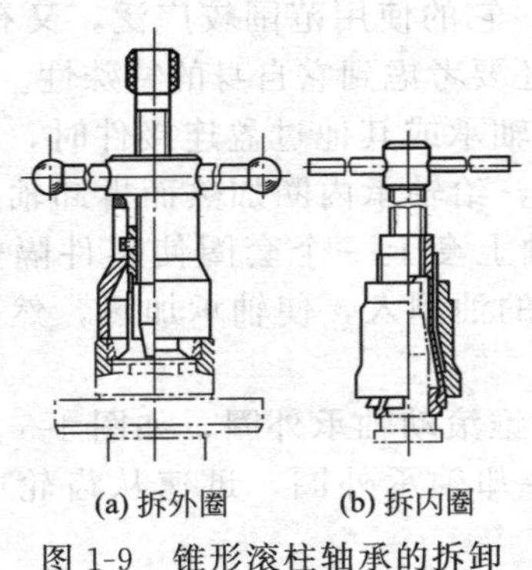

图 1-9 锥形滚柱轴承的拆卸

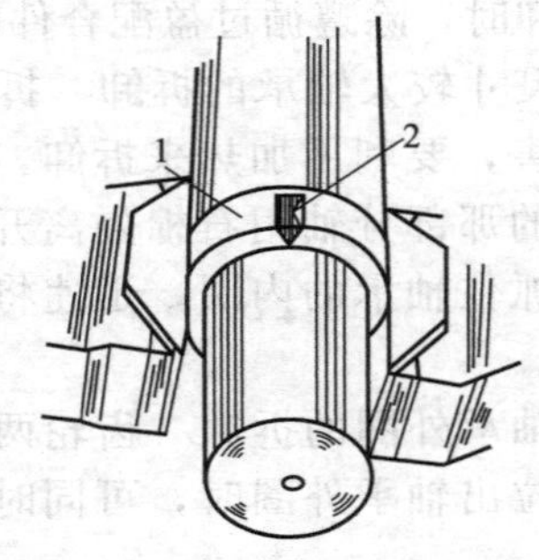

图 1-10 报废轴承的拆卸

1—轴承内圈；2—开齿口后捶击

(5) 报废轴承的拆卸 如因轴承内圈过紧或锈死而无法拆下时则应破坏轴承内圈而保护轴，如图 1-10 所示。操作时应注意安全。

任务 1.4 检查已拆卸零件

【任务描述】

检查已拆卸零件的目的是识别零件的状态，确认机械故障，结合零件使用的工况条件，分析零件失效的原因，为制定合理的修理方案和使用、维护保养方案奠定基础。

【任务分析】

机械零件失效有时是由于正常的原因引起的，有时却是由于非正常的原因造成的。因此，对已拆卸零件进行检查，确定失效形式及原因，为制定针对性的修理方案奠定基础。

【知识准备】

☆ 机械零件的失效形式 ☆

1. 机械零件的失效形式

(1) 过量变形失效 许多零件在具体服役条件完成规定的功能。例如炮筒为了确保每发炮弹在发射时弹道曲线（轨迹）一致，必须要求炮筒用钢在受了炮弹穿过时的应力和应变后能保持严格的弹性变形状态。如果发现炮弹的轨迹出现了严重的偏差，则尽管炮筒没有断裂现象也可以认为炮筒已经产生了过量变形而失效。这类失效在机械零件的失效中占有相当的比例，如表 1-2 中所述的尾键的扭曲、紧固件的拉长、动力机械的蠕变以及弹性元件发生的永久性变形。

(2) 断裂失效 断裂失效特别是脆性断裂失效在工程上是一个长期存在的问题，所谓断裂是固体在机械力、热、磁、声响、腐蚀等单独作用或联合作用下使物体本身连续性遭到破坏，从而发生局部开裂或分成几部分的现象。断裂失效包括一次加载断裂失效、环境介质引起的断裂失效和疲劳断裂失效。

(3) 表面损伤失效 表面损伤失效包括两方面的失效，即磨损失效和表面腐蚀失效。磨损失效形式主要有黏着磨损、颗粒磨损、微动磨损、塑性变形等；腐蚀失效形式主要有氧气腐蚀、液体腐蚀、电化学腐蚀等。

表 1-2 零件常见的失效形式

序号	失效类型	具体失效形式	引起失效的直接原因
1	过量变形失效	扭曲（如花键）；拉长（如紧固件）；胀大超限（如石油射孔器）；高低温下的蠕变（如动力机械等）；弹性元件发生的永久变形	由于在一定载荷条件下发生过量变形，零件失去应用功能不能正常使用
2	断裂失效	一次加载断裂（如拉伸、冲击和持久等）	由于载荷或应力强度超过当时材料的承载能力而引起
		环境介质引起的断裂（应力腐蚀、氢脆、液态金属脆化，辐照脆化和腐蚀疲劳等）	由于环境介质、应力共同作用引起的低应力破断
		疲劳断裂：低周（应变）疲劳（如压力容器），寿命＜10^4 次循环；高周（应力）疲劳（如轴类、螺栓类、齿轮类零件）。疲劳又可按载荷类型区分为弯曲、扭转、接触、拉-拉、拉-压、复合载荷谱疲劳与热疲劳、高温疲劳等不同情况	由于周期（交变）作用力引起的低应力破坏
3	表面损伤失效	磨损：分黏着磨损和磨粒磨损，主要引起几何尺寸上的弯化或表面损伤（如齿轮轮齿、轴颈、轴承及挖掘、钻探和粉碎机械中的易损件）	由于两物体接触表面在接触应力下有相对运动造成材料流失所引起的一种失效方式
		腐蚀：如腐蚀、冲刷、咬蚀和气蚀等	由于有害环境气氛的化学及物理化学作用而引起

2. 机械零件的失效分析

分析和研究机械设备、结构及其零（部）件产生失效的原因，提出防止失效事故重复发生、提高产品寿命的措施，是零件失效分析的主要任务。失效分析包括失效分析思维方法的研究和失效分析的实验技术。具体情况要根据设备的结构、使用环境、运行负荷等多种因素来分析，针对不同的实效形式，制定相应的解决措施。

【任务实施】

☆ CAK3665 数控车床 Z 轴丝杠副拆卸后检查 ☆

通过对已拆卸零件的清洗检查，可以清楚地看到电机座内靠近压盖 10029 处 760206 轴承珠架已散落，电机座内孔表面和丝杠轴颈处没有缺陷。进一步观察轴承珠架有明显朝压盖 10029 方向的滑移变形和圆周方向的摩擦磨损，经与维修人员讨论、与现场工作人员确认，该轴承最初在拆卸时由于没有安装止推半环，从而使该轴承受了一次性过载载荷，使轴承外圈和内圈在轴向产生滑移，珠架发生了不可回复的残余变形。事后经校正，旋转试验无误后装配使用。在初期没有大的异常现象，使用一段时间后，曾经调紧过锁紧螺母，之后就出现卡滞，但再次调松锁紧螺母也无济于事了。

这是一次典型的因拆装不当而导致的过量变形的例子。由此例可以看出，检查已拆卸零件，不能只停留在故障现象的表面，而应该通过现场调查，查找记录，结合具体的时间、位置和有关失效的基础知识，不断地总结经验，才是一个合格维修人员圆满完成检修任务的必经之路。

【知识拓展】

1. 机械零件的变形失效与分析

一个结构或零件在外加载荷的作用下发生变形，当零件出现下列情况时：①不能承受规定的载荷；②不能起到规定的作用；③与其他零件的运转发生干扰时，零件则产生了变形失效。变形失效可以是弹性变形失效，也可以是塑性变形失效。

（1）变形失效的特征　变形失效主要有三个特征，即体积发生变化、几何形状发生变化和配合性质改变。

(2) 变形失效的分析　变形失效通常被认为是一种相当简单的失效现象，而且也容易分析。因为从力学性能的角度出发，只有当外加应力超过材料的屈服应力后才能发生变形，然而在工程实践中变形失效并不总是简单过载或使用了加工不当的零件所造成的，在进行零件的变形失效分析中必须注意以下几个方面的分析。

① 弹性变形失效分析　当一个零件没有明显的永久变形或涉及到复杂的应力场时必须考虑弹性变形失效，因为变形失效不仅包含一次加载屈服，而且大部分零件在载荷的作用下将发生弹性弯曲，例如一个曾用高弹性模量合金制成的零件突然改用低弹性模量合金制作，那么在给定载荷条件下零件的弯曲量将比用高弹性模量合金制造的要大。这在车床主轴的刚度计算时尤为重要，因为材料弹性模量的高低反映着用该材料制造的零件在工作时的刚度条件。

② 累积应变失效分析　当某一零件在承受稳态载荷的同时，还承受与主动方向不同方向叠加的一个循环变化的载荷，循环载荷所产生的应变使零件的两端每半周一次交替发生超过屈服点的应变。塑性应变将随循环周次的增加而累积。这种累积将一个构件或零件的总体尺寸沿稳态应力方向更均匀地变化，这种累积应变最终将会导致韧性断裂或低应力疲劳断裂。

2. 机械零件的断裂失效与分析

断裂是机械零件或工程构件失效的主要形式之一，它比弹塑性失效、磨损、腐蚀失效更具有危险性。断裂是材料或零件的一种复杂行为，在不同的力学、物理和化学环境下会有不同的断裂形式。例如，机械零件在循环应力作用下会发生疲劳断裂，在高温持久应力作用下会发生蠕变断裂，在腐蚀环境下会发生应力腐蚀或腐蚀疲劳。

(1) 断裂形式　在实际工程应用上常根据工程构件或机械零件在断裂前的特征及在断裂前是否吸收能量将断裂分为脆性断裂和韧性断裂两大类。如果在断裂前几乎不产生明显的宏观塑性变形则断裂为脆性断裂；如果断裂前产生有明显的宏观塑性变形则断裂为韧性断裂。

(2) 断裂失效分析　机械零件的断裂过程包括裂纹的萌生过程和裂纹的扩展过程。因此，当机械零件出现断裂后必然在其分离面上留下断裂的各种信息。这种对断裂信息的分析称为断口分析，对裂纹萌生和扩展的分析称为裂纹分析。断口分析和裂纹分析是机械零件失效分析中的两大基本技能。

3. 磨损失效分析及预防措施

(1) 磨损失效的形式　磨损失效可按机理模式划分失效形式，也可按质量控制状况和按因果关系划分失效形式。本任务只介绍黏着磨损、磨料磨损、冲刷磨损、腐蚀磨损和接触疲劳磨损等基本类型。

① 黏着磨损　指两个金属表面在接触压应力的作用下相互滑动时所引起的金属材料的脱离或移动而造成的损伤。其过程为在高的局部压力下滑动界面上的显微凸体或凹凸不平处黏结起来，随后，滑动力使结合处断裂，从一个表面上撕下金属，并把它转移到另一个表面上，这样，在一个表面上形成微小的凹坑，在另一个表面上则形成微小的凸起，在进一步的高的接触压应力作用下出现上述过程的进一步循环，从而造成进一步的损伤。

② 磨料磨损　指一个表面同它的匹配表面上的坚硬凸起物或同相对磨损表面运动的硬粒子接触时造成的材料移动而引起的损伤。其过程为硬微粒（如磨屑）或硬凸起物可以陷入两个滑动表面之间，并磨削其中的一个或两个表面，或者被嵌在一个表面上去磨削另一个表面。

③ 冲刷磨损　指由于与含粒子的液体接触而造成材料损失所引起的损伤。其过程为在动态应力作用下的粒子，在金属表面和液体之间相对运动而造成损伤。

④ 腐蚀磨损　指一种对磨损速度有很大影响的环境化学或电化学反应的磨粒磨损。因此，腐蚀磨损的过程为化学反应而产生腐蚀产物，继而腐蚀产物被机械作用去除，进一步产生化学反应，腐蚀产物再被机械作用去除，如此循环而产生材料损伤。也可能是由于机械作用形成微小的

碎屑，随后再与环境起反应，而轻微或一定的化学反应增强机械作用，从而造成损伤。

⑤ 接触疲劳磨损　指在高循环接触应力作用下，金属粒子从表面脱离下来，造成麻点或剥落的损伤过程。

(2) 预防零件失效的技术措施

① 选择合理的材料，适时选择耐磨的材料，能够提高设备的使用寿命；

② 减小设备运行中的冲击力；

③ 及时检查和增加设备的润滑条件，形成液体摩擦状态；

④ 改善设备运行环境，降低环境温度；

⑤ 提高零件的加工精度和安装精度；

⑥ 提高设备的维修质量。

任务 1.5 制定修理方案

【任务描述】

机械零件失效后，多数可采用各种各样的方法（如焊、补、喷、镀、铆、镶、配、改、校、涨、缩、粘等）修复后重新使用。利用修复可大大减少新备件的消耗量，从而减少用于生产备件的设备能力，降低修理成本，也可以避免因备件不足，延长机器设备的修理时间。

本任务主要针对具体零件的特定失效形式，选择适合的修复工艺，编制合理的修理方案。

【任务分析】

在机械设备修理中，合理地选用修复工艺，是提高修理质量、降低修理成本、加快修理速度的有效措施。在选用修复工艺时，要根据修理要求和修理工艺的特点来考虑。特别是对于一种零件存在多种损坏形式，或一种损坏形式可用几种修复工艺修复时，选择最佳修复工艺更显得非常必要。

修理方案的编制，应分析总结日常检修所发生的问题和故障，广泛收集操作工人、机修工人和技术人员的意见，结合解体检查，以查出零部件实际的磨损情况为重点，不应把非关键性的零件包括进去。对机械所存在的问题和磨损情况进行分析研究，指出在修理过程中将会出现的问题，由此提出几种修理方案。经分析比较，最后确定出一个可靠性大，节省工时及材料，而又切实可行的修理方案。

【知识准备】

☆ 机械零件修复工艺的选择 ☆

1. 修复工艺的分类

在机械修理中，用来修复零件的工艺很多，较普遍使用的工艺分类如图 1-11 所示。

2. 工艺选择的考虑因素

一般来说，主要是从下列几个方面来考虑。

(1) 修复工艺对零件材质的适应性　在现有的修理工艺中，任何一种都不能完全适应各种材料，总有它的局限性。所以，了解各种修复工艺对材质的适应性，对于合理选择修复工艺具有重要意义。例如，喷涂工艺在工件材质上适用范围较宽，对于碳钢、合金钢、铸铁等绝大部分黑色金属及合金表面均适用，但对少数有色金属及合金（紫铜、钨合金、钼合金

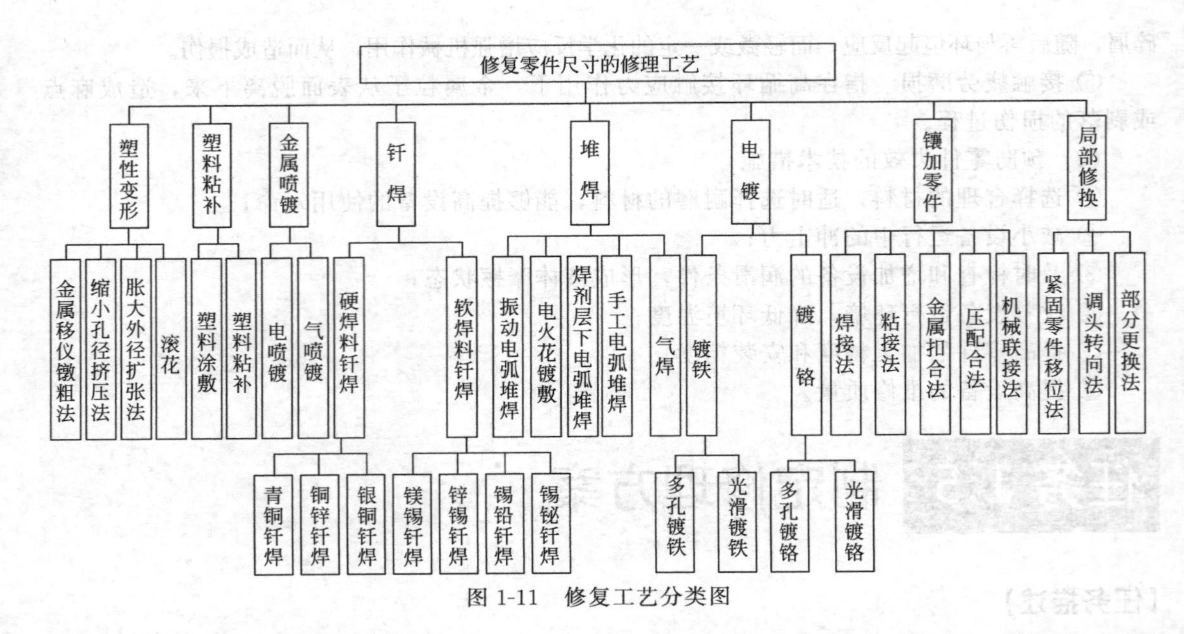

图 1-11 修复工艺分类图

等）材质表面，喷涂则比较困难；又如有的工艺用来修复钢质零件效果较好，但用来修复铸铁件，则效果不一定好。

(2) 各种修复工艺能达到的修补层厚度　待修复零件由于其磨损程度不同，修复时要补偿的修复层厚度也不同。为了正确选择修复工艺，必须了解各种修复工艺所能达到的修补层厚度。

(3) 修复工艺应满足零件的工作条件　零件的工作条件包括承受载荷、工作温度、运动速度、工作面间的介质等。如滑动配合的零件表面，其承受的接触应力较低，各种修复工艺的修补层都可胜任（仅从这点考虑）；而滚动配合的零件表面，承受的接触应力较高，只有镀铬、喷焊、堆焊等工艺可以满足。又如工件承受冲击载荷，宜选用喷焊、堆焊等工艺。

(4) 零件构造对工艺选择的影响　零件的构造有时往往限制了某些修复工艺的使用。如内轴颈不宜用镶套法修复；又如轴上螺纹车成直径小一级的螺丝时，要考虑到螺母的拧入是否受到临近轴直径尺寸较大部位的限制。用镶螺塞法修理螺纹孔及用镶套法修理螺纹孔时，孔壁厚度与临近螺纹孔的距离尺寸是主要的限制因素。如电动机端盖轴承孔与临近的轴承盖螺纹孔很近，一般不采用镶套法修理。

(5) 修复工艺应注意的重要指标　修复工艺获得的修补层的力学性能，如修补层的强度、修补层与零件的结合强度、零件修理后的强度变化情况等，是修复质量的重要指标。

(6) 同一零件不同损伤部位的修复工艺　同一零件不同的损伤部位尽可能选择相同的修复工艺。如一减速器被动轴，常见损坏部位是渐开线花键键侧磨损和密封配合面磨损。前者可采用手工电弧堆焊工艺、振动电弧堆焊、等离子喷涂等多种工艺修复。当两个损坏部位同时出现时，为了缩短工艺流程，可选用手工电弧堆焊工艺修复。

(7) 修复工艺过程对零件物理性能的影响　在修理过程中，工艺过程对修理零件的精度及物理性能有不同的影响。大部分零件在修复过程中，温度都比常温高。电镀、金属喷涂、电火花镀敷等工艺过程，零件温度低于100℃，对零件渗碳层及淬硬组织几乎没有影响，零件因受热而产生的变形很小。各种钎焊的温度都低于被焊金属的熔化温度，用锡、铅、锌、镉、银等金属制成的软焊料，钎焊温度约在250～400℃之间，对零件的热影响很小。以银、铜、锌、铁、锰、镍等金属为主要成分组成的硬焊料，熔化温度约在600～1000℃之间，硬焊料钎焊时，被焊零件要预热或同时加热到较高温度。800℃以上的温度会使零件退火、热变形增大。填充金属与被焊金属熔合的堆焊法如电弧焊、铸铁焊条气焊等，由于零件要受到高温，热影响区的金属组织及力学性能发生变化，故只适用于修理焊后加工整形的零件、未硬化的零件及堆焊后进行热处理的零件。

由上可见，选择零件的修复工艺时，往往不能只从一个方面，而是综合地从几个方面来分析比较，才能得到较合理的修理方案。

【任务实施】

☆ 柴油机曲柄连杆机构连杆组修理方案的编制 ☆

连杆组是曲柄连杆机构中传递动力的重要组件。通过它将活塞的往复运动转化为曲轴的旋转运动。连杆组是由连杆体 2、连杆瓦盖 5、连杆螺栓 3、螺母 6、连杆轴瓦 4 和小头衬套 1 等部分组成，如图 1-12 所示。连杆的变形，将给曲柄连杆机构的工作带来严重的影响，连杆一旦断裂，将造成严重事故。连杆组的维修工作量较大，维修质量的好坏，不仅影响到柴油机的可靠性和耐用性，而且还影响柴油机的动力性和经济性。

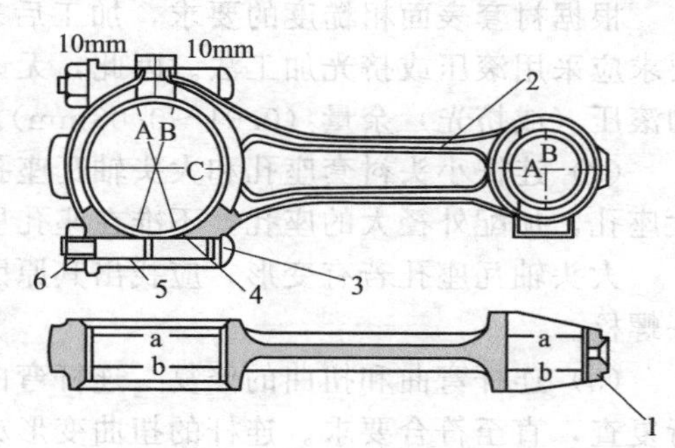

图 1-12　连杆的组成

1—衬套；2—连杆体；3—连杆螺栓；4—连杆轴瓦；5—连杆瓦盖；6—螺母

机械修理方案的编制应集中体现两个方面，一是查找出主要的问题，二是针对问题拟定修理方案。

1. 查找主要问题

（1）连杆小头衬套磨损　由于连杆承受冲击载荷，使得衬套容易磨损，引起衬套与轴、销间的间隙增大而造成转动副的运动轴线歪斜。加上润滑条件不佳而加剧发热，转动副胀紧甚至咬死，使发动机不能正常运转而出现异常响声。

（2）连杆大小头的衬套及轴瓦座孔变形　由于连杆的衬套、轴瓦及其座孔的刚性不足，在冲击载荷作用下容易产生变形，或者由于大头螺栓紧固不力，或者衬套装配过盈量偏小等原因都将引起座孔的拉伤、烧蚀和变形。

（3）连杆弯曲和扭曲　连杆的弯曲和扭曲会引起活塞偏缸和轴瓦、衬套的偏磨，产生恶性磨损、敲击声和偏缸事故。

图 1-13 所示的是检查连杆侧向弯曲的方法。将连杆大小头各装一根尺寸合适的芯棒，然后将大头芯棒置于 V 形铁上，用千分表测量芯棒两端，根据两端的读数差值，可判断连杆弯曲情况，两端读数不等则说明连杆弯曲。

图 1-14 所示是检查连杆扭曲的方法。测定原理与前叙测连杆侧向弯曲的原理相同。若小头芯棒两端读数不等则连杆扭曲。

（4）连杆螺栓损伤　螺栓裂纹或断裂；柱部被拉长，产生永久变形；螺纹磨损变形。

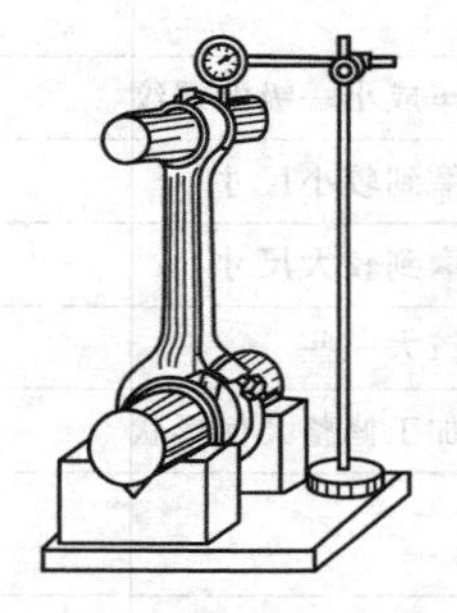
图 1-13　测定连杆侧向弯曲的方法

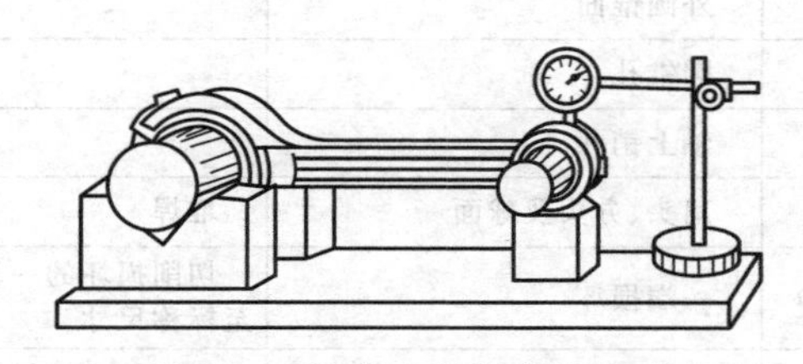
图 1-14　测定连杆扭曲的方法

2. 拟定修理方案

（1）连杆小头衬套的修配　当活塞销与连杆小头衬套配合间隙超过0.1mm时，要更换衬套和选配活塞销。修配方法如下：

将新衬套导正并在压床上将其压入（不得任意打入或采用其他不合理的方法，以免引起衬套变形或其他损伤），根据活塞销直径进行修配，修配方法可采用铰削或镗削。

采用铰销时宜选用死刃铰刀，因活刃铰刀铰削后表面上易出现相同数目的核印，使接触面不良。接触面好坏是衬套修配的关键和首要问题。

利用镗削方法可较好地保证连杆大头轴瓦座孔的中心线与小头衬套座孔中心线平行，并可获得较好的接触面。

根据衬套表面粗糙度的要求，加工后表面粗糙度 R_a 不大于0.16～0.32μm，达到这个要求应采用滚压或挤光加工法。因此，无论采用铰削还是镗削加工小头衬套，都应留有一定的滚压（或挤光）余量（0.01～0.03mm）。

（2）连杆小头衬套座孔和大头轴瓦座孔变形的修复　小头衬套座孔变形时，应铰大和镗大座孔，加配外径大的座孔，不准在座孔里打冲眼，敷衍塞责。

大头轴瓦座孔若有变形，应找出其原因，修理好后，在装配时按要求的紧固扭矩拧紧大头螺栓。

（3）连杆弯曲和扭曲的修复　连杆弯曲变形的校正可在压床和虎钳上进行，校正后应进行复查，直至符合要求。连杆的扭曲变形亦可在虎钳上进行，大型连杆可自制工具进行扭曲校正。应注意的是连杆的弯扭变形冷校正后，应复查，重复校正直至满足要求。

（4）连杆螺栓的损伤　连杆螺栓出现损伤，一旦发现应立即更换，绝不能迁就，以免因小失大而造成事故。

【知识拓展】

☆ 典型零件修复工艺的选择 ☆

轴的修复工艺的选择见表1-3，孔的修复工艺的选择见表1-4。

表1-3　轴的修复工艺的选择

序号	零件磨损部分	修理方法	
		达到标称尺寸	达到修配尺寸
1	滑动轴承的轴颈及外圆柱面	镀铬、镀铁、金属喷涂、堆焊，并加工至标称尺寸	车削或磨削提高几何形状精度
2	装滚动轴承的轴颈及静配合面	镀铬、镀铁、堆焊、滚花、化学镀铜（0.05mm以下）	
3	轴上键槽	堆焊修理键槽，转位新铣键槽	键槽加宽，不大于原宽度的1/7，重配键
4	花键	堆焊重铣或镀铁后磨（最好用振动焊）	
5	轴上螺纹	堆焊，重车螺纹	车成小一级的螺纹
6	外圆锥面		磨到较小尺寸
7	圆锥孔		磨到较大尺寸
8	轴上销孔		铰大一些
9	扁头、方头及球面	堆焊	加工修整几何形状
10	一端损坏	切削损坏的一段，焊接一段，加工至标称尺寸	
11	弯曲	校正并进行低温稳化处理	

表 1-4 孔的修复工艺的选择

序号	零件磨损部分	修理方法	
		达到标称尺寸	达到修配尺寸
1	孔径	镶套、堆焊、电镀、粘补	镗孔
2	键槽	堆焊修理，转位另插键槽	加宽键槽
3	螺纹孔	镶螺塞，可改变位置的零件转位重钻孔	加大螺纹孔至大一级的标准螺纹
4	圆锥孔	镗孔后镶套	刮研或磨削修整形状
5	销孔	移位重钻，铰销孔	铰孔
6	凹坑、球面窝及小槽	铣掉重镶	扩大修整形状
7	平面组成的导槽	镶垫板、堆焊、粘补	加工槽形

任务 1.6 机械零件的装配与调试

【任务描述】

零件装配与调试是两个相互独立又密切相关的过程。机器修理后质量的好坏，与装配质量的高低有密切的关系。机械零部件装配后的调整是机械设备修理的最后程序，也是最为关键的程序。有些机器，尤其是其中的关键零部件，不经过严格的仔细调试，往往达不到预定的技术性能甚至不能正常运行。正确选择并熟悉和遵从装配调试工艺是本任务的主要内容。

【任务分析】

机器修理后的装配工艺是一个复杂细致的工作，是按技术要求将机器零件连接或固定起来，使机器的各个零部件保持正确的相对位置和相对关系，以保证机器所应具有的各项性能指标。若装配工艺不当，即使有高质量的零件，机器的性能亦很难达到要求，严重时还可造成机器或人身事故。机械零件的调整与调试，是一项技术性、专业性及实践性很强的工作，操作人员除了应具备一定的专业知识基础外，同时还应注意积累生产实践经验，方可有正确判断和灵活处理问题的能力。因此，修理后的装配必须根据机器的性能指标，严肃认真地按照技术规范进行。做好充分周密的准备工作和正确选择并熟悉和遵从装配工艺是机修装配的两个基本要求。

【知识准备】

1. 装配前的准备

装配前的准备工作包括：

① 研究和熟悉机器及各部件总成装配图和有关技术文件与技术资料。了解机器及零部件的结构特点、各零件的作用、相互连接关系及其连接方式。对于那些有配合要求、运动精度较高或有其他特殊技术条件的零件，尤应引起特别重视。

② 根据零部件的结构特点、技术要求确定合适的装配工艺、方法和程序。准备好必备的工量具及台、夹具和材料。

③ 按清单清理检测各备装零件的尺寸精度与制造或修复质量、核查技术要求。凡有不

合格者一律不得装入。对于螺栓、键及销等标准件稍有滑丝、损伤者应予以更换、不得勉强留用。

④ 零件装配前必须进行清洗。在装配前，对于经过钻孔、铰削、镗削等机加工的零件，要将金属屑末清除干净；润滑油道用高压空气或高压油吹洗干净，相对运动的配合表面要保持洁净，以免因脏物或尘粒等杂入其间而加速配合件表面的磨损。

2. 装配的一般工艺要点

一般来说，装配时的顺序应与拆卸顺序相反。装配要根据零部件的结构特点，采用合适的工具或设备严格仔细按序装配，注意零件之间的方位，配合精度要求。

① 对于过渡配合和过盈配合零件的装配如滚动轴承的内外圈等，必须采用相应的铜棒、铜套等专门工具和器件进行手工装配，或按技术条件借助设备进行加温加压装配。如遇有装配困难的情况，应先分析原因，排除故障，提出有效的改进方法再继续装配，千万不可乱敲打鲁莽行事。

② 对油封件必须使用心棒压入；对配合表面要经过仔细检查和擦净，如若有毛刺应经修整后方可装入；螺栓要按规定的扭矩值分次均匀紧固；螺母紧固后，螺栓的露出丝扣不少于两扣且应等高。

③ 凡是摩擦表面，装配前均应涂上适量的润滑油，如轴颈、轴瓦、轴套、活塞、活塞销和缸壁等。各部件的密封垫（纸板垫、石棉垫、钢皮垫、软木垫等）应统一按规格制作，自行制作时，应细心加工，切勿让密封垫覆盖润滑油、水和空气的通道。机器中的各种密封管道和部件，装配后不得有渗漏现象。

④ 过盈配合件装配时，应先涂润滑油脂，以利装配和减少配合表面的初磨损。装配时应根据零件拆下来时所做的各种安装记号进行装配，以防装配出错而影响装配进度。

⑤ 对某些装配技术要求，如装配间隙、过盈量（紧度）、灵活度、啮合印痕等，应边安装边检查，并随时进行调整，以避免装后返工。

⑥ 在装配前，要对有平衡要求的旋转零件按要求进行静平衡或动平衡试验，合格后才能装配。这是因为某些旋转零件如皮带轮、飞轮、风扇叶轮等新配件或修理件可能会由于金属组织密度不匀，加工误差，本身形状不对称等原因，使零部件的重心与旋转轴线不重合，在高速旋转时，会因此而产生很大的离心力，引起机器震动，加速零件磨损。

⑦ 每一部件装配完毕，必须严格仔细地检查和清理，防止有遗漏或错装的零件，特别是对环境需要固定安装的零部件要检查；严防将工具、多余零件及杂物留存在箱壳之中（如变速箱、齿轮箱、飞轮壳等），确信无疑之后，再进行手动或低速试运行，以防机器运转时引起意外事故。

3. 机械零件装配后的调整

机械零部件装配后的调整是机械设备修理的最后程序，也是最为关键的程序。有些机器，尤其是其中的关键零部件，不经过严格的仔细调试，往往达不到预定的技术性能甚至不能正常运行。

机械零件的调整与调试，是一项技术性、专业性及实践性很强的工作，操作人员除了应具备一定的专业知识基础外，同时还应注意积累生产实践经验，方可有正确判断和灵活处理问题的能力。

【任务实施】

☆ CAK3665 数控车床 *Z* 轴进给系统装配与调试 ☆

按照图 1-1 装配示意图和表 1-1 装配流程工艺卡，结合图 1-15～图 1-21 等进行装配、调试。

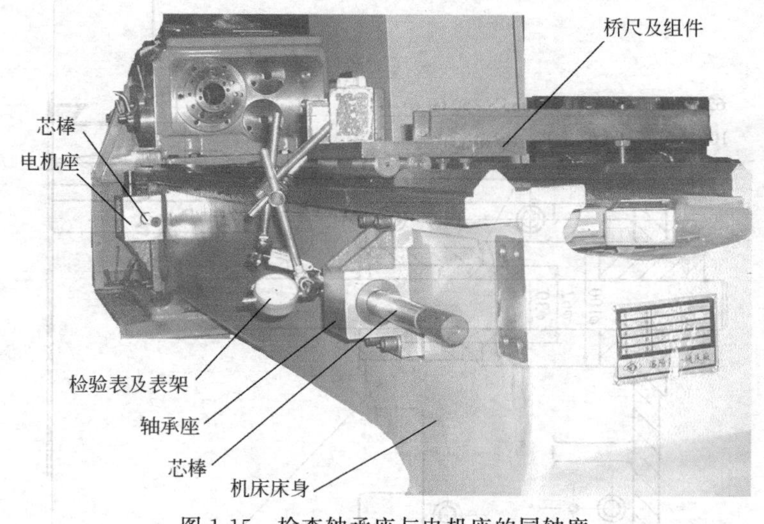

图 1-15　检查轴承座与电机座的同轴度

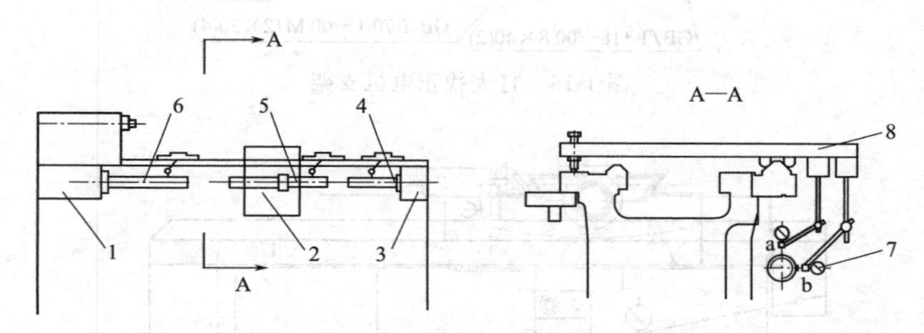

图 1-16　检测电机座、轴承座与丝杠螺母座的同轴度示意图

1—电机座；2—丝杠螺母座；3—轴承座；4、5、6—检棒；

7—检验表及表座；8—桥尺组件

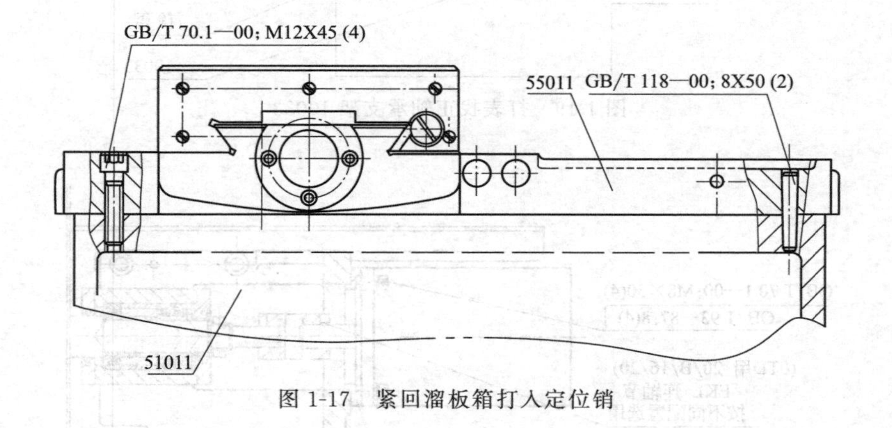

图 1-17　紧回溜板箱打入定位销

【知识拓展】

1. 装配时若干工艺问题

螺纹连接件的装配和拆卸一样，不仅要使用合适和工具、设备，还要按技术文件的规定施加适当的拧紧力矩。表 1-5 列出的是拧紧碳素钢螺纹件的参考力矩。

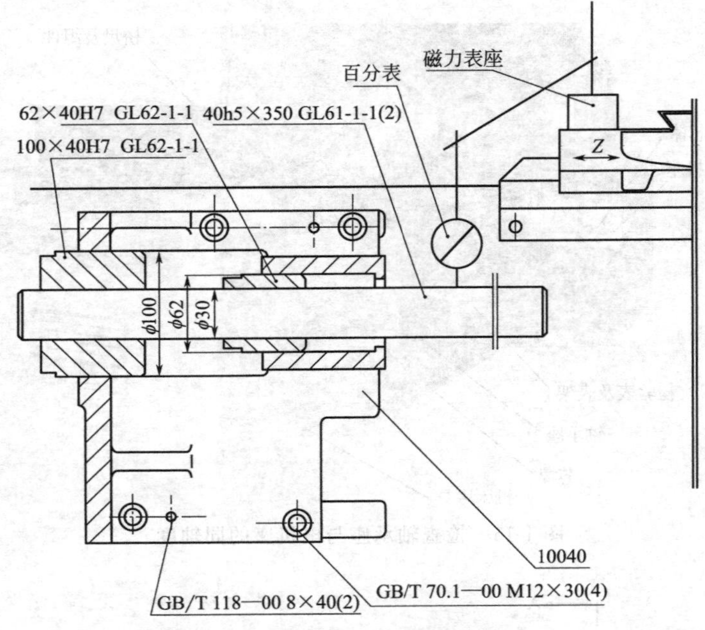

图 1-18 打表找正电机支架

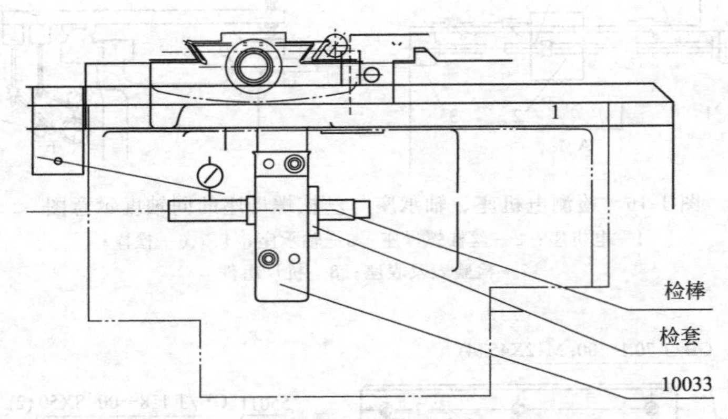

图 1-19 打表找正轴承支架 10033

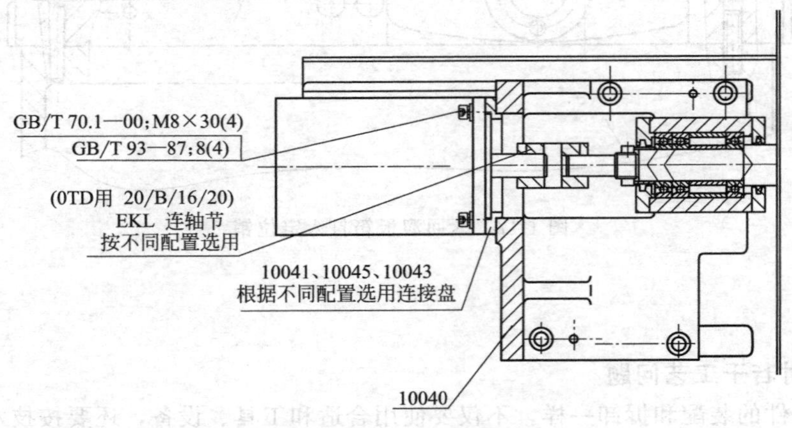

图 1-20 安装伺服电机

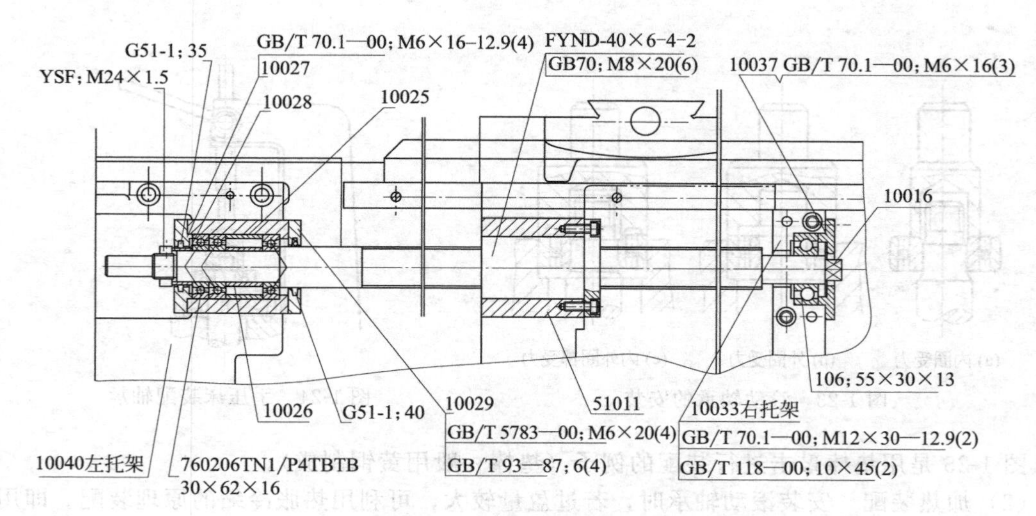

图 1-21 装配电机支架 10040

表 1-5 拧紧碳素钢螺纹件的标准力矩（40 钢）

螺纹尺寸/mm	M8	M10	M12	M14	M16	M18	M20	M22	M24
标准拧紧力矩/N·m	10	30	35	53	85	120	190	230	270

用扳手拧紧螺栓时，应视其直径的大小来确定是否用套管加长扳手，尤其是螺栓直径在 20mm 以内时要注意用力的大小，以免损坏螺纹。

重要的螺纹连接件都有规定的拧紧力矩，安装时必须用扭矩扳手按规定拧紧螺栓；对成组螺纹连接的装配，施力要均匀，按一定次序轮流拧紧，如图 1-22 所示。如有定位装置（销）时，应先从定位装置附近开始。

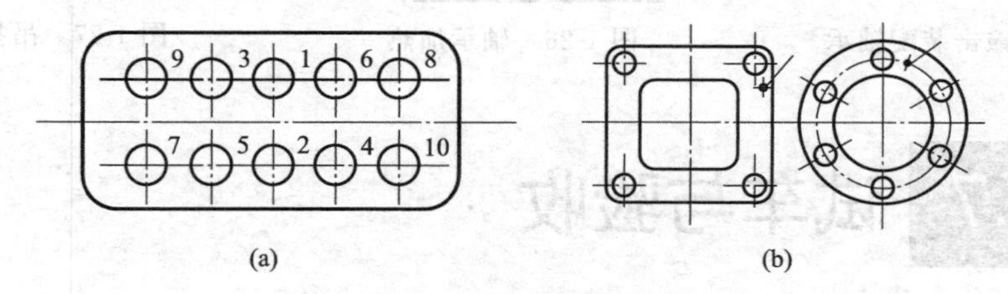

图 1-22 螺纹组拧紧顺序

螺纹连接中应考虑其防松问题。如果螺纹连接一旦出现松脱，轻者会影响机器的正常运转，重者会造成严重事故。因此，装配后采取有效的防松措施，才能防止连接松脱，保证连接安全可靠。

2. 滚动轴承装配

滚动轴承在装配前必须经过洗涤，以使新轴承上由制造厂涂在其上的防锈油被清除掉，同时也清除掉在储存和拆箱时落在轴承上的灰尘和泥沙。根据轴承的尺寸、轴承精度、装配要求和设备条件，可以采用手压床和液压机等装配方法。若无条件，可采用适当的套管，用手锤打入，但不能直接敲打轴承。图 1-23 所示为各种心轴安装滚动轴承的情况。根据轴承的不同特点，可以选用常温装配、加垫装配等方法。

(1) 常温装配 图 1-24 所示的是用齿条手压床把轴承装在轴上。轴承与手压床之间垫以套垫，用手扳动手压床通过垫套将轴承压在轴上。

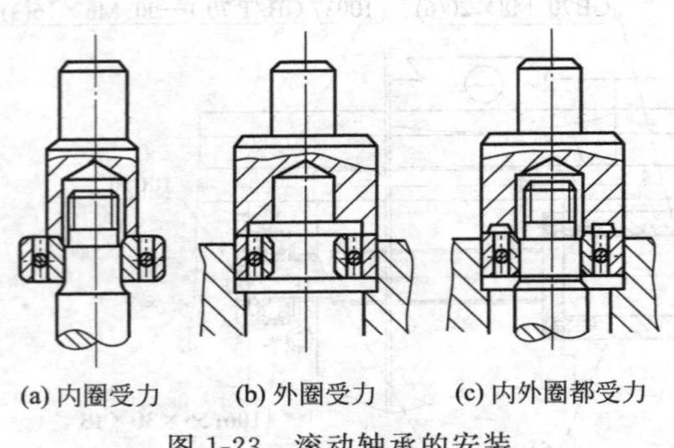

图 1-23 滚动轴承的安装

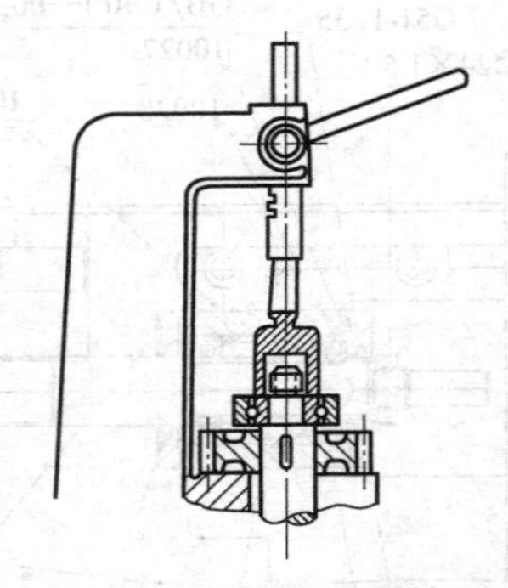
图 1-24 手压床装配轴承

图 1-25 是用垫棒敲击进行装配的例子（垫棒一般用黄铜制成）。

（2）加热装配　安装滚动轴承时，若过盈量较大，可利用热胀冷缩的原理装配。即用油浴加热等方法，把轴承预热至 80～100℃，然后进行装配。如图 1-26 所示的是用来加热轴承的特制油箱，轴承加热时放在槽内的格子上，格子与箱底有一定距离，以避免轴承接触到比油温高得多的箱底而形成局部过热，且使轴承不接触箱底沉淀的脏物。对有些小型轴承可以挂在吊钩上在油中加热（图 1-27）。

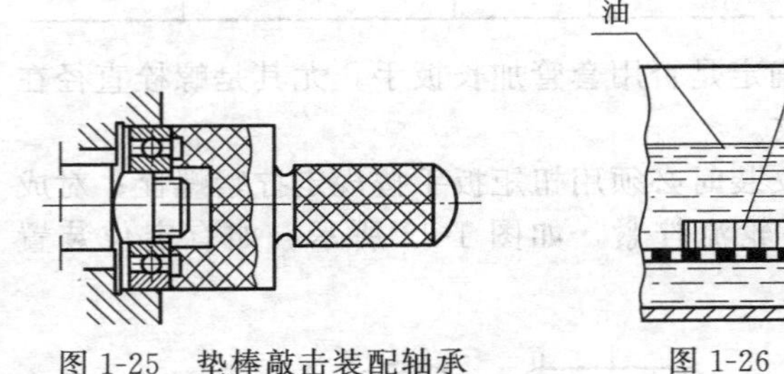
图 1-25 垫棒敲击装配轴承

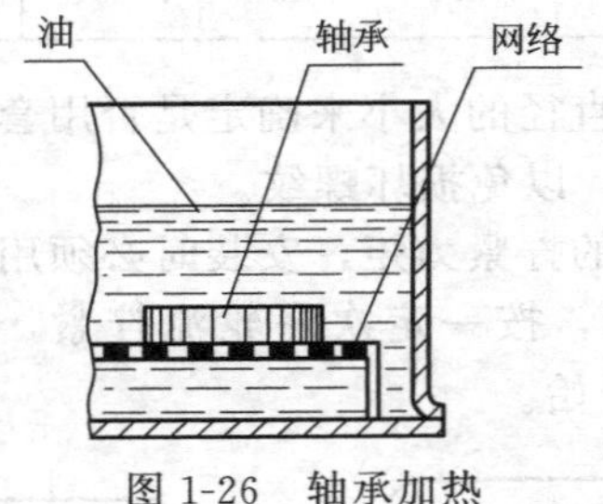

图 1-26 轴承加热

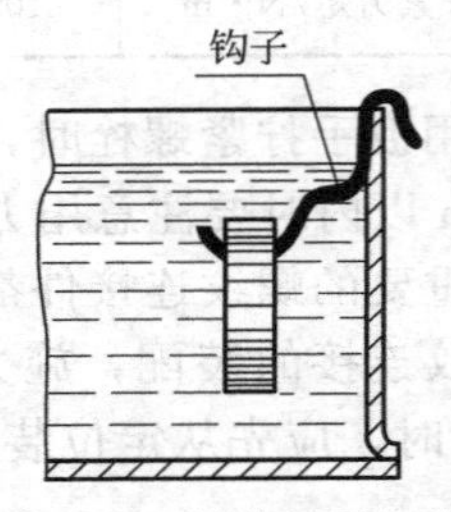

图 1-27 吊挂轴承加热

任务 1.7 试车与验收

【任务描述】

试车与验收是机械修理完成后投入使用前的一次全面的、系统的质量鉴定，是保证机械交付使用后有良好的动力性能、经济性能、安全可靠性能及操纵性能的重要环节。熟悉和掌握试车与验收的内容和一般程序是本任务的主要目标。

【任务分析】

在机械设备大修理或项修过程中，专职检查人员要按步骤进行检查验收，凡有分总成不合格者不准进行总装，以保证修理质量。大修完工后，应由专职检查人员会同操作工人及使用车间技术员共同检查验收，这是机械修理完成后投入使用前的一次全面的、系统的质量鉴定，是保证机械交付使用后有良好的动力性能、经济性能、安全可靠性能及操纵性能的重要环节，而且要尽可能进行负荷试验，做出记录并办理验收手续。

【知识准备】

☆ 机械修理的验收程序 ☆

1. 验收程序及内容

（1）试车验收前的准备

① 对原机器及机修后修改的技术文件进行审核，为以后的修理工作提供技术依据做准备；

② 对修理后的装配进行检查，特别是涉及到安全等方面的装配，如螺纹的紧固、各部件之间的连接是否牢固等；

③ 检查机器设备的放置是否平稳，工作台面的位置精度是否在技术要求的范围以内；

④ 机器设备上的各种操作件是否装备完毕，使用是否灵活、可靠，按照机器使用说明书检查其润滑系统是否符合要求；

⑤ 对机器的各个系统进行验收，如液压系统、电气控制系统、调整体操作系统等；

⑥ 按机械使用说明书中的“精度检验标准”对其各项几何精度进行逐项检查，不合格者，必须重新调整至合格。

（2）机械的空运转检查验收　在空运转检查时，应将机械的各种运动（如主运动、进给运动等）按其技术要求来进行检查验收，其间对电器元件及传动系统的声响及平稳性、轴承在规定时间内的温升等应特别注意，以防因疏漏而造成事故。

（3）机械的负载运转验收　机器负载试运转是机械修理完毕验收的主要步骤。通过负载试运转，可确定机械的工作精度、动力性能、经济性能、运转状况以及操纵、调整、控制和安全等装置的作用是否达到其应有的技术要求。不同的机械，其负载是不同的，因此验收的

表 1-6　机械修理验收卡片

修理机械名称			修理机械型号	
验收程序		检查结果	验收时间	验收人签字
试生产前的准备	1.			
	2.			
	3.			
	…			
机械空运转验收	1.			
	2.			
	3.			
	…			
机械负载运转验收	1.			
	2.			
	3.			
	…			
负载运转后的检查	1.			
	2.			
	3.			
	…			

方式亦应有所不同。如机械加工的设备应在其上加工试件以加工质量来检验机器设备的工作精度，依照机械技术文件中所规定的工作精度来判断修理的合格性。

(4) 机械负载运转后的检查　机械经过负载运转后，对其各部分可能产生的松动、形变、过热，以及其他如密封性和摩擦面的接触情况等，必须进行详细检查，以确保机械投入正式运转后能正常工作。

2. 填写验收卡片

验收完毕，验收人员应在验收卡片上如实填写验收时的检查情况，然后签字盖章。验收卡片格式可参考表1-6。验收卡片应存入修理机械的技术档案中，以供以后备查。

【任务实施】

☆ CAK3665数控车床修理后的验收 ☆

1. 试车验收前的准备工作

① 检查工作台面的安装水平，调整机床底部垫铁，使工作台面的纵、横向水平精度在0.02/1000以内。

② 按机床使用说明书规定，认真进行各摩擦面的润滑；检查导轨与丝杠润滑泵运转是否正常。

③ 检查机床上其他调整体是否正常，如尾座的调整等是否正常。

2. 几何精度检查

按机床使用说明书中“精度检验标准”对机床各项几何精度进行逐项检查，发现不合格者，必须重新调整至合格。

3. 机床空运转试验

进给运动的检查。操作机床在手动和手摇状态下，发出$+Z$和$-Z$运动指令，观察其运行方向是否正确，运行速率是否正常，利用百分表检测床鞍沿Z轴移动距离与指令位置是否一致，发现不合格者必须调试到合格才能进入下一环节。

4. 机床运动精度检验

机床加工零件的运动精度检查如图1-28所示。

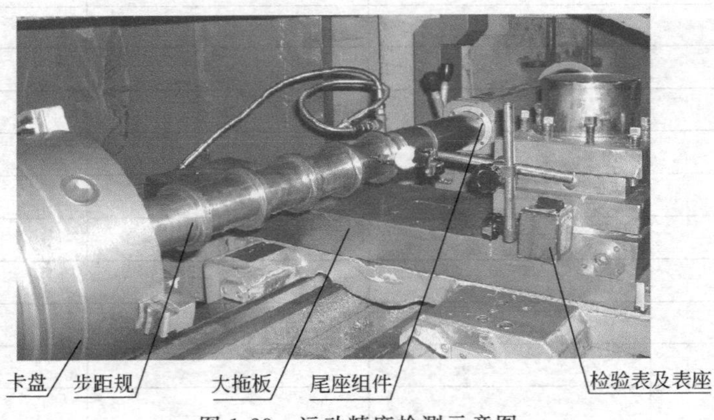

图1-28　运动精度检测示意图

按GB/T 8324.1—1996标准检测机床运动精度，使定位精度和重复定位精度符合出厂要求。

5. 机床工作精度检验

试加工零件如图1-29所示，检测其是否符合图纸要求。判断标准见表1-7。

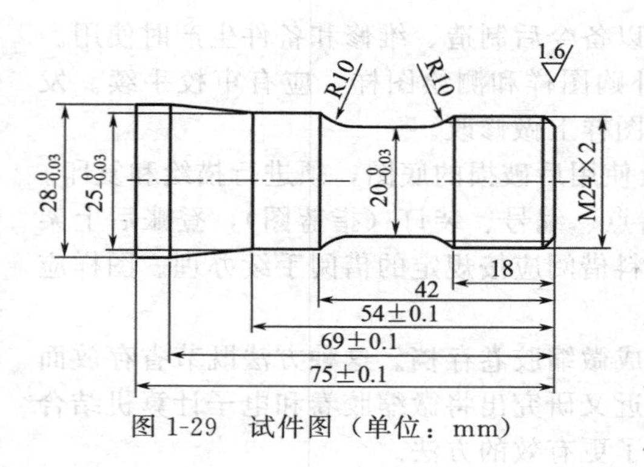

图 1-29 试件图（单位：mm）

表 1-7 评价标准

序号	检测精度		允差/mm	实测/mm
1	直径尺寸差	ϕ20mm	−0.03	
2		ϕ25mm	−0.03	
3		ϕ28mm	−0.03	
4	长度尺寸	75mm	±0.1	
5	螺纹尺寸	M24×2		

【知识拓展】

☆ 设备维修技术资料的管理 ☆

设备维修技术资料的积累和管理可以反映一个企业设备管理工作的水平，不仅为本企业管好、用好、修好、改好、造好设备服务，还可促进设备制造厂的产品更新换代，对提高我国工业产品设计、制造水平具有重要的作用。下面简单介绍维修技术资料管理的相关内容。

1. 资料来源

设备维修技术资料主要是来源于以下几个方面：购置设备时随机提供的技术资料；使用中设备向制造厂、有关单位、科技书店等购置的资料；自行设计、测绘和编制的资料等。

2. 管理内容

维修技术资料的管理主要内容有：

① 规格标准，包括有关的国际标准、国家标准、部颁标准以及有关法令、规定等。

② 图样资料，包括企业内机械、动力设备的说明书、部分设备制造图、维修装配图、备件图册以及有关技术资料。

③ 动力站房设备布置图及动力管线网图。

④ 工艺资料，包括修理工艺、零件修复工艺、关键件制造工艺、专用工量夹具图样等。

⑤ 修理质量标准和设备试验规程。

⑥ 一般技术资料，包括设备说明书、研究报告书、试验数据、计算书、成本分析、索赔报告书、一般技术资料、专利资料、有关文献等。

⑦ 样本和图书，包括国内外样本、图书、刊物、照片和幻灯片等。

3. 管理程序

设备维修技术资料的管理程序，应从收集、整理、评价、分类、编号、复制（描绘）、保管、检索和资料供应的全过程来考虑。由于文件资料种类繁多，管理工作量很大，为了编列和查询方便，需建立资料的编码检索系统，并应用电子计算机来进行管理，使工作既省力又迅速。

4. 图样管理

图样管理除采用适当的分类代码方式外，还需注意收集、测绘、审核、描图和保管等环节。

① 搜集各单位需要外购的资料以及本企业自行设计的设备图样，统一由设备处（科）和规划处负责管理。新设备进厂、开箱后，搜集随机带来的图样资料，由设备处（科）资料室负责编号、复制和供应。若是进口设备，尚需组织翻译工作。

② 测绘有些设备，特别是进口设备，其图样资料往往是在设备修理时进行测绘的，并

通过修理实践，再经过整理、核对、复制、存档，以备今后制造、维修和备件生产时使用。

③ 审核对设备开箱时随机带来的图样资料、外购图样和测绘图样，应有审校手续。发现图样与实物有不符合之处，必须做好记录，并在图样上做修改。

④ 描图。收集、测绘并经审核后的图样，以及使用后破损的底图，须进行描绘和复印。

⑤ 保管所有入库的蓝、底图必须经过整理、清点、编号、装订（指蓝图），登账后上架（底图不得折叠，存放在特制的底图柜内）。图样资料借阅应按规定的借阅手续办理。图样应存放在设有严密防灾措施的安全场所。

近年来，许多单位的资料室都把图样资料拍摄成微缩胶卷存档。这种方法既节省存放面积，又便于整理保管，还便于很多人同时阅读。最近又研究出将微缩胶卷和电子计算机结合起来的图样管理方法，为技术资料的保管存档提供了更有效的方法。

【学习小结】

1. 机械设备检修工艺流程的制定与实施可分为几个方面来进行：①技术准备；②初步判断设备或零件的故障位置及分析；③零件拆卸与清洗；④详细检查，准确判断故障位置及失效分析；⑤制定修理方案；⑥零件装配与调试；⑦设备试运行。

2. 技术准备主要是为维修提供技术依据。其内容包括准备现有的或需要编制的机械设备图册；确定维修工作类别和年度维修计划；整理机械设备在使用过程中的故障及其处理记录；调查维修前机械设备的技术状况；明确维修内容和方案；提出维修后要保证的各项技术性能要求；提供必备的有关技术文件等。

3. 机械系统的故障诊断包括识别现状和预测未来两个方面，其诊断过程分为状态监测、识别诊断和决策预防三个阶段。

4. 拆卸的主要目的是为了便于检查和修理机械零部件。包括拆卸前的准备工作、拆卸的一般原则、拆卸的合理顺序、正确使用拆卸工具和设备等。

5. 检查已拆卸零件的目的是识别零件的状态，确认机械故障，结合零件使用的工况条件，分析零件失效的原因，为制定合理的修理方案和使用、维护保养方案奠定基础。

6. 制定修理方案，应分析总结日常检修所发生的问题和故障，结合解体检查，以查出零件实际的磨损情况为重点，合理地选用修复工艺，这是提高修理质量、降低修理成本、加快修理速度的有效措施。

7. 装配前的准备工作包括：研究和熟悉机器及各部件总成装配图和有关技术文件与技术资料；根据零部件的结构特点、技术要求确定合适的装配工艺、方法和程序。准备好必备的工量具及台、夹具和材料；按清单清理检测各备装零件的尺寸精度与制造或修复质量、核查技术要求；零件装配前必须进行清洗；装配时的顺序应与拆卸顺序相反。

8. 试车与验收是机械修理完成后投入使用前的一次全面的、系统的质量鉴定，是保证机械交付使用后有良好的动力性能、经济性能、安全可靠性能及操纵性能的重要环节。验收程序一般可按下列程序进行：试车验收前的准备；机械的空运转检查验收；机械的负载运转验收；机械负载运转后的检查；填写验收卡片。

【自我评估】

1. 机械设备检修工艺流程的制定与实施分为几个方面来进行？

2. 技术准备内容包括哪些内容？

3. 设备图册编制的先后次序是什么？

4. 机械系统的常见故障类型有哪些？故障诊断的基本程序是什么？故障诊断技术有哪些？

5. 拆卸的主要目的是什么？拆卸前的准备工作包括哪些内容？拆卸的一般原则是什么？拆卸时的注意事项包括哪些内容？

6. 检查已拆卸零件的目的是什么？

7. 制定修理方案的内容是什么？如何制定修理方案？

8. 装配前的准备工作包括哪些内容？装配时应注意哪些事项？装配后的调整有什么作用？

9. 试车与验收的作用是什么？试车和验收的程序包括哪些内容？

【评价标准】

本学习情境的评价内容包括专业能力评价、方法能力评价及社会能力评价三个部分。其中自我评分占30%、组内评分占30%、教师评分占40%，总计为100%，见表1-8。

表1-8　学习情境3综合评价表

类别	项目	内容	配分	考核要求	扣分标准	自我评分30%	组内评分30%	教师评分40%
专业能力评价	任务实施计划	1. 实训的态度及积极性； 2. 实训方案制定及合理性； 3. 安全操作规程遵守情况； 4. 考勤遵守纪律情况； 5. 完成技能训练报告	30	实训目的明确，积极参加实训，遵守安全操作规程和劳动纪律，有良好的职业道德和敬业精神；技能训练报告符合要求	实训计划占5分；安全操作规程占5分；考勤及劳动纪律占5分；技能训练报告完整性占10分			
	任务实施情况	1. 拆装方案的拟定； 2. 机械零件的正确拆装； 3. 机械零件及系统的常见故障诊断与排除； 4. 机械零件装配后的调试； 5. 任务的实施规范化，安全操作	30	掌握机械零件的拆装方法与步骤以及注意事项，能正确分析机械零件及系统的常见故障及修理；能进行装配后的调试；任务实施符合安全操作规程并功能实现完整	正确选择工具占5分；正确拆装机械零件占5分；正确分析故障原因、拟定修理方案占10分；任务实施完整性占10分			
	任务完成情况	1. 相关工具的使用； 2. 相关知识点的掌握； 3. 任务的实施完整	20	能正确使用相关工具；掌握相关的知识点；具有排除异常情况的能力并提交任务实施报告	工具的整理及使用占10分；知识点的应用及任务实施完整性占10分			
方法能力评价		1. 计划能力； 2. 决策能力	10	能够查阅相关资料制定实施计划；能够独立完成任务	查阅相关资料能力占5分；选用方法合理性占5分			
社会能力评价		1. 团结协作； 2. 敬业精神； 3. 责任感	10	具有组内团结合作、协调能力；具有敬业精神及责任感	团结合作、协调能力占5分；敬业精神及责任心占5分			
合计			100					

年　月　日

学习情境2

通用零件的故障诊断与修理②

学习目标

该情境主要学习齿轮传动、轴承装配、刚架焊接、轴零件质量检查、润滑材料选择的基础知识和操作技能。齿轮传动技术中，掌握齿轮啮合接触质量的检查方法和间隙调整，齿轮各种故障的处理技术；轴承装配中，掌握轴承与轴配合精度的选择，轴承故障处理技术；刚架结构掌握焊接知识、防变形技术和故障处理技术；轴零件质量检查中，掌握轴磨损后的质量检测和裂纹检测技术；润滑材料选择中，掌握各种润滑材料的性质和实际选择润滑材料的技能。

知识目标：

1. 掌握齿轮传动的类型及特点；

2. 掌握齿轮传动中运行精度要求，间隙调整方法，故障现象、原因及解决措施；

3. 掌握轴零件磨损后的精度检查方法，轴磨损后的故障现象及解决措施；

4. 掌握滚动轴承与轴配合性质，装配间隙调整，故障现象、原因及解决措施；

5. 掌握钢架结构的焊接质量要求，故障现象、原因及解决措施；

6. 掌握滑动轴承的间隙选择与确定，间隙测量，故障现象及解决措施。

技能目标：

1. 会齿轮接触质量检查及间隙调整；
2. 会测量轴磨损精度、进行轴裂纹的检查操作；
3. 会选择滚动轴承与轴零件的配合精度；
4. 会对刚架结构的重大故障，及时制定出解决预案；
5. 会确定滑动轴承的运行间隙、间隙测量及调整；
6. 会根据设备结构及运行要求选择润滑材料；
7. 会对旋转零件进行平衡配重操作；
8. 会对结构焊接零件的变形采取反变形措施。

能力目标：

1. 具有通过工具查阅图纸资料、搜集相关知识信息的能力；
2. 具有自主学习新知识、新技术和创新探索的能力；
3. 具有合理地利用与支配资源的能力；
4. 具有良好的协作工作能力；
5. 具有主动性工作的自觉性。

任务 2.1 齿轮传动装置的故障诊断与修理

【任务描述】

齿轮传动是机械设备应用中最广泛的一种传动形式，齿轮传动的质量直接影响设备的运行精度。通过理论学习和实际操作，掌握齿轮传动的失效方式、故障诊断方法、齿轮缺陷修理等实际应用技术。

【任务分析】

1. 功能分析

齿轮传动广泛地应用在机械动力传递系统中，齿轮运行质量直接影响机械的运行精度，直接影响生产。齿轮传动用来传递任意两轴间的运动和动力，其圆周速度可达到 300m/s，传递功率可达 10^5kW，齿轮直径可从 5mm 到 15m 以上，是现代机械中应用最广的一种机械传动。

齿轮传动与带传动相比主要有以下优点：

① 传递动力大、效率高；

② 寿命长，工作平稳，可靠性高；

③ 能保证恒定的传动比，能传递任意夹角两轴间的运动。

齿轮传动与带传动相比主要缺点有：

① 制造、安装精度要求较高，因而成本也较高；

② 不宜做远距离传动。

常用的齿轮传动装置有圆柱齿轮、圆锥齿轮和蜗轮蜗杆传动装置三种。根据齿轮传动的圆周速度可分为最低速（$v<0.5$m/s）、低速（$v=0.5\sim3$m/s）、中速（$v=3\sim15$m/s）和高速（$v>15$m/s）等传动。根据齿轮传动的工作条件又分为闭式传动、开式传动和半开式传动三种。

2. 齿轮传动的类型与应用

齿轮传动及性质如表 2-1 所示，传动特点如表 2-2 所示。

表 2-1 齿轮传动类型及性质

<table>
<tr><td rowspan="13">齿轮传动</td><td rowspan="7">平面齿轮运动
（相对运动为平面运动，传递平行轴间的运动）</td><td rowspan="3">直齿圆柱齿轮传动
（轮齿与轴平行）</td><td>外啮合</td></tr>
<tr><td>内啮合</td></tr>
<tr><td>齿轮齿条</td></tr>
<tr><td rowspan="3">斜齿圆柱齿轮传动
（轮齿与轴不平行）</td><td>外啮合</td></tr>
<tr><td>内啮合</td></tr>
<tr><td>齿轮齿条</td></tr>
<tr><td colspan="2">人字齿轮传动（轮齿成人字形）</td></tr>
<tr><td rowspan="6">空间齿轮运动
（相对运动为空间运动，传递不平行轴间的运动）</td><td rowspan="3">传递相交轴运动
（锥齿轮传动）</td><td>直齿</td></tr>
<tr><td>斜齿</td></tr>
<tr><td>曲线齿</td></tr>
<tr><td rowspan="3">传递交错轴运动</td><td>交错轴斜齿轮传动</td></tr>
<tr><td>蜗轮蜗杆传动</td></tr>
<tr><td>准双曲面齿轮传动</td></tr>
</table>

表 2-2 齿轮传动特点

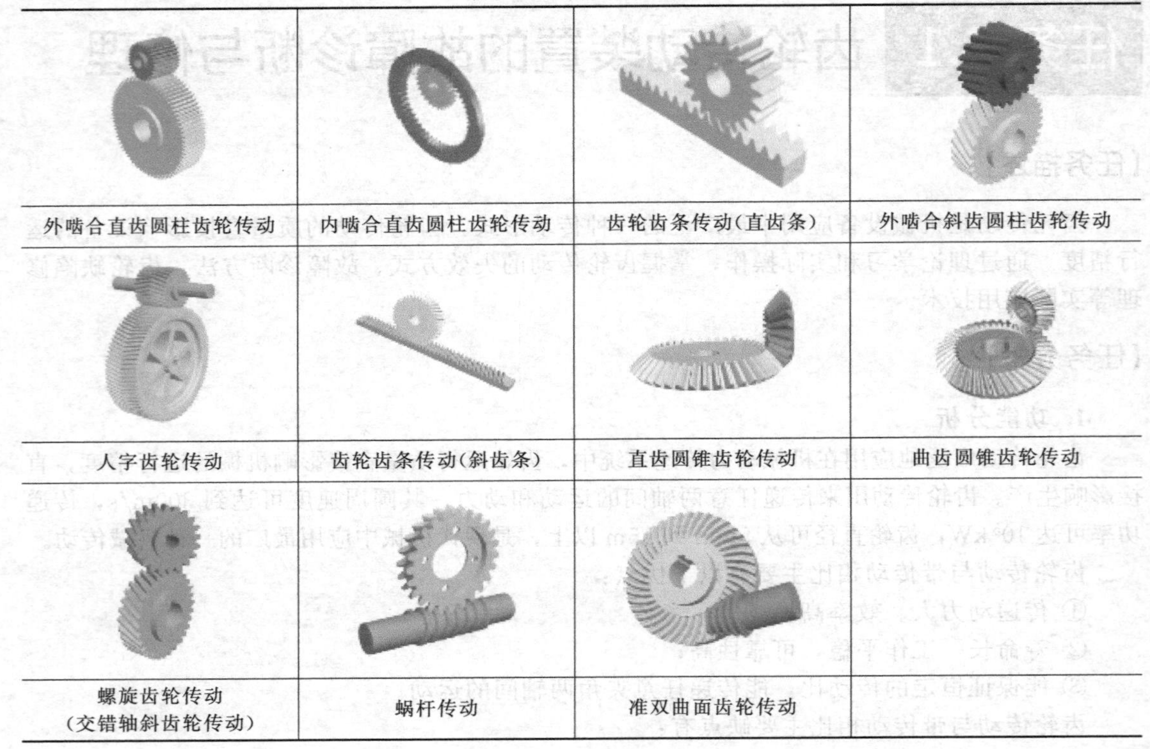

【知识准备】

1. 齿轮传动的失效形式和防止措施

(1) 齿轮失效形式　常见的齿轮失效主要是齿轮的折断和齿面的损坏。齿面的损坏又有齿面的疲劳点蚀、磨粒磨损、胶合和塑性变形等。

① 齿轮折断一般发生在齿根部，齿根处的弯曲应力最大且有应力集中。折断有两种方式：一种是在短时过载或受到冲击载荷时发生突然折断；另一种是多次重复弯曲引起的疲劳折断。

② 齿面的点蚀多发生在润滑良好的闭式齿轮传动中，由于接触应力的反复作用，在齿面表层产生疲劳裂纹，导致甲壳状小片脱落，使齿面产生麻点，接触不良，引起振动和噪声，降低传动能力。

③ 齿面磨粒磨损主要是由于灰尘、杂质屑粒进入摩擦面引起的，主要发生在开式齿轮传动和润滑不良的闭式齿轮传动中。

④ 齿面的胶合分为冷胶合和热胶合。冷胶合发生在低速重载齿轮传动中，由于齿面间润滑油层不易形成，相啮合齿面的金属直接接触，在高压下发生胶合。热胶合发生在高速重载的齿轮传动中，常由于温度升高引起润滑失效而导致胶合。

⑤ 齿面的塑性变形，常发生在低速启动、过载频繁的齿轮传动中。主要发生在硬度较低的软齿面齿轮，当承受重载时，由于齿面压力过大，在摩擦力的作用下使齿面金属产生塑性流动而失去正确的齿形。

(2) 防止齿轮传动失效的措施

① 提高齿面硬度和表面粗糙度要求；

② 选用黏度较高的润滑油或采用适当的添加剂；

③ 供应足够的润滑油并保持高度清洁；

④ 避免频繁启动和严重的过载冲击；

⑤ 提高装配质量，加强日常维护管理。

2. 齿轮传动的故障诊断

齿轮传动中，最常用耳听法和齿轮接触面观察法来判断齿轮传动的质量，从而决定设备是否该检修。

(1) 耳听法　设备正常运行时，有其正常的声音，当出现异常声音时，应及时停车检查。可用一根空心铝棒，一端放在耳旁，另一端试接触机械设备某部位，判断齿轮异常的位置。

(2) 齿轮接触面观察法　通过观察齿轮接触面的情况，判断齿轮故障的原因，并及时采取处理措施。通过大齿轮上的着色情况判断齿轮装配质量。

① 圆柱齿轮、锥齿轮副、蜗轮与蜗杆接触检查操作。

可用着色法检查：

a. 在小齿轮上涂上显示剂；

b. 旋转小齿轮，驱动大齿轮 3～4 圈；

c. 检查大齿轮上的接触色迹。

② 圆柱齿轮接触痕迹分析　圆柱齿轮接触痕迹如图 2-1 所示。齿轮啮合接触精度包含接触面积的大小和接触位置，它是表明齿轮制造和装配质量的重要标志，可用涂色法检查。

(a) 正确　(b) 中心距太大　(c) 中心距太小　(d) 中心线歪斜

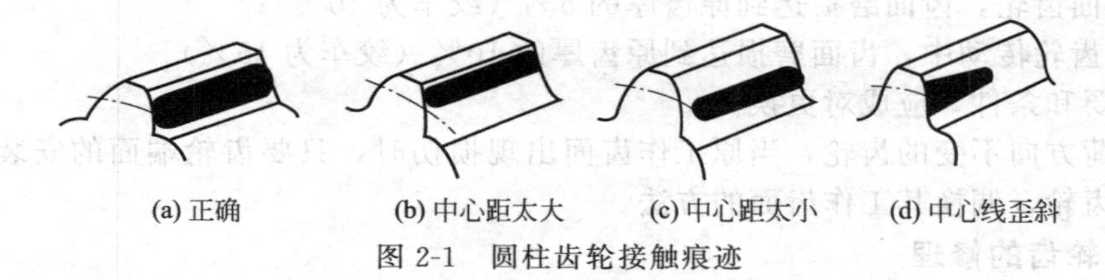

图 2-1　圆柱齿轮接触痕迹

③ 锥齿轮副接触痕迹分析　锥齿轮副接触痕迹如图 2-2 所示。通过观察大齿轮的着色情况，来判断齿轮接触质量。

图 2-2(a) 两齿轮装配过紧，应按箭头方向调整，主动齿轮进，被动齿轮退。

图 2-2(b) 两齿轮装配过松，应按箭头方向调整，主动齿轮退，被动齿轮进。

图 2-2(c) 两齿轮接触不良，应按箭头方向调整，主动齿轮进，被动齿轮进。

图 2-2(d) 两齿轮装配稍紧，应按箭头方向调整，主动齿轮退，被动齿轮退。

图 1-2(e) 两齿轮装配正确，齿轮啮合情况良好，运转时磨损均匀，噪声小。

④ 蜗轮与蜗杆接触痕迹分析　蜗轮与蜗杆接触痕迹如图 2-3 所示。通过观察大齿轮的

(a)　(b)　(c)　(d)　(e)

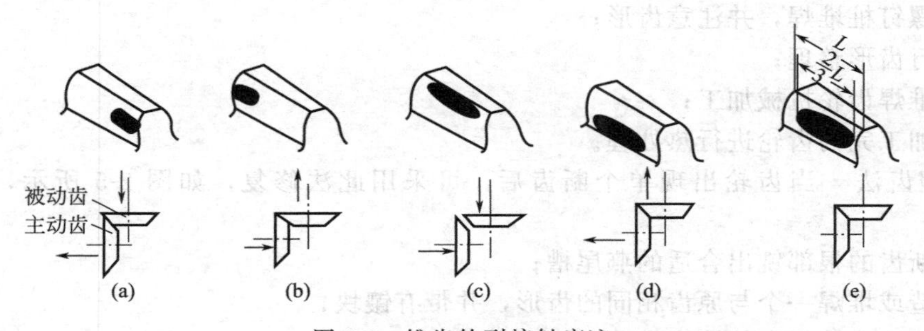

图 2-2　锥齿轮副接触痕迹

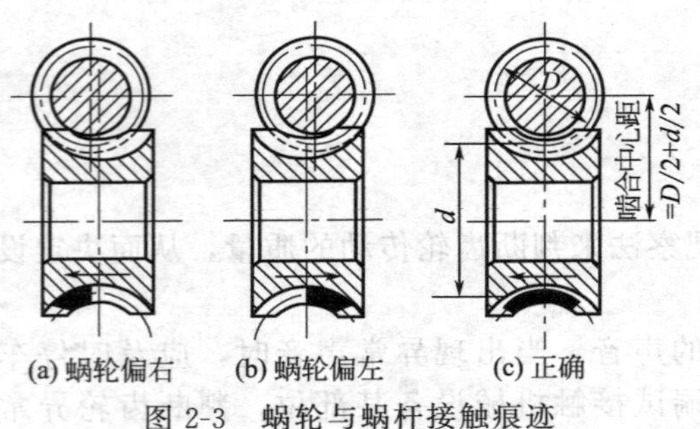

(a) 蜗轮偏右 (b) 蜗轮偏左 (c) 正确

图 2-3 蜗轮与蜗杆接触痕迹

着色情况，来判断齿轮接触质量。

正确的接触位置，应在中部稍偏于蜗杆旋转方向，如图 2-3(c) 所示。图 2-3(a)、(b) 所示偏离较大的情况，应调整蜗轮的轴向位置。接触斑点的大小，在常用的 7 级精度传动中，痕迹的长度和高度应分别不小于蜗轮齿长的 2/3 和齿高的 3/4。在 8 级精度传动中，应分别不小于蜗轮齿长的 1/2 和齿高的 2/3。

【任务实施】

1. 齿轮齿面磨损的修理

当齿轮磨损和损坏达到一定程度时，不能继续使用，应当更换。机械传动中齿轮磨损达到下述情况之一者必须更换：

① 点蚀区宽度为齿高的 100%；

② 点蚀区宽度为齿高的 30%、长度为齿长的 40%；

③ 点蚀区宽度为齿高的 70%、长度为齿长的 10%；

④ 齿面发生严重黏着，即胶合区达到齿高的 1/3、齿长的 1/2；

⑤ 硬齿面齿轮，齿轮磨损达到硬化层深度的 40%（绞车为 70%）；

⑥ 软齿面齿轮，齿面磨损达到原齿厚的 5%（绞车为 10%）；

⑦ 开式齿轮传动中，齿面磨损达到原齿厚的 10%（绞车为 15%）。

如有必要和条件，应成对更换。

对于载荷方向不变的齿轮，当原工作齿面出现损伤时，只要齿轮端面的安装尺寸对称，可采取翻转齿轮，调换其工作齿面的方法。

2. 齿轮轮齿的修理

齿轮轮齿的修复方法有堆焊加工法、镶齿法和变位切削法三种。

(1) 堆焊加工法　当多个齿轮折断后，常采用手工堆焊和机械堆焊的方法进行修复。堆焊前，必须了解齿轮的材质，选择合适的焊条，尽量选择低碳焊条，严格注意焊后增碳问题，并预先做好堆焊时检查齿形的样板，准备好焊接火花飞溅的挡板。堆焊时，应尽量采用较小的电流，用分段、对称等操作方法堆焊。

齿轮断齿的堆焊修复如图 2-4 所示，其工艺如下：

① 清洗断齿周围的杂物；

② 选择合适的焊条；

③ 在断齿残根的适当位置装上螺钉桩；

④ 沿螺钉桩堆焊，并注意齿形；

⑤ 进行齿形整理；

⑥ 对堆焊齿轮机械加工；

⑦ 对加工完的齿轮进行热处理。

(2) 镶齿法　当齿轮出现单个断齿后，可采用此法修复，如图 2-5 所示，镶齿工艺如下：

① 在断齿的根部铣出合适的燕尾槽；

② 铸造或堆焊一个与原齿相同的齿形，并带有镶块；

③ 将铸造或堆焊齿轮镶嵌在燕尾槽中；

④ 镶嵌齿轮的焊接；

⑤ 修整齿槽宽度及其他技术参数；

⑥ 对齿轮机械加工；

⑦ 对齿轮热处理。

(3) 变位切削法　对已磨损的大齿轮重新进行变位切削加工处理，并重新配制相应的小齿轮来恢复传动性能。

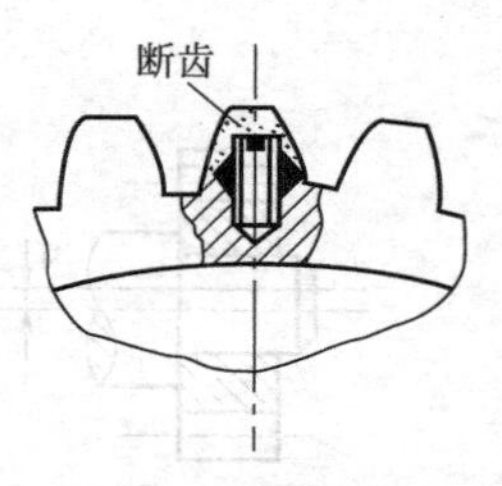

图 2-4　大模数齿轮断齿的堆焊修复

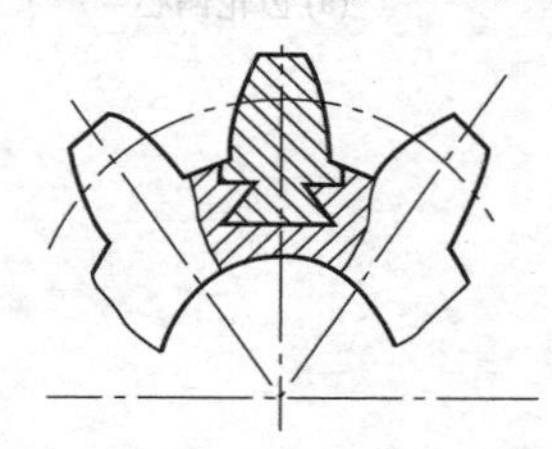

图 2-5　燕尾式镶齿法

3. 齿轮轮缘、轮毂的修理

齿轮轮缘上的裂纹，用于较小负载时，可直接用固定夹板连接的方法修复，如图 2-6 所示。

当负载较大时，应采用焊接修理，对不易拆卸的齿轮，先整体或局部预热（300～700℃），再进行焊接，焊后必须进行热处理，以消除内应力。轮毂上的裂纹，先整体或局部预热 300～700℃，再进行焊接，焊后必须进行热处理。

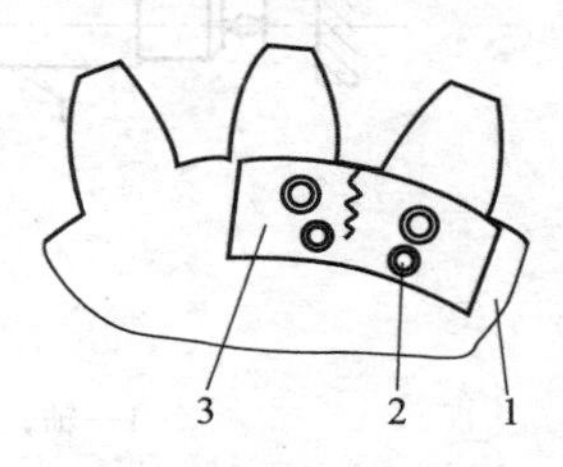

图 2-6　用夹板修理破裂的轮毂

1—齿轮；2—螺钉；3—夹板

【知识拓展】

1. 齿轮常用材料

重要的齿轮采用锻钢，大型齿轮采用铸钢，不重要的齿轮可采用普通轧钢、球墨铸铁、灰铸铁等制造。蜗轮一般由铸铁轮芯和青铜轮缘组成，蜗杆则用钢制成。

2. 齿轮运行精度的影响因素

齿轮和蜗轮蜗杆传动的稳定性、可靠性、承载能力和使用寿命，除受制造材质、加工工艺、加工质量、使用维护等因素影响外，更重要的取决于装配质量。基本装配要求：装配位置正确，齿间间隙合适，齿面接触良好。

(1) 圆柱齿轮装配与调整

① 装配前的检查

a. 齿轮的主要技术参数是否与要求相符，如齿形、模数、齿宽、压力角等。

b. 齿轮内孔和轴的配合表面情况（尺寸精度、表面粗糙度）、配合公差大小是否合适，采用何种连接方式，如键、销等连接。

c. 齿轮的材质和加工质量，零件有无缺陷和伤痕。

d. 高速齿轮应做好平衡试验，保证齿轮旋转平稳。

② 齿轮与轴装配

a. 装配要求。齿轮在轴上的连接有空转、滑移和固定三种。在轴上空转或滑移的齿轮与轴为间隙配合，装配后的精度主要取决于自身的加工精度，在轴上不能晃动。在轴上固定的齿轮与轴多为过渡配合，带有一定的过盈。在装配时，如过盈量不大，可用锤击法装配；过盈量较大时，应用压力机或加热装配。

b. 齿轮装配轴上的缺陷有齿轮偏心、歪斜和端面未紧贴轴肩，如图 2-7 所示。

c. 精度高的齿轮传动机构，在装配后需要检验其径向和端面跳动，如图 2-8 所示。

将一圆柱形量规放在齿间，两个千分表分别置于齿轮的径向和端面位置，一面转动齿轮一面进行测量。

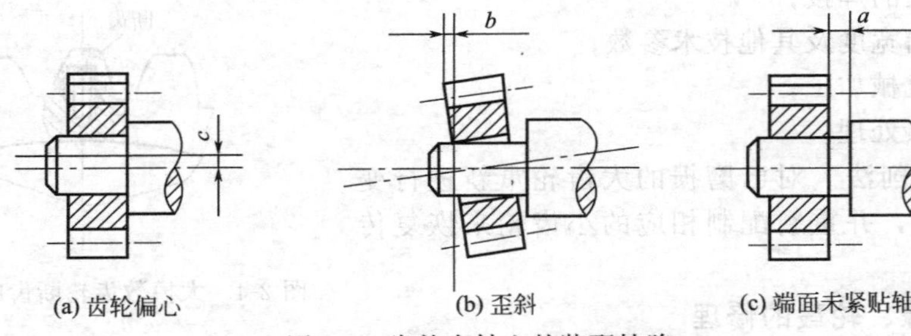

图 2-7　齿轮在轴上的装配缺陷

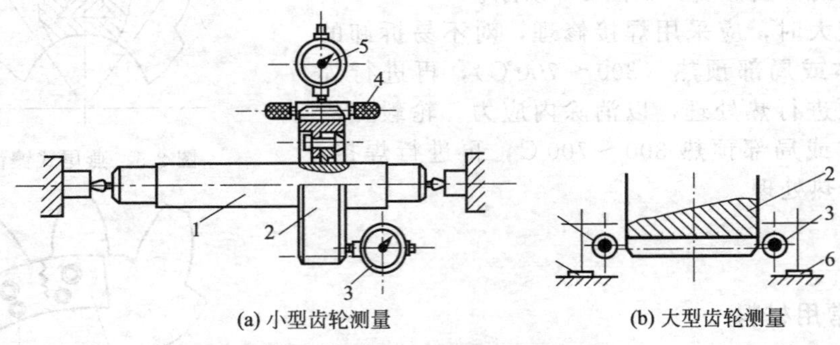

图 2-8　齿轮径向和端面跳动测量

1—轴；2—齿轮；3,5—千分表；4—量规；6—固定支架

齿轮径向跳动允许偏差值见表 2-3，端面跳动允许偏差值见表 2-4。

表 2-3　齿轮径向跳动允许偏差（8、9 级精度）

齿轮直径/m	允许偏差/mm	齿轮直径/m	允许偏差值/mm
0.10～0.20	0.08～0.12	1.0～1.5	0.28～0.34
0.20～0.35	0.12～0.16	1.5～2.0	0.34～0.42
0.35～0.50	0.16～0.20	2.0～3.5	0.42～0.52
0.50～0.75	0.20～0.24	3.5～5.0	0.52～0.65
0.75～1.0	0.24～0.28	—	—

表 2-4　齿轮端面跳动允许偏差　　单位：mm

齿轮宽度	齿轮直径	允许偏差值	齿轮宽度	齿轮直径	允许偏差值
50～100	100～200	0.05～0.09	150～250	1000～1500	0.20～0.30
50～100	200～400	0.08～0.16	150～250	1500～2000	0.30～0.40
50～100	400～600	0.15～0.24	150～250	2000～2500	0.40～0.50
100～150	500～700	0.15～0.24	250～450	2500～3000	0.30～0.45
100～150	700～1000	0.20～0.30	250～450	3000～4000	0.45～0.60
100～150	1000～1300	0.28～0.38	250～450	4000～5000	0.60～0.75

③ 齿轮轴与箱体装配　将装配好的齿轮轴部件装入箱体，其装配方式应根据它们的结构特点而定，一对相互啮合的圆柱齿轮装配后，其轴线应相互平行，且保持适当的中心距，

因此，在齿轮轴未装入箱体前，应用特制的游标卡尺测量出箱体孔的中心距，如图 2-9 所示。

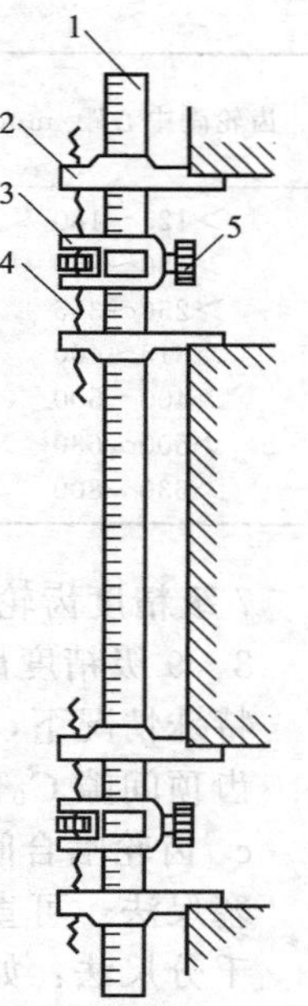

图 2-9 中心距精度检查

1—主尺；2—外卡；3—调节螺丝；4—内卡；5—固定螺母

渐开线圆柱齿轮中心距的极限偏差见表 2-5。外啮合齿轮的中心距取“+”值，内啮合齿轮的中心距取“−”值。

④ 齿轮啮合质量检查

a. 滑移齿轮应没有啃住和阻滞现象。变换机构应保证准确的定位，啮合齿轮的轴向错位不应超过下列数值：

齿轮轮缘宽	允许错位
$b\leqslant 30$mm	$0.05b$
$b\geqslant 30$mm	$0.03b$

若变换机构不能保证齿轮变速的准确位置，即啮合齿轮的轴向错位超差，则必须重新改变手柄所对应的定位基准，使变速盘数字、定位基准、齿轮的轴向滑移错位量三者统一。

b. 齿轮啮合间隙。齿轮在正常啮合时，齿间必须保持一定的齿顶间隙和齿侧间隙。其主要作用是储存润滑油，减少磨损，补偿轮齿在负荷作用下的弹性变形和热膨胀变形，防止齿轮间发生干涉。

当齿轮顶间隙和侧间隙过小时，运转将产生很大的挤压应力，发出嗡嗡轧碾声。同时，润滑油被排挤，引起齿间缺油，齿面磨损加剧。当齿侧间隙过大时，则产生齿间冲击，加快齿面的磨损，引起振动和噪声，并可能发生断齿事故。

齿侧间隙 C_n 可按模数 m 来确定。

7 级精度齿轮： $C_n=(0.05\sim0.08)m$

8、9 级精度齿轮： $C_n=(0.06\sim0.10)m$

粗齿： $C_n=0.16m$

装配后的圆柱齿轮，最小齿侧间隙见表 2-6。

表 2-5 渐开线圆柱齿轮中心距的极限偏差（±） 单位：μm

齿轮副中心距/mm	精度等级		
	5～6 级	7～8 级	9～10 级
>80～120	17.5	27.0	43.5
>120～180	20.0	31.5	50.0
>180～250	23.0	36	57.0
>250～315	26.0	40.5	65.0
>315～400	28.5	44.5	70.0
>400～500	31.5	48.5	77.5
>500～630	35.0	55.0	87.0
>630～800	40.0	62.0	100.0
>800～1000	45.0	70.0	115.0
>1000～1250	52.0	82.0	130.0
>1250～1600	62.0	97.0	155.0
>1600～2000	75.0	115.0	185.0
>2000～2500	87.0	140.0	220.0
>2500～3150	105.0	165.0	270.0

齿轮在工作中，由于齿面的磨损，齿侧间隙将不断增大，而齿顶间隙不变。矿山机械中的齿轮，当齿侧间隙达到下列数值后，应立即更换。

表 2-6 圆柱齿轮副的最小齿侧间隙（C_{nmin}） 单位：μm

齿轮副中心距/mm	齿轮的装配条件		齿轮副中心距/mm	齿轮的装配条件	
	开式	闭式		开式	闭式
>125～180	160	250	>800～1000	360	550
>180～250	185	290	>1000～1250	420	660
>250～315	210	320	>1250～1600	500	780
>315～400	230	360	>1600～2000	600	920
>400～500	250	400	>2000～2500	700	1100
>500～630	280	440	>2500～4000	950	1500
>630～800	320	500			

7 级精度齿轮： $C_n=(0.15\sim0.25)m$

8、9 级精度齿轮： $C_n=(0.25\sim0.40)m$

特殊情况下，慢速齿轮传动可允许 $C_{nmax}=0.5m$

齿顶间隙 C_0 的确定：压力角 $\alpha=20°$；标准齿，$C_0=0.25m$；短齿，$C_0=0.2m$。

c. 齿轮啮合间隙的检查方法。齿轮啮合间隙检查方法有塞尺法、千分尺法、压铅丝法。

塞尺法：可直接测出齿顶间隙和齿侧间隙。

千分尺法：如图 2-10 所示，将一个齿轮固定，在另一个齿轮上安装拨杆 1，由于有齿侧间隙，装有拨杆的齿轮可转动一定的角度，从而推动千分表的测头，得到表针摆动的读数差 Δc，分度圆半径 R，圆心到测点的距离 L，便可计算出齿侧间隙 C_n：

$$C_n=\Delta c\,\frac{R}{L} \tag{2-1}$$

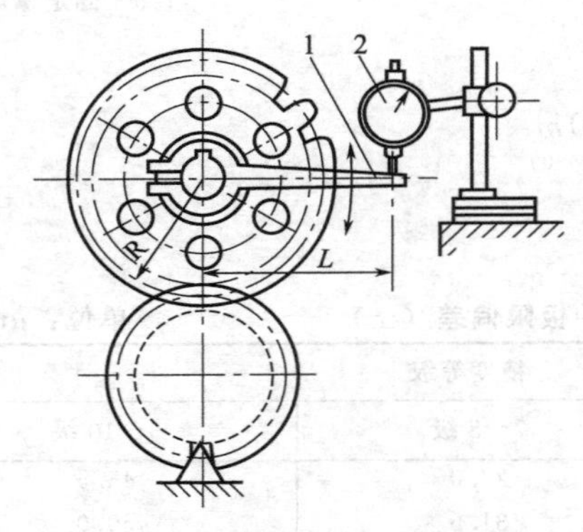

图 2-10 用千分尺测量齿侧间隙

1—拨杆；2—千分尺

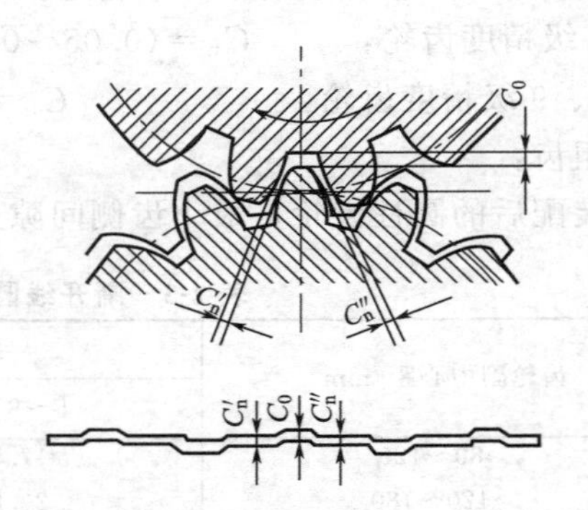

图 2-11 压铅丝法测量齿轮啮合的齿顶间隙和齿侧间隙

压铅丝法：如图 2-11 所示，先将铅丝过火变软，再将铅丝弯曲成齿形形状并放在齿轮上，然后使齿轮啮合滚压，用卡尺或千分尺测量压扁后的铅丝，最厚部分的厚度值为齿顶间隙 C_0，相邻较薄部分值之和为齿侧间隙 C_n。

$$C_n=C'_n+C''_n \tag{2-2}$$

(2) 圆锥齿轮装配与调整　圆锥齿轮传动装置的装置方法和步骤基本上与圆柱齿轮相同，但质量要求不同。装配圆锥齿轮时，必须使两齿轮的轴心线夹角正确，且两轴轴心线位于同一平面内。因此，在装配时，必须检查轴承孔中心线的夹角和偏移量，检查啮合间隙和接触精度。

① 轴心线夹角的检查　如图 2-12 所示，用塞尺检查 A、B 处的间隙，如果间隙为零或相等，则表明两轴线垂直。否则，两轴线的夹角有偏差，其极限偏差值见表 2-7。

表 2-7　圆锥齿轮轴中心线夹角的极限偏差

节圆锥母线长度/mm	0~50	50~80	80~120	120~200	200~320	320~500	500~800	800~1250
轴线夹角的极限偏差/μm	+45	+58	+70	+80	+95	+110	+130	+160

② 中心线偏移量的检查　如图 2-13 所示，两根检验心轴槽口平面间的间隙 a，即为两轴中心线的偏移量，可用塞尺测出。其值应符合表 2-8 中规定。

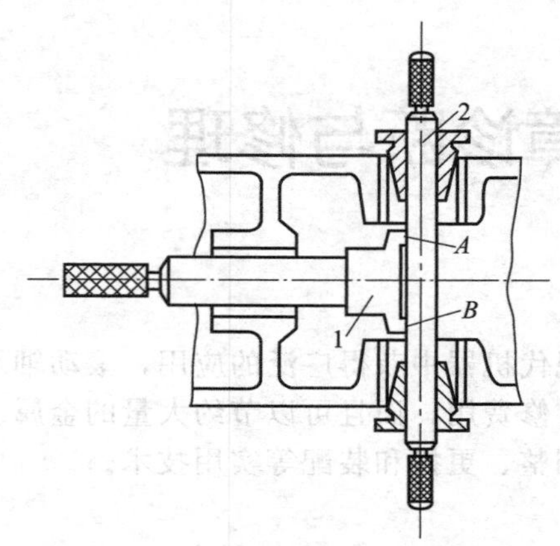

图 2-12　中心线夹角检查
1—检验叉子；2—检验心轴

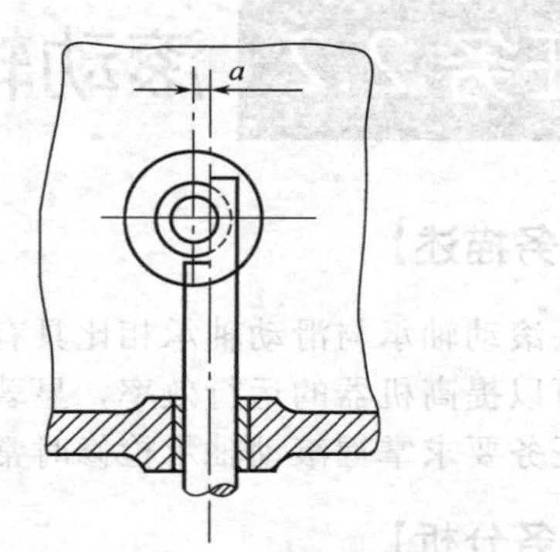

图 2-13　中心线偏移量的检查

表 2-8　圆锥齿轮中心线的允许偏移量

节圆锥母线长度/mm	0~200	200~320	320~500	500~800	800~1250
轴中心线的允许偏移量/μm	25	30	40	50	60

③ 啮合间隙的检查　圆锥齿轮啮合间隙的检查方法与圆柱齿轮相同，可用塞尺、千分尺和压铅丝等方法检查，现场常用压铅丝法。

顶间隙 $C_0=0.2m$（m 为模数），侧间隙 C_n的标准值见表 2-9。

表 2-9　圆锥齿轮的标准保证间隙　　单位：μm

传动形式	锥距/mm							
	0~50	50~80	80~120	120~200	200~320	320~500	500~800	800~1250
闭式	85	100	130	170	210	260	340	420
开式	170	210	260	340	420	580	670	850

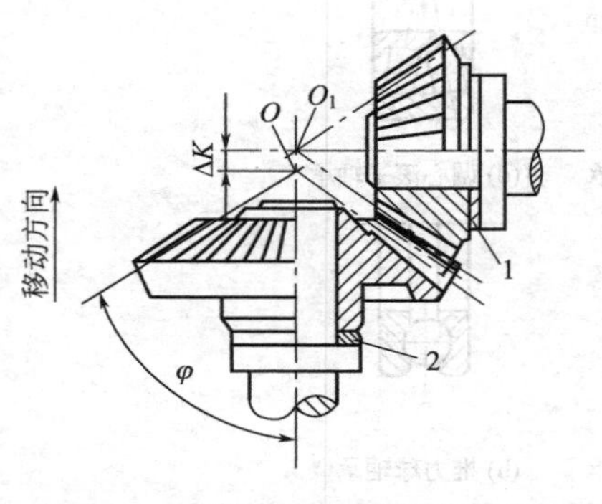

图 2-14　圆锥齿轮间隙的调整方法

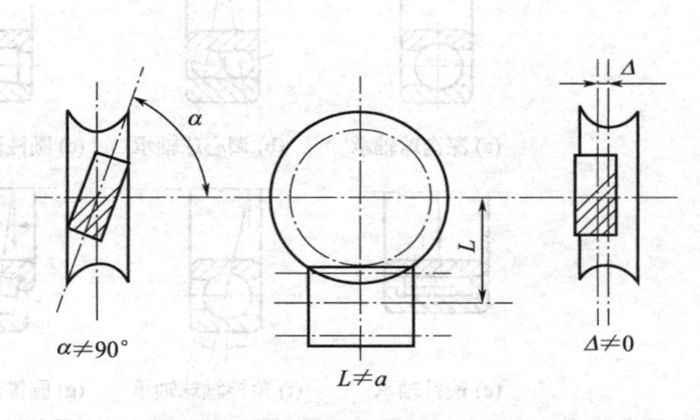

图 2-15　蜗轮蜗杆副的传动机构的几种不正确啮合情况

侧间隙的大小可利用加减垫片法产生轴向移动来进行调整，如图 2-14 所示。

④ 圆锥齿轮啮合接触精度检查　圆锥齿轮的啮合情况可用涂色法检查，根据齿面着色情况，判断出误差，从而进行针对性的调整，如图 2-2 所示。

(3) 蜗轮蜗杆副装配与调整　装配蜗轮蜗杆副的主要技术要求是：保证蜗轮上齿顶圆的圆弧中心与蜗杆的轴线，在同一个垂直于蜗轮轴线的平面内；要具有正确啮合的中心距 a，并要求有适当的啮合侧间隙和正确的啮合接触精度。图 2-15 是蜗轮蜗杆副的传动机构的几种不正确啮合情况。

任务 2.2　滚动轴承的故障诊断与修理

【任务描述】

滚动轴承与滑动轴承相比具有较多的优点，在现代机器中获得广泛的应用，滚动轴承不仅可以提高机器的运行效率，显著减少劳动强度和维修费用，而且可以节约大量的金属。此课任务要求掌握滚动轴承检修时常用的检查、间隙调整、更换和装配等实用技术。

【任务分析】

1. 功能分析

滚动轴承应用在中小载荷的机器中，由内圈、外圈、滚动体和保持架组成，是机器中的精密标准件，各个尺寸及要求都已标准化。应用在机器中，使机械零件高效运行。

正确安装，可以减少滚动轴承的磨损，延长使用寿命，提高机器的工作效率，反之滚动轴承磨损加大，甚至高温咬死，机器停机致使生产中断。

2. 滚动轴承的种类与应用

按轴承承受载荷方向可分为：

① 向心轴承，只承受径向载荷。

② 向心推力轴承，既能承受径向载荷，又能承受轴向载荷。

③ 推力轴承，只承受轴向载荷。

按结构类型可分为（图 2-16）：

① 深沟球轴承（0000 型），间隙不可调整。

② 调心球轴承（1000 型），间隙不可调整，应用于轴承不能精确对中的场合。

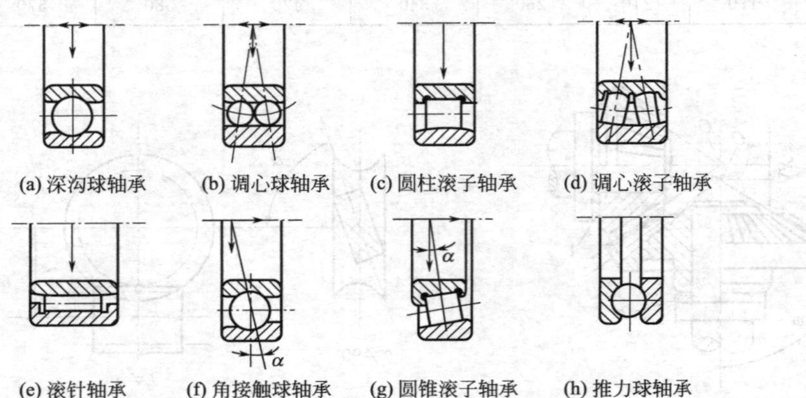

图 2-16　滚动轴承的主要类型

③ 圆柱滚子轴承（2000 型），间隙不可调整。

④ 调心滚子轴承（3000 型），间隙不可调整。

⑤ 滚针轴承（4000 型），间隙不可调整。

⑥ 角接触球轴承（6000 型），间隙可调整，一般成对使用。

⑦ 圆锥滚子轴承（7000 型），内外圈可分离，安装时易于调整间隙。

⑧ 推力球轴承（8000 型），该轴承有两个套圈，其内径与孔径配合要求不同，一紧一松，松环比紧环的内径大 0.2mm 以上。

【知识准备】

1. 滚动轴承的配合选择

滚动轴承是互换性的标准件，当与轴孔配合时均以滚动轴承为基准件。即滚动轴承的内圈内径与轴配合时为机孔制，外圈外径与外壳孔配合时为机轴制。要获得不同性质的配合，只能采取不同极限的外壳的孔和轴来实现。

由于滚动轴承配合的特殊要求和结构特点，滚动轴承的配合一般按所承受的负荷类型、大小和方向、轴承的类型来选择。

机器运转时，根据作用在轴承上的负荷相对于套圈的旋转情况，可将套圈所承受的负荷分为局部负荷、循环负荷和摆动负荷三种，如图 2-17 所示。

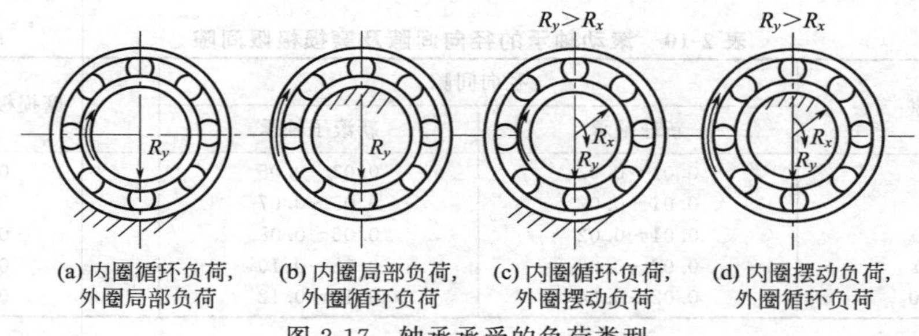

图 2-17 轴承承受的负荷类型

局部负荷的特点：作用于轴承上的合成径向负荷始终不变地作用在套圈的局部滚道上；循环负荷的特点：作用于轴承上的合成径向负荷顺次作用在套圈的整个圆周滚道上；摆动负荷的特点：作用于轴承上的合成径向负荷连续摆动地作用在套圈的局部滚道上。

受循环负荷的套圈与轴（或孔）的配合应紧一些，一般选用过盈配合，配合公差为 n6(N6)、m6(M6)、k5(K5)、k6(K6)，以保证整个滚道上的每个接触点都能依次地通过受力最大点，使受循环负荷的套圈磨损均匀。

受局部负荷的套圈与孔（或轴）的配合应松一些，一般为间隙配合或过度配合，配合公差为 J7(j7)、H7(h7)、G6(g6)，以防止受力点固定停留在套圈的某一个位置，使滚道受力不均匀，磨损太快。配合较松可使套圈在滚动体摩擦力的带动下产生一微小的周向位移，消除轴承圈滚动的局部磨损，改变滚道受力最大点位置，从而延长了受局部负荷的套圈的寿命。

摆动负荷的套圈与孔（或轴）的配合一般与循环负荷的套圈相同或稍松，应避免间隙配合或内外圈同时使用较大的过盈配合。

2. 滚动轴承的拆卸、清洗、检查

(1) 轴承的拆卸　滚动轴承的拆卸，以不损坏轴承及其配合精度为原则，拆卸力不应直

接或间接地作用在滚动体上。

滚动轴承常用锤击法、压卸法、拉拔法、温差法。应用时操作要求：

① 锤击法、压卸法、拉拔法拆卸时拆卸力应均匀作用于配合较紧的座圈上，即应作用在承受循环载荷的座圈上；

② 当轴承座圈承受摆动载荷时，作用力应同时作用在内外圈上，以防损坏轴承；

③ 当遇到与轴颈锈死或配合较紧的情况时，可预先用煤油浸渍配合处，然后加热，再用锤击或压卸法拆卸。

（2）轴承的清洗和检查　拆卸下的轴承先用清洗液清洗，将座圈、滚道和保持架上的污垢全部除掉，清洗干净后擦干，准备检查。

① 正常破坏形式是滚动体或内圈滚道上的点蚀，还有由于润滑不足造成的烧伤；滚动体和滚道间的磨损造成的间隙增大；装配不当造成的轴承卡死、胀破内圈、敲碎内外圈和保持架变形等形式。

② 如果发现轴承旋转时声音太大或卡紧现象，说明质量不好。当发现轴承间隙因磨损超过规定值、滚动体和内外圈有裂纹、滚道有明显斑点、变色疲劳脱皮、保持架变形等现象，轴承就不能继续使用。

③ 滚动轴承间隙的检查要根据不同的结构进行。间隙可调整类轴承拆卸后不需要检查，而在装配时进行调整；不可调整类滚动轴承在清洗后，可用塞尺法或经验检查法进行径向间隙的检查，以定取舍，标准见表 2-10。

表 2-10　滚动轴承的径向间隙及磨损极限间隙　　单位：mm

轴承间隙	径向间隙		磨损极限间隙
	新球轴承	新滚子轴承	
20～30	0.01～0.02	0.03～0.05	0.1
35～50	0.01～0.02	0.05～0.07	0.2
55～80	0.01～0.02	0.06～0.08	0.2
80～120	0.02～0.03	0.08～0.10	0.3
130～150	0.02～0.04	0.10～0.12	0.3

【任务实施】

1. 滚动轴承的装配

滚动轴承装配前应保持清洁，注意检查其与轴颈或轴承座的配合尺寸、几何精度、表面粗糙度是否符合要求。零件表面的碰伤、毛刺、锈蚀等局部缺陷应及时修整，装配时有字样的断面朝外，便于下次维修和查询。

滚动轴承的装配过程应根据不同类型的轴承和配合性质而定。

（1）圆柱孔轴承的装配

① 当过盈量不大，而内圈与轴配合紧，外圈与外壳孔配合较松时，可用锤击法或压入法先将轴承压装到轴上，然后将轴连同轴承一起装入外壳孔内。

② 当过盈量不大，而外圈与外壳孔配合紧、内圈与轴配合较松时，用锤击法或压入法先将轴承压装到外壳孔内，然后将轴装入轴承。

③ 对于可分离型轴承其内外圈应分别装配。

④ 当过盈量较大时，采用加热法。将轴承或套圈放在油箱中加热至80～120℃，然后从油中取出装到轴上。对于内径在 100mm 以上的可分离型滚子轴承，采用电感应加热的方法，将内圈加热到 100℃时取出，进行装配。

（2）圆锥孔轴承的装配　圆锥孔轴承可以直接装在有锥度的轴颈上或装在紧定套或退卸

套的锥面上。当轴承进入锥形轴颈或轴套时，由于内圈膨胀使轴颈径向游隙减小，故可通过控制轴承压进锥形配合面的距离，调整径向游隙。通过紧定套或退卸套装配的圆锥孔轴承，一般采用锁紧螺母装配，如图 2-18 所示。

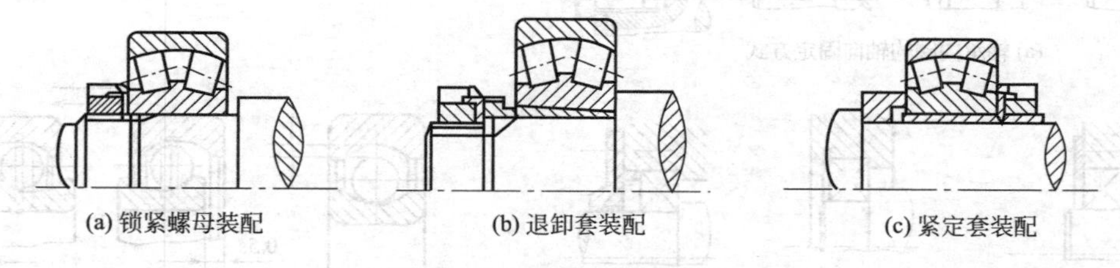

图 2-18　圆锥孔轴承装配

(3) 角接触轴承装配　对于角接触轴承，可采用圆柱孔轴承的装配方法。角接触轴承要注意“正装”和“反装”的配置方式。圆锥滚子轴承内外圈应分别安装，然后进行间隙调整。

(4) 推力轴承装配　首先保证松环和紧环的位置正确。紧环端面应与旋转零件的端面相接触，保证紧环与旋转中心重合；松环端面应与固定零件的端面相接触，松环的径向位置是靠紧环通过滚动体确定的，只有这样才能保证松环、紧环和滚动体运转时轴线一致。轴承外圈应与座孔保留间隙 C，如图 2-19 所示。

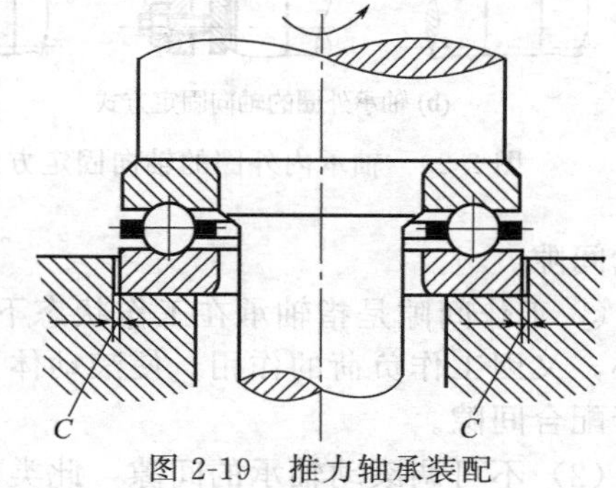

图 2-19　推力轴承装配

(5) 轴承的固定　为防止滚动轴承在轴上和外壳孔内发生不必要的轴向移动，轴承内圈或外圈应做轴向固定。轴向固定包括轴向定位和轴向紧固。

轴向定位是保证轴承在轴中占有正确的位置，轴向紧固是保证轴承不发生轴向移动。当轴向很小或无轴向力，且配合较紧时，可不采取任何紧固方法。

(6) 滚动轴承座的装配　装配同一轴上两个或多个滚动轴承时，必须保证中心线重合并在一条线上。轴承座的装配要求与滑动轴承相同。

轴承内外圈的轴向定位，一般靠轴和外壳孔的挡肩或弹性挡圈。轴承内圈与轴的固定，常采用锁紧螺母及止动垫圈、弹性挡圈、双螺母、紧定套和退卸套等。轴承外圈的固定常采用弹性挡圈、轴承压盖。紧固方式如图 2-20 所示。用轴承压盖时不能压得太紧，以防轴承间隙减小，运转时发热。

2. 滚动轴承装配间隙的调整

(1) 滚动轴承的间隙　滚动轴承的间隙分为径向间隙和轴向间隙。径向间隙是指轴承一个套圈固定不变，另一个套圈在垂直于轴承轴线方向的移动量；轴向间隙是指在轴线方向的移动量，如图 2-21 所示。轴承的径向间隙和轴向间隙之间有着密切的关系，一般径向间隙越大，则轴向间隙也越大。装配时轴承应具有必要的间隙，以弥补制造和装配偏差及受热膨胀量，同时保证润滑，保证轴承的均匀和灵活运动。

根据滚动轴承在装配前、后和运转时所处的状态不同，轴承的径向间隙又分为原始间隙、配合间隙和工作间隙。

① 原始间隙是指轴承在未装配前的间隙，制造厂家按国家标准保证。

② 配合间隙是指轴承装配到轴上和轴承孔内后，所具有的间隙。由于受配合过盈量的影响，装配后内圈涨大、外圈压缩，故过盈量愈大，受其影响愈大。因此配合间隙永远小于

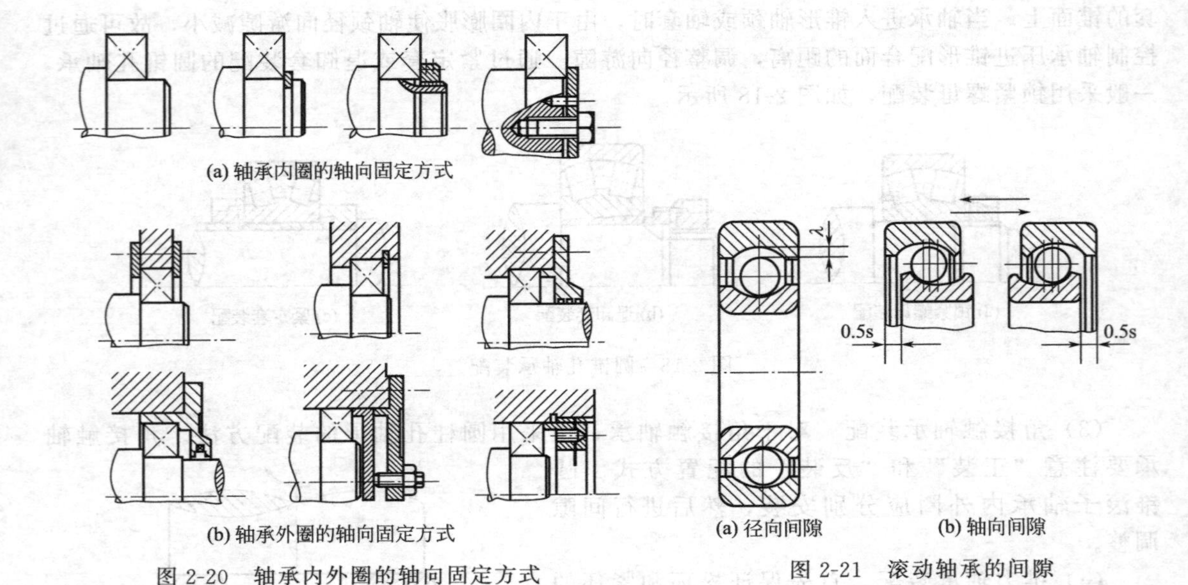

图 2-20　轴承内外圈的轴向固定方式

图 2-21　滚动轴承的间隙

原始间隙。

③ 工作间隙是指轴承在工作状态下的间隙，它受内外圈配合和温差的影响使配合间隙减小，又因工作负荷的作用，使滚动体与套圈产生弹性变形而增大，一般情况下，工作间隙大于配合间隙。

(2) 不可调滚动轴承的间隙　此类轴承装配后间隙不进行调整，圆锥孔的轴承安装时可利用在锥度轴颈上的移动量，改变其内圈的配合松紧程度，达到微量调整径向间隙。

轴承的轴向间隙很小，在温度升高时可使滚动体有一定的游动量，一般为0.20～0.5mm。

3. 滚动轴承装配的预紧

滚动轴承的预紧，是指在安装时使轴承内部滚动体与套圈间，保持一定的初始压力和弹性变形。以减小在工作负荷下轴承的实际变形量，改善轴承的支撑刚度，提高旋转精度。轴承预紧量应适当，过小将达不到预紧的目的，过大又会使轴承中接触应力和摩擦阻力增大，从而导致轴承寿命的降低。

轴承的预紧常用定位预紧、定压预紧和径向预紧。

① 定位预紧：装配时将一对轴承的外圈或内圈磨去一定厚度或在其间加装垫片，以使轴承在一定的轴向负荷作用下产生变形，达到预紧。如图 2-22 所示。

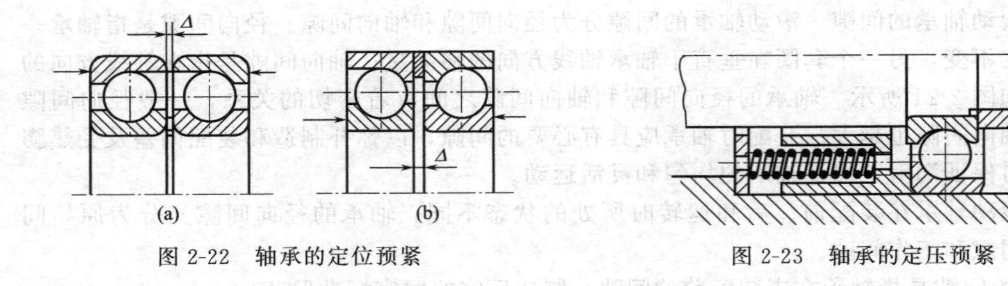

图 2-22　轴承的定位预紧

图 2-23　轴承的定压预紧

② 定压预紧：装配时利用在套圈上的弹簧力，使轴承受一定的轴向负荷产生预变形，达到预紧。如图 2-23 所示。

③ 径向预紧：装配时利用轴承和轴颈的过盈配合，使轴承内圈膨胀（如锥孔轴承），消除径向间隙，减小预变形，达到预紧。

【知识拓展】

☆ 可调型滚动轴承的间隙调整 ☆

此类轴承装配后的间隙都是通过调整轴承座圈之间的相互位置而达到要求的，以圆锥滚子轴承为例，如图 2-24 所示。

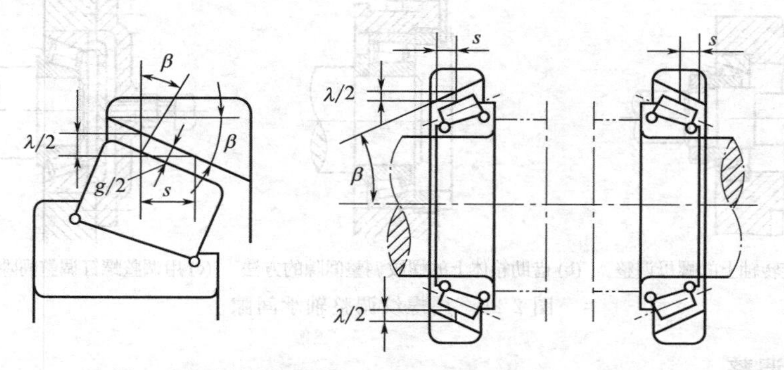

图 2-24　圆锥滚子轴承（7000 型）间隙的几何关系

轴承的径向间隙 λ 主要由外圈的相对移动所得到轴向间隙 s 来确定的。常用的调整方法有箱体与轴承盖间加调整垫片、螺纹调整、调整环等。

1. 箱体与轴承盖间加调整垫片调整

通过改变垫片的厚度 δ 调整滚动轴承的间隙 s，如图 2-25(a) 所示。间隙测量常用压铅丝法、千分表法、塞尺法。

用压铅丝法测量时，将铅丝分成 3～4 段，用润滑脂均匀涂抹在轴承盖和轴承外圈及轴承盖凸缘与机座之间，如图 2-25(b) 所示。拧紧轴承盖后再拆下，用千分尺测量被压扁铅丝的厚度 a 与 b，算出 a 与 b 的平均值来定垫片厚度 $\delta(\delta=a-b+s)$。

如果轴承盖与轴承外圈间的距离太大时，可用加一个垫环的方法来解决，如图 2-25(c) 所示。不可调整的向心轴承，考虑到受热膨胀应留有轴向间隙，也可以用此法测量和调整。

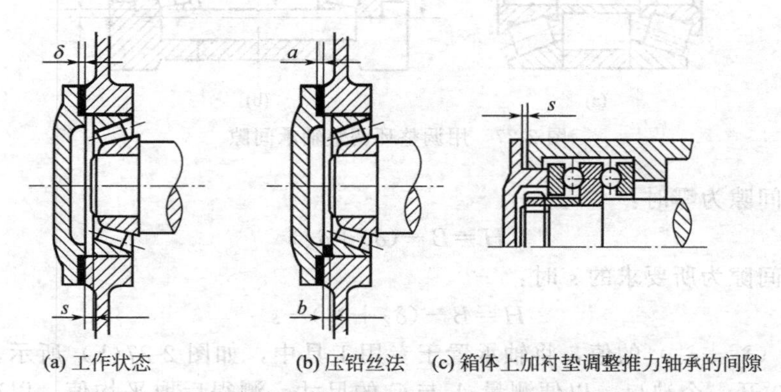

(a) 工作状态　(b) 压铅丝法　(c) 箱体上加衬垫调整推力轴承的间隙

图 2-25　箱体与轴承盖间加调整片调整轴承间隙

2. 螺纹调整

用旋转轴上的螺母调整时（图 2-26），先旋转螺母将轴承内圈压紧，直到转动轴感到发紧，再根据技术要求的轴向间隙，将调整螺母逆时针旋转一个角度 α，然后用锁紧螺母锁紧，以防在轴旋转时松动。α 角的计算式：

$$\alpha=\frac{s}{t}\times 360^{\circ} \tag{2-3}$$

式中　s——轴承要求的间隙；

　　　t——调整螺母的螺距。

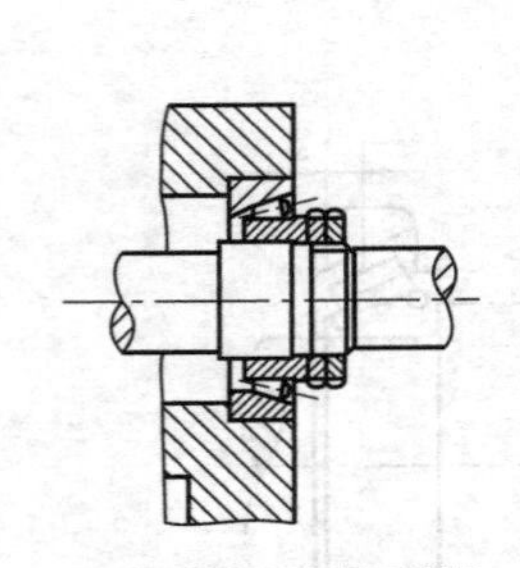

(a) 用旋转轴上的螺母调整

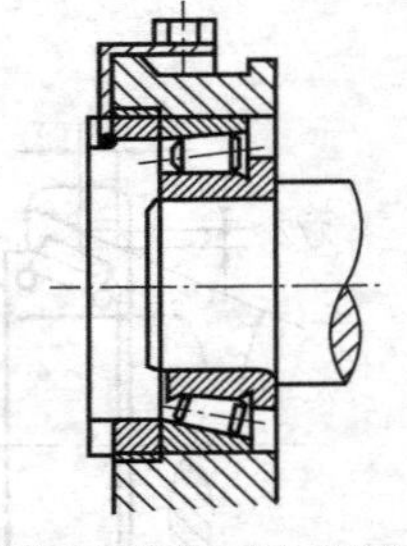

(b) 借助箱体上的螺纹调整间隙的方法

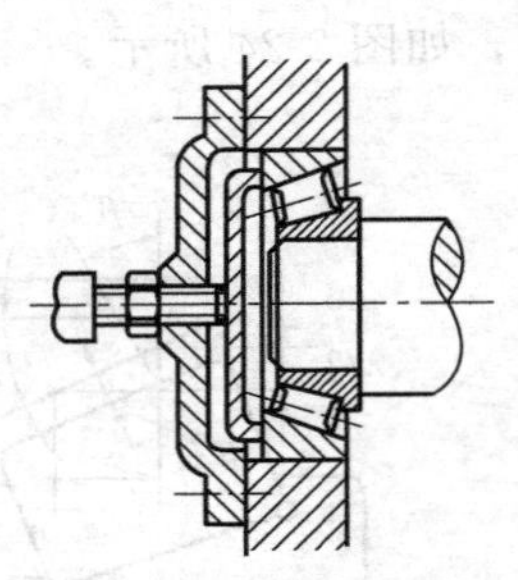

(c) 用调整螺钉调整间隙的方法

图 2-26　用螺纹调整轴承间隙

3. 调整环调整

用调整环调整时，必须将轴承从轴上取下，在平台或专用台具上进行测量，然后改变内调整环和外调整环的宽度，获得要求的间隙，此法优点：在装配前进行调整，装配比较便利，同时利用精密仪器测量，可得到较高的精确度。

调整步骤如图 2-27 所示。δ_1、δ_2、δ_3、δ_4 为轴承间隙等于零时内外套错开的尺寸，H 表示外环宽度，B 表示内环宽度。

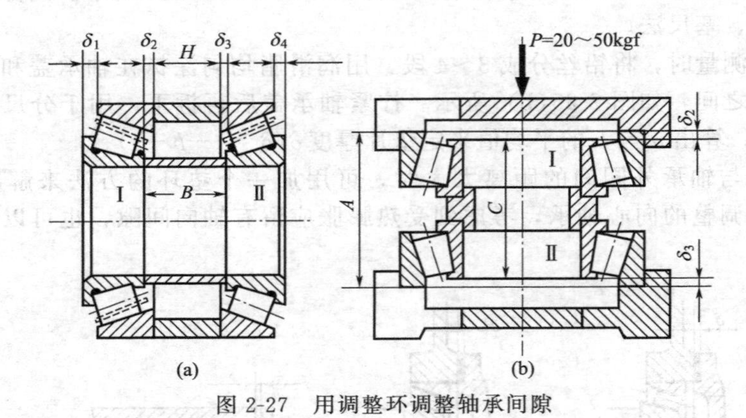

图 2-27　用调整环调整轴承间隙

① 当轴向间隙为零时：

$$H=B-(\delta_2+\delta_3) \tag{2-4}$$

② 当轴向间隙为所要求的 s 时：

$$H=B-(\delta_2+\delta_3)-s \tag{2-5}$$

③ 为测量（$\delta_2+\delta_3$）的值，将轴承置于专用工具中，如图 2-27(b) 所示，工具的底座和上盖每隔 120°开一个缺口，以便测量 A 与 C 的尺寸，测得后取平均值，以减少误差。两套轴承之间有定心套，以防止在测量时发生移动。为消除间隙，在上盖加一载荷 P。用千分尺测量 A、C 的尺寸，则 $A-C=\delta_1+\delta_2$。

当结构形式只有内调整环或外调整环时，则可以认为 B 或 H 等于零。

任务 2.3 机械零件故障常用的修理方法

【任务描述】

机器中的零件磨损后，由于表面状况、几何尺寸、配合性质的改变，使机器的工作效果降低，工作性能恶化，甚至影响正常运转。因此需要及时更换或修理磨损的零件，使其恢复原有的尺寸或配合性质。这就需要学习和掌握机械零件常用的修理手段与方法，掌握实际修理技能。

【任务分析】

1. 功能分析

零件磨损后的修理工序：先用焊接或电镀、金属喷涂、胶粘等手段修补，然后进行机加工，使零件恢复原有的几何尺寸精度，必要时进行热处理，恢复零件的使用性能。

① 焊修是将焊接工艺用于修理的方法，它具有工艺简单、操作容易、修理过程短、质量稳定可靠等优点，因而得到广泛使用。缺点是焊件存在变形、产生内应力和强度降低。

② 电镀修复是镀件经适当的处理后，在镀槽中通过化学反应在其表面进行金属沉积的过程，其优点是镀层与基体的结合面强度高，镀层细致紧密，镀件不变形。通过选用不同的镀层金属，可得到不同性能要求的修复。缺点是修复时间长，成本高。

③ 金属喷涂时利用热能把金属丝或粉熔化，并使金属液滴在高压气体的作用下，吹散成微粒，以高速喷射到处理好的工件表面上，成为附着牢固的金属层。其优点是减少修理费用、缩短修理时间，镀层耐蚀、耐磨和耐热。

④ 粘接修理是利用胶黏剂把零件缺损的部分通过粘接工艺进行修复的方法。优点是工艺简单、操作方便、实现异种材料粘接，粘接接头应力分布均匀、耐腐蚀、密封性好。

2. 应用分析

① 焊接应用非常广泛，如钢架结构件、板材加工、变形体预加反变形等。

② 电镀应用在零件的表面光洁精度处理，如轴磨损后电镀修复、仪器仪表表面处理等。

③ 金属喷涂应用在环境条件恶劣的机械零件，如矿山机械、运输机械、船舶等。

④ 粘接应用在胶黏体材料和密封接触面，如胶带断裂的修补、电机端盖密封、木材粘接、胶皮鞋和皮鞋的粘接等。

【知识准备】

1. 零件的焊修

(1) 焊修特点

① 零件容易变形和损坏　在焊修时零件局部受热，且受热区的温度不均匀，金属组织内产生内应力，使塑性材料和刚度较小的零件产生变形，如图2-28所示，使脆性材料的零件产生裂纹。

② 需了解零件的材质和使用要求　机械零件种类很多，其性质和性能要求各不相同，焊修时，材质是影响可焊性的主要因素，而焊条和焊修工艺的选择直接影响焊修质量和使用性能。因此，在焊修前应对零件的材料、工作条件、力学性能和以前使用的情况等做了解，以便在焊修工件中采取相应的措施，获得满意的修复效果。

③ 考虑焊修后的机加工问题　对于有尺寸精度要求的零件，焊修后要进行机加工，但由于焊修时会引起零件金属内部组织变化，从而导致很难进行机加工。如焊补灰口铸铁时，由于焊补区冷却速度比铸造时快得多，极易形成硬度很高的“白口”组织，导致不能机加工。

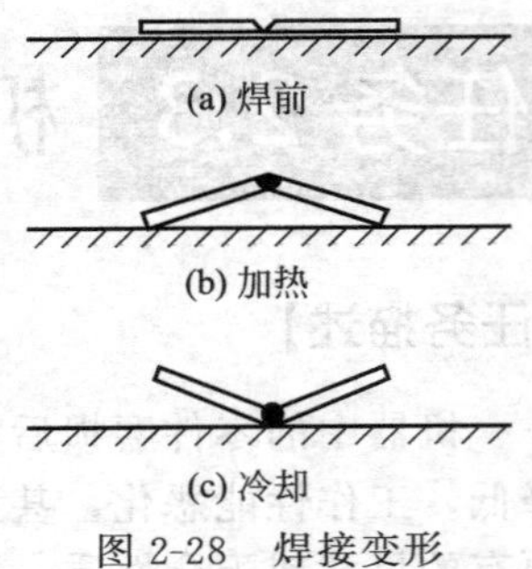

图 2-28　焊接变形

为了使焊修后的零件能机加工，焊前必须选择合理的焊修工艺，如采用焊前预热、焊后冷却或回火等工艺。选择合适的焊条也可保证焊后零件的可加工性。

(2) 焊修前的技术准备　为保证零件的焊修质量，提高工作效率，应认真做好如下准备工作。

① 焊条的准备　焊修方法有多种，现场焊修多采用手工电弧焊，因而焊条的准备是保证焊修质量的关键因素之一。

1）焊条的选用。焊条的种类很多，在焊修时应根据焊修零件的材质、技术要求和焊修工艺来选择焊条，做到焊修质量可靠且经济合理。

a. 无特殊要求的碳钢零件，应选用酸性焊条，如 E4301、E4303、E4310、E4311、E5001、E5011。重要的碳钢零件焊修应选用碱性焊条，如 E4315、E4316、E5015、E5016 等。

b. 碳钢和低合金钢零件，按照“等强度原则”选用相同等级的焊条。碳钢的抗拉强度随着含碳量的增加而增加，低合金钢的强度随着含碳量的增加而提高。

一般情况下，$c_E<0.35\%$，选用 E43 系列焊条；$c_E=0.4\%$，选用 E50 或 E55 系列焊条；$C_E\leqslant 0.5\%$，选用 E60 系列焊条。

c. 根据材料的可焊性选焊条。实践证明，碳钢和合金钢随着含碳量的增加可焊性降低。

当 $c_E<0.4\%$时，钢材的淬硬倾向不明显，焊接性能优良，焊修时一般不需要预热，对焊条的选择要求不高。

当 $c_E\geqslant 0.4\%$时，钢材的焊接性能差，焊修时应预热，同时要选择抗裂性能好的碱性焊条，如 E4315、E4316、E5015、E5016 等。

d. 灰口铸铁零件的焊修，主要有两个问题：一是易形成“白口”；二是极易产生裂纹。所以焊修时应根据零件的重要程度选择焊修工艺和焊条。

对于不重要的焊修件，可采用冷焊工艺，用一般铸铁焊条即可，如 Z100、Z248、Z116 等，焊后一般不用加工。

重要的灰口铸铁零件，可采用热焊，即把零件整体或局部加热到 600～700℃，然后焊补，焊补后缓慢冷却（如石棉包裹，或放在温室炉中随炉温冷却）。焊条可选用 Z248、Z208，焊补面可机加工。

焊修后需要加工的零件，也可采用冷焊。选用镍基铸铁焊条，可用于比较重要的修补，如 Z308、Z208；选用铜基铸铁焊条，其接头强度和加工性较差，如 Z508、Z607。

e. 刚性大，焊修时难于自由伸缩的部位，应选用抗裂性能好的碱性焊条，如 E4315、E4316。

f. 堆焊用焊条，应根据堆焊的性能要求选用。一般磨损修复选用 D102、D106、D107 焊条；耐磨性修复选用 D217、D227 焊条；耐高温磨损修复选用 D317、D322、D327 焊条。

2）焊条的使用准备工作。对质量有怀疑的焊条应进行鉴定，焊条药皮受潮严重、内部有锈迹、药皮脱落时，焊条应报废。焊条在使用前一般按说明书规定的烘焙温度进行烘干。

a. 纤维素型焊条（如 E4310、E4311、E5011）的烘干温度为 100～200℃，保温 1h。加温时应注意温度不可过高，否则，药皮中的纤维素易烧损。

b. 酸性焊条一般在 70～150℃下烘干 1～2h。

c. 碱性焊条一般在 350～450℃下烘干 1～2h，随炉温降低随用随取。注意：烘干时，在炉温较低时放入焊条，逐渐升温，取出时切不可从高温箱中直接取出，以防焊条的药皮因温度突变出现脱落或干裂。

② 焊修部位的准备

1）清洁处理。清洁的焊接表面可提高焊缝质量，减少气孔、夹渣等缺陷。因此，在焊修前应将所焊部位的水分、油垢、泥砂、锈蚀等予以清除。如使用碱性焊条更应仔细清除。

2）裂纹的处理。对于未穿透裂纹，为保证焊透，应用机加工的方法沿裂纹方向开坡口，槽深应超过裂纹深度 2～3mm，底部应铲成圆角，如图 2-29 所示。对于穿透部位板厚在 6mm 以下可不开坡口，接头样式可按图 2-30 进行准备。

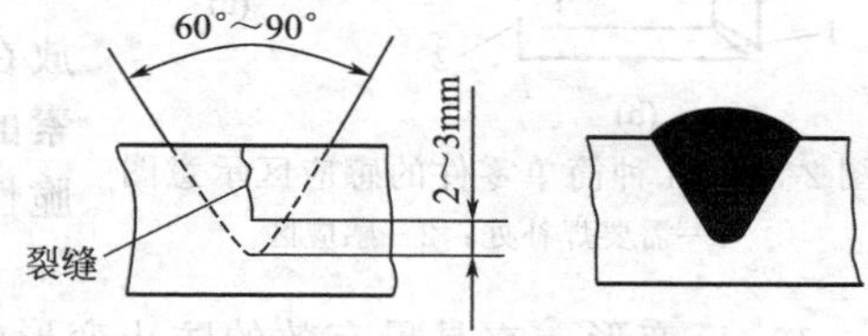

图 2-29　未穿透裂纹准备的坡口

3）圆柱形零件对接时，对接处的斜边不要做成锥形，而要做成铲状或楔形。如此，零件能保持较高的抗扭能力。

4）为防止零件上的裂纹在焊修时继续扩展，焊前应预先在裂纹的两端钻出 2～5mm 的止裂孔，然后从孔处开始焊接，当全部焊缝补好后，再补焊止裂孔。

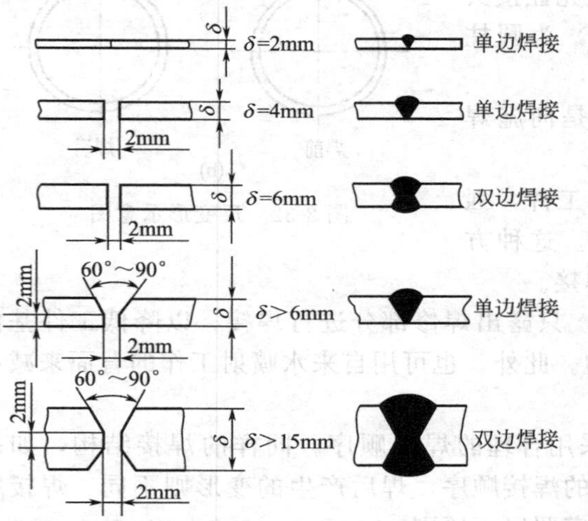

图 2-30　穿透裂缝准备好的边缘式样

5）铸件缩孔焊补时，先清除孔内污垢及尖角，然后用堆焊法进行焊补。

6）堆焊零件前的准备，堆焊前，要对零件表面进行污垢、氧化层的清除，防止出现炸花或虚焊的不良现象。

（3）焊修注意事项及焊后处理　焊修应选择合理的工艺和焊接规范，设法减少或避免焊修中出现的各种缺陷，如裂纹、变形及焊缝中夹渣、气孔、未焊透等现象。

① 减小焊修应力的方法　焊修应力不仅能引起变形，甚至产生裂纹，而且还会影响焊后机加工精度，因此在焊修后设法消除焊修中产生的应力。

a. 预热和缓冷。焊修前将工件加热到一定温度（100～200℃），并在焊修中或焊后防止工件急速冷却，一般在室内焊修，减少温差，从而减小焊修内应力。

预热温度随材料含碳量的增加而提高，如 45 号钢预热 250℃，局部预热范围为焊区两侧 150～200mm。缓冷的方法，如工件焊修后，包石棉或放入石棉灰中，也可放入热炉中。

b. 锤击。焊修过程中，在赤热状态下，用手锤连续敲击，或边焊边敲击。击打的作用使金属延展而抵消冷却收缩量，达到减小应力的目的。

当焊后温度降低时，敲打的力量也随之减小。当温度降至 300℃后，就不能再击打，否则将产生裂纹。

c. 加热感应区。焊修工件时，可选择适当部位进行加热，即选取阻碍焊缝膨胀和收缩的部位，加热这个部位，可使焊补焊口扩张，焊后又能和焊补区同时冷却收缩，减小了焊补区的内应力。图 2-31 所示的是几种简单零件的感应区的选择方案，图(a)、(b) 为框架结构，在 2 处加热，可使断口 1 张开；图(c) 感应区为环形带，加热 2 处后断口 1 也是张口

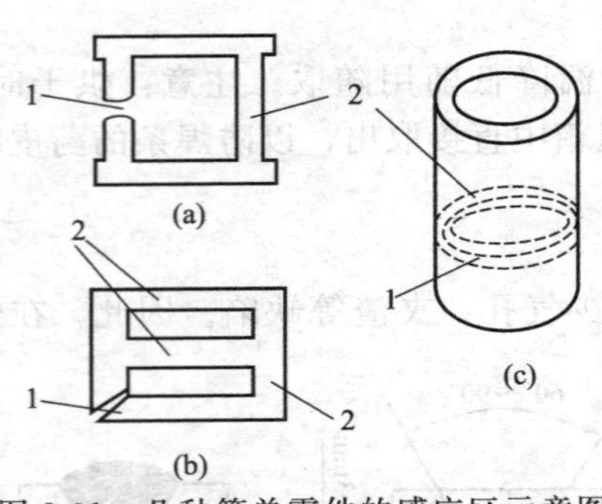

图 2-31 几种简单零件的感应区示意图
1—需要焊补处；2—感应区

状态。

d. 焊后热处理。焊后热处理是消除应力最有效的办法。碳素钢和低合金钢可采用高温回火，加热温度550～650℃，保温一定时间（每 1mm 要保温 5min），然后炉冷或空冷，这样可消除 80%～90%以上的焊修应力。

采用高温回火容易引起变形。因此，热处理必须放在机加工之前。此外，对于含有 Cr、Ni、Mn 等元素的合金钢，应采用快速冷却的方法，以避免回火脆性。

② 减小和防止变形的方法

1）反变形。它是最有效的防止变形的措施。根据被焊工件的结构特点，凭借经验估计焊修时将发生变形的方向和变形量，在焊修前，先将工件的焊接处用机械方法进行反方向预变形，从而使焊后的变形恰好和预变形抵消，如图 2-32 所示。

图 2-32(a）为平板的对接，如不加预变形，焊后将成为图 2-28(c）所示的形状。因此，焊前预先让接头向上斜置，焊后变形使接头展平。图 2-32(b）为圆柱工件的对接，焊前应将接头向外反方向变形。

预变形特点：接头反向变形的方向，总是向施焊侧凸起。

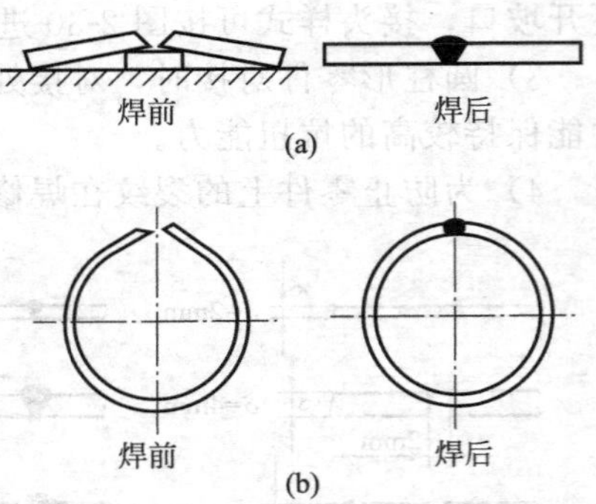

图 2-32 反变形示意图

2）刚性加固法。用刚性较大的夹具紧固工件，强制其变形。采用此法，工件内力较大。因此，这种方法主要用于具有良好可塑性的低碳钢薄板的焊接。

3）水冷法。焊修时，可将工件浸在水中，只露出焊修部分进行焊接，以降低工件基体金属的温度，达到增大刚度、减小变形的目的。此外，也可用自来水喷射工作的背面来减小变形。

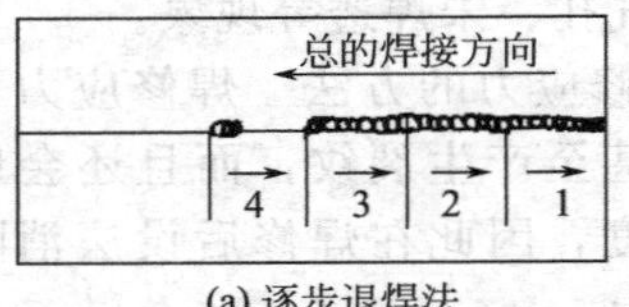

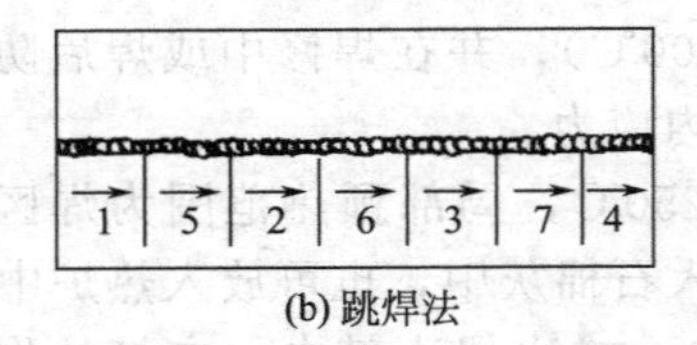

图 2-33 长缝焊接方法

4）采用合理的焊修顺序。同样的焊接结构，如果采用不同的焊接顺序，焊后产生的变形则不同。焊接顺序一般应遵照以下原则：

a. 焊接长缝时，应采用逐步退焊或跳焊顺序。把长缝分成若干段 200～250mm，各段焊接顺序 1、2、3……，每段的焊接方向与总焊接方向相反，如图 2-33 所示。

b. 先焊收缩量大的焊缝。因为收缩量大，影响焊接变形的能力大。如结构中有对接焊缝和角焊缝，先焊对接焊缝，后焊角焊缝。

c. 采用对称的焊接顺序，能减小焊接变形，如图 2-34 所示。图 2-34(a）采用 X 坡口，采用分层对称焊接工艺，遵照 1、2、3、4、5、6 的工序，大大减小焊接变形。图（b）为角焊缝焊接，采用对称焊接工艺，遵照 1、2、3、4 的工序。

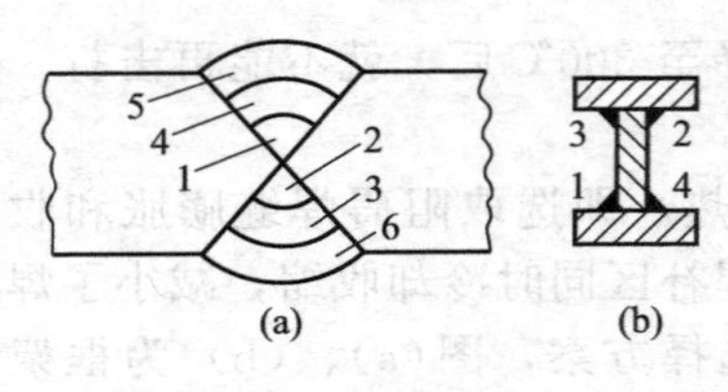

图 2-34 对称、分层焊接

5）选择正确的焊接规范。手工电弧焊的焊接规范是指焊条的牌号、直径、焊接的电压、电流、焊缝层数、焊接速度、电流种类等。这些因素对焊接变形影响很大。

a. 焊条直径的选择。合理的焊条直径与焊件的厚度有关，见表 2-11。

表 2-11　焊条直径与焊件厚度的关系

焊条厚度/mm	0.5～1.0	1.0～2.0	2.0～5.0	5.0～10	>10
焊条直径/mm	1.0～1.5	1.5～2.5	2.5～4.0	4～5	>5

b. 焊接电流的选择。增大电流可提高生产率，但变形程度也增大。合理的焊接电流与焊条直径有关系，见表 2-12。焊修时，采用小焊条、小电流、分层速焊，可减小变形。

表 2-12　焊条电流与焊条直径的关系

焊条直径/mm	2	3.2	4	5
焊条电流/A	50～60	80～130	140～200	190～280

2. 零件的电镀修复

(1) 常用镀层金属　用于电镀的金属材料很多，如锌、铬、铜、铁、金、锡、钛等。下面简要介绍几种金属镀层材料。

① 锌　外观为白色，在空气中易氧化形成白色氧化物，具有很强的抗蚀性，但耐磨性差。主要用于钢铁零件在大气条件下的良好防锈层。

② 铬　镀铬层外观白色镜状（也有蓝色、黑色），硬度高于渗碳钢30%，具有很强的抗强酸、强碱腐蚀的能力。

③ 铜　铜镀层与基体金属结合牢固，且细致紧密，具有良好的导电性和抛光性。

④ 铁　铁镀层硬度为 180～220HB，经过热处理后可达 500～600HB，具有一定的抗磨性，在镀铁的电镀液中加入糖和甘油等附加物，可使镀层中增碳 1%左右，显著地提高镀层的力学性能，这一工艺措施称为镀铁层的钢化，更提高镀铁层的耐磨性。

(2) 电镀原理

① 槽镀　工作原理如图 2-35 所示。工件经适当地处理后，置于电镀液槽内作为阴极，阳极通常是准备镀出的金属（如镀铜，铜作阳极）。当两极通电后，电镀液中的金属离子向阴极工件移动，在阴极得到电子还原为原子，呈金属析出并沉积在阴极表面，成为镀层。

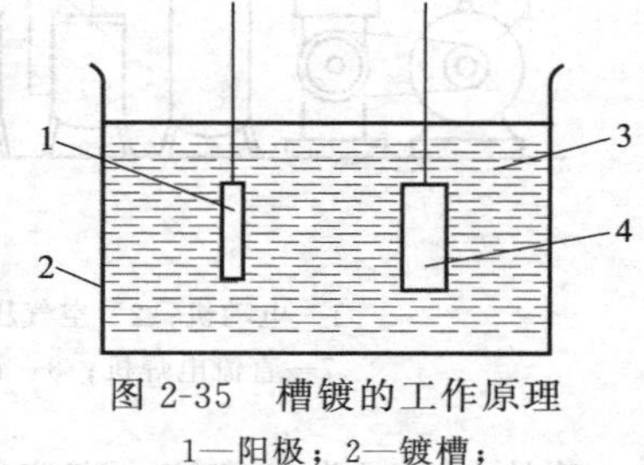

图 2-35　槽镀的工作原理

1—阳极；2—镀槽；3—电镀液；4—工件

电镀工艺如下：

a. 表面处理。用机械、物理、化学等方法，去除工件表面的污垢，获得干净清洁的表面。

b. 镀前处理。经过预处理的工件，宏观上看不出污垢，但从微观上检查，表面仍存留一层油膜或其他残留物。要用碱性清洗液清洗。

c. 经镀前处理的工件，及时进行电镀，不能停留，以免再附着尘埃。

d. 为防止镀层不均匀，添加有关的添加剂。

e. 设置合理的阳极与阴极的位置、距离。

f. 设计和调节镀件与镀液做相对运动的控制机构，使镀层更均匀。

g. 检查无误后通电，并随时监测。

② 刷镀　工作原理如图 2-36 所示。刷镀与电镀原理相同，但刷镀工艺中的镀层不是在镀槽里获得，而是用浸满镀液的镀笔在工件上刷涂而获得的。一般应用旋转零件的现场

修复。

圆柱形旋转工件，刷镀时将接于电源正极的刷镀笔，周期性地浸渍（或浇注）专用的电镀液，与接于负极的工件接触并做相对运动，镀液中的金属离子在电流作用下，不断还原并沉积在工件表面而形成镀层。

3. 零件的喷涂修复

应用喷涂工艺修复磨损零件，能够减少修理费用、缩短修理时间。通过选用合适的喷涂材料，使零件表面获得耐磨、耐蚀、耐热等性能。

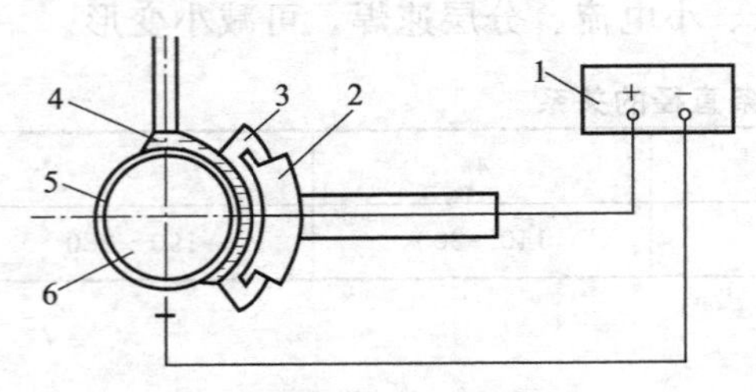

图 2-36 刷镀的工作原理

1—电源；2—刷镀笔；3—阳极包装；

4—刷镀液；5—刷镀层；6—工件

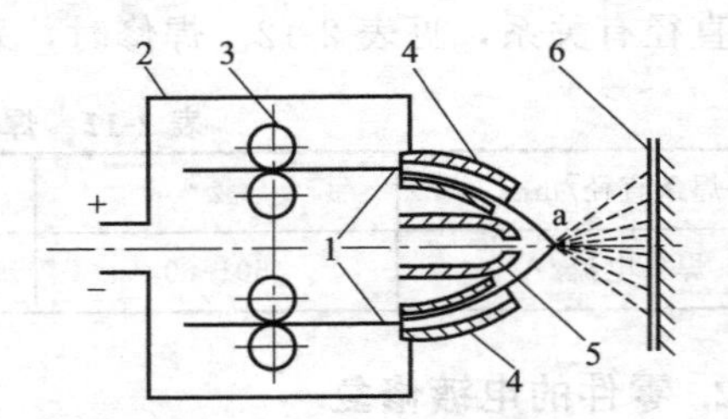

图 2-37 金属电喷涂的工作原理

1—金属丝；2—导线；3—送进机构；

4—导向管；5—喷嘴；6—工件

(1) 金属电喷涂的工作原理　如图 2-37 所示，进行喷涂的两条金属丝 1，连续地送进牵引轮 3 中，分别穿过导向管 4 于喷嘴 a 处彼此接触，由于导线 2 传导的电流使金属丝带电，在 a 处金属被熔化。金属液滴又被中间喷嘴 5 喷出来的压缩空气吹成微粒，并高速冲击到工件 6 上，形成结合紧密的喷涂层。

金属电喷涂的主要设备：喷具（喷枪、喷丝盘、控制柜）、电源（直流、交流）、压缩空气装置等（图2-38）。

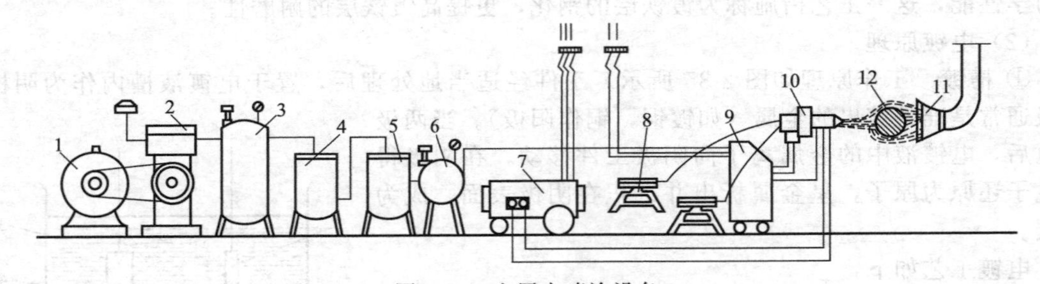

图 2-38 金属点喷涂设备

1—电动机；2—空气压缩机；3、6—储气罐；4—油水分离器；5—空气过滤器；

7—直流电焊机；8—钢丝盘；9—控制柜；10—喷枪；11—吸尘器；12—工件

喷枪起弧通常是直流，直流能使电弧燃烧稳定，使雾化金属微粒大小均匀，喷涂层细致紧密，操作噪声小。

直流电由电焊机提供，凡能供给电流 100～800A、电压 30～50V 的直流电焊机都可用。压缩机提供的压力为 0.6～0.8MPa。必须除去空气中的水分、油气等杂质。

(2) 金属喷涂层的主要性质

① 喷涂层的多孔性　喷涂层的微粒之间是机械结合，其间有孔隙，它在使用中，有时是有益的（储存润滑油、散热）；有时是有害的（不利密封、易腐蚀）。

喷涂层在不允许有孔隙时，必须进行封闭处理，如酚醛树脂、环氧树脂等胶液密封。但这只适用于小的面积，大面积的喷镀层却无法实施封闭。

② 喷镀层与基体的结合力　喷镀层与基体的结合同样是机械结合，其结合强度不高，远低于电镀层强度。为提高喷涂层的强度，喷涂后要进行滚压处理，以提高结合力。

③ 喷涂层的强度　由于喷涂层的微粒之间是机械结合，且多孔性，因此结合强度不高，在使用中不适于承受点、线接触载荷和大载荷的冲击。如矿山刮板运输机的刮板，采用喷涂后使用寿命反降低50%。因此，采用喷涂修复应谨慎。

④ 喷涂层的硬度　喷涂层硬度与金属丝有关，对于碳钢，硬度随含碳量的增加而提高，喷涂层的硬度远高于金属丝的硬度。

⑤ 喷涂层的耐磨性　一般讲，硬度高，耐磨性就好。但对喷涂层来讲，由于其微粒间结合强度低，故在干摩擦条件下，抗磨性较差；在润滑条件下，磨损也较快，微粒磨损后造成油路堵塞，引起事故；在稳定阶段，如有良好的润滑，喷涂层才有较好的耐磨性。因此，喷涂应用有局限。

4. 零件的粘接修补

由于高分子材料的发展，出现了酚醛树脂、环氧树脂等一系列性能优良的结构材料，使粘接技术得到迅速发展。目前，胶黏剂品种愈来愈多，使修理范围愈来愈广泛。

(1) 常用的胶黏剂及其应用

① 酚醛树脂胶黏剂　酚醛树脂胶黏剂易制造，价格低，对极性被粘物具有良好的黏合力，胶黏强度高，电绝缘性能好，耐温、耐油、耐水、耐老化。其主要缺点是脆性大、收缩率大。

② 聚氨酯胶黏剂　聚氨酯胶黏剂同样适用粘接金属、玻璃钢、陶瓷、玻璃、木板、纸板等。耐冲击振动和弯曲疲劳，剥离强度高。其缺点是耐水性和耐热性较差。

③ α-氰基丙烯酸酯胶　α-氰基丙烯酸酯胶对极性被粘物有很强的黏合力，可粘接金属、橡胶、塑料、玻璃、陶瓷等。它是单液型胶，黏度低，渗透性好、固化快、强度高、耐油性好。缺点是脆性大，耐水、耐热、耐老化性能较差。一般只是做暂时的黏合剂。

④ 环氧树脂胶黏剂　无论是性能品种，或是产量与用途，环氧树脂都占有举足轻重的地位。作为性能优良工程的结构胶，具有胶黏强度高、收缩率低、尺寸稳定、耐化学性质、配制容易、毒性低等优点。可粘接金属、塑料、陶瓷、石料、玻璃、玻璃钢、木材纸板等，广泛用于航空、军工、汽车、农机、家具等领域。

⑤ 添加剂

a. 固化剂。环氧树脂是胶黏剂的基本部分，它不能单独使用，只有加固化剂才能交联成热固性树脂，黏合力才能提高。固化剂种类很多，有胺类、酸酐类、改性胺、低分子聚合物等。选择不同的固化剂，可以配成性能各异的环氧树脂胶黏剂。

b. 促进剂。为加速环氧树脂的固化反应，降低固化温度，缩短工艺时间，提高固化程度，而加入促进剂。

c. 增韧剂。环氧树脂固化脆性大，往往需要加入能够增加胶层韧性的物质，即增韧剂。

d. 填料。加入适当填料，可以降低收缩率、降低成本，改善胶粘工艺性能和胶层力学性能。

(2) 粘接工艺　仅凭好的胶黏剂，未必能获得高的粘接强度，其很大程度上要取决于胶黏工艺。因此，胶黏工艺是很重要的实践应用技术。

胶粘的一般工艺过程包括确定粘接位置、表面处理、配胶、一次涂胶、二次涂胶、晾置、对接、胶合、滚压、固化、检验、整修等步骤。

① 确定胶黏位置　在粘接前，要对胶黏部位的情况有比较清楚的了解，如表面磨损、破坏、清洁、裂纹、粘接位置等情况。只有通过认真观察、检查，才能确定出适当的粘接部位。

② 表面处理　用机械、物理、化学等方法清洁被粘物的表面，以利于胶黏剂良好的湿润和浸透，使粘接牢固。

表面预处理即用适当的方法使表面清洁、无油、无锈。其顺序是先表面清理，再除油，最后除锈。表面处理后应即刻粘接。

③ 配胶　胶液现用现配，不能久置，以免失效。环氧树脂和酚醛树脂配好胶后，仅停顿3～5min就失效，采用一次涂胶工艺；α-氰基丙烯酸酯胶、聚氨酯胶黏剂、氯丁胶等可晾置10～15min，采用两次涂胶工艺效果较好，配胶时，将两次涂胶的量一同配出，按所需定量。

基体胶和添加剂的比例，可采用通过试验数据获得的经验，即基体胶：添加剂＝(90～95)：(10～5)，用此比例粘接，抗拉强度比较高。

④ 涂胶与晾置　粘接的关键技术是涂胶。胶液配好经过搅拌均匀后呈糊状，用适当的工具（如刮铲），将胶液刮涂在被粘面上，不用刷涂、喷涂、注入、滚涂等方法。

第一次涂胶，用量为胶液的一半，将胶液流入刮铲上，采用单方向刮涂一两次，要求形成均匀而细密的薄薄的一层。切忌反复刮涂，即形成一定厚度的胶液堆积，胶液刮涂愈厚，粘接质量愈差。

第一次涂胶后，需要晾置5～10min，待用手指触摸胶液而沾手时，此时将另一半胶液进行第二次刮涂，同样要求均匀而细密，如有多余的胶液则闲置，不能造成胶液堆积。

第二次涂胶后，再晾置5～10min，待用手指触摸胶液而沾手时，此时就是粘接的最好时刻。

注意：将粘接件的两个面都要按上述工艺刮胶。

⑤ 对接与胶合　在粘接最佳时刻，将粘接件的两个面对正进行粘接胶合。胶合后不准错动，以防拉丝。更不能揭开重粘，这样的话，粘接头报废。胶合后，可用按压、滚压、槌打等方法挤出空气，使胶层更密实。

⑥ 固化　固化又称硬化，是胶黏剂经过化学作用变硬的过程。固化有室温和高温固化两种方式，室温是初步固化，高温固化是进一步获得更高的粘接性能。

⑦ 整修　固化后经初步检验合格的称为胶黏件，为满足尺寸精度和表面粗糙度的要求，需要进行适当的整修加工，方法有锉、刮、车、刨、磨等。在修整中应尽量避免胶层受到冲击力和剥离力。

【任务实施】

1. 焊接实训

(1) 地点　机械设备故障检修实训室或金工实训基地。

(2) 设备　电焊机、焊接器件。

(3) 分组　5人为一组，指定组长。

(4) 实施步骤

① 介绍实训内容、操作技术要求和安全操作规程；

② 指导教师演示实物焊接过程、可能出现的故障现象、故障诊断、故障修理措施；

③ 观察焊接故障现象，观察结果，分析故障原因；

④ 记录有关实训内容，整理故障诊断技术；

⑤ 记录有关故障排除操作技术，整理实用维修技术；

⑥ 学生提出问题，指导教师答疑并引导学生归纳总结；

⑦ 指导教师对学生的动手操作情况给予评价。

2. 胶带粘接

(1) 地点　机械设备故障检修实训室。

(2) 工具　胶液、胶带、木锉、剪刀、薄板、木槌等。

(3) 分组　5人为一组，指定组长。

(4) 实施步骤

① 介绍实训内容、操作技术要求和安全操作规程；

② 指导教师演示胶带粘接过程、技术要领；

③ 观察粘接时出现的故障现象，观察结果，分析故障原因；

④ 记录有关实训内容，整理粘接要领；

⑤ 记录有关故障排除操作技术，整理实用维修技术；

⑥ 学生提出问题，指导教师答疑并引导学生归纳总结；

⑦ 指导教师对学生的动手操作情况给予评价。

3. 参观电镀工厂

(1) 地点　电镀工厂。

(2) 实施步骤

① 工厂指导教师介绍参观内容、学习安全操作规程；

② 工厂指导教师组织参观，并陪同讲解；

③ 参观同学记录有关参观内容，整理电镀设备和实施技术；

④ 学生提出问题，指导教师答疑并引导学生归纳总结。

【知识拓展】

1. 焊接种类

按电源分，有直流和交流焊修。直流焊修适合含碳量高且有一定厚度的焊缝；交流焊修适合薄焊缝，且移动方便。

按连接方式分，有正接和反接。正接，即焊条接电源"－"极，焊件接"＋"极，正接焊厚件；反接，即焊条接电源"＋"极，焊件接"－"极，反接焊2mm以下薄件，反接稳弧性好。实施正接焊法，一定要将焊件放在绝缘台上，回线的移动，一定要用绝缘手移动，切忌用手直接移动，以防触电。正接焊件熔深大，容易焊透零件。

2. 常用的胶黏剂牌号

(1) 酚醛树脂胶黏剂　酚醛树脂可粘接金属、玻璃钢、陶瓷、玻璃、木板、纸板等。国产牌号有：铁锚201、202、203、705，E-4、E-5，FN-301、FN-302，J02、J04、J10、J15等。

(2) 聚氨酯胶黏剂　国产牌号有：长城404、405、717，铁锚101、102、104、105，JQ-2、JQ-3、JQ-4，PU-101、PU-170、PU717等。

(3) α-氰基丙烯酸酯胶　国产牌号有：501、502、KH-502、504、508等。504、508为医用胶，可用于止血、吻接血管、连接骨骼等。

(4) 环氧树脂胶黏剂　国产牌号有：204胶、206胶，208胶、211胶、420胶、HS-1耐热结构胶，65-04胶、66-04胶、66-01胶，E-1胶、E-2胶、E-7胶、E-10胶、MS-1胶、MS-2胶、MS-3胶，HH-703胶、HH-712胶、HH-778胶，HS-10胶、HS-20胶、HS-30胶等。

(5) 添加剂

① 固化剂。常用的固化剂有二乙烯三胺、三乙烯四胺、低分子聚酰胺、乙二胺、间苯

二胺等。乙二胺、间苯二胺毒性大，尽量不用。

② 促进剂。适合于胺类固化剂品种有苯酚、双苯 A、间苯二酚；适应于酸酐类固化剂品种有 2-乙基、4-甲基咪唑、吡啶等。

③ 增韧剂。常用的活性增韧剂有液体聚硫橡胶、液体丁腈橡胶、液体聚醚、液体氯丁橡胶、聚乙烯醇缩醛等。非活性增韧剂有邻苯二甲酸二丁酯、邻苯二甲酸二辛酯、磷酸三丁酯、磷酸三甲酚酯等。

④ 填料。常用的填料有铝粉、铜粉、石英粉、钛白粉、石墨粉、石棉粉、二硫化钼等。

任务 2.4 轴类零件的故障诊断与修理

【任务描述】

轴是机械中不可缺少的重要零件，也是维修工作中经常要处理的主要零件之一。机械在长时间运行中，轴避免不了要发生各式各样的磨损，及时发现和处理轴磨损故障，就能避免机械故障，从而延长机械的使用寿命和经济寿命。任务 4 要求掌握轴的磨损故障现象、原因分析和解决措施。

【任务分析】

1. 功能分析

轴在工作过程中，主要承受交变的弯曲应力和扭转应力，有些轴经常受到冲击载荷的作用。轴被广泛地应用到机械动力传递的系统中，无论是工程机械还是运输机械，以及其他行业机械，其多级齿轮传动都需要轴零件。

2. 轴的失效方式

轴的失效方式有弯曲变形、扭转变形、疲劳破坏、裂纹、磨损、断裂等。因此，在轴的修配中，应合理地选材、设计，正确地加工、修理和装配，这都将直接影响轴的工作性能和使用性能。

【知识准备】

1. 轴的选材

轴的材料应有足够的抗疲劳性能，足够的耐磨性，且对应力集中的敏感性小，有良好的加工性和热处理性。轴类材料大多采用低、中碳钢和合金钢。

(1) 优质的碳素结构钢　优质的碳素结构钢，对应力集中的敏感性小，经过热处理能大大改善其综合力学性能，且价格低廉，应用广泛。一般机械轴采用 30 号、35 号、40 号、45 号和 50 号钢，其中最常用的是 45 号钢，为保证其力学性能，应进行调制处理或正火处理。不重要或较小的轴也常用 Q235、Q255 和 Q275 等普通碳素钢。

(2) 合金钢　合金钢具有较好的力学性能和良好的淬透性，常用于传递大功率并要求减轻重量和提高耐磨性，但对应力集中比较敏感，且价格高。常用的合金钢有 12CrNi2、12CrNi3、20Cr、40Cr、35CrMo 和 18Cr2Ni4MoA 等。形状复杂的曲轴和凸轮轴常用球墨铸铁。

2. 新轴的配制

(1) 配制新轴时应注意的技术问题

① 为方便轴上零件定位、装配、拆卸和节约材料，一般常用阶梯轴且轴端具有倒角。

② 为减小应力集中，提高轴的抗疲劳强度，应尽量减缓轴截面的变径尺寸。在不同直径的过渡处应采用圆角，其内圆角半径不易过小。如果受轴上零件的圆角或倒角大小的限制，则可采用凹切圆角（图 2-39）或肩环圆角（图 2-40）以保证圆角尺寸。

③ 由于过盈配合会产生应力集中，降低轴的抗疲劳强度，因此，除选择合适的过盈量外，在结构上应采取增大配合处的轴颈，在轴上或轮毂上开卸荷槽等办法来减小应力集中，如图 2-41 所示。

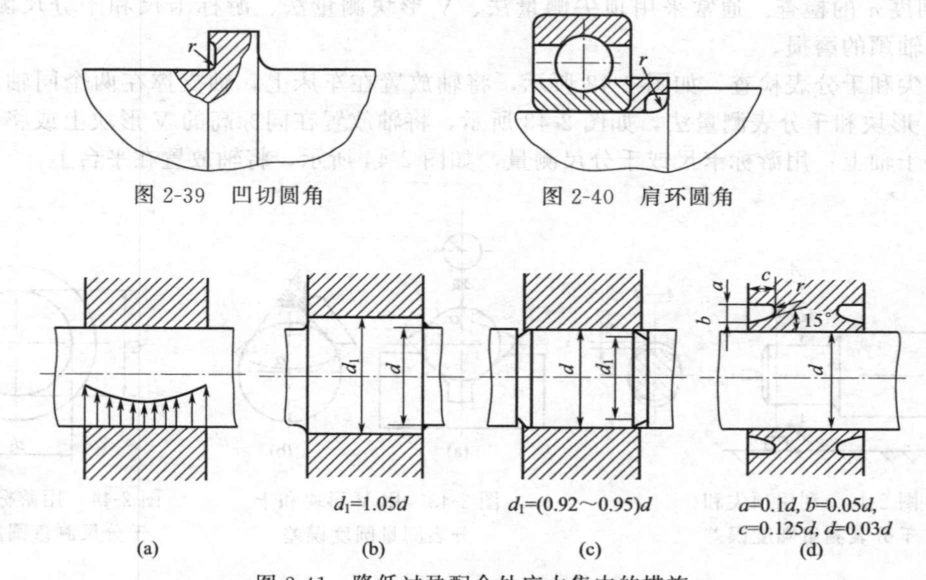

图 2-39　凹切圆角

图 2-40　肩环圆角

图 2-41　降低过盈配合处应力集中的措施

④ 表面质量对轴的疲劳强度有很大的影响，疲劳裂纹经常发生在表面最粗糙的地方。因此，提高加工质量，控制表面粗糙度，可采用表面强化处理，如滚压、喷火、氮化、渗碳、高频或火焰表面淬火等，以提高轴的承载能力，延长轴的使用寿命。

（2）新轴的加工工艺路线

① 常见阶梯轴的一般加工路线

下料→锻造→正火→粗加工→调制→精加工→铣键槽

② 齿轮轴的一般加工工艺路线

下料→锻造→退火→粗加工→调制→半精加工→齿形加工→表面淬火→精加工→铣键槽

3. 轴类零件的拆卸方法

轴类零件的拆卸应根据其结构特点，并配合相应的工具的方法。常用的拆卸方法有击卸法、拉卸法、压力机法、千斤顶法、温差法和破坏法等。

（1）击卸法　击卸法适用于配合力不大的轴件，一般的轴类零件可以用锤击法拆卸。锤击时必须对击卸的零件采取保护措施。通常用铜棒、铅块、胶木棒、硬木块或专用垫铁保护被击部位，切勿直接锤击轴头，以免轴头变形损坏。

锤击时，首先对被拆卸零件试击，如果听到坚实的声音时，要停止击卸，着手进行检查，查看是不是由于拆出方向相反或紧固件未拆下引起。拆除方向总是朝向轴孔大端方向。

（2）拉卸法　利用拉出器、退卸器、拉拔工具来拉卸轴类零件。利用拉卸法时应注意拉卸器各接触点应紧密接触，防止打滑和拉伤零件表面。

其他几种拆卸法。如压力机法适用于过盈量较大的轴类零件；温差法适用于过盈量较大的轴类零件，一般采用浇热油或喷灯加热等方式进行。

4. 轴拆卸后的清洗与检查

(1) 清洗　拆卸后轴件，一般用手工清洗，使用煤油、金属清洗剂等清洗。清洗完的零件再用碱性溶液再清洗冲刷，之后放置干燥、干净的环境屋中，并用包布盖罩。

(2) 检查　轴的磨损主要表现为轴颈表面擦伤、磨损、裂纹、圆度和圆柱度的变化等情况，常用的检查工具有游标卡尺、千分尺、千分表、磁粉探伤仪等。

① 圆度 α 的检查。通常采用顶尖测量法、V 形块测量法、游标卡尺和千分尺测量法。主要检查轴颈的磨损。

用顶尖和千分表检查，如图 2-42 所示，将轴放置在车床上，轴支撑在两个同轴顶尖之间；用 V 形块和千分表测量法，如图 2-43 所示，将轴放置在同标高的 V 形块上或将鞍式 V 形块倒放于轴上；用游标卡尺或千分尺测量，如图 2-44 所示，将轴放置在平台上。

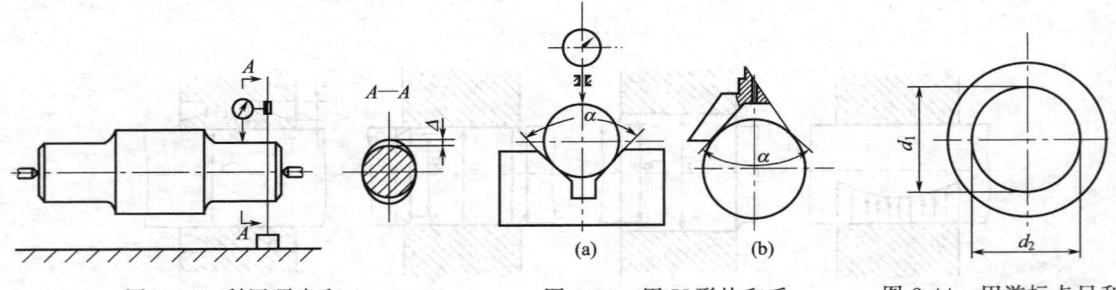

图 2-42　利用顶尖和千分表测量圆度误差

图 2-43　用 V 形块和千分表测量圆度误差

图 2-44　用游标卡尺和千分尺测量圆度误差

测量步骤如下：

a. 将要测磨损轴段分为左、中、右三处截面；

b. 每个截面旋转一周，要测量 8 个以上的位置，即有 8 个值，并做记录，取该截面最大值与最小值的差的一半作为这个截面的圆度，三个截面即有三个值 α_1、α_2、α_3；

c. 取这三个截面中（α_1、α_2、α_3）的最大值作为这段轴的圆度。

② 裂纹的检查。轴产生裂纹后，将会产生机械事故，甚至伤害人的生命。因此，每次大修设备时都要检查轴的裂纹故障。通常用磁粉探伤仪和超声波探伤仪，磁粉探伤仪体积小，操作方便，现场应用广泛，所以着重介绍。超声波探伤仪多应用铁轨探伤（略）。

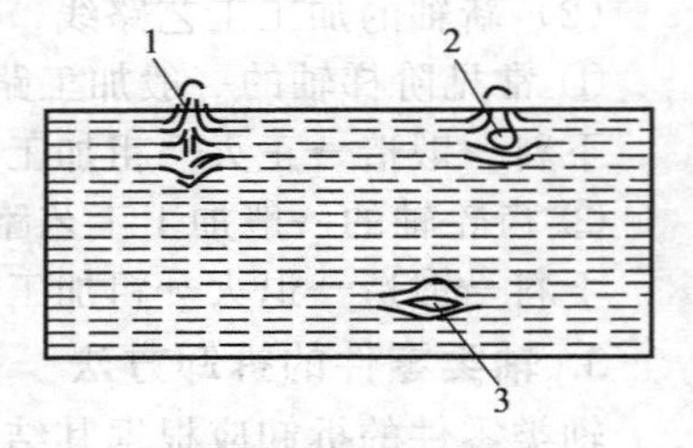

图 2-45　铁磁物质中磁力线分布情况

1—表面横向裂纹；2—近表面气泡；3—深层纵向裂纹

磁粉探伤原理：由于磁性材料置于磁场中即被磁化，当将某一材质和其截面不变的铁磁性材料置于均匀的磁场中，则材料内部产生的磁力线也是均匀不变的。当材料内部失去均匀性和连续性时，即存在裂纹或出现非磁性夹杂物等情况时，这些地方的磁阻便增大，磁力线便发生偏转而失去分布的均匀性，如图 2-45 所示。

当磁力线出现“尖状”（横向或竖向）时，即表示缺陷处是裂纹；当磁力线出现“圆弧状”时，即表示缺陷是凹坑。

操作步骤如下：

a. 将清洗后晾干的轴磁化；

b. 在视觉范围内给轴撒铁粉，均匀细密，继而产生磁力线分布；

c. 分析磁力线分布情况及判断缺陷性质；

d. 将轴旋转一定弧度，重复上述操作，直至将整个轴的圆弧都测完。

5. 轴的故障修复

轴常见故障与修理措施：

① 轴上有毛刺。用细油石轻轻研磨。

② 轴弯曲。理论上可以用矫正的方法矫直，实际上难以矫直，所以采取更换处理。

③ 轴上裂纹。采取更换，切忌用焊接修理。因为焊接后增碳，应力集中，抗疲劳强度下降，甚至出现机械事故夺去职工的生命。

④ 轴上磨损。可采用电镀、喷涂等方法修复。

6. 轴的装配

(1) 轴装配前的检查　装配前，应对轴及其包容件孔的尺寸精度进行校对，确认无误后，方可进行装配。

(2) 装配注意事项

① 应在配合表面涂一层清洁润滑油，以减小配合表面的摩擦力。

② 装配时应注意对正，不要倾斜，然后逐步施加压力，避免压入时刮伤轴及孔。

③ 已装好的轴部件，应均匀地支撑在轴承上，并且用手转动时感到轻快。

④ 检查装配件的平行度、垂直度、同轴度，应均满足要求。

(3) 平行度、垂直度、同轴度的检查

① 轴间平行度的检查　轴间平行度有以下两种检查方法。

方法一：用弯针配合挂线检查，如图 2-46 所示。

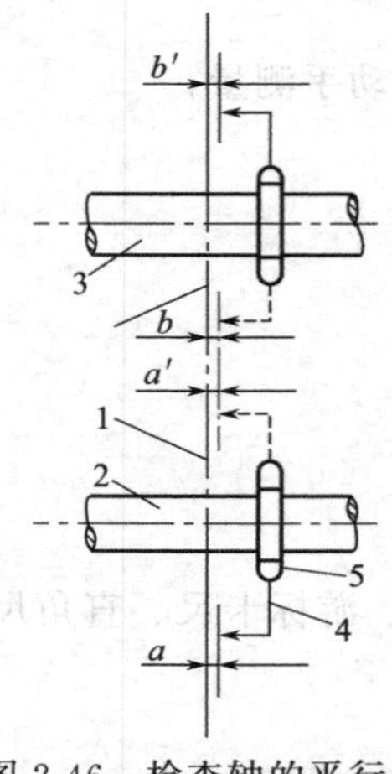

图 2-46　检查轴的平行度

1—钢丝线；2、3—轴；4—指针；5—卡子

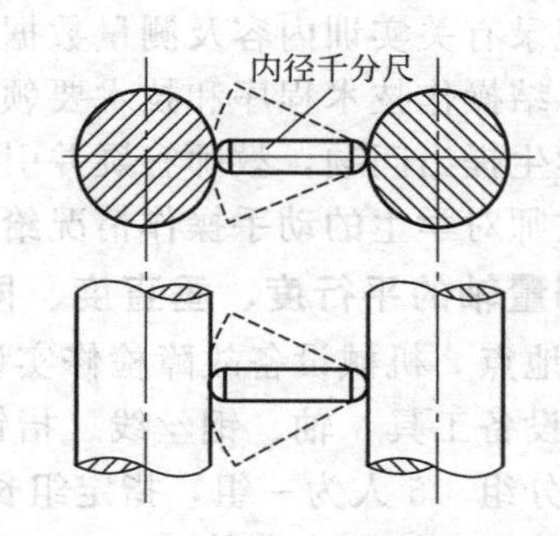

图 2-47　用内径千分尺检查轴的平行度

a. 首先调整钢丝线 1 与弯针 4 之间的间隙 a，使其与转动 180° 后形成的间隙 a' 相等，此时，轴 2 垂直于挂线。

b. 再测量轴 1 与挂线之间的间隙 b 与 b'，如平行，则 b 与 b' 相等（误差愈小愈好）。

方法二：内径千分尺法检查，如图 2-47 所示。

用内径千分尺测量轴间距离，要测两处，其距离应尽量远些。测得两处轴间距离如果相等，则说明两轴平行。

② 轴间垂直度检查　可用直角尺或弯针进行检查，如图 2-48 所示，a 与 b 差值愈小，说明两轴的垂直性愈好。

③ 同轴度检查　如图 2-49 所示，用塞规量得的间隙 a 不变，则说明两轴是同轴的。

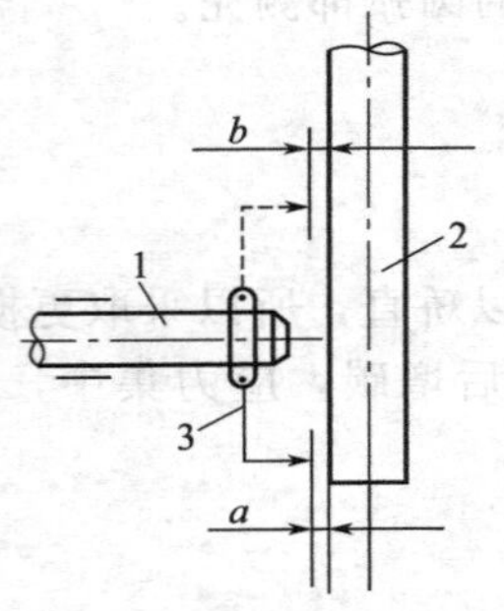

图 2-48　轴间垂直度检查
1、2—轴或样轴；3—弯针

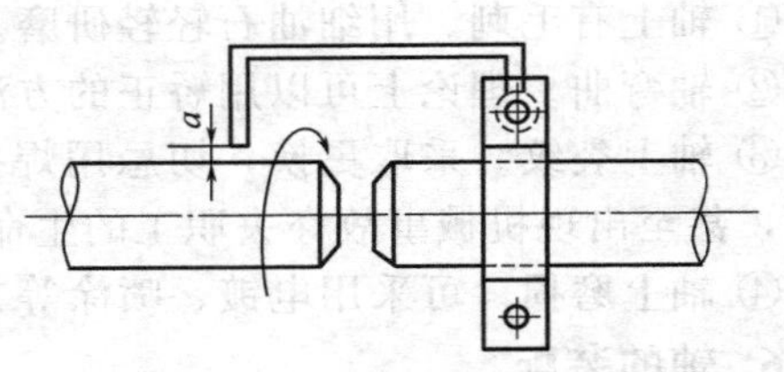

图 2-49　轴的同轴度检查

【任务实施】

1. 测量轴的磨损圆度

(1) 地点　机械设备故障检修实训室或实训基地。

(2) 设备工具　轴、千分表、游标卡尺、千分尺等。

(3) 分组　5 人为一组，指定组长。

(4) 检查环境安全条件。

(5) 实施步骤

① 介绍实训内容、操作技术要求和安全操作规程；

② 指导教师演示圆度测量方法及其过程，然后学生亲自动手测量；

③ 观察轴磨损故障现象，分析故障原因；

④ 记录有关实训内容及测量数据，并计算轴的圆度；

⑤ 总结操作技术程序和技术要领，整理实用测量技术；

⑥ 学生提出问题，教师答疑并引导学生归纳总结。

⑦ 教师对学生的动手操作情况给予评价。

2. 测量轴的平行度、垂直度、同轴度

(1) 地点　机械设备故障检修实训室或实训基地。

(2) 设备工具　轴、钢丝线、指针、卡子、内径千分尺、游标卡尺、直角尺等。

(3) 分组　5 人为一组，指定组长。

(4) 检查环境安全条件。

(5) 实施步骤

① 介绍实训内容、操作技术要求和安全操作规程；

② 指导教师演示轴平行度、垂直度、同轴度等的测量方法及其过程，然后学生亲自动手测量；

③ 观察测量过程及其操作要领；

④ 记录有关实训内容、测量数据及分析；

⑤ 总结和整理实用测量技术；

⑥ 学生提出问题，教师答疑并引导学生归纳总结。

⑦ 教师对学生的动手操作情况给予评价。

【知识拓展】

☆ 工件磁化方法 ☆

工件磁化时，磁场方向应尽可能与缺陷方向垂直，才能清晰地显示其缺陷。但是工件的缺陷可能有各种取向，而且难以预计。为了发现所有缺陷故发展了各种不同的磁化方法。

1. 纵向磁化

使磁力线沿着工件轴向通过，它适合于探测工件的横向裂纹。常用的磁化方法有闭合磁路法和线圈法，如图 2-50 所示。

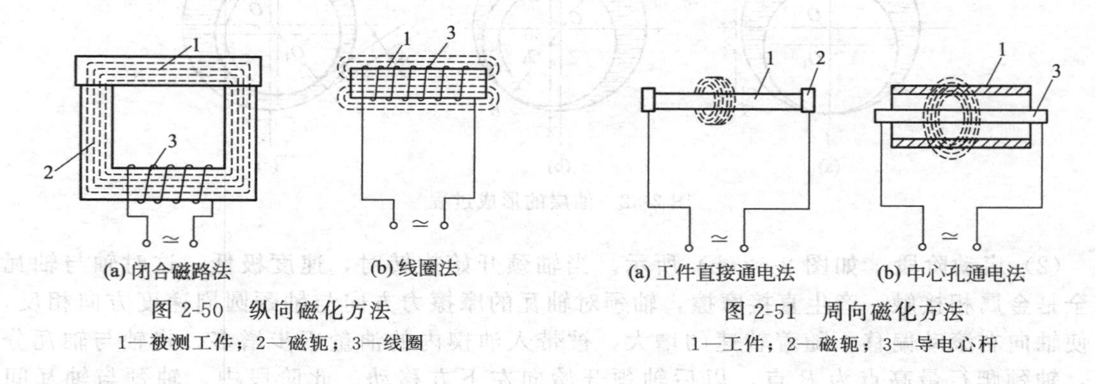

(a) 闭合磁路法　(b) 线圈法

图 2-50　纵向磁化方法

1—被测工件；2—磁轭；3—线圈

(a) 工件直接通电法　(b) 中心孔通电法

图 2-51　周向磁化方法

1—工件；2—磁轭；3—导电心杆

2. 周向磁化

使工件上产生一个绕其轴线的周向磁场，主要查出工件轴向的裂纹。如图 2-51(a) 所示，电流沿着工件轴向流动，因此产生一个环绕工件轴心线的磁场，该磁场磁力线垂直工件上的纵向裂纹，因此使裂纹可以被探测出来。这种方法，工件为导线，需要的电流很大，容易引起电路系统发热，所以要尽可能采用剩磁检验。中碳钢以上的钢材，剩磁强度较强，完全可以用剩磁检验；对于铸铁和低碳钢，剩磁较弱，检验效果不佳，还需带电连续检验。

当工件为空心结构时，可用中心孔通电法，如图 2-51(b) 所示，而且可用导线代替图中的心杆，并可使导线多次通过，这样可以降低导线中通过的电流。

任务 2.5　滑动轴承的故障诊断与修理

【任务描述】

滑动轴承应用在负荷大、有冲击负载、工作转速较高或回转精度特别高的机械设备上。滑动轴承（轴瓦）构造简单，成本低，便于维修。滑动轴承的装配质量和维修质量直接影响机器设备运转的质量，影响设备的使用寿命。装配不当或间隙不合适，可能导致“烧瓦”，造成设备严重损坏。因此，学习滑动轴承的维修基础知识，掌握滑动轴承的安装和维修技术很是必要。本任务主要介绍动压液体润滑对开式向心滑动轴承的修理与装配。

【任务分析】

1. 功能分析

轴在滑动轴承中旋转时，如果没有润滑油润滑就会导致轴与轴瓦之间的干摩擦，造成轴承的迅速磨损，使轴承急剧发热而导致轴承合金熔化与轴胶接，增大电动机负荷而发生严重事故。因此，在重要场合，滑动轴承必须在完全液体摩擦条件下工作。

动压向心滑动轴承完全液体摩擦的建立过程有三个阶段：

(1) 静止阶段　如图 2-52(a) 所示。此时轴颈与轴瓦之间存在配合间隙，轴颈和轴瓦在 A 点接触形成一个自然楔形间隙，满足了产生液体摩擦的主要条件。因轴颈还未旋转，故不发生摩擦和磨损。

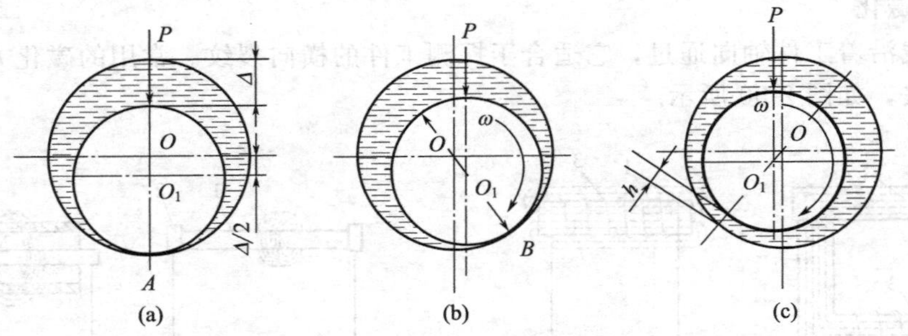

图 2-52　油层的形成过程

(2) 启动阶段　如图 2-52(b) 所示。当轴颈开始旋转时，速度极低，这时轴与轴瓦完全是金属相接触，产生直接摩擦，轴颈对轴瓦的摩擦力方向与轴颈圆周速度方向相反，迫使轴向右滚动偏移，随着转速的增大，被带入油楔内的油量逐步增多，将轴与轴瓦分开，轴颈爬行最高点为 B 点，以后轴颈开始向左下方移动。此阶段中，轴颈与轴瓦间发生的摩擦是干摩擦和界限摩擦，并产生了一定的磨损，这也是滑动轴承磨损的主要原因。

(3) 稳定阶段　如图 2-52(c) 所示。当转速增加到一定值，并在一定流速的润滑油的充分供应下，油被带入油楔中，油在油楔中流动而产生的压力随间隙的减小而增大，使油流产生一定的压力，将轴颈向旋转方向（向左）推动，当油流在楔形内的总压力能支撑轴颈上外载时，轴颈被悬浮在油面上旋转，使轴承处于液体摩擦状态。此时轴颈与轴瓦间形成油楔油层，其厚度为 h。

轴颈中心的位置将随着转速与载荷的不同而不断地变化。

2. 滑动轴承的种类

① 按受力情况分，有向心轴承和推力轴承；

② 按润滑分，有不完全润滑轴承、动压液体润滑轴承和静压液体润滑轴承；

③ 按结构分，有整体（轴套）式轴承、对开式轴承、油环轴承、多瓦轴承和薄壁弹性变形轴承等，如图 2-53、图 2-54 所示。

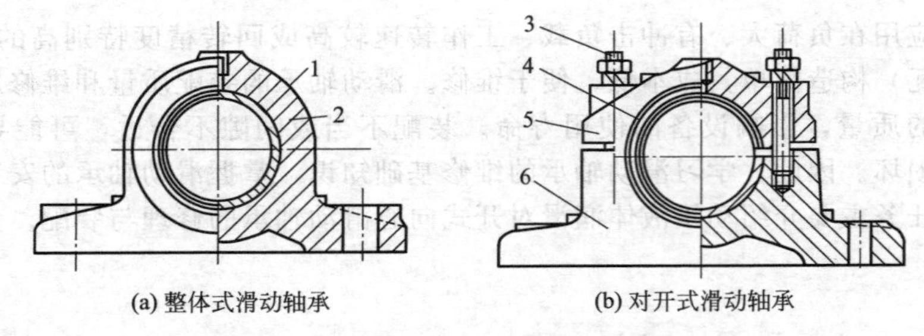

(a) 整体式滑动轴承　　(b) 对开式滑动轴承

图 2-53　整体式滑动轴承和对开式滑动轴承

1—轴孔；2、6—轴承座；3—双头螺柱；4—轴瓦；5—轴承盖

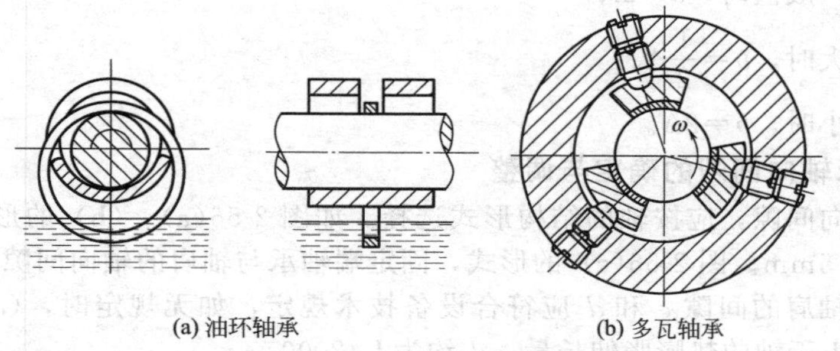

(a) 油环轴承　　(b) 多瓦轴承

图 2-54　油环轴承和多瓦轴承

【知识准备】

1. 滑动轴承径向间隙的确定与调整

滑动轴承的间隙是指轴颈与轴瓦之间的空隙，轴承间隙有径向间隙和轴向间隙两种，径向间隙又分为顶间隙 Δ 和侧间隙 b，如图 2-55 所示。

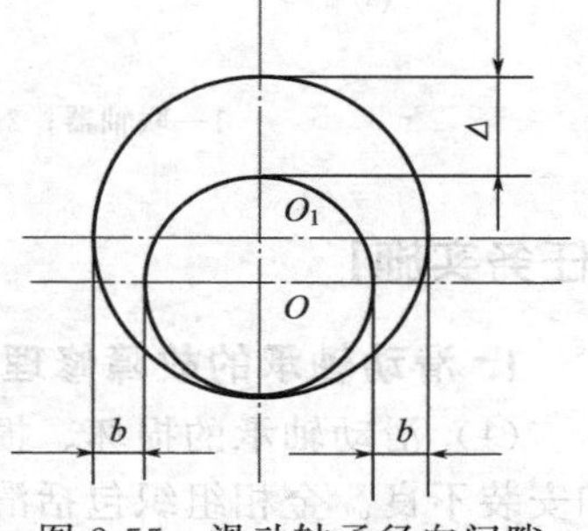

图 2-55　滑动轴承径向间隙

Δ—顶间隙；b—侧间隙；O—轴颈中心；O_1—轴瓦中心

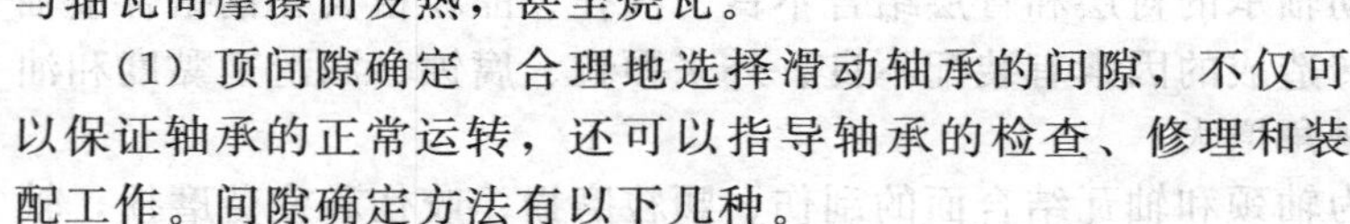

顶间隙是为了控制轴承的运转精度；侧间隙是使轴承获得一个楔形间隙，以使轴承与轴瓦间形成润滑油层而达到液体摩擦，起到散热作用；轴向间隙是为了保证由于运转导致温度升高，而发生长度方向变化时，留有自由伸缩的余地。

径向间隙既不能太大，也不能太小。径向间隙太大，会使轴承产生冲击和振动，使磨损加快，精度降低；径向间隙太小，轴承运转精度高，但不利于润滑油层的形成，使轴承与轴瓦间摩擦而发热，甚至烧瓦。

(1) 顶间隙确定　合理地选择滑动轴承的间隙，不仅可以保证轴承的正常运转，还可以指导轴承的检查、修理和装配工作。间隙确定方法有以下几种。

① 配合性质法　轴颈与轴瓦属于间隙配合，从配合性质上知道最大间隙 $X_{\max}$ 和最小间隙 $X_{\min}$，则顶间隙 Δ 为：

$$\Delta=\frac{1}{2}\left[\frac{1}{2}(X_{\max}+X_{\min})+X_{\max}\right]\text{mm} \tag{2-6}$$

② 经验法：

$$\Delta=Kd \tag{2-7}$$

式中 Δ——轴承顶间隙，mm；

d——轴颈直径，mm；

K——经验系数，见表 2-13。

表 2-13　滑动轴承的径向间隙经验系数表

编　号	类　别	K 值
1	一般精密机床轴承和一级配合精度的轴承	>0.0005
2	二级精度配合的轴承，如电动机	0.001
3	一般冶金设备轴承	0.002～0.003
4	粗糙机械	0.0035
5	透平机类轴承	0.002

(2) 侧间隙 b 的确定方法

当顶间隙为一般值时，$b=\Delta$；

当顶间隙较大时，$b=\frac{1}{2}\Delta$；

当顶间隙较小时，$b=2\Delta$。

2. 滑动轴承轴向间隙的确定与调整

滑动轴承轴向间隙，应按轴的结构形式选择。如图 2-56(a)、(b) 的形式，间隙值 $\delta=\delta_1+\delta_2=0.5\sim1.5$mm。图 2-56(c) 的形式，固定端轴承与轴肩的轴向间隙总和 $(a+b)$ 以及自由端轴承与轴肩的间隙 c 和 d 应符合设备技术规定，如无规定时，$(a+b)$ 不得大于 0.2mm，c 不得小于轴的热膨胀伸长量，d 约为 $L/2000$。

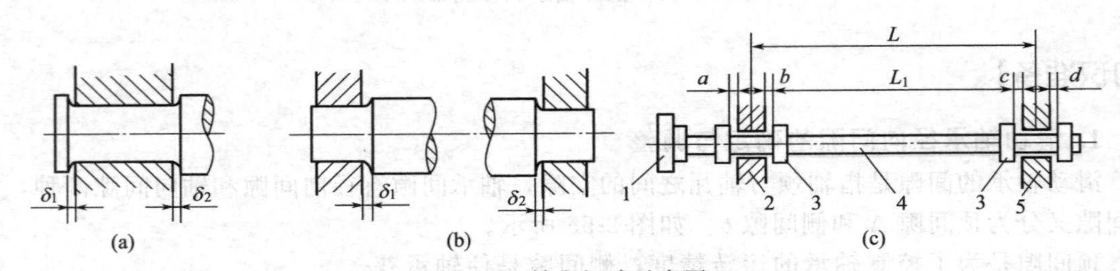

图 2-56　轴向间隙示意图

1—联轴器；2—固定端滑动轴承；3—轴肩；4—轴；5—自由端滑动轴承

【任务实施】

1. 滑动轴承的故障修理

(1) 滑动轴承的损坏、损伤类型　滑动轴承的损坏原因主要来自新轴承的金相组织缺陷和安装不良。金相组织包括滑动轴承的衬层和背层结合不良、气孔、晶粒粗大、铜铅合金轴承的铅分布不均匀。安装和运转造成的因素有装配不良、外来颗粒、腐蚀、润滑剂黏度和油量不足、磨损造成的间隙、接触角增大。

滑动轴承的损伤类型可分为轴颈和轴瓦结合面的刮伤、颗粒磨损、咬伤和疲劳磨损，轴承衬剥离、润滑剂对轴承材料的腐蚀、各种侵蚀（气蚀、流体侵蚀、电侵蚀、微动磨损）等种类。

(2) 滑动轴承的故障修理　滑动轴承的主要缺陷集中在两点：一是轴颈与轴瓦接触面磨损，造成间隙增大，通常采用刮研修理；二是润滑通道被破坏，通常采用修整润滑通道。

1) 轴瓦或轴套刮研　轴瓦刮研是在轴承座安装完毕后，在轴承座上进行刮研。刮研是利用刮刀、基准表面、测量工具及显示剂，以手工操作方式，边刮削加工，边研点测量，使工件达到工艺上规定尺寸、几何形状、表面粗糙度和密合性等要求的精密加工工艺。轴瓦与轴套刮研时常使用三棱刮刀，以轴为基准研点，进行圆周刮削，使轴颈与轴瓦接触点细密、均匀，又能保证轴承具有一定的间隙和接触角，还能纠正轴承孔内的圆度或轴承的同轴度误差，使轴运转平稳，不易发热。

刮研分为粗刮、细刮、精刮等步骤。粗刮主要针对加工后的表面或磨损拉毛严重的表面。粗刮时，刮削量大，容易刮出较深的凹坑，轴与轴颈的接触点较大。粗刮到整个接触面都有接触时，即可进行细刮。细刮是在粗刮的基础上进一步增加接触点和纠正误差的过程。细刮时，刮削的金属层较薄，能把较大的接触点变小或刮去，并研磨出更多的新接触点。精刮的目的在于进一步提高工件表面质量，对尺寸的影响甚微。

轴瓦刮研时应保证轴承的间隙，同时接触点都符合要求。

① 接触角。接触角是指轴瓦与轴颈接触面所对应的圆心角，如图 2-57(a) 所示。接触

角不应太大或过小，若接触角过小，轴瓦上所受的单位压力增大，使轴瓦磨损加快；若接触角过大，就破坏了轴承的楔形间隙，当接触角超过120°时，液体摩擦将无法实现，这将使轴瓦迅速磨损，甚至带来事故。

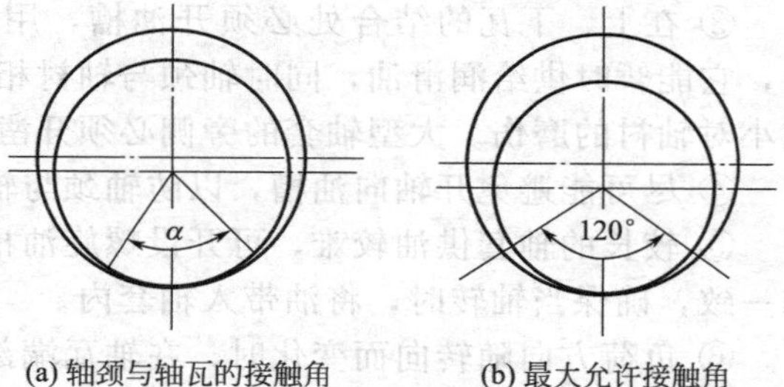

(a) 轴颈与轴瓦的接触角　(b) 最大允许接触角

图 2-57　接触角

一般接触角控制在60°～90°的范围内。当载荷大、转速低时，取较大的接触角；当载荷小、速度高时，取较小的接触角。根据实践经验，转速在3000r/min以上时，接触角可以小于60°，甚至可达到35°；低速重载时，接触角可大于90°，甚至可达到120°。接触角应均匀分布在负载作用中心两侧。

② 接触点。接触点是指在接触角范围内单位面积（一般为25mm×25mm的面积）上有多少个接触点。接触点是用来支撑轴作用给轴瓦的载荷，防止集中分布而损坏轴瓦；同时其小凹坑可以存储润滑油，及时补充润滑效果，防止干摩擦产生。

接触点的多少，主要根据轴的旋转精度和转速来确定。精度愈高、转速愈快，接触点应愈多，见表2-14。

表 2-14　轴承的接触点（25mm×25mm）

二级精度		三级精度	
转速/(r/min)	接触点	转速/(r/min)	接触点
100以下	3～5	100～300	2～3
100～500	10～15	300～500	3～5
500～1000	15～20	500～1000	5～8
1000～2000	20～25	1000以上	8～10
2000以上	25以上		

刮削时要注意，既要使接触点满足要求，也要使侧间隙、顶间隙达到允许值；轴承接触部分与非接触部分不应该有明显界限，应光滑地过渡；刮削时一定要刮大点留小点，刮亮点留暗点，保证接触点分布均匀；不得用锉刀或砂布抹擦。刮研的好坏程度如图2-58所示。

(a) 较好

(b) 不好

图 2-58　刮研轴瓦的好坏程度

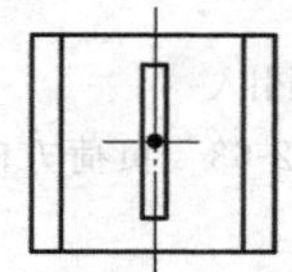

(a) 轴向直线形油槽

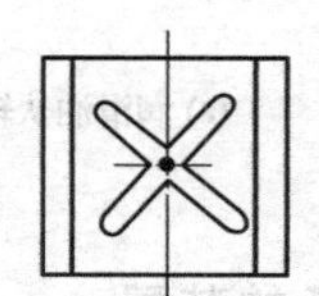

(b) 斜向十字形油槽　(c) 径向王字形油槽

图 2-59　油槽的形状

2）油槽的开设与修整　滑动轴承要保证在润滑条件下工作，必须有足够的润滑油供应到摩擦面间，所以需要在轴瓦上开凿合理的油槽和油孔。

油槽的种类一般有轴向直线形油槽、斜向十字形油槽、径向王字形油槽，如图2-59所示。为改进润滑效果，通常在上瓦上开凿十字形或王字形的油槽。油槽的尺寸参考机械设计手册的有关内容。

油槽开设的原则：

① 润滑油应保证从无负荷部位进入。即轴瓦受力部位不能开设油槽，否则会破坏油层的完整性，降低油层的承载能力。

② 轴瓦内的油槽绝不能直通到轴瓦之外，否则润滑油就会流失而降低润滑效果。

③ 在上、下瓦的结合处必须开油槽，用于储油，如图 2-60 所示。如果供油发生断续时，它能暂时供给润滑油，同时轴颈与轴衬相互摩擦所产生的金属末，也可积存在这里，以减小对轴衬的磨伤。大型轴套的旁侧必须开凿油槽。

④ 尽可能避免开轴向油槽，以防轴颈与轴衬发生金属摩擦。

⑤ 较长的轴套供油较难，可开设螺旋油槽，如图 2-61 所示。但螺旋的方向应与油流方向一致，确保当轴转时，将油带入轴套内。

⑥ 负荷方向随转向而变化时，在轴瓦端部开环形油槽，将油引进到轴颈的纵向油槽里，如图 2-62 所示。曲轴在轴颈上钻孔，通过轴颈引进润滑油，如图 2-63 所示。

⑦ 在垂直轴承中，油槽的位置应开在轴套的上端并成环形。

⑧ 轴承的进油孔，一般应开在轴颈旋转的前方（图 2-62），以利于向楔形间隙内带油。

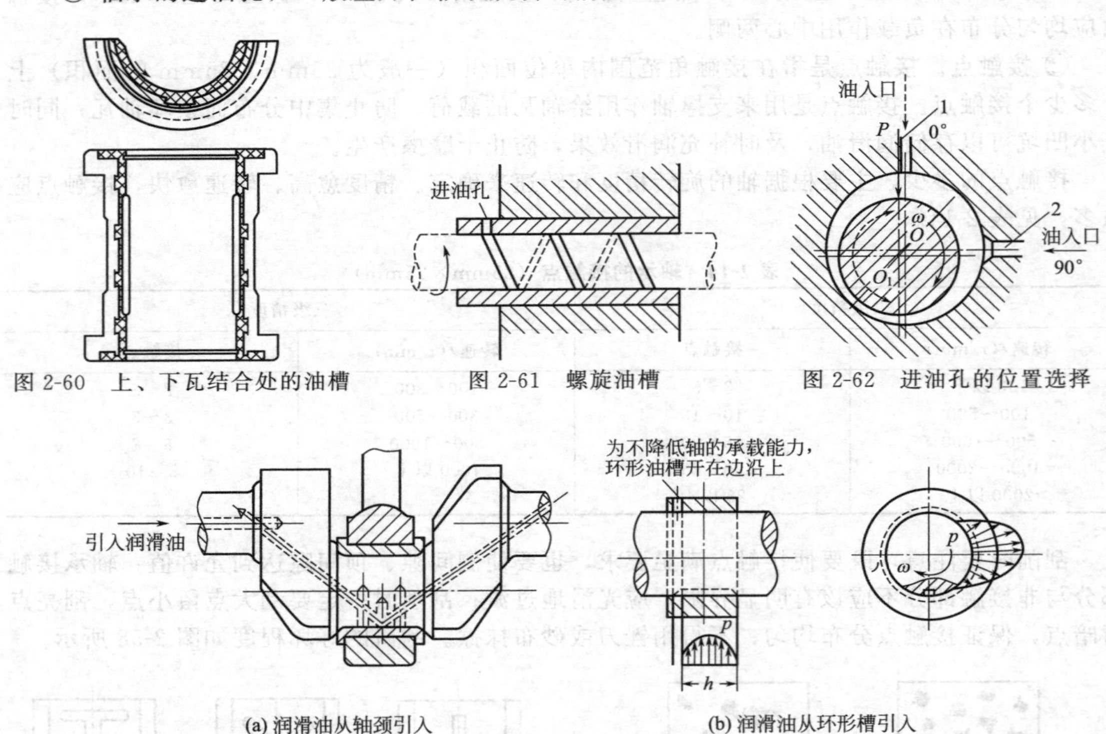

图 2-60 上、下瓦结合处的油槽　　图 2-61 螺旋油槽　　图 2-62 进油孔的位置选择

图 2-63 负荷方向变化时润滑油的引入

2. 滑动轴承的装配

(1) 滑动轴承与轴承座（或轴承盖）的装配　轴瓦与轴承座的配合一般采用 H7/k6、H8/k7，要求配合紧密，不得有较大的过盈或较大的间隙。有较大过盈时，轴瓦将产生变形，使轴承与轴之间必要的间隙不能得到保证，甚至烧瓦；如有较大的间隙时，运转时轴瓦就会在轴承座内振动，使传动精度降低，还可能产生轴瓦等机件的破裂事故。

轴瓦瓦背与轴承座孔的接触面积不得小于整个面积的 40%～50%，上瓦、下瓦与轴承座的接触面圆心角不应小于 90°和 120°，可用涂色法进行检查，用刮研法修整。

为防止轴瓦在轴承座内产生移动，一般轴瓦的瓦胎均有翻边或止口，并应与轴承座配合处配合十分严密，不得有间隙；为使轴承在运转中不发生颤动，应有定位销，如图 2-64 所示。

上、下瓦合并后，接触面不许有漏隙，以防润滑油泄漏，大多数轴瓦都需在上、下瓦结合面上装配定位销，使轴瓦不致错位，也可防止瓦口垫被轴带入轴承内，如图 2-65 所示。

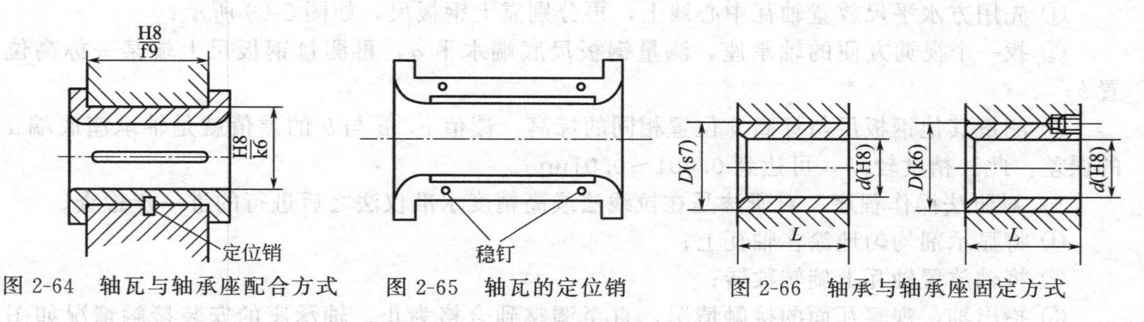

图 2-64　轴瓦与轴承座配合方式　　图 2-65　轴瓦的定位销　　图 2-66　轴承与轴承座固定方式

（2）轴套与轴承座的装配　轴套在轴承座内的装配和固定方式如图 2-66 所示。轴套在压装时，易于变形，在装配时应引起重视。如出现轴套内孔尺寸、形状变化时应立即进行刮研或修整，恢复轴套的精度。为防止轴套发生轴向窜动，端面应用螺钉固定。

3. 滑动轴承的装配与调整

滑动轴承一般用两点或多点支撑轴，装配质量直接影响设备运行质量。滑动轴承装配主要包括清洗、检查、轴承座和轴承盖的装配及间隙调整。

（1）轴承座的装配与调整　在多支撑的轴上，各轴承座之间应保持同心度和水平度，可用拉线法、高精度水准仪法及对研法检查。

1）拉线法操作程序

① 先用划线法划出轴瓦的中心线，如图 2-67 所示。

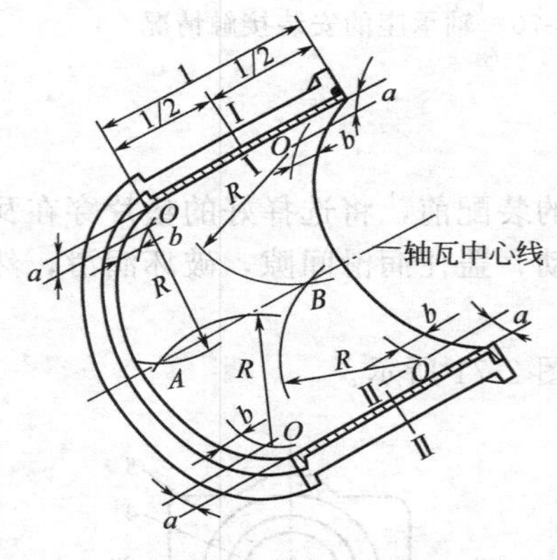

图 2-67　找轴瓦中心线的方法

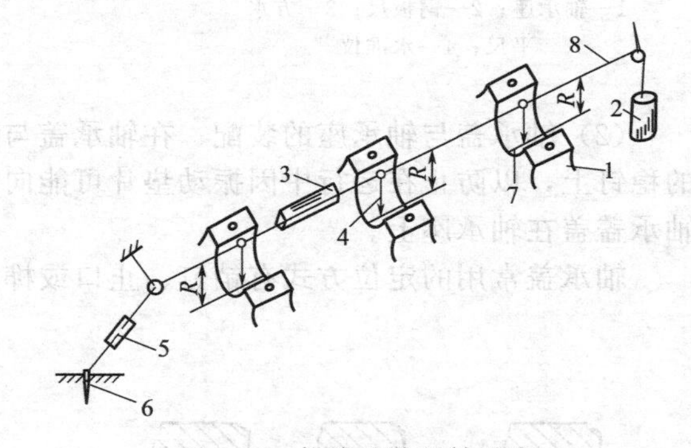

图 2-68　拉线法装配轴承座

1—轴承座；2—拉线重锤；3—水平尺；4—线锤；5—紧线器；6—地锚；7—轴瓦中心线；8—拉线

a. 先沿形状较好的边缘，向内量取 10mm 画线，分别得出交点 O_1、O_2、O_3、O_4；

b. 分别以 O_1、O_2、O_3、O_4 为圆心，以大于轴瓦半径为半径画弧，分别得出点 A、B、C、D（有个别点是虚点）；

c. 连接 A、B、C、D 点中的实点，如图 2-66 中 A、B 点连线即为轴瓦中心线。

② 在轴承座的一端，固定一条直径为 0.25～0.5mm 的钢丝线，另一端拉紧，并用水平尺调整为水平。

③ 从钢丝线上吊下线锤、移动轴承座把各轴瓦的中心线调整在一条直线上。

④ 用卡钳、卡尺测量钢丝线到轴瓦表面中心线的距离，调整各轴承座的高度，如图 2-68所示。此法测量的精度较高，精度可达到 0.07～0.15mm 的范围。

2）高精度水准仪法操作程序

① 先用方水平尺放置轴瓦中心线上，再分别靠上钢板尺，如图 2-69 所示；

② 找一个视觉方便的轴承座，测量钢板尺底端水平 a，再测量钢板尺上端某一标高位置 b；

③ 测量其他钢板尺与标高 b 位置相同的标高，读值 c，c 与 b 的差值就是轴承座底端 a 的误差。此法精度较高，可达到 0.001～0.01mm。

3）对研法操作程序　对研法是在拉线法或高精度水准仪法之后进行的进一步检查。

① 将显示剂均匀地涂在轴瓦上；

② 将轴放置轴瓦上旋转数转；

③ 抬出轴，观察瓦面的接触情况，直至调整到合格为止。轴承座的安装接触情况如图 2-70 所示。

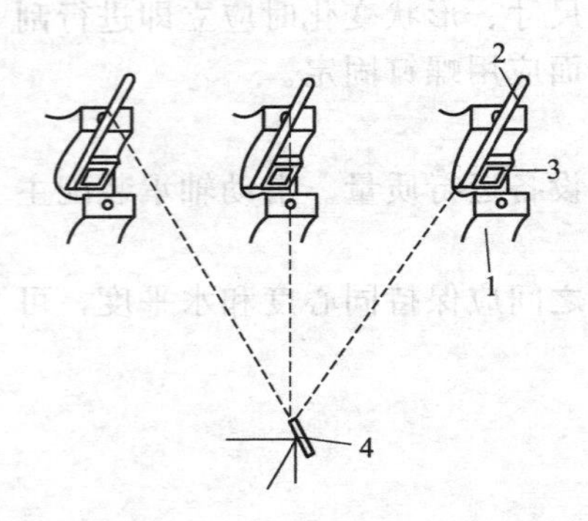

图 2-69　高精度水准仪法

1—轴承座；2—钢板尺；3—方水平尺；4—水准仪

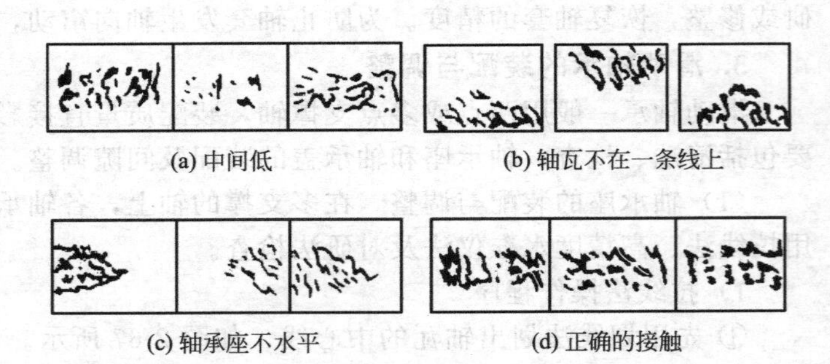

图 2-70　轴承座的安装接触情况

（2）轴承盖与轴承座的装配　在轴承盖与轴承座的装配前，将选择好的垫片穿在瓦口上的稳钉上，以防止在运行中因振动垫片可能向轴心移动，盖住润滑间隙，破坏润滑，然后将轴承盖盖在轴承座上。

轴承盖常用的定位方式有销钉、止口或榫槽，如图 2-71 所示。

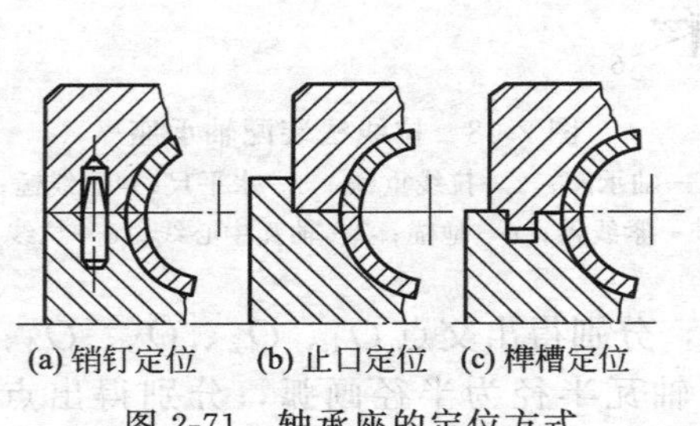

图 2-71　轴承座的定位方式

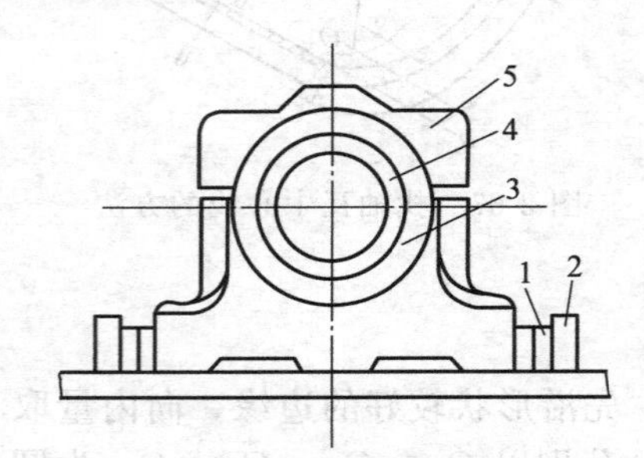

图 2-72　限位块固定方法

1—楔块；2—带限位的机座；3—轴承座；4—轴瓦；5—轴承盖

轴承座及轴承盖上的螺栓必须牢固。在拧紧各螺栓时，应注意对称拧紧，不应依次拧紧。用力大小均匀、逐步增大，以保证轴承座与机座、轴承座与轴承盖之间结合严实，受力均匀。螺母紧固后，还应加放松螺母。

调整完毕后，拧紧螺栓，装稳钉（定位销），基座上有限位块的，还要在轴承座与限位块之间加上楔块，如图 2-72 所示。

【知识拓展】

☆ 滑动轴承间隙的测量 ☆

滑动轴承装配后，配合间隙要满足要求。其测量方法常用塞尺法、压铅丝法、百分表法等。其中塞尺测量速度快，压铅丝测量较准确。

1. 塞尺法测量

用于顶间隙、侧间隙和轴向间隙的测量，如图 2-73 所示。测量时应注意塞入间隙的长度，不应小于轴瓦长度的 2/3。

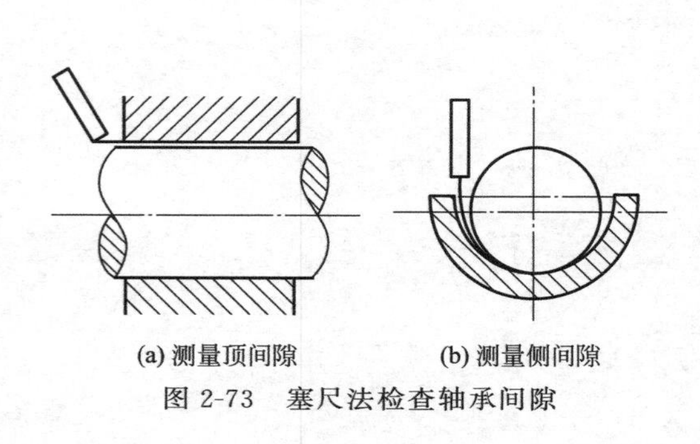

(a) 测量顶间隙　(b) 测量侧间隙

图 2-73　塞尺法检查轴承间隙

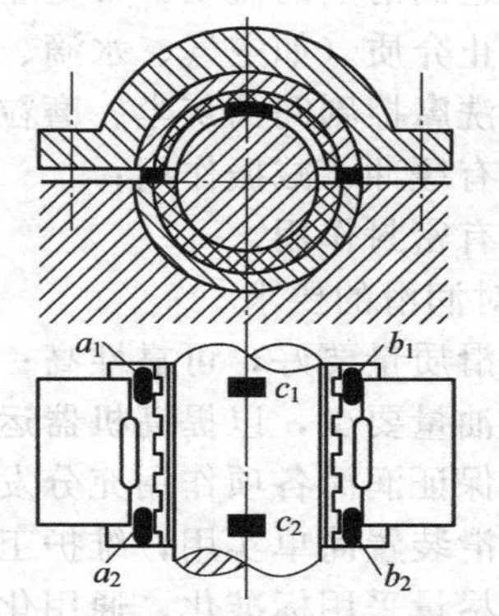

图 2-74　压铅丝法测量轴承间隙

2. 压铅丝法测量

测量时选用的铅丝直径是规定间隙的 1.5 倍，长度为 30～100mm。铅丝要柔软，操作程序是：

① 先将轴承盖打开，将一小段铅丝涂上一点润滑脂，放在轴承上部及两侧上、下瓦结合处，如图 2-74 所示；

② 然后盖上轴承盖并拧紧螺栓，稍会儿再松开螺栓，取下轴承盖；

③ 用游标卡尺测量各节铅块的厚度，按公式求出轴承的顶间隙 Δ 值。

$$\Delta=\frac{(c_1-A_1)+(c_2-A_2)}{2} \tag{2-8}$$

式中　$A_1=(a_1+b_1)/2$；$A_2=(a_2+b_2)/2$

任务 2.6　润滑材料的选择应用

【任务描述】

设备使用寿命和经济寿命的长短，最主要的因素之一就是设备维护工作中的润滑状况，润滑材料选择是否合理，将直接影响设备运行质量。因此，设备维护工作也是很重要的工作。在此任务中，主要掌握三方面的实用技术：

① 根据摩擦副的条件和作用性质，选择适当的润滑剂；

② 根据摩擦副的工作条件和作用性质，确定正确的润滑方式和方法，将润滑剂按一定的量合理地分配到各摩擦面之间；

③ 搞好润滑管理。

【任务分析】

1. 功能分析

相对运动的两摩擦表面之间加入润滑剂，使两摩擦面之间形成油膜，将直接接触的干摩擦表面分隔开来，变干摩擦为润滑分子间的摩擦。对于绝大多数设备而言，解决摩擦和磨损的主要手段就是加强润滑。

(1) 润滑的作用

① 通过选择和控制摩擦面间的润滑材料，降低摩擦，减小磨损；

② 通过润滑剂的流动，带走摩擦面间的热能，起到降温冷却作用；

③ 防止介质（如空气、水滴、水蒸气、腐蚀性液体、灰尘、氧化物等）的腐蚀；

④ 清洗摩擦副间的灰尘、磨粒等杂质；

⑤ 具有缓冲、减振作用；

⑥ 具有密封作用。

(2) 对润滑的要求

① 润滑质量要好，可靠性高；

② 耗油量要少，以提高机器运行的经济性；

③ 要保证润滑各项作用充分发挥；

④ 润滑装置简单实用，维护工作量少；

⑤ 要尽量采用标准化、通用化润滑装置。

2. 润滑材料的种类及其应用

(1) 按润滑介质分　有气体润滑、液体润滑、润滑脂润滑、固体润滑和油雾润滑等。

(2) 按润滑剂供应方式分　有分散或单独式润滑和集中润滑。

① 分散或单独式润滑。即每一部位的润滑都有单独的润滑装置。如电机主轴的两端支撑轴承各自单独润滑，常用油杯、油孔等润滑装置。

② 集中式润滑。即各润滑部件共用一个润滑装置。如机器的减速箱中变速齿轮、轴承等采用集中润滑。

(3) 按润滑剂的供给系统分：有不循环和循环润滑系统。

① 不循环润滑系统。供应到摩擦面的润滑剂，只润滑一次，不回收。如车床的大小刀架和滑轨等润滑处。这种方法用于简单、分散、低速、轻载、需要量小而油箱安装有困难的机器润滑部件。

② 循环润滑系统。供应到摩擦面的润滑剂，在润滑后，又返回油池，经过过滤冷却后，继续多次使用。这种方法用于高速、重载、机件集中、需油量大的设备，如减速箱等。

(4) 按供给时间分　有间歇润滑和连续润滑。

① 间歇润滑。隔一定时间，向摩擦副供给润滑剂一次。一般用于负荷小、速度低或对润滑要求不高的机器部件。如车床大小刀架和滑轨等。

② 连续润滑。在机器的整个运转过程中，对摩擦副连续不断地供油润滑。用于大负荷、速度高、有散热要求的机器部件。如高速运行的齿轮箱和各种轴承等。

(5) 按压力要求分　有无压润滑和压力润滑。

① 无压润滑。靠油液自身的重力流到润滑点，或用油槽、毛毡的毛细作用，将润滑油输到润滑点。这种方法简单、经济、方便，但供应的油量少，而且费时，不太可靠。

② 压力润滑。用油泵将具有一定压力的油液，送至摩擦面进行润滑，或靠轴承自身特点形成油膜进行润滑的方式。这种方法润滑效果好，可靠性高，但结构复杂，不太经济。用于大型高速、重载设备，如矿山提升机的主轴与轴承润滑。

【知识准备】

1. 润滑剂种类及其功能

凡能降低两摩擦表面间摩擦阻力的介质统称润滑剂，亦叫润滑材料。正确选择和使用润滑剂，是充分发挥润滑作用、保障机器良好工作性能的重要环节。

（1）润滑剂的类型及性质　润滑剂按其常规状态下的存在形态可分四种基本类型：

① 液体润滑剂。它是一种用途极广的润滑剂，包括矿物润滑油、动物润滑油、合成润滑油等。具有防腐、减磨、冷却等作用。

② 脂类润滑剂。其应用也很广泛，主要包括皂基润滑脂、烃基润滑脂、无机润滑脂、有机润滑脂等，具有防腐、减磨、密封等作用。

③ 固体润滑剂。如石墨、二硫化钼、尼龙等，具有防腐、减摩、耐高温等作用。

④ 气体润滑剂。任何气体都可以作为气体润滑剂，常用的是空气，其次是氧气、二氧化碳等，一般情况下辅助油雾润滑。其主要用于结构复杂、精密机器的轴承润滑，具有防腐、减磨、浸透性强等作用。

此外，润滑剂也可按应用进行分类。我国根据国际标准组织 ISO 6743/0—1981 制定了润滑剂有关产品的分类标准 GB 7631.1—87，在 ISO 原有标准的基础上，添加 S 组成的，其组别代号与应用场合见表 2-15。

表 2-15　L 类产品分组代号

组别代号	应用场合	分组代号	应用场合
A	全损耗系统	P	风动工具
B	脱模	Q	热传导
C	齿轮	R	暂时保护防腐蚀
D	压缩机(冷冻机和真空泵)	T	汽轮机
E	内燃机	U	热处理
F	主轴、轴承、离合器	X	需要润滑脂的场合
G	导轨	Y	其他应用场合
H	液压系统	Z	蒸汽汽缸
M	金属加工	S	特殊润滑剂应用场合
N	电器绝缘	—	—

根据 GB 7631.1—87 规定，我国 L 类产品的代号由三部分组成：

① 类别号，即 L，石油产品；

② 品种代号，第一个字母为组别代号，紧随其后的各个字母是产品性能说明代号，但不能与第一个字母分割，否则就失去意义；

③ 牌号，按照 GB 3141—82 规定的润滑油黏度及等级或润滑脂稠度等级。

如 L-AN32，是 L 类产品中用于全损耗系统的精制矿物油（即机械油），牌号为 32（产品的平均运动黏度为 $32mm^2/s$）；L-FC10，是 L 类产品中用于轴承的、具有抗氧化、防腐蚀性能的精制矿物油（即轴承油），牌号为 10。

（2）润滑油的品种与应用　润滑油流动性好，容易进入支撑的承载区，它的冷却、清洁作用显著，但不能阻止灰尘进入。润滑油按照用途和性质的不同分为机械油（高速机械油、普通机械油、重型机械油）、齿轮油 C（普通齿轮油、双曲线齿轮油、开式齿轮油、车辆齿轮油)、内燃机油等。

1) ISO标准牌号　根据GB 3141—82规定，除电器绝缘油、金属加工油、热传导和热处理油(以上三种不强迫使用该标准)，内燃机油、车辆齿轮油(以上2种不适用该标准)外，所有润滑油一律使用40℃时的运动黏度作为油液的牌号。各牌号润滑油的技术参数见表2-16。

表2-16　各牌号润滑油在不同黏度指数和不同温度时的运动黏度(GB 3141—82)

本标准采用的黏度牌号	ISO组织采用的黏度牌号	运动黏度范围(40℃)/(mm²/s)	运动黏度(50℃)/(mm²/s)	
			黏度指数(VI)=50	黏度指数(VI)=95
2	ISO VG2	1.98～2.42	1.69～2.03	1.69～2.03
3	ISO VG3	2.88～3.52	2.38～2.84	2.39～2.86
5	ISO VG5	4.14～5.06	3.29～3.95	3.32～3.99
7	ISO VG7	6.12～7.48	4.68～5.61	4.76～5.72
10	ISO VG10	9.00～11.00	6.65～7.99	6.78～8.14
15	ISO VG15	13.6～16.5	9.62～11.5	9.80～11.80
22	ISO VG22	19.8～24.2	13.6～16.3	13.9～16.6
32	ISO VG32	28.8～35.2	19.0～22.60	19.4～23.3
46	ISO VG46	41.4～50.6	26.1～31.3	27.0～32.5
68	ISO VG68	61.2～74.8	37.1～44.4	38.7～46.6
100	ISO VG100	90.0～110	52.4～63.0	55.3～66.6
150	ISO VG150	135～165	75.9～91.2	80.6～97.1
220	ISO VG220	198～242	108～129	115～138
320	ISO VG320	288～352	151～182	163～196
460	ISO VG460	414～506	210～252	228～274
680	ISO VG680	612～748	300～360	326～393
1000	ISO VG1000	900～1100	425～509	466～560
1500	ISO VG1500	1350～1650	613～734	676～812

2) 润滑油的质量指标

① 黏度。有动力黏度μ(Pa·s)、运动黏度ν(m²/s)和相对黏度。

② 黏度指数(VI)。指润滑油黏度随温度升高而减小，随温度降低而增大的特性。黏度指数愈高，润滑油的黏度受温度影响程度愈小，润滑油的黏温性能就愈好。

③ 水分。指润滑油中的含水量。水分过多会乳化变质降低润滑性能，水分不应超过3%。

④ 闪点和燃点。在一定条件下，油蒸气与空气混合后遇火焰时发生燃烧现象，并在5s内能自动熄灭时的最低加热温度称闪点，闪火5s后能持续燃烧的最低温度称燃点。

⑤ 凝点。油品在一定条件下冷却到失去流动性的最高温度称为凝点。凝点是衡量润滑油在低温下工作的性能指标。

⑥ 机械杂质。多指沙子、黏土、木屑、纤维等杂质。

⑦ 酸值。中和1g油所需氢氧化钾的质量(mg)称为酸值。酸值愈大，润滑油的质量愈差。

⑧ 灰分。油品在一定条件下燃烧后，所剩下的残留物质，以百分数表示。灰分大，润滑性能降低。

3) 润滑油的性能和用途　常用润滑油的主要性能和用途见表2-17。

(3) 润滑脂　润滑脂是由基础油加入稠化剂和添加剂在高温下混合而成的，它是一种稠化了的润滑油，又称黄油或干油。润滑脂在常温和静止状态下是半流体，具有较好的承载能力及润滑能力，能在苛刻的条件下，保持一定的油膜，具有较好的适应性、缓冲性和密封性。

表 2-17　常用润滑油的主要性能和用途

名称	代号	主要性能				适用范围
		黏度(40℃)/(mm^2/s)	闪点不低于(开口)/℃	凝点不高于/℃	其他	
高速机械油	L-AN5	4.14～5.06 6.12～7.48	80 110	−10 −10	良好的润滑性;无水分、机械杂质和水溶性酸或碱	纺锭高速轻载机械及小型电机,转速≥8000r/min,p≤0.5Pa
轴承油	L-FC2 L-FC5 L-FC10 L-FC22	1.98～2.42 4.14～5.06 9.0～11.0 19.8～24.4	70(闭口) 90(闭口) 140 140	−23 −23 −23 −17	无机械杂质、低酸值;抗氧防锈性好,不含极压抗磨剂	纺纱定子;机床轴承及离合器
机械油	L-AN10 L-AN15 L-AN22 L-AN32 L-AN46 L-AN68 L-AN100 L-AN150	9.0～11.0 13.5～16.5 19.8～24.2 28.8～35.2 41.4～50.6 61.2～74.8 90.0～110 135～165	130 150 150 150 160 160 180 180	−10 −10 −10 −10 −10 −10 −10 −10	良好的润滑性;强抗泡沫性和抗乳化性;低的酸值、灰分、机械杂质、水分等	5000～8000r/min 的轻载机械;1500～5000r/min 的轻载机械;1500r/min 左右的机床齿轮、<100kW电动机;各种机床、1000r/min以下、<400kW 电动机、鼓风机、离心泵;中型矿山机械、低速重型机床重在机械、大型矿山机械起重机械、锻压机械
汽轮机油	L-TSA32 L-TSA46 L-TSA68 L-TSA100	28.8～35.2 41.4～50.6 61.2～74.8 90.0～110	180 180 195 195	−12 −12 −12 12	无机械杂质、无水分、无锈;酸值<0.3;灰分低,黏度指数≥90	电力和工业动力源及有关控制系统;液力耦合器、变压器
抗磨液压油	L-HM22 L-HM32 L-HM46 L-HM68	19.8～24.2 28.8～35.2 41.4～50.6 61.2～74.8	165 175 185 195	−20 −20 −14 −14	无锈、无机械杂质、具有良好的抗氧化、防锈、抗磨性能,黏度指数≥90	主要用于钢-钢摩擦副的液压油泵及高压、高速的液压系统
工业齿轮油	L-CKB68 L-CKB100 L-CKB150 L-CKB220 L-CKB320 L-CKB460 L-CKB680	61.2～74.8 90.0～110.0 135～165 198～242 288～352 414～506 612～748	80 200 200 200 200 200 220	−13 −13 −13 −13 −13 −13 −10	与 L-CKC 工业齿轮油性能相近。无锈,机械杂质<0.02%,具有抗氧化、抗腐蚀和抗泡沫性,并已提高其极压性和抗磨性,黏度指数≥90	适用于齿面载荷低于500Pa的正常齿轮,也适用于工作温度恒定在70～90℃的范围内,但负荷>500Pa的齿轮
蜗轮蜗杆油	L-CKE220 L-CKE320 L-CKE460 L-CKE680 L-CKE1000	198～242 288～352 414～506 612～748 900～1100	200 200 220 220 220	−11 −11 −11 −11 −11	无水溶性酸或碱、无锈,机械杂质≤0.02%,酸值≤1.3,黏度指数≥90	主要用于铜-钢配对的圆柱形和双包围形的、承受轻负载、传动平稳、无冲击的蜗轮蜗杆副,包括该设备的齿轮及滑动轴承、汽缸、离合器等部件的润滑,及在潮湿环境下工作的其他机械设备的润滑
压缩机油(100℃)	HS-13 HS-19 (GB 12691—90)	11～14 17～21	215 240	— —	无水溶性酸或碱,无水分,酸值≤0.15,机械杂质小于0.007%,低灰分	13号油主要用于中低压的压缩机润滑,19号油主要用于高压或多级压缩机润滑
仪表油	HY-10 (SH 0138—92) (普通型)	9～11	125	−60	无水分、机械杂质和水溶性酸碱,酸值小于0.05,灰分小于0.005%,凝点低	各种仪表
饱和汽缸油100(℃)	HG-11 HG-24 [GB 448—64] (1988确认)	9～13 20～28	215 240	5 15	无水溶性酸或碱,灰分、水分较低	适用于重负载轴承、齿轮箱及蜗轮蜗杆传动装置,一定条件下的饱和蒸汽机
汽油机油(50℃)	HQ-6 HQ-6D HQ-10 HQ-15	6～8 6～8 10～12 14～16	185 185 200 200	−20 −30 −15 −5	良好的黏温性能和润滑性能,耐高温、耐低温性能	冬季用车的汽油机;寒区汽车的汽油机;夏季汽车的汽油机;冬季拖拉机的汽油机;夏季用拖拉机的汽油机

常用的润滑脂及其性能：

① 钙基润滑脂　它是一种浅黄色或暗褐色的润滑油，俗称黄干油。其耐潮但不耐温，常用于工业、农业的运输机械及潮湿环境下机械的润滑。

钙基润滑脂的使用寿命较短，需经常加补新脂。其中1号润滑脂常用于集中润滑系统；2号、3号适用于中小负荷的中转速的中小机械；4号、5号适用于重负荷、低速机械。

② 钠基润滑脂　其具有耐高温但不耐潮的特点，寿命较钙基润滑脂长，适用于干燥环境下的机械润滑。

③ 复合钙基润滑脂　其具有良好的耐潮、耐高温性能，但有表面硬化趋势，不易长期储存。

④ 钙钠基润滑脂　其具有耐潮、耐温性能，用于湿度不大、温度较高的场合，但不适合低温环境。

⑤ 锂基润滑脂　锂基润滑脂可取代钙基、钠基及钙钠基润滑脂。其具有较好的耐高温、耐潮、机械稳定性、防锈性和氧化稳定性，并且使用寿命长。它是一种有一定通用性能的润滑脂，广泛应用于矿山采煤机和运输机的电机轴承、胶带运输机托辊的轴承润滑。但不能与其他润滑脂混合使用。

⑥ 合成复合铝基润滑脂　其具有良好的耐潮、耐温特性，应用于矿山机械和中大型机械电机轴承润滑。使用时必须注意合理选择牌号，一般在高温下使用。

⑦ 石墨钙基润滑脂　其具有良好的耐潮、耐磨特性，但不耐温。适用于齿轮传动、钢丝绳等。一般在环境温度60℃以下工作的机械，不能应用滚动轴承和精密机件。

⑧ 二硫化钼　其具有耐潮、耐温、耐磨等特性，应用于矿山大型机械，如通风机、空压机和采煤机的电机轴承。它不能与其他润滑脂混合使用。

(4) 固体润滑剂　将某些固体材料研成粉末、冲压成片材，或用烧结法、化学镀涂法做成薄膜，加入摩擦面中间，可以起到隔离摩擦表面，防止两表面黏结咬合，起到降低摩擦、减少磨损的作用，这些固体材料都被称为固体润滑剂，如铅粉、铝粉等。

2. 润滑剂的选择应用

润滑剂选择合理，就能充分发挥润滑剂的作用，延长设备的使用寿命和经济寿命，是设备安全、经济运行的重要保证。

润滑剂的选择应用原则如下：

(1) 根据机械部件使用的环境选用

① 一般情况下，应优先选用品种齐全、货源充足的润滑油；

② 在粉尘污染严重的环境下，或不能正常加油，以及低速重载不易形成和维持油膜的地方，应选用密封条件较好的润滑脂；

③ 在高温或温度变化较大时，应优先选择合成润滑油或钠基润滑脂；

④ 在真空和辐射环境下，优先选用固体润滑剂；

⑤ 在有明火或高温条件下，就不能选普通的润滑油，而只能选难燃液；

⑥ 在周围环境清洁或工作液消耗较大时，选择价格便宜的水积液；

⑦ 在低温或寒区，应选择含有降凝剂的润滑油；

⑧ 在潮湿环境下，应选择钙基润滑脂。

(2) 根据机器或机件的工况选择

① 载荷和载荷特性。摩擦副载荷较大时，从润滑剂的润滑性能和密封性能上来考虑，应选择牌号较大的润滑剂，以提高机械的工作效率。

② 当机器经常受到较大冲击、振动或常变载荷条件时，考虑润滑层油膜的形成较难，应选择黏度较大的润滑油或润滑脂。

③ 相对运动速度的影响。摩擦副两表面相对速度较大时，从减少运动阻力和降低热能的角度来考虑，应选择牌号较小的润滑油或润滑脂。

【任务实施】

1. 滑动轴承润滑剂类型与润滑方式的确定

(1) 滑动轴承润滑材料的选用

一般采用系数法来确定，系数用 K 来表示，其值可用经验公式计算：

$$K=v\sqrt{10P_{m}v} \qquad (2\text{-}9)$$

式中 v——轴颈圆周线速度，m/s；

P_{m}——单个轴承的平均压强，MPa；

$$P_{m}=\frac{W}{dL}\times10^{-6} \qquad (2\text{-}10)$$

式中 W——单个轴颈所承受载荷，N；

d——轴颈直径，m；

L——轴承长度（宽度），m。

由式(2-9)、式(2-10) 算出 K 值后，可按表2-18确定润滑剂类型及润滑方式。

(2) 滑动轴承润滑油的选用

① 滑动轴承选用润滑油时，可根据轴颈和转速查图2-75先定出适用黏度区域；

② 再依据轴颈单位负荷与黏度区域查表2-19确定运动黏度；

③ 最后依据表2-19中的技术参数，确定相应的牌号。

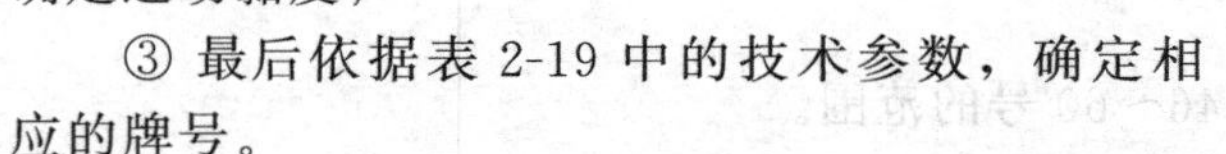

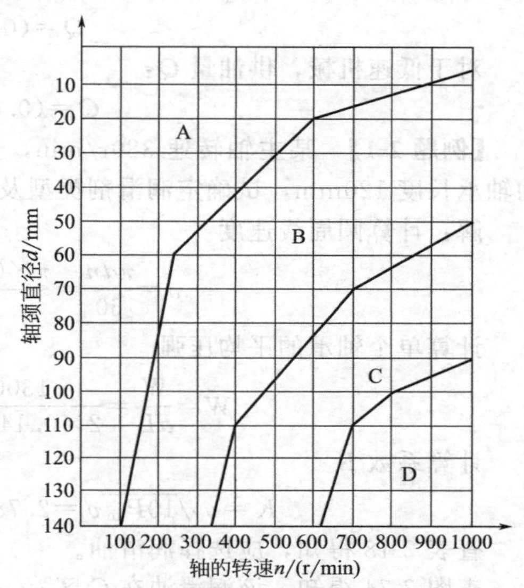

图2-75 滑动轴承用润滑油黏度范围选择图

表2-18 滑动轴承用润滑剂类型及润滑方式查用表

K值	润滑剂	润滑方式
≤6	润滑脂	油杯润滑
6～50	润滑油	针阀、油杯润滑
50～100	润滑油	油杯或飞溅润滑，需用水或循环油冷却
>100	润滑油	压力润滑

表2-19 滑动轴承用润滑油黏度选择表

轴颈平均压强/10^{6}Pa	不同区域可选用的黏度(40℃)/(mm^{2}/s)			
	A	B	C	D
0～0.5	27～38	24～30	15～23	14～19
0.5～6.5	82～94	68～84	46～60	24～38
6.5～15	115～155	86～101	65～85	46～75

用上述方法确定润滑油的牌号后，还必须根据滑动轴承对润滑油的其他质量指标要求，选用最适合的一种润滑油类型。

一般滑动轴承对润滑油的质量指标要求是：

a. 酸值≤0.2mg KOH/g；

b. 机械杂质≤0.007；

c. 凝点≤－10℃；

d. 闪点≥170℃；

e. 不允许含有水溶性酸、碱及水分。

具体选择时，可参考手册来选择。

(3) 供油量确定

润滑油选定后，还要进行供油量的计算。供油量由结构参数和工作条件来确定。油量不足，会使轴承中润滑油产生热能，容易引起变质，降低润滑效果。油量太多，则对散热不利，且造成浪费。

对于高速机械，供油量 Q：

$$Q=(0.06\sim0.15)dL \tag{2-11}$$

对于低速机械，供油量 Q：

$$Q=(0.003\sim0.006)dL \tag{2-12}$$

【例题 2-1】 某主轴转速 380r/min，直径 140mm，两端轴承承受总载荷 130000N，滑动轴承长度 120mm，试确定润滑剂类型及牌号。

解：计算圆周线速度

$$v=\frac{\pi dn}{60}=\frac{\pi\times0.14\times380}{60}=2.783\text{m/s}$$

计算单个轴承的平均压强

$$W=\frac{W}{dL}=\frac{130000}{2\times0.14\times0.12}\times10^{-6}=3.87\text{MPa}$$

计算系数 K

$$K=v\sqrt{10P_{\text{m}}v}=2.783\sqrt{10\times3.87\times2.783}=28.89$$

查表 2-18 得知，应选择润滑油。

查图 2-74 得知，该润滑油在 C 区。

再结合表 2-19，得知润滑油的牌号在 46～60 号的范围。

对照表 2-16，可选润滑油的最终牌号为 46 号。

【例题 2-2】 某主轴转速 9.8r/min，直径 240mm，两端轴承承受总载荷 150000N，滑动轴承长度 360mm，试确定润滑剂类型及牌号。

解：计算圆周线速度

$$v=\frac{\pi dn}{60}=\frac{\pi\times0.24\times9.8}{60}=0.123\text{m/s}$$

计算单个轴承的平均压强

$$W=\frac{W}{dL}=\frac{150000}{2\times0.24\times0.36}\times10^{-6}=8.7\text{MPa}$$

计算系数 K

$$K=v\sqrt{10P_{\text{m}}v}=0.123\sqrt{10\times8.7\times0.123}=0.40$$

查表 2-18 得知，应选择润滑脂。

具体选何类型的润滑脂，要依据设备的使用条件而定（从略）。

2. 滚动轴承润滑剂的选用

(1) 滚动轴承润滑剂的确定　滚动轴承采用的润滑剂主要是润滑油和润滑脂。用润滑脂润滑，密封防污染能力好，轴座设计简单，维护方便，80%的滚动轴承用润滑脂润滑。只有不是独立设置的轴承，如许多减速器中的轴承，为了考虑与齿轮或其他机械一起用润滑油润滑，才不选用润滑脂。

(2) 滚动轴承润滑脂的选用　滚动轴承采用润滑脂润滑，轴颈线速度以不超过 4～5m/s

为宜。

一般设备装有滚珠轴承，使用 2 号润滑脂较为适当；滚子轴承选用 0 号或 1 号润滑脂较为适当；密封要求高的轴承选用 3 号润滑脂较为适当。

(3) 滚动轴承润滑油的选用　滚动轴承选用最低黏度要求为：球轴承与滚子轴承，$12mm^2/s$；向心球面滚子轴承，$20mm^2/s$；向心推力滚子轴承，$32mm^2/s$。

如果已知滚动轴承的工作温度、转速、轴颈直径时，可按表 2-20 和图 2-76 来确定润滑油黏度区域及牌号。

表 2-20　推荐黏度表

<table>
<tr><th rowspan="2">图 2-75 中区域</th><th colspan="4">不同工作温度下可选用的黏度/(mm²/s)</th></tr>
<tr><th><0℃</th><th>0～60℃</th><th>60～100℃</th><th>>100℃</th></tr>
<tr><td>A</td><td rowspan="4">16.5～20</td><td rowspan="2">27.5～50</td><td rowspan="2">66～108</td><td>240～330</td></tr>
<tr><td>B</td><td>200～240</td></tr>
<tr><td>C</td><td rowspan="2">20～36</td><td>45～50</td><td rowspan="2">115～155</td></tr>
<tr><td>D</td><td>27.5～36</td></tr>
</table>

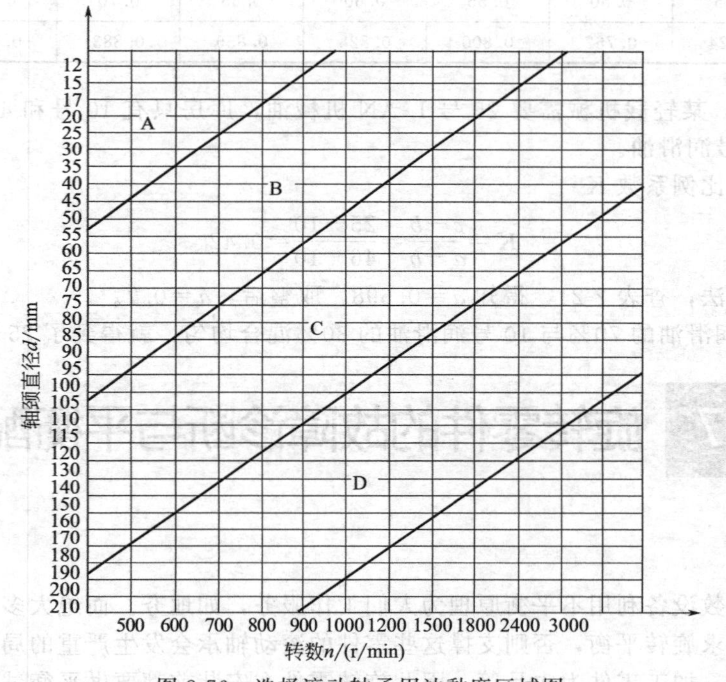

图 2-76　选择滚动轴承用油黏度区域图

【例题 2-3】 已知滚动轴承的轴颈直径为 60mm，转速 1500r/min，工作温度为 75℃，试选择润滑油。

解：

(1) 根据滚动轴承的轴颈和转速，在图 2-75 上确定出黏度区域为 C；

(2) 再根据滚动轴承的使用温度，从表 2-20 中查得该轴承所选用的润滑油黏度范围为 $45\sim50mm^2/s$；

(3) 查表 2-16，得知选定润滑油牌号为 46 号。

如滚动轴承为一般载荷时，选用 L-AN46 机械油；如滚动轴承为重载且冲击时，选用 L-HM46 型抗磨液压油。

【知识拓展】

☆ 特殊油号的配制 ☆

在机械润滑油选用中，会遇到特殊油号的选用问题。选用小号不能满足要求，选用大号会增加摩擦面间的阻力，油温上升，而市场上又无此需要的油号，因此特别介绍和推广特殊油号的配制技术。

已知同一品种的润滑油，有 a 号和 b 号（$a>b$），现场实际需要 c 号（$b<c<a$），则采用配制比例系数法求解。

配制比例系数 K，由 K 值计算 a 号与 b 号油的配制比例值，见表 2-21。

$$K=\frac{c-b}{a-b} \tag{2-13}$$

表 2-21 特殊油号的比例参考值

K	0.05	0.10	0.15	0.20	0.25	0.30	0.35	0.40
a	0.147	0.260	0.350	0.432	0.507	0.572	0.630	0.681
K	0.45	0.50	0.55	0.60	0.65	0.70	0.75	—
a	0.724	0.762	0.800	0.828	0.856	0.883	0.911	—

【例题 2-4】 某轻载机械需要 25 号 L-AN 机械油，库房只有 10 号和 46 号 L-AN 机械油。试配制 25 号润滑油。

解： 求配制比例系数 K

$$K=\frac{c-b}{a-b}=\frac{25-10}{46-10}=0.42$$

再用内插值法，查表 2-21，得知 $a=0.698$，取整后，$a=0.7$。

即取 46 号润滑油的 70%与 10 号润滑油的 30%混合均匀，就得到了 25 号润滑油。

任务 2.7 旋转零件的故障诊断与平衡配重操作

【任务描述】

通常只有少数设备利用不平衡原理为人们工作服务，如地夯。而绝大多数设备上的旋转零件在工作时要求旋转平衡，否则支撑这些零件的滚动轴承会发生严重的局部磨损，使设备产生振动、噪声、加工零件为次品等。因此旋转零件在安装前都要做平衡试验。掌握和应用平衡配重技术尤为重要。

【任务分析】

1. 功能分析

在旋转机器中，常由于旋转零件（如曲轴、汽轮、水轮、涡轮、皮带轮毂、离合器、联轴器、离合器、传动轴等）材质不均匀、结构不对称、加工和装配误差等原因而产生质量偏心，使其处于不平衡状态下工作。零件不平衡将给零件本身和轴承造成附加载荷，使其在工作中产生振动，从而加速零件的磨损和损伤。因此，旋转零件装配前要进行平衡试验。如发现不平衡要进行配重，达到旋转平衡。这是非常重要的实际应用技术。

2. 旋转零件不平衡种类

平衡试验有静平衡和动平衡两种，工程机械传动系统大都是短轴，采用静平衡试验检测；运输机械使用的长轴采用动平衡试验检验（略）。

做静平衡检验时，会出现两种状态：一是明显的不平衡，即旋转零件质量偏心所形成的转动力矩大于滚动摩擦力矩，旋转零件在导轨上能转动一个的角度；二是不明显的不平衡，即旋转零件质量偏心所形成的转动力矩小于滚动摩擦力矩，旋转零件在导轨上不能转动。

【知识准备】

1. 静平衡试验原理

找静平衡时，如图 2-77 所示，应该先测出零件不平衡质体 ΔG 的方位，然后在其相反方向上，选择一个适当位置加一定重量的平衡重 Q_0，或在不平衡重要一侧去除一部分金属 ΔG，即可达到平衡。

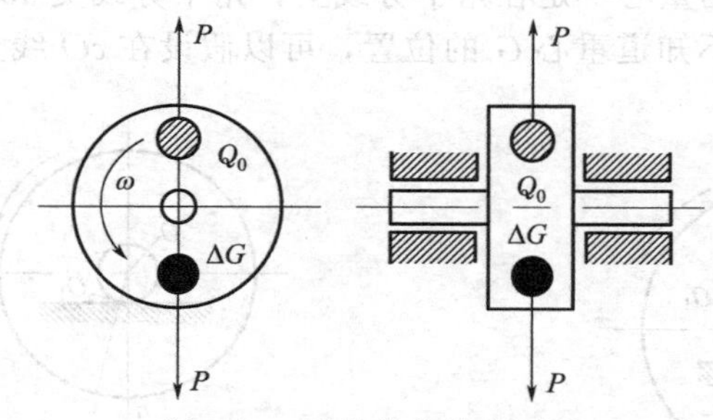

图 2-77　零件的静平衡原理

2. 静平衡检验装置

转子的静平衡检验在一个专门的检验台架上进行，如图 2-78 所示。在检验前，应先调节螺钉 4，使支架 2 上的导轨 1 处于水平位置，并调整好宽度，然后将装在被检验转子上的心轴水平置于两导轨上，即进行检验。平行导轨的端面有平刀形、棱柱形、梯形和圆形等四种，可检验不同重量的转子。

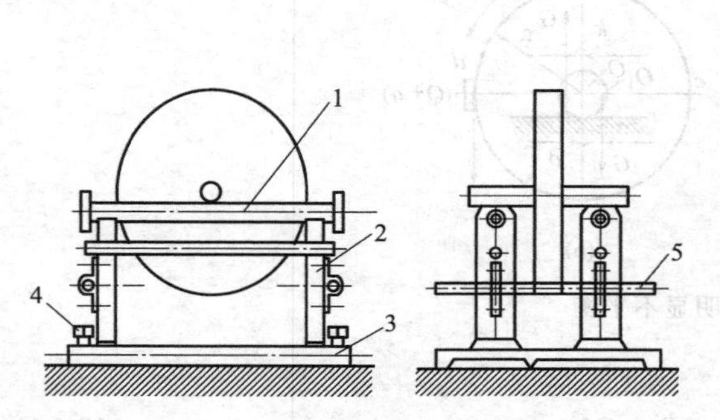

图 2-78　平行台式静平衡检验台

1—导轨；2—支架；3—支座；4—调整螺钉；5—牵制杆

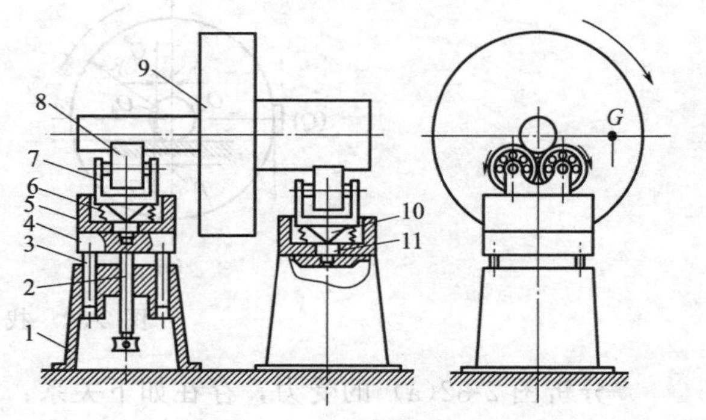

图 2-79　滚动式静平衡检验台架

1—支座；2—调节螺杆；3—导向杆；4—升降台；5—转盘；6—弹簧；7—滚动轴承座；8—滚动轴承；9—被检转子；10—三角支架；11—转动轴

若平衡两端轴径不相等的旋转零件，需要采用滚动式平衡架，如图 2-79 所示。它由两支架组成，每个支架上部装有两套滚动轴承 8，找平衡时，将转子放在滚动轴承上，并通过调节螺杆 2 使升降台 4 起落，把转子 9 调整到水平。转盘 5 可改善转子轴颈与轴表面接触状况，以减小转动阻力。弹簧 6 可在吊装转子时起缓冲作用。

【任务实施】

☆ 明显不平衡的检验与配重操作方法 ☆

如图 2-80 所示，明显不平衡转子置于导轨上，首先确定转子偏心的方向（实际上做完配重才知道偏心位置），其次再确定平衡重量。

操作步骤如下：

① 令转子顺时针转动，待其转动静止，找到垂直线上最低点，并做标记 a，如图 2-81(a) 所示。

② 令转子逆时针转动，待其转动静止，找到垂直线上最低点，并做标记 b，此时的 a 点应在 b 的左侧，如图 2-81(b) 所示。

③ 分析 $\angle aOb$，转子的重心一定在角平分线上，角平分线交 ab 圆弧段于 c 点，延长 cO 线交圆周于 d 点。目前还不知道重心 G 的位置，可以假设在 cO 线上某一点。

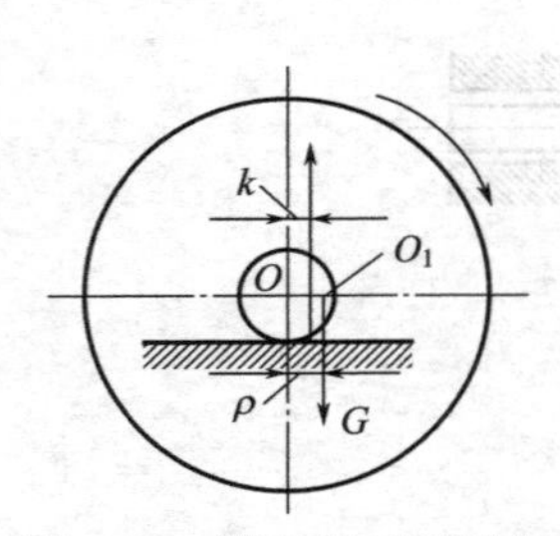

图 2-80　明显转子不平衡

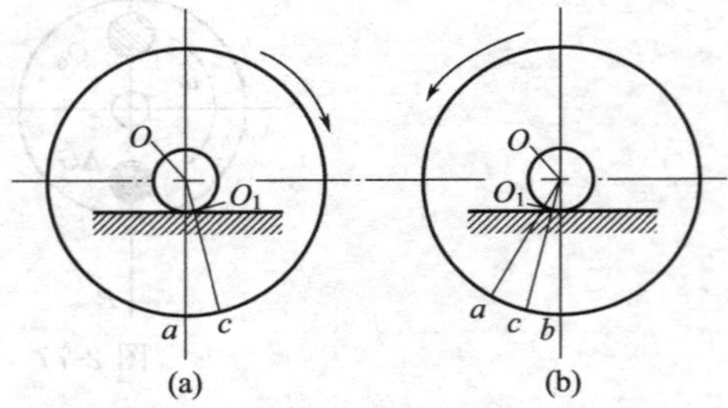

图 2-81　偏重方位的测定方法

④ 令 c 点转到 x^+ 轴向水平上（此时 c 点有顺时运动趋势），如图 2-82(a) 所示。在 d 点上加适当的试重 Q，使转子在偏重作用下能产生顺时针转动很小（3°～5°）的角度，记录此时的 Q 值。

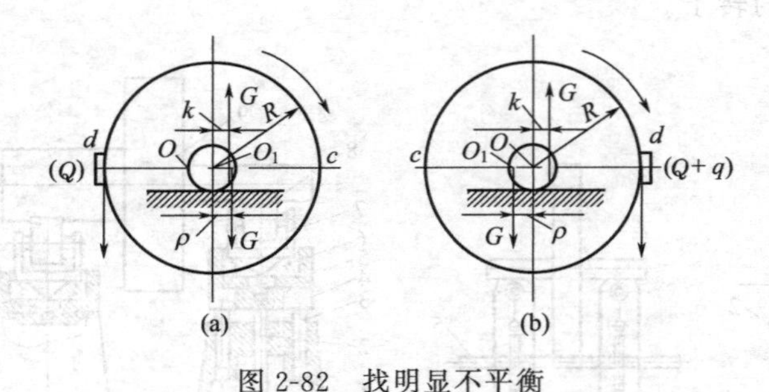

图 2-82　找明显不平衡

分析图 2-82(a) 的受力，存在如下关系：

$$M_1 = G\rho - QR - Gk \quad (2\text{-}14)$$

⑤ 令 c 点转到 x^- 轴向水平上（此时 c 点有逆时运动趋势），如图 2-82(b) 所示。在 d 点上再加适当的试重 q，使转子在偏重作用下能产生顺时针转动很小（3°～5°）的角度，记录此时的 q 值。

分析图 2-82(b) 的受力，存在如下关系：

$$M_2 = (Q+q)R - G\rho - Gk \quad (2\text{-}15)$$

⑥ 分析式(2-14)、式(2-15)，M_1 与 M_2 等效，即 $M_1 = M_2$，整理得：

$$G\rho=\left(Q+\frac{q}{2}\right)R$$

如果要使转子达到平稳，在平衡重 Q_0 加在转子后，必须满足下面的力矩平衡方程式：

$$Q_0R=G\rho$$

所以：

$$Q_0R=\left(Q+\frac{q}{2}\right)R$$

即配重 Q_0：

$$Q_0=Q+\frac{q}{2} \tag{2-16}$$

在找平衡时，试重 Q_0 和 q 用小磁铁或黄泥，平衡工作完成后，把它们称一下，即可计算出 Q_0。用焊接方法焊在零件上（从 Q_0 中减去焊条的质量），或从 c 点处挖去 Q_0 重的孔。

【知识拓展】

☆ 不明显不平衡检验与配重操作方法 ☆

如图 2-83 所示，不明显不平衡的转子可用下列方法平衡，操作步骤如下：

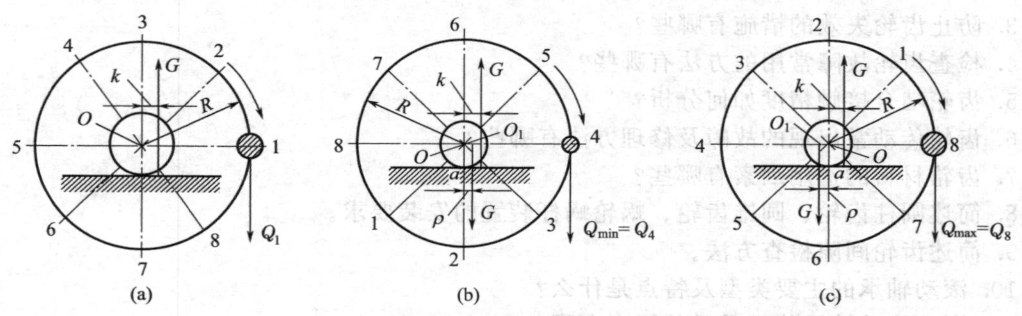

图 2-83　八点试重周移法找不明显不平衡

① 用八点试重周移试验测定转子的偏移方位。将转子圆周分八等份，并依次编号，如图 2-28(a) 所示，然后轮流让每一分点转到水平位置，并在该点加一个试重，使转子刚好顺时针转动一个小角度（3°～5°）。然后把各分点所加的不同试重分别记录在表 2-22 中（试重值可以为零）。

表 2-22　八点试重周移试验法记录表　　单位：g

分点位置	1	2	3	4	5	6	7	8
试重代号	Q_1	Q_2	Q_3	Q_4	Q_5	Q_6	Q_7	Q_8
试重	560	400	240	200	240	400	560	600

② 分析表 2-22 中的数据。当中必有一个最大值 Q_{max}，也必有一个最小值 Q_{min}，则平衡配重 Q_0 为：

$$Q_0=\frac{Q_{max}-Q_{min}}{2} \tag{2-17}$$

配重重量确定后，需要在试重最大值处加上配重 Q_0，或在试重最小处挖去 Q_0 重的孔。

如上例中：

$$Q_0=\frac{Q_{max}-Q_{min}}{2}=\frac{600-200}{2}=200(g)$$

在点 8 处加 200g 或在点 4 处挖去 200g 的孔。

【学习小结】

1. 分析齿轮的失效形式及原因，重点是提出预防措施及应用。

2. 论述齿轮的故障及诊断技术，重点是故障诊断与修理。

3. 阐述滚动轴承的受力、配合要求，重点是滚动轴承的拆卸、清洗、检查装配、间隙调整等实用技术。

4. 阐述机械零件常用的焊接、电镀、喷涂、粘接等工艺及工艺要求，详细介绍粘接工艺及技术要领。重点是在实际工作中应用焊接、粘接等技术。

5. 阐述轴的选材、新轴设计等影响因素，重点是轴拆卸、检查、故障诊断及修理技术。

6. 阐述滑动轴承的间隙确定与调整，重点是滑动轴承的故障修理、装配技术要求。

7. 阐述润滑材料的类型及功能，重点是润滑材料的选用及技术要求。

8. 旋转零件故障修理中，重点是旋转零件不平衡的配重操作技术。

【自我评估】

1. 简述齿轮传动类型及特点。
2. 齿轮传动主要有哪些失效形式？
3. 防止齿轮失效的措施有哪些？
4. 检查齿轮故障常用的方法有哪些？
5. 齿轮啮合接触精度如何分析？
6. 齿轮传动常出现的故障及修理方法有哪些？
7. 齿轮材料的选用因素有哪些？
8. 简述圆柱齿轮、圆锥齿轮、蜗轮蜗杆装置的安装要求。
9. 简述齿轮间隙检查方法。
10. 滚动轴承的主要类型及特点是什么？
11. 影响滚动轴承装配质量的因素有哪些？
12. 滚动轴承常出现哪些缺陷？
13. 滚动轴承轴向固定有何意义？有哪些方法？
14. 滚动轴承为何要有间隙？间隙过大或过小会产生什么不良结果？
15. 滚动轴承间隙有几种形式？
16. 可调整滚动轴承的间隙采用哪些方法来调整？
17. 滚动轴承预紧有何意义？
18. 滚动轴承与轴配合时，配合性质如何选择？
19. 焊修零件为什么会引起变形？
20. 如何选用焊条？
21. 灰口铸铁如何焊修？
22. 如何焊修裂纹零件？
23. 用堆焊法如何修复磨损的零件？
24. 焊条选用应注意哪些因素？
25. 减小焊修应力的方法有哪些？
26. 减小焊修变形的方法有哪些？
27. 正接与反接的区别是什么？应用时要注意哪些安全因素？
28. 电镀修复的镀层有哪些？它们各适用于什么情况？
29. 为什么要进行镀前处理？表面预处理有哪些内容？
30. 喷涂在哪些零件上应用？为什么有些零件不能用喷涂修复？
31. 喷涂层有何主要性质？

32. 胶粘修复有何特点？
33. 常用的胶黏剂有哪些？它们有何特点？
34. 胶粘修复工艺有哪些？
35. 配胶应注意哪些因素？
36. 容器泄漏时，如何胶粘堵漏？
37. 轴类零件常用哪些拆卸方法？
38. 轴类零件常发生哪些缺陷？应怎样进行检查和修理？
39. 轴间平行度、垂直度、同心度等如何检查？
40. 如何检测轴上裂纹？
41. 如何检测轴磨损圆度？
42. 动压向心滑动轴承的润滑油膜是如何形成的？
43. 要保证滑动轴承的可靠运行，应满足哪些条件？
44. 滑动轴承润滑油形成油膜的必要条件有哪些？
45. 滑动轴承常出现哪些缺陷？如何修理？
46. 修理滑动轴承时，应留哪些间隙？各间隙功能是什么？
47. 如何确定滑动轴承的各项间隙值？
48. 滑动轴承刮研的目的是什么？对刮研有何要求？
49. 滑动轴承为何要开设油槽？开设油槽时应注意哪些问题？
50. 如何确定轴瓦中心线？
51. 滑动轴承间隙如何测量？
52. 润滑材料的种类及功能是什么？如何用代号表示？
53. 考虑润滑材料品种时，应考虑哪些原则？
54. 滑动轴承用的润滑材料类型如何确定？
55. 滚动轴承用的润滑材料类型如何确定？
56. 特殊油号的润滑油如何配制？
57. 现有 L-AN 机械油 10 号和 80 号，某机械设备需要 55 号 L-AN 机械油比较合适，试配制 55 号 L-AN 机械油。
58. 旋转零件不平衡的原因是什么？不平衡零件运行有如何后果？
59. 不平衡的类型与检测方法有哪些？
60. 简述明显不平衡的检测与配重的操作步骤。
61. 简述不明显不平衡的检测与配重的操作步骤。
62. 不明显不平衡的配重操作：当完成部分操作后，得到部分数据，请你继续完成配重操作，指出配重质量、配重点位和后续填空补缺。

序号	1	2	3	4	5	6	7	8
符号 Q_i	Q_1	Q_2	Q_3	Q_4	Q_5	Q_6	Q_7	Q_8
配重/g	9	13	17	15	31			

【评价标准】

以轴故障检修为例，对重点知识、技能的考核项目及评分标准进行分析，见表 2-23。此表也适合其他设备零件修理技能的考核。

表 2-23　学习情境 2 技能考核表

序号	考核项目	配分	权重	评价细则	评分记录		
					学生自评 20%	小组评价 30%	教师评价 50%
1	轴上零件拆卸	20	1	轴上零件的拆卸完全符合要求			
			0.75	轴上零件的拆卸符合要求			
			0.6	轴上零件的拆卸基本符合要求			
			0.5	轴上零件的拆卸不符合要求			
2	零件清洗、检测及修理	30	1	零件清洗、检测及修理完全符合要求			
			0.75	零件清洗、检测及修理符合要求			
			0.6	零件清洗、检测及修理基本符合要求			
			0.5	使用工具不符合要求			
3	轴上零件安装	40	1	正确使用工具			
			0.75	使用工具测量结果错 1 次			
			0.6	使用工具错 2 次			
			0.5	不会使用工具			
4	安全操作	10	1	安全文明操作，符合操作规程			
			0.75	操作过程中出现违章操作			
			0.5	经提示后再次出现违章操作			
			否决项	不经允许擅自操作，造成人身、设备事故			
备注				合计			
				总分			
开始时间		结束时间		学生签字			
				教师签字			

年　　月　　日

学习情境3

液压传动设备的故障诊断与修理

学习目标

液压设备应用广泛，涉及各行各业，使用条件各异，液压设备的使用、管理和维修对生产影响甚大，液压传动的故障往往不容易从外部表面现象和声响中准确地判断，而生产现场要求具有准确迅速地查出故障部位、原因并及时排除的能力，因此，通过学习液压系统的基本知识，掌握准确诊断液压设备故障及修理的基本技能，为今后的工作奠定基础。该情境主要引导液压故障的诊断方法和故障修理技术。

知识目标：

1. 熟悉液压系统故障诊断和维修的基本方法与步骤；
2. 掌握液压系统常见的故障现象及排除方法；
3. 掌握液压元件常见的故障现象、故障诊断和维修方法；
4. 掌握典型液压传动设备常见故障的诊断及维修。

技能目标：

1. 能分析液压元件常见故障的产生原因及排除的方法；

2. 能正确分析、准确判断液压传动设备的故障部位至具体元件；

3. 能合理、正确地拟定出设备维修的方案，正确选择和使用工具及仪器。

能力目标：

1. 具有通过工具查阅图纸资料、搜集相关知识信息并综合的能力；

2. 能够实际综合运用知识，准确诊断液压元件的常见故障并实施修理；

3. 能正确操作与维护液压传动设备；

4. 具有良好的协作能力。

任务 3.1 液压系统的故障诊断方法

【任务描述】

液压系统在工作中，系统元件都是密封的，发生故障时不容易查找原因。如果在液压系统出现故障后，要想进行准确的诊断和正确的维修，就要掌握液压系统故障的基本分析方法和一般步骤，才能保证液压设备正常工作和延长其使用寿命。

【任务分析】

液压传动系统的故障是多种多样的，如噪声、振动、油温过高、系统压力不足和流量不足等。有的是由系统中某一元件或多个元件综合作用引起的，有的是由液压油污染、变质等其他原因引起的。即使是同样的故障，产生的原因也不尽相同。只有熟悉和掌握液压系统故障诊断的方法与一般步骤，才能对故障进行正确分析，确定发生故障的部位以及故障的性质和原因，方能予以排除。

【知识准备】

1. 液压传动系统概述

液压传动系统是利用各种元件有机组成所需要的控制回路，能够完成一定控制功能的传动系统。

液压传动由于在功率重量比、无级调速、自动控制、过载保护等方面的独特技术优势，使它在各个行业中得到广泛应用。特别是新型液压系统和元件中的计算机技术、机电一体化技术和优化技术使液压传动正向着高压、高速、大功率、高效、低噪声、低能耗、经久耐用、高度集成化的方向发展。

如图 3-1(a) 为简化的机床工作台液压传动系统。液压缸固定在床身上，活塞杆与工作台连接做往复运动，液压泵 3 由电动机驱动（图中未画出）经过滤器 2 从油箱 1 中吸油，然后油液经节流阀 5 和换向阀 6 压入工作台液压缸左腔，推动活塞及工作台向右移动，这时工作台液压缸右腔的油液经换向阀 6 排回油箱。

若将换向阀 6 的手柄扳向左侧，如图 1-2(b) 所示状态，油液经换向阀 6 压入工作台液压缸右腔，推动活塞及工作台向左移动，这时工作台液压缸左腔的油液亦经换向阀 6 排回油箱。通过换向阀改变油液的通路，实现工作台的往返运动。

工作台的移动速度由节流阀 5 来调节。节流阀 5 开口较大时，工作台移动速度较快，节流阀 5 开口较小时，工作台移动速度较慢。

调节溢流阀 4 中弹簧的预紧力，就能设定液压泵输出油液的压力。液压油推动液压缸活塞克服阻力推动工作台移动。当压力高于设定值时溢流阀打开，油液由此流回油箱，因此，溢流阀 4 起调压、溢流作用。过滤器 2 起过滤和净化油液的作用。

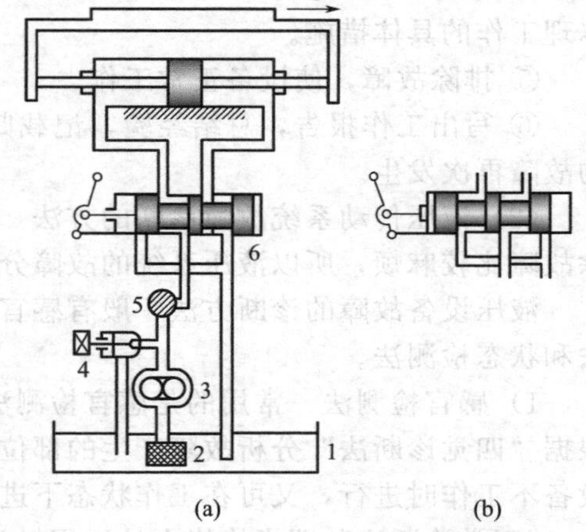

图 3-1 简单机床工作台液压传动系统

1—油箱；2—过滤器；3—液压泵；4—溢流阀；5—节流阀；6—换向阀

从上述实例所示可以看出，液压传动系统总共由五个部分组成：

(1) 动力装置　一般常见的是液压泵，它是将机械能转换成油液压力能的装置。其作用是向液压系统提供压力能。它是液压系统的动力源。

(2) 执行装置　常指液压缸和液压电动机，它是将油液压力能转换成机械能的装置。其作用是在压力油的推动下输出力和速度（或力矩和转速）以驱动工作部件。

(3) 控制调节装置　包括压力、流量、方向等控制阀，它是对液压系统中油液压力、流量或方向进行控制和调节的装置。这些元件的不同组合形成不同功能的液压系统，保证执行元件完成预期的工作运动。

(4) 辅助装置　是指除以上三种以外的其他装置，如油箱、过滤器、蓄能器、油管等。这些元件分别起散热、储油、输油、连接、过滤、测量压力和测量流量等作用，它们对保证液压系统可靠和稳定地工作有重大作用。

(5) 传动介质　即传动液体，通常是液压油，其作用是实现运动和动力的传递。

由此可以看出，液压传动是以密封容积中的受压液体作为工作介质来传递运动和动力的。

2. 液压系统故障诊断的一般步骤与方法

(1) 液压传动系统故障诊断步骤　液压传动系统的故障是各种各样的，产生的原因也是多种多样的。有的是由系统中某一元件或多个元件综合作用引起的，有的也可能是由液压油污染、变质等其他原因引起的。即使是同一故障，产生故障的原因也可能不同。当液压系统出现故障时，决不能毫无根据地乱拆，更不能将系统中的元件全部拆下来检查。

诊断液压系统故障时，要掌握液压传动的基本知识，熟悉元件的性能，具有处理故障的经验。应该深入现场，全面了解故障情况。一般步骤如下：

① 首先认真查阅使用说明书及与设备使用有关的档案资料。

② 进入现场，仔细察看故障现象和参数变化，与操作者提供的情况进行对比、分析。

分析判断时一定要综合机械、电气、液压等多方面的因素。首先应注意外界因素对系统的影响，在排除外界原因之后，再查找系统内部原因。

③ 列出可能的故障原因表，对照本故障现象查阅设备技术档案是否有相似的历史记载(利于准确判断)，根据工作原理，将所有资料进行综合、比较、归纳、分析，从而确定出现故障的部位和元件。

④ 结合厂情，本着“先外后内”、“先调后拆”、“先洗后修”、“先易后难”的原则，制定修理工作的具体措施。

⑤ 排除故障，使设备正常工作。

⑥ 写出工作报告，总结经验，记载归档。目的是提高处理故障的效率，并且防止相同的故障再次发生。

(2) 液压传动系统故障诊断的方法　液压传动系统出现故障时，故障原因不易查找，排除故障比较麻烦，所以液压系统的故障分析与排除的关键在于故障的准确诊断。

液压设备故障的诊断方法一般有感官检测法、对比替换法、专用仪器检测法、逻辑分析法和状态检测法。

1) 感官检测法　常用的是感官检测法，它是一种最为简易且方便易行的诊断方法，它根据“四觉诊断法”分析故障产生的部位和原因，从而决定排除故障的措施。它即可在液压设备不工作时进行，又可在工作状态下进行。

“四觉诊断法”即指检修人员运用触觉、视觉、听觉和嗅觉来分析判断液压传动系统的故障。

① 触觉。用手触摸允许摸的部件，根据触觉来判断液压元件及其管道内油温的高低和振动

的位置。若接触 2s 感觉烫手，就应检查温升过高的原因，有高频振动就应检查产生的原因。

② 视觉。用眼看，观察执行部件运动是否平稳，系统中各压力监测点压力值大小与变化情况，系统中是否存在泄漏和油位是否在规定范围内、油液黏度是否合适及油液变色的现象。

③ 听觉。用耳听，根据液压泵和液压电动机的异常响声、液压缸及换向阀换向时的冲击声、溢流阀及顺序阀等压力阀的尖叫声和油管的振动声等来判断噪声和振动的大小。

④ 嗅觉。用鼻嗅，通过嗅觉判断油液变质、橡胶件因过热发出的特出气味和液压泵发热烧结等故障。

2）对比替换法　对比替换法经常用在缺乏测试仪器的场合。有如下两种情况，一是用两台型号、性能参数相同的机械进行对比试验，从中查找故障；二是对于具有相同功能的液压系统回路，采用对比替换法。

3）仪器专项检测法　有些重要的液压设备必须进行定量专项检测，即精密诊断，检测故障发生的根源性参数，为故障判断提供可靠依据。国内外有许多专用的便携式故障检测仪，可测量流量、压力、温度，并能测量泵和电动机的转速等。

4）逻辑分析法　对于较复杂的液压系统故障，一般采用综合诊断，即根据故障产生的现象，采取逻辑分析与推理的方法，减少怀疑对象，逐渐逼近，提高故障诊断的准确性。故障的逻辑分析步骤如图 3-2 所示。

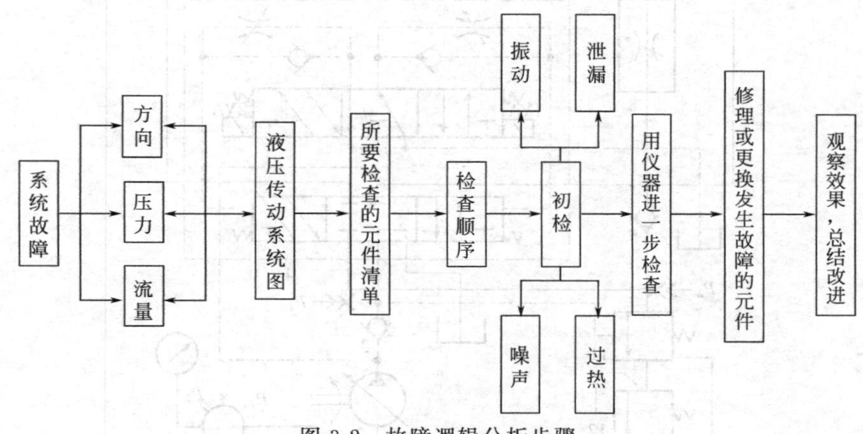

图 3-2　故障逻辑分析步骤

5）状态监测法　很多液压设备本身配有重要参数的检测仪表，或系统中预留了测量接口，不用拆下元件就能观察或从接口检测出元件的性能参数，为初步诊断提供定量依据。在液压系统中装设压力、流量、位置、速度、液位、温度、过滤阻塞报警等各种监测传感器，当某个部位发生异常时，监测仪器均可及时测出技术参数状况，并且在控制屏幕上自动显示，以便于分析研究、调整参数、诊断故障并予以排除。

【任务实施】

1. 查定故障部位的方法

为了迅速有效地完成修理工作，查定故障部位和做出正确诊断是非常重要的。对故障原因的分析，排除与此无关的区域和因素，逐步把范围缩小到某个基本回路或元件，是行之有效的方法。查定故障部位的方法通常有方框图法、因果图法、逻辑流程图法和液压系统图法等。

（1）方框图法　即将液压系统图分成几个小部分，每个小部分就是一个方框，按系统原理循环查找，这是查找液压故障的最基本的方法。

（2）因果图法　根据过去的修理经验，将所经历过的故障原因一一列表，一旦设备出现类似故障，可查表查找原因及部位。但是，液压设备的故障总是在变化的，难以依据列表准确查定原因和部位。

（3）液压系统图法　根据工作原理，将压力液的工作过程按箭头顺序指出，哪个环节出现问题，则下一个工作就无法完成，依据工作能否完成查找故障原因和部位。

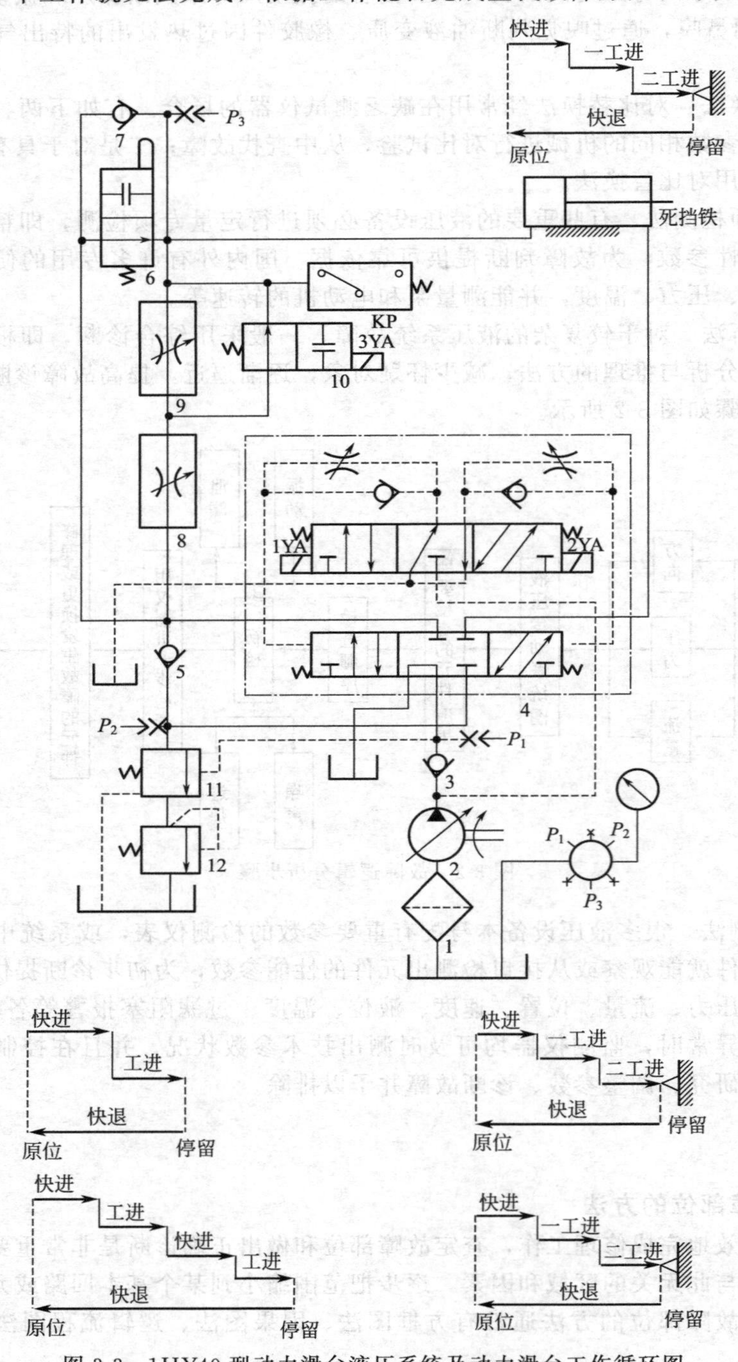

图 3-3　1HY40 型动力滑台液压系统及动力滑台工作循环图

1—过滤器；2—变量泵；3、5、7—单向阀；4—电液换向阀；6—行程阀；8、9—调速阀；10—电磁阀；11—液控顺序阀；12—背压阀

(4) 液压元件故障诊断四要素

① 具有较强的液压工作过程的逻辑分析，用逻辑流程图法熟练表达；

② 熟悉液压元件结构组成及特点；

③ 准确地判断和查定故障部位及原因；

④ 工作经验积累，故障诊断造册留档。

(5) 液压元件拆装要“四禁”

① 禁止用铁锤直接敲击；

② 禁止用棉丝擦拭；

③ 禁止频繁拆装管路器件，以防磨损；

④ 禁止杂质混入液压油液中。

2. 1HY40 型动力滑台液压系统故障部位的查定

工程实例如图 3-3 所示，用液压系统图法查定 1HY40 型动力滑台液压系统的故障部位。

(1) 滑台能向前运动但到达终点后不能快速退回的故障原因

① 压力继电器 KP 及所控制的时间继电器的电路有故障；

② 电磁铁 2YA 有故障；

③ 电液换向阀 4 的液动阀阀芯因配合间隙过小、阀芯阀孔拉毛、油液过脏而卡死；

④ 电液换向阀 4 的先导阀阀芯因配合间隙过小或油液过脏而卡死，先导阀对中弹簧太硬；

⑤ 电液换向阀 4 的左节流阀关闭或堵塞；

⑥ 压力继电器 KP 的动作压力调整过高或泵 2 截止压力调整过低。

(2) 滑台工作时推力不足或根本无输出力的故障原因

① 泵 2 的截止压力调节过低；

② 液控顺序阀 11 的调定压力过高，工进时未断开液压缸的差动连接；

③ 调速阀 8、9 的节流口被堵死；

④ 液压缸内密封件损坏或老化，失去密封作用，导致两腔相通；

⑤ 背压阀 12 的背压力调节过高。

(3) 滑台换向时产生冲击的故障

① 电液换向阀 4 的换向时间太短；

② 电液换向阀 4 的节流阀其结构不良，调节性能差；

③ 电液换向阀 4 的节流阀时堵时通；

④ 电液换向阀 4 的单向阀密封不良；

⑤ 系统压力过高。

【知识拓展】

☆ 液压系统常见故障及特点 ☆

1. 液压设备安装调试阶段的故障

液压设备的安装调试阶段的故障发生率较高，其特征是设计、制造与安装的质量问题交织在一起，综合了机械、电气和液压多方面的因素。液压系统常发生的故障有：

① 设计不合理，制造与安装的误差，如接头松动、板式连接或法兰连接接合面螺钉预紧力不够等，造成外泄漏严重，主要发生在接头和有关元件连接端盖处；

② 执行元件运动速度不稳定；

③ 控制元件的阀芯卡死或运动不灵活，导致执行元件动作失灵；

④ 压力控制阀的阻尼小孔堵塞，导致压力不稳定；

⑤ 液压系统设计上的技术参数存在问题，控制元件（如单向阀、换向阀）、辅助元件（如油箱、管路）的布局、排放位置不合理，导致系统发热、执行元件同步精度降低等；

⑥ 阀类元件漏装弹簧、密封件，造成控制失灵，有时出现管路接错而使系统动作错乱。

2. 液压设备的运行阶段故障

（1）液压设备运行初期的故障　液压设备经过调试阶段后，便进入正常生产运行阶段，此阶段常见故障的特征如下。

① 管接头因振动而松脱。

② 密封件质量差，或由于装配不当而被损伤，造成泄漏。

③ 管道或液压元件油道内的毛刺、型砂、切屑等污物在油液的冲击下脱落，堵塞阻尼孔或过滤器，造成压力和速度不稳定。

④ 由于负荷大或外界环境散热条件差，使油液温度过高，引起泄漏，导致压力和速度的变化。

（2）液压设备运行中期的故障　液压设备运行到中期，属于正常磨损阶段，这个阶段液压系统运行状态最佳，故障率最低。据有关资料统计，液压系统故障的75%以上与液压油污染有关，在使用液压油时要把它看作如人的血液一样，只有保持足够的清洁度，才能将液压系统的故障率降到最低限度。这就需要定期更换液压油、避免油液的污染。

（3）液压设备运行后期的故障　液压设备运行到后期，易损件先后开始正常性的超差磨损。此阶段故障率较高，泄漏增加，效率降低。针对这一状况，要对液压元件进行全面检验，对已经失效的液压元件要进行修理或更换。

3. 液压设备的突发故障

除上述阶段所涉及的故障以外，液压设备在运行的初期和后期还经常会发生突发性故障。故障的特征是突发性，故障发生的区域及产生原因较为明显，如发生碰撞、元件内弹簧突然折断、管道破裂、异物堵塞管路通道、密封件损坏等故障。

任务3.2　液压泵的故障诊断与修理

【任务描述】

液压泵是系统的动力元件，其作用是将机械能转换为液体的压力能，是液压系统的心脏。泵的种类很多，出现的故障和造成故障的原因也是多种多样的，只有掌握故障诊断与修理的基本技能，才能在维修过程中做到诊断准确，措施得当。

【任务分析】

液压系统故障有很多是由液压泵造成的，液压泵的常见故障有泵不排油、流量不足、噪声过大、油温过高等，产生故障的原因有时是内部因素，有时是外部因素，有时又是综合因素造成的结果。本任务是熟悉液压泵的工作原理和结构分析，掌握液压泵故障产生原因与排除方法的基本知识，提高准确诊断液压泵的故障以及修理的基本技能，为以后的工作奠定基础。

【知识准备】

1. 液压泵故障分析

(1) 液压泵的分类　液压泵是将机械能转换为液体压力能的能量转换装置。液压泵按结构形式分类有齿轮泵、叶片泵、柱塞泵和螺杆泵等。图 3-4 为液压泵的分类及实物图。

(a) 液压泵分类

图 3-4　液压泵分类及实物图

(2) 液压泵的故障分析　在工作中，液压泵的类型不同，其出现的故障以及造成故障的原因也不相同，综合起来有两方面的原因：

① 液压泵本身的原因　从泵的工作原理可知，它的功能是连续地使密闭的可变容积不断吸油和排油，将机械能转换成液体的压力能。这样，在制造泵时，就要求加工精度、装配精度和接触刚度等符合技术要求。泵经过一段时间的使用后，有些技术要求遭到破坏。但是，在尚未明确故障原因时，尤其是对新的或使用时间不长的设备，在进行液压泵的故障诊断时，一定要把这个问题放到后面考虑。不要轻易拆泵，如果泵没有问题，拆开以后，由于错装、漏装、环境不清洁或带入杂质等各种原因，反而带来故障隐患。

② 外界因素引起的故障　由外界因素引起的故障归纳起来有：

a. 油液。油液黏度过高，会增加吸油阻力，易出现空穴现象，使压力和流量不足；油液黏度过低，会增加泄漏，降低容积效率，并容易吸入空气，造成冲击或爬行。

b. 环境不清洁。不注意文明生产，使得铁屑、杂质和灰尘等混入油液，会影响系统正常工作，缩短泵的寿命。

c. 泵的安装。泵轴与驱动电动机轴的连接必须有很好的同轴度，若同轴度超差，会引起噪声和运动不平稳，甚至会损坏零件。有转向要求的液压泵，如果转向不对，不仅泵不能向外输出，而且还会很快地损坏零部件。泵的转速如果选择不当，对泵的工作性能也有影响。吸油管和排油管接头处，如果密封不好，会使空气侵入。

d. 油箱。油箱容量小，散热条件差，会使油温过高，往往带来许多问题。油面过低，液压泵吸油不畅。液压泵的吸油口高度不当、吸油管管径过细和过滤器通油截面过小等都将影响吸油阻力。密封不良，外界的铁屑、灰尘等杂质进入，杂质在油箱内得不到良好沉淀，均会引起泵的故障。

e. 引起泵出故障的外界因素，还包括操作者的技术水平，如对液压传动缺少应有的基本知识，这一点尤为重要。当所有的外界因素都排除后，分析泵本身原因造成的故障，可拆泵检查以及修理。

2. 齿轮泵常见故障诊断与修理

(1) 齿轮泵概述　齿轮泵结构简单、尺寸小、重量轻、制造和维护方便、造价低，自吸性能较好，对油液污染不敏感，对工作环境适应性较好，应用很广泛。但因其泄漏大、流量脉动大、噪声大、排量不可变，所以，只适用于精度要求不高的一般机床和压力不高的液压系统。

齿轮泵的工作原理及结构，见图 3-5，图 3-5(a) 为齿轮泵的实物图，3-5(b) 为齿轮泵的工作原理图。当齿轮泵的两个齿轮按图示方向旋转时，下方吸油腔由于相互啮合的轮齿逐渐脱开，密封工作容积逐渐增大，形成部分真空，油箱中的油液在外界大气压力的作用下，经吸油管进入吸油腔，将齿间槽充满，并随着齿轮旋转，把油液带到上方压油腔，由于相互啮合的齿轮逐渐啮合，压油腔容积不断减小，油液便被挤出去，输送到压力管路中去。在齿轮泵的工作过程中，只要两齿轮的旋转方向不变，其吸、压油腔的位置也就确定不变。啮合点处的齿面接触线一直分隔着高、低压两腔并起着配油作用，因此在齿轮泵中不需要设置专门的配流机构，这是它与其他类型容积式液压泵的不同之处。

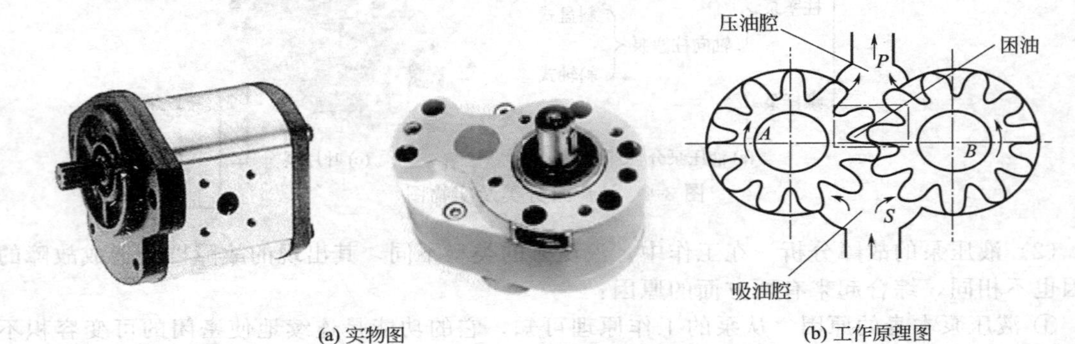

(a) 实物图　　(b) 工作原理图

图 3-5　齿轮泵

我国产的 CB-B 型齿轮泵的结构如图 3-6 所示。它是分离三片式（三片是指端盖 1、端盖 5 和泵体 4）的结构。泵体内的一对齿轮分别用键固定在主、从动轴上，主轴由电机驱动旋转。

(2) 齿轮泵的拆装　液压泵的正确拆装是液压泵故障诊断与修理的基础。

1) CB-B 齿轮泵的拆装步骤　CB-B 型齿轮泵的结构如图 3-6 所示。

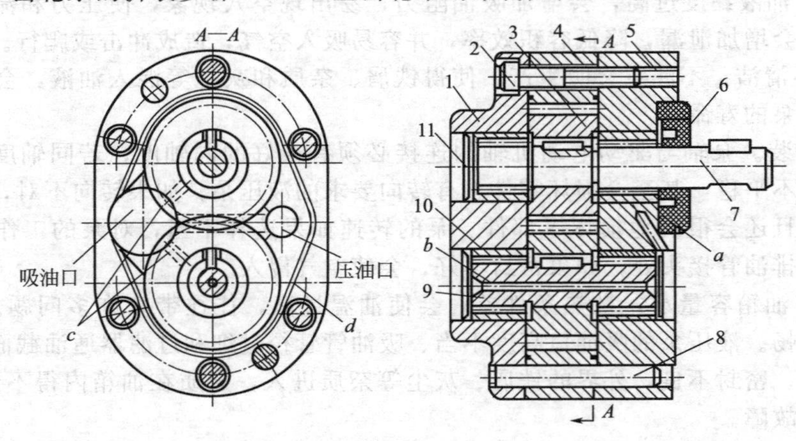

图 3-6　CB-B 型齿轮泵结构图

1、5—端盖；2—螺钉；3—齿轮；4—泵体；6—密封圈；7—主轴；8—定位销；9—从动轴；10—轴承；11—堵头

① 用内六角扳手拧松6个内六角螺钉，用拔销器拔出2个销钉。

② 把后盖取下，取下滚针轴承，放置在事先准备的煤油里。

③ 取下泵体，并用外圆弹簧卡钳把长轴和短轴上的两件弹簧挡圈取出。

④ 把前盖放平（用两块平行垫块放在前盖下面以此躲开长轴顶在案子平面上），用手锤和铜棒轻轻将长轴和短轴敲出，然后将两个齿轮和长、短轴分别取出，再把密封环拆去。拆卸过程完毕。

⑤ 所有拆卸件经过煤油清洗后，将损坏件和易损件（密封环等）更换或修理后按逆向顺序就可以完成组装。

2）CB-B齿轮泵拆装过程的注意事项

① 齿轮泵在拆装时要有一个较好的环境，有一个拆装案子，上面垫有软胶皮，有足够的、干净的棉纱，所使用的工具都应擦干净。在拆装液压泵类、各种阀类、操纵箱等，要形成一个习惯，双手触摸到不洁净的物件后，必须在煤油中将双手洗干净，用棉纱擦干净后，再摸液压件组装。

② 在松紧螺丝时，一定要对角松紧。在打开后盖时，不要用螺丝刀或其他工具用力砸，以免将配合面划伤，造成密封不严、漏油，从而影响泵的吸、压油效果。

③ 骨架油封的外侧油封应使其密封唇口向外，内侧油封唇口向内。而且装配主动轴时应防止其擦伤骨架油封唇口。在组装油泵的滚针时，要注意滚针不能脱落或缺少，那样会产生振动，影响吸油效果。

④ 在使用外圆弹簧卡钳时，用力要均匀、正确，以免卡簧"崩跑"。

⑤ 装配后向油泵的进出油口注入机油，用手转动应均匀无过紧感觉。

拆卸操作中要注意观察齿轮泵泵体中铸造的油道、骨架油封密封唇口的方向、主被动齿轮的啮合、各零部件间的装配关系、安装方向等，随时做好记录，以便保证下一步进行安装。

(3) 齿轮泵的故障诊断与排除　齿轮泵在使用中出现的故障较多，常见的故障有容积效率低、压力不高、噪声大、堵头或密封圈被冲出等。产生的原因也很复杂，有单一的原因，有时是几种因素联系在一起而产生的故障，要逐个分析才能解决。熟悉齿轮泵的常见故障、原因及排除方法，是准确诊断故障，高效维护的基本条件。

1）故障现象一　噪声大或压力波动严重，原因分析如下。

① 吸入空气。CB型齿轮泵由于泵体与泵盖是硬性接触（不用纸垫），若泵体与泵盖的平面度不好，泵旋转时会吸入空气；泵的密封不好，接触面或管道接头处有泄漏，也容易使空气混入。修理措施：用涂脂法查出泄漏处。用环氧树脂黏结剂涂敷堵头配合面再压进；用密封胶涂敷管接头并拧紧，严防泄漏；若泵体与泵盖平面度不好，可在平板上用金刚砂研磨，使其平面度不超过5μm（同时注意垂直度要求）。

② 泵和电动机的联轴器碰撞。修理措施：联轴器中的橡皮圈损坏应该更新，装配时应保证同轴度要求。

③ 轮齿的齿形精度不好。修理措施：调换齿轮或修整配研齿形。

④ CB型齿轮泵骨架式油封损坏或装配时骨架油封内弹簧脱落。修理措施：检查骨架油封，若损坏则应更换，避免空气吸入。

⑤ 两盖板端面修磨后，两困油卸荷槽距离增大，产生困油现象。修理措施：修整困油卸荷槽，保证两槽距离适当。

2）故障现象二　输油量不足或泵旋转不通畅（咬死），原因分析如下。

① 端面间隙与径向间隙过大（或过小）。修理措施：配磨齿轮、泵体和盖板端面，保证端面间隙；将泵体相对于两盖板向压油腔适当平移，保证吸油腔处径向间隙，再紧固螺钉，

试验后，重新配做销孔，用圆锥销定位，修复或更新泵的机件。

② 连接处有泄漏，造成气混入。修理措施：紧固连接处的螺钉，杜绝泄漏。

③ 油液黏度太高或油温过高。修理措施：选用合适黏度的液压油，并注意气温变化对油温的影响。

④ 电动机旋转方向不对，造成泵不吸油，并在泵吸油口有大量气泡。修理措施：改变电动机的旋转方向。

⑤ 泵体内吸入油液中的杂质，堵塞过滤器或管道。修理措施：严防周围灰尘、铁屑及冷却水等污物进入油箱，清除污物，保持油液清洁。

⑥ 装配不良。修理措施：根据产品故障检修说明书的要求重新装配。

3）故障现象三　CB型泵的压盖或骨架油封受到冲击，原因分析如下。

① 压盖堵塞了前后挡板的回油通道，造成回油不通畅，产生高压。修理措施：将压盖取出重新压进，并注意不要堵塞回油通道。

② 骨架油封与泵的前盖配合松动。修理措施：检查骨架油封外圈与泵的前盖配合间隙，骨架油封应压入泵的前盖，若间隙过大，就更换新的骨架油封。

③ 装配时，将泵体装反，使出油口接通卸荷槽，形成压力，冲击骨架油封。修理措施：纠正泵体的装配方向。

④ 泄漏通道被污物堵塞。修理措施：清除泄漏通道上的污物。

4）故障现象四　泵体严重发热（泵温应该低于65℃），原因分析如下。

① 油液黏度过高。修理措施：更换合适的液压油。

② 油箱小、散热不好。修理措施：加大油箱容积或增设冷却器。

③ 泵的径向间隙或轴向间隙过小。修理措施：调整间隙或调整齿轮。

④ 卸荷方向不当或泵带压溢流时间过长。修理措施：改进卸荷方向或减少泵带压溢流时间。

⑤ 油在管中流速过高，压力损失过大。修理措施：加粗油管，调整系统布局。

5）故障现象五　外泄漏，原因分析如下。

① 泵盖上的回油孔堵塞。修理措施：清洗回油孔。

② 泵盖与密封圈配合过松。修理措施：调整配合间隙。

③ 密封圈失效或装配不当。修理措施：更换密封圈或重新装配。

④ 零件密封面划痕严重。修理措施：修磨或更换零件。

【任务实施】

☆ 齿轮泵修理 ☆

1. 主要零件分析

（1）泵体　泵体4的两端面开有封油槽，此槽与吸油口相通，用来防止泵内油液从泵体与泵盖接合面外泄，泵体与齿顶圆的径向间隙为0.13～0.16mm。

（2）端盖1与端盖5　前后端盖内侧开有卸荷槽（见图3-6中虚线所示），用来消除困油。端盖1上吸油口大，压油口小，用来减小作用在轴和轴承上的径向不平衡力。

（3）齿轮　两个齿轮3的齿数和模数都相等，齿轮与端盖间轴向间隙为0.03～0.04mm，轴向间隙不可以调节。

2. 齿轮泵修理

工程机械液压系统所用的油泵多为齿轮泵，其工作压力为210×102kPa，（柱塞泵的工作压力可达320×102kPa。）泵的输出压力是由荷载决定的，并随着荷载的变化而变化。荷载无限增加，泵的压力也无限升高，直到系统某一部分被破坏。对于齿轮泵，主要是轴承、齿轮啮合面、齿顶与壳体、齿轮端面与泵盖间的磨损和密封件的磨损、老化、损坏使齿轮泵的内漏表现更为突出。在一定转速与一定压力下，对无端面间隙补偿的齿轮泵，其轴线磨损引起的泄漏约占全部内漏量的75%～85%，齿顶间隙内漏量约占15%～20%，其他内漏约占4%～5%，因此要抓住主要问题，采取有效的技术措施予以解决，就能使泵恢复其原有性能。在维修工作中发现，使用了一定时间的齿轮泵，由于啮合挤压，在齿顶和端面会产生毛刺，使泵体和端盖的磨损加剧，尤其是铝合金泵盖更为严重。如能定期修理检查，用油石磨掉所产生的毛刺，则可以延长齿轮泵的寿命。

修理齿轮泵时，其零件修换的原则是：

① 齿轮泵的内腔和齿轮工作面的表面粗糙度值大于原设计要求一级时，仍可继续使用；若大于原设计二级时，则应进行修复或更换新件。

② 齿轮泵体与齿轮外径之间的间隙超过原规定的100%时，应更换零件；其轴向间隙超过30%时，应加以修理。

倘若齿轮端面磨损较轻时，可用研磨的方法将起线的毛刺痕迹研去并抛光；倘若磨损严重时，应用平面磨床对齿轮端面进行修磨。应当指出，修磨其中某一齿轮端面时，另一齿轮也必须同时在磨床上修磨，以保证两齿轮的厚度差在0.005mm以内，并保证其端面与孔的垂直度在0.005mm以内，然后用油石将锐边倒钝。

对于齿轮泵中的轴承座圈，若是端面磨损或拉毛起线，则需将四只轴承座圈用平面磨床修复。修复时，以不与齿轮接触的端面为基准，在平面磨床上一次磨出，其精度要求和齿轮相同。若轴承座圈内孔磨损时，其磨损程度轻微时，可以不去管它；如果磨损严重，则需更换轴承座圈。

【知识拓展】

☆ 定量叶片泵的故障诊断和修理 ☆

1. 定量叶片泵

图3-7为YBI型叶片泵结构图。定子内表面近似椭圆，转子和定子同心安装，有两个吸油区和两个压油区对称布置，吸油区与压油区受到均衡液压力作用。转子旋转时，叶片靠离心力和根部液压油作用伸出，紧贴在定子的内表面上，叶片之间和转子的外圆柱面、定子内表面及前后配油盘形成了一个个密封的工作容腔。转子每转一周，完成两次吸油和压油过程。双作用叶片泵大多是定量泵。

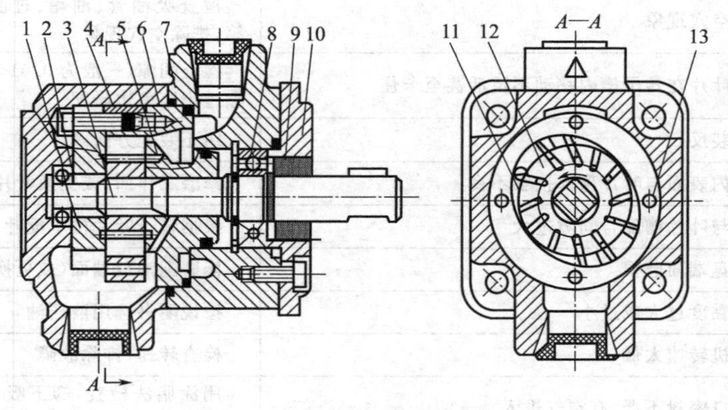

图3-7　YBI型叶片泵结构图

1、5—左、右配油盘；2、8—轴承；3—传动轴；4—定子；6—后泵体；7—前泵体；9—密封圈；10—压盖；11—叶片；12—转子；13—螺钉

2. 双作用叶片泵拆装

(1) 双作用叶片泵拆装过程

① 用8mm内六角扳手拧松4个螺钉，取下后泵体6。

② 用5mm内六角扳手拧松2个螺钉，取下左配油盘1。

③ 取下定子4，再取下12个叶片，放在干净的煤油里，取出转子，再取出右配油盘(浮动)。

④ 用手钳将传动轴上的键取出，用6mm内六角扳手将压盖10上的螺钉拧松，取下压盖，用铜棒轻轻砸出传动轴3和轴承8。

⑤ 所有拆卸件经过煤油清洗后，将损坏件和易损件（密封环等）更换或修理后按逆向顺序完成组装过程。

(2) 双作用叶片泵拆装过程注意事项

① 在拆装双作用叶片泵时要有一个垫有胶皮的操作案子。

② 特别需引起注意的是在取下或安装叶片时，叶片顶部的圆弧倒角部分，方向要一致且要和传动轴旋转方向要吻合。

③ 拆卸的前后顺序不要随意改变。

④ 对于轴承2和轴承8，尤其是轴承2，如果还没损坏，尽量不卸出（因为在结构上没有轴承退出孔）清洗干净即可。

⑤ 各部分的橡胶密封件，要轻取轻放，避免由于拆卸造成密封件的损坏，失去密封功能。

表3-1 定量叶片泵的常见故障、原因和排除方法

故障	原　因	解决方法
噪声大	定子内表面拉毛	抛光定子内表面
	吸油区定子过渡表面轻度磨损	将定子绕大半径翻面装入
	叶片顶部与侧边不垂直或顶部倒角太小	修磨叶片顶部，保证垂直度在0.01mm以内，将叶片顶部倒角或磨成圆角以减小压应力的突变
	配油盘压油窗口上的三角槽堵塞或太短、太浅，引起困油现象	清洗(或用整形锉修整)三角槽，以消除困油现象
	泵轴与电动机轴不同轴	调整联轴器，使同轴度误差小于$\phi 0.01$mm
	超过公称压力下工作	检查工作压力，调整溢流阀
	吸油口密封不严	用涂脂法检查，卸下吸油管接头，进行清洗，涂抹密封胶，装好拧紧
	出现空穴现象	检查吸油管、油箱、过滤器、油位、油液黏度等，排除空穴现象
容积效率低、压力提不高	个别叶片在转子槽内移动不灵活甚至卡住	检查间隙(一般为0.01～0.02mm)，若装配间隙过小应单边研配
	叶片装反	纠正装配方向
	定子内表面与叶片顶部接触不良	修磨工作面(或更换叶片)
	叶片与叶片槽配合间隙过大	根据转子叶片槽单配叶片，保证配合间隙
	配油盘端面磨损	修磨配油盘端面(或更换配油盘)
	油液黏度过大或过小	按说明书选用液压油
	电动机转速太低	检查转速，排除故障
	吸油口密封不严，有空气进入	用涂脂法检查，卸下吸油管接头，进行清洗，涂抹密封胶，装好拧紧
	出现空穴现象	检查吸油管、油箱、过滤器、油位、油液黏度等，排除空穴现象

⑥ 安装叶片时，因为叶片上有油非常滑，应该先用黄油把叶片粘上后，再进行以后的程序（由于在装配时泵体频繁移动，容易使叶片滑出造成装配失误）。

3. 双作用叶片泵的故障诊断与修理

叶片泵的主要故障是定子、叶片、转子、轴承和两侧配流盘的磨损，定子的内表面是由圆弧和过渡曲线组成的，过渡曲线如果采用“阿基米德”螺旋线，则叶片径向等速运动。实践证明，当将叶片泵解体修理时，定子内表面就在曲线与圆弧连接部分磨损最严重，换掉磨损严重的定子，可以使叶片泵恢复原有的性能，采用这种修理方法是比较经济的。叶片泵转子、叶片的使用寿命约相当于定子使用寿命的两倍，这在备料时应予以考虑。

修理叶片泵时，其零件修换的原则是：

① 定子和转子以及叶片的表面粗糙度值大于原设计要求一级时，仍可继续使用；若大于原设计二级时，则应进行修复或更换。

② 叶片与转子槽的配合间隙超过原设计要求的50%时，应当更换零件；定子的工作表面拉毛或有棱时，应当加以修复。

4. 定量叶片泵的常见故障诊断及排除

定量叶片泵的常见故障诊断及排除方法见表3-1。

任务 3.3 液压缸的故障诊断与修理

【任务描述】

液压缸（液压电动机）是液压执行元件。由于其自身与外在因素的影响，在工作中会造成液压系统出现一些异常现象，如执行元件的爬行、不运动及推力不足等。它会直接影响液压设备的工作效果，如平面磨床磨出的工件有波纹、表面粗糙度大等。因此应对液压缸的故障准确诊断并修理，以保证设备安全正常的工作。

【任务分析】

由液压缸造成的液压系统故障有很多，产生故障的原因有其内部和外部的因素，或是综合因素造成的结果。本任务是熟悉液压缸常见故障、产生原因与排除方法的基本知识，掌握准确诊断液压缸的故障以及修理的基本技能，为以后的工作奠定基础。

【知识准备】

1. 液压缸拆装操作

（1）液压缸的结构　液压缸的结构归纳起来主要是缸筒组件、活塞杆组件、密封装置、缓冲、排气装置等部分。图3-8为单活塞杆式液压缸的结构图及实物图。

（2）液压缸的拆装　液压缸的正确拆装是液压缸故障诊断与修理的基础。下面，以单活塞杆液压缸的拆装为例说明这一过程。双作用单活塞杆液压缸的结构见图3-8。

1）单活塞杆液压缸的拆装

① 用勾扳子把耳轴的锁母松开，把活塞杆退出耳轴。

② 用勾扳子松开缸盖并退出。

③ 活塞杆连同活塞、导向套一同退出。

④ 用外圆弹簧卡钳把活塞杆上的弹簧卡子拆下。取下套环和卡键就可以把活塞取下。

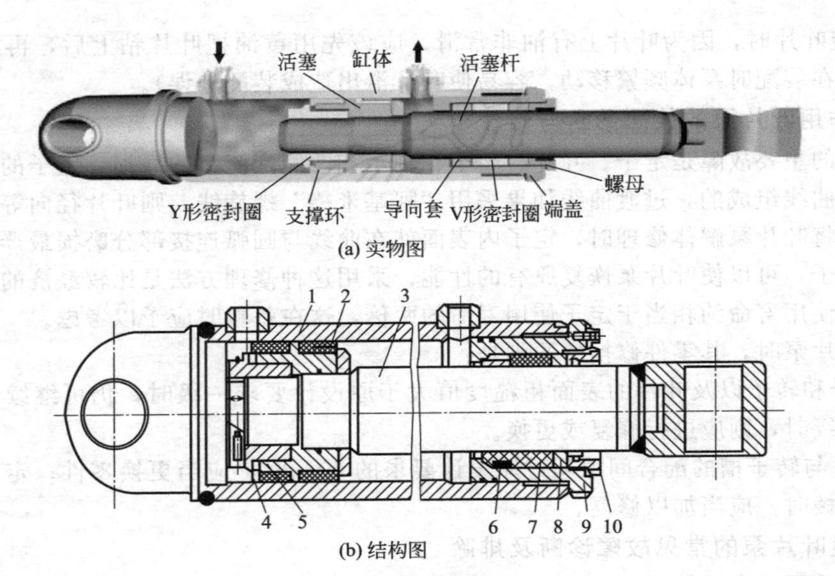

(a) 实物图

(b) 结构图

图 3-8 单活塞杆式液压缸

1—缸体；2—活塞；3—活塞杆；4—支撑环；5,7—Y 形密封圈；6,8—导向套；9—端盖；10—螺母

⑤ 检查密封圈是能使用，若不能使用及时更换。

⑥ 所有拆卸件经过煤油清洗后，将损坏件和易损件（密封环等）更换后按逆向顺序就可以完成组装。

2）单杆活塞液压缸的拆装过程注意事项

① 应该注意活塞是否可以围绕活塞杆旋转，不能把活塞固定在活塞杆上。

② 工作环境较狭窄的时候，有的活塞杆和耳轴连接的地方是分体的，应用销子连接起来。

③ 检查密封圈时不要弄坏和丢失。

2. 液压缸常见故障与排除方法

液压缸在使用中出现的故障多为执行元件不规则运动，产生的原因也很复杂，有时是几种因素联系在一起而产生的故障，要逐个分析才能解决。除泄漏现象在液压缸试运行时能发现外，其余故障多在液压系统工作时才能暴露出来。熟悉液压缸的常见故障、原因及排除方法（表 3-2），是准确诊断液压泵故障并能正确修理的基本条件。

【任务实施】

☆ 平面磨床（M7120E）液压缸故障诊断与维修 ☆

液压缸运动不规则大多表现为液压缸不能动作、动作不灵敏和爬行等。

（1）故障现象一 液压缸不能动作。

液压缸不能动作往往发生在刚安装的液压缸上。首先检查液压缸外部原因，如机构是否阻力太大，是否有卡死、楔紧、顶住其他部件等情况；液压系统工作压力是否不足等。排除了外部因素后，再进一步检查液压缸内在的原因。故障分析与修理如下。

① 液压缸的密封摩擦力过大。修理措施：活塞杆与导向套的配合采用 H8/f8 的配合；调整密封摩擦力到适中程度。

② 导套、活塞产生偏载，活塞杆弯曲，造成偏心环状间隙，缸盖密封损坏、漏油，活塞卡死在缸筒内。修理措施：修复或更换损坏件，改善受力情况。

表 3-2　液压缸的常见故障及其排除方法

故障	原　因	排除方法
爬行	空气混入	打开排气塞(阀),使运动部件空载全行程快速往复运动20～30min
	活塞杆的密封圈压得太紧	调整密封圈,保证活塞杆能用手推拉动而在试车时无泄漏即可(允许微量渗油,即在活塞杆上能见到油膜)
	活塞杆与活塞同轴度过低	校正活塞、活塞杆组件、保证其同轴度误差小于ϕ0.04mm
	活塞杆弯曲变形	校正(或更换)活塞杆,保证直线度误差小于ϕ0.1/1000
	安装精度破坏	检查和调整液压缸轴线对导轨面的平行度及与负载作用线的同轴度
	缸体内孔圆柱度超差	镗磨缸体内孔,然后配制活塞(或增加O形密封圈)
	活塞杆两端螺母太紧,导致活塞与缸体内孔同轴度降低	活塞杆两端的螺母不宜太紧,一般应保证在液压缸未工作时活塞杆处于自然状态
	采用间隙密封的活塞,其压力平衡槽局部磨损,不能保证活塞与缸体孔的同轴度	更换活塞
	导轨润滑不良	适当增加导轨的润滑油量(或采用具有防爬性能的L-HG液压油)
推力不足或速度逐渐下降甚至停止	缸体内孔和活塞的配合间隙太小,或活塞上装O形圈密封圈的槽与活塞不同轴	单配活塞,保证间隙,或修整活塞密封圈槽,使之与活塞外圆同轴
	缸体内孔和活塞配合间隙太大或O形密封圈磨损严重	单配活塞,保证间隙,或更换O形密封圈
	工作时经常用某一段,造成缸体内孔圆柱度误差增大	镗磨缸体内孔,单配活塞
	活塞杆全长或局部弯曲	校直(或更换)活塞杆
	活塞杆的密封圈压得太紧	调整密封圈压紧力,以不泄漏为限(允许微量渗油)
	油温太高,油液黏度降低太大	分析油温太高的原因,消除温升太高的根源
	导轨润滑不良	调整润滑油量

(2) 故障现象二　动作不灵敏。

信号发出以后液压缸不立即动作，有短时间停顿后再动作，或时而能动，时而又久久不动，很不规则。爬行现象即液压缸运动时出现跳跃式时停时走的运动状态。动作不灵敏或有爬行都会使磨出的工件有波纹、光洁度低等缺陷，工件不能达到精度要求。故障分析与修理如下。

① 液压缸的装配质量差或润滑不好，摩擦力加大。修理措施：检查和调整液压缸轴线对导轨面的平行度以及与负载作用线的同轴度。提高装配质量和保证良好的润滑条件，减小摩擦力。

② 运动机构刚度太小，形成弹性系统。修理措施：适当提高有关组件的刚度，减小弹性变形。

③ 液压缸内有残留空气。修理措施：使运动部件空载全行程快速往复运动 20～30min，充分排除空气。

充分排除空气。

④ 活塞杆的密封圈压得太紧，密封摩擦力过大。修理措施：调整密封摩擦力到适中。

⑤ 液压缸滑动部位有严重磨损、拉伤。修理措施：清除油液中杂质，修整变形部位，变形严重时需要更换零部件。

⑥ 活塞杆全长或局部弯曲。修理措施：校正活塞杆或更换活塞。

⑦ 缸筒内孔与导向套的同轴度不好，出现别劲现象，产生爬行。修理措施：拆开重新

装配，保证二者的同轴度。

⑧ 缸筒内孔圆柱度不良（鼓形、锥度等）。修理措施：镗磨修复，然后根据镗磨后缸筒的孔径配活塞或增装O形橡皮封油环。

⑨ 活塞杆两端螺母拧得太紧，导致活塞与缸体内孔同轴度降低。修理措施：活塞杆两端螺母不宜拧得太紧，一般用手旋紧即可，保证活塞杆处于自然状态。

【知识拓展】

☆ 液压缸产生泄漏的原因及危害 ☆

液压缸泄漏带来的危害很多，既是液压缸产生各种故障的原因之一，又是影响安全、污染环境的重要因素，所以应引起足够重视。

液压缸的泄漏包括外泄漏和内泄漏两种情况。外泄漏是指液压缸缸筒与缸盖、缸底、油口、排气阀、缓冲调节阀、缸盖与活塞杆处等外部的泄漏，容易从外部直接观察出。内泄漏是指液压缸内部高压腔的压力油向低压腔渗漏，它发生在活塞与缸内壁、活塞内孔与活塞杆连接处。内泄漏不能直接观察到。不论是外泄漏还是内泄漏，其泄漏的原因主要是密封不良、连接处结合不良等。

1. 密封不良

密封不良会引起外泄漏和内泄漏。产生密封不良的原因有：

① 装配不当，密封件发生破损；

② 装配精度差，间隙太大，密封件被挤出而损坏；

③ 密封件急剧磨损，失去密封作用；

④ 密封圈方向装反（密封圈唇边面向压力油一方），密封功能失效；

⑤ 密封结构不合理，压力超过额定值，失去密封功能。

2. 连接处结合不良

连接处结合不良主要引起外泄漏，产生结合不良的原因有：

① 缸筒与端盖用螺栓连接时，螺栓紧固不良，结合部分的毛刺、装配毛边引起结合不良；端面O形密封圈有配合间隙；

② 缸筒与端盖用螺纹连接时，紧固端盖时未达到额定扭矩或密封圈密封性能不好；

③ 液压缸进油管口因管件振动而引起管口连接松动。

3. 液压缸泄漏的其他原因

① 缸筒受压膨胀，引起内泄漏；

② 采用焊接结构的液压缸，由于焊接不良产生外泄漏；

③ 横向载荷过大，应该设法减小载荷。

任务3.4 液压控制阀的故障诊断与修理

【任务描述】

液压控制阀主要有方向控制阀、压力控制阀和流量控制阀，是用来满足执行元件的压力、速度和方向要求的。只要油液流过阀体，就会产生压力降和温度升高现象。只有熟悉液压控制阀常见故障诊断与修理的基本知识，掌握其故障诊断与修理的基本技能，才能在排除故障时尽量做到诊断准确，排除方法得当。

【任务分析】

液压系统的故障多数情况下均可从压力、流量和运动方向三个方面反映出来。本任务是根据液压控制阀在使用中应满足动作灵活、工作可靠、密封性能好、冲击和振动尽量要小的基本要求，从液压控制阀的故障现象，分析其产生原因并确定排除的方法，掌握故障诊断与修理的基本技能，积累一定的设备检修经验，为以后的工作奠定必要的基础。

【知识准备】

1. 方向控制阀的故障诊断与修理

液压控制阀主要有方向控制阀、压力控制阀和流量控制阀。是用来控制与调节液压系统中的压力、流量和流动方向，用以保证执行元件的运动方向、输出推力及运动速度。

(1) 单向阀的故障诊断与修理　单向阀只允许液体单方向流动，其结构如图 3-9 所示。

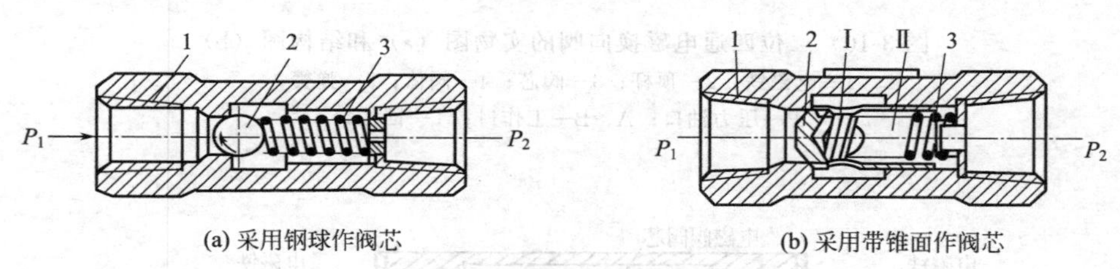

(a) 采用钢球作阀芯　　(b) 采用带锥面作阀芯

图 3-9　单向阀的结构

1—阀体；2—阀芯；3—弹簧

1) 单向阀的拆装　单向阀的结构比较简单，拧下螺钉，取出阀芯与弹簧。安装时应该注意阀芯和阀体的配合间隙应在 0.008～0.015mm。如果阀芯已经锈蚀、拉毛或被污物堵塞，则需清洗，并用金相砂纸抛光阀芯外圆表面。此外，要检查密封元件是否工作可靠、弹簧弹力是否合适。

2) 单向阀的常见故障与修理

① 故障现象一：阀与阀座有严重泄漏。

故障分析与修理：

a. 阀座锥面密封不好。修理方法是重新研配。

b. 滑阀或阀座拉毛。修理方法是重新研配。

c. 阀座碎裂。修理方法是更换并研配阀座。

② 故障现象二：不起单向阀作用。

故障分析与修理：

a. 阀体孔变形，使滑阀在阀体内咬住。修理方法是重新修研阀体孔。

b. 滑阀和阀座配合时毛刺使滑阀不能正常工作。修理方法是去除毛刺。

c. 滑阀变形胀大，使滑阀在阀体内被咬住。修理方法是修研滑阀外径。

③ 故障现象三：结合处渗漏。

故障分析与修理：

a. 螺钉或管螺纹没拧紧。修理方法是拧紧螺钉或管螺纹。

b. 结合处装配精度低，应重新装配；密封圈损坏，应更换密封圈。

(2) 电磁换向阀（电液换向阀）的故障诊断与修理　电磁换向阀的结构及外观图如图 3-10 所示，电液换向阀的结构及外观图如图 3-11 所示。

1) 换向阀的拆装　选用工具：手钳、螺丝刀（一字形、十字形）、白瓷盆、煤油 1L，

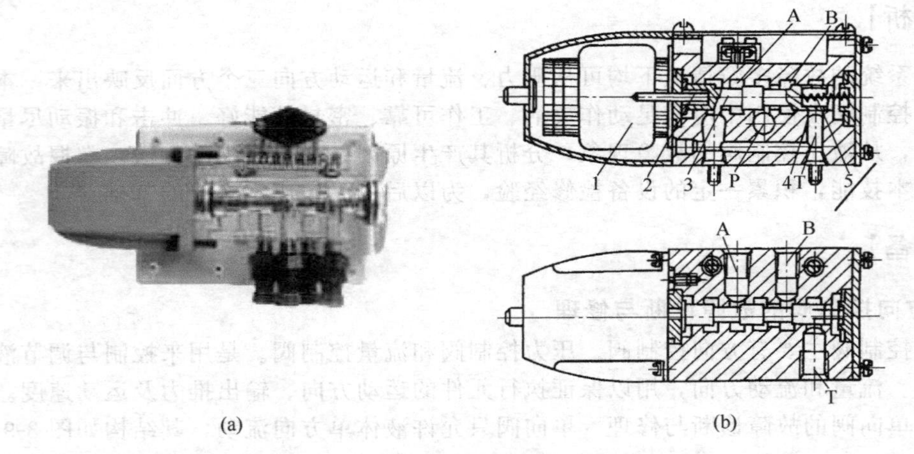

图 3-10 二位四通电磁换向阀的实物图（a）和结构图（b）

1—电磁铁；2—顶杆；3—阀芯；4—阀体；5—弹簧；

P—压力油口；A、B—工作口；T—回油口

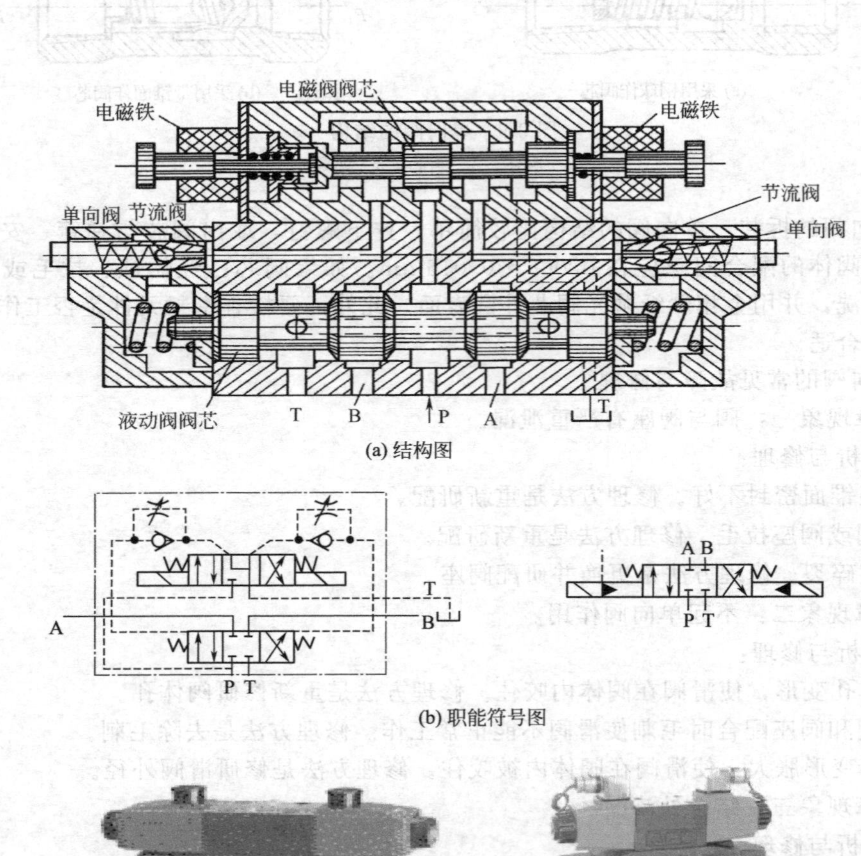

(c) 外观图

图 3-11 三位四通电液换向阀

内六角扳手一套。

① 电磁换向阀的拆装

a. 首先把机床的电源切断。把电液换向阀的电部分（接线柱）拆掉。

b. 用螺丝刀（十字形）拆卸电磁阀，拆卸两侧挡板，

c. 取出两端的弹簧后，取出电磁阀阀芯。

② 电液换向阀的拆装

a. 用内六角扳手把阀体两侧拆开，取出两侧弹簧和弹簧垫，拧松螺丝取出两侧小弹簧和小滚珠，取出两侧小节流阀。

b. 取出主阀芯，用内六角扳手拧松电磁阀，使电磁阀和液动阀分离。

c. 用煤油清洗所有拆卸件，更换损坏件和易损件（密封环等），再按逆向顺序完成组装过程。

组装换向阀时除了要检查密封元件是否可靠，弹簧弹力是否合适之外，特别要检查配合间隙。配合间隙不当是换向阀出现机械故障的一个重要原因。当阀芯直径小于 20mm 时配合间隙应为 0.008～0.015mm；当阀芯直径大于 20mm 时配合间隙应为 0.015～0.025mm 。电磁控制的换向阀还要注意检查电磁铁的工作情况，对于液控换向阀还要注意控制油路的连接和通畅，防止使用中出现电气故障和液控系统故障。

2）换向阀的常见故障与修理　换向阀的常见故障有阀芯动作不灵活、产生冲击和振动、泄漏量大及噪声大等。

① 故障现象一　换向阀不换向或者换向不灵。

故障分析与修理：

a. 滑阀堵塞不动作或者阀体变形，过度磨损引起泄漏量过大。修理方法是清洗及研磨阀孔、阀芯，将阀芯表面镀铬并与阀体研配，重新安装螺钉，要均匀拧紧使阀芯移动自如。

b. 弹簧力过大或弹簧折断。修理方法是更换弹簧。

c. 电磁铁的铁芯接触部位有污物。修理方法是清理干净，保证良好接触。

② 故障现象二　产生冲击和振动。

故障分析与修理：

a. 电液换向阀的主阀芯移动速度太快（特别是大流量换向阀）。修理方法是调节节流阀，降低主阀芯移动速度。

b. 单向阀封闭性太差而使主阀芯移动过快。修理方法是修理、配研单向阀阀芯或者更换单向阀。

c. 电磁铁的紧固螺钉松动。修理方法是紧固螺钉，并增加防松措施。

d. 交流电磁铁分磁环断裂。修理方法是更换电磁铁。

③ 故障现象三：电磁铁噪声较大。

故障分析与修理：

a. 推杆过长，电磁铁不能吸合。修理方法是修磨推杆，保证良好接触。

b. 弹簧太硬，推杆不能将阀芯推到位，引起电磁铁不能吸合。修理方法是更换力度适合的弹簧。

c. 电磁铁铁芯接触面不平或接触不良。修理方法是清除污物，修整接触面，保证接触良好。

d. 滑阀卡住或摩擦力过大。修理方法是修研或更换滑阀。

2. 压力控制阀的故障诊断与修理

常用的压力阀有溢流阀、减压阀、顺序阀和压力继电器等。它们的共同特点是利用作用在阀芯上的油液压力与弹簧力相平衡的原理进行工作。

（1）溢流阀的故障诊断与修理　先导式溢流阀的外形和结构如图 3-12 所示。

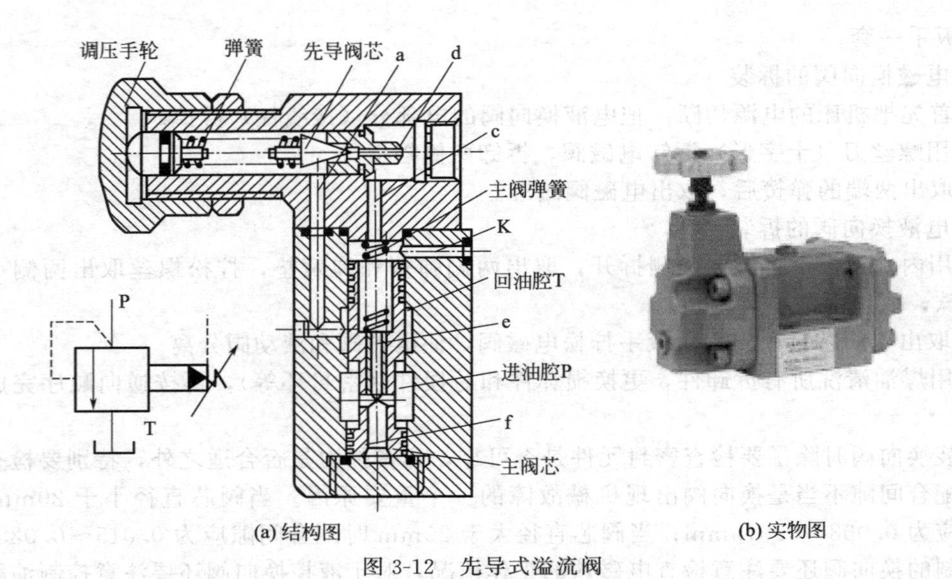

(a) 结构图　　(b) 实物图

图 3-12　先导式溢流阀

1）先导式溢流阀的拆装

① 阀体部分拆卸

a. 用虎钳夹住阀体，带螺纹堵头朝上方（注意不能让钳口损坏住配合面）。

b. 用勾扳子拆装螺纹堵头（注意别让弹簧崩出），取出主阀芯和弹簧。

② 先导阀部分拆卸

a. 用内六角扳手拧松先导阀部分。

b. 用钳子夹住先导阀部分（注意不要卡住配合面）松开锁母后，用手拧出调压手轮，取出调压活动压头。

③ 溢流阀的装配

a. 用煤油仔细清洗所有拆卸件，更换损坏件和易损件（密封环等）以后，按逆向顺序组装。

b. 主阀芯在阀体内应该移动灵活，不能有阻滞现象，配合间隙一般在 0.015～0.025mm 之间。

c. 主阀芯、先导阀芯与它们的阀体之间应该有良好的密封。

d. 装配以后应该进行压力调整试验。

溢流阀组装过程中特别要注意的是保证阀芯运动灵活，拆开后要用金相砂纸打磨阀芯外圆表面，去除锈蚀、毛刺等。滑阀阻尼孔要清洗干净，防止堵塞，滑阀不能移动，弹簧软硬要合适，不允许有裂纹或者弯曲，液控口要加装螺塞，拧紧密封防止泄漏，密封件和结合处的纸垫位置要正确；各连接处的螺钉要牢固。

2）溢流阀的常见故障与修理　先导型溢流阀的常见故障有系统无压力、压力波动大、振动和噪声大等。

① 故障现象一　系统无压力，执行元件无动作。

故障分析与修理：

a. 主阀芯阻尼孔堵塞。修理方法是清洗阻尼孔，过滤油液或者换油。

b. 主阀芯在开启位置卡死。修理方法是拆开，重新组装（阀盖螺钉紧固力要均匀），过滤油液或换油。

c. 主阀平衡弹簧折断或弯曲使主阀芯不能复位。修理方法是更换弹簧。

d. 调压弹簧弯曲或未装，进出油口装反。修理方法是更换或补装弹簧，更正进出油口。

e. 锥阀（或钢球）未装（或破碎）。修理方法是补装和更换。

f. 远程控制口通油箱。修理方法是检查电磁换向阀工作状态或远程控制口通断状态，排除故障根源。

② 故障现象二　压力波动大。

故障分析与修理：

a. 液压泵流量脉动太大使溢流阀无法平衡。修理方法是修复液压泵。

b. 主阀芯动作不灵活，时有卡住现象。修理方法是清洗阀芯孔，过滤油液或者换油，修换零件重新装配。

c. 主阀芯和先导阀阀座阻尼孔时堵时通。修理方法是清洗阻尼孔，过滤油液或者换油。

d. 阻尼孔太大或主芯与阀体配合间隙过大，阻尼作用减小，消振效果差。修理方法是更换阀芯。

e. 调压手轮未锁紧。修理方法是调压后锁紧调压手轮。

③ 故障现象三　振动和噪声大。

故障分析与修理：

a. 主阀芯在工作时径向力不平衡，导致溢流阀性能不稳定。修理方法是检查阀体孔和主阀芯的精度，修换零件，过滤油液或者换油。

b. 锥阀和阀座接触不好（圆度误差太大），导致锥阀受力不平衡，引起锥阀振动。修理方法是将圆度误差控制在0.005～0.01mm以内。

c. 调压弹簧弯曲（或其轴线与端面不垂直），导致锥阀受力不平衡，引起锥阀振动。修理方法是更换弹簧或修磨弹簧端面。

d. 系统内存在空气。修理方法是排除空气。

e. 通过流量超过规定流量值，在溢流阀口处引起空穴现象。修理方法是限制流量在允许范围之内。

f. 通过溢流阀的溢流量太小，使溢流阀处于启闭临界状态而引起液压冲击。修理方法是控制正常工作的最小溢流量（对于先导型溢流阀，应大于拐点溢流量）。

g. 回油管路阻力过高，泵或其他阀发生共振等。修理方法是适当增大管径，减少弯头，回油管口离油箱底面距离应在2倍管径以上。

(2) 减压阀、顺序阀的故障诊断与修理　减压阀是控制出口压力值，使分支油路的压力低于系统主油路的压力。顺序阀是在液压系统中利用系统的压力来控制其他液压元件（如液压缸）动作的先后顺序，当系统达到调定值时，顺序阀开启，以实现自动控制。减压阀的结构如图3-13所示。（顺序阀结构图略）。

1) 减压阀（顺序阀）拆装注意事项

① 滑阀应移动灵活，防止出现卡死现象；

② 阻尼孔应疏通良好；

③ 弹簧软硬应合适，不可断裂或弯曲；

④ 阀体和滑阀要清洗干净，泄漏通道要畅通；

⑤ 密封件不能有老化或损坏现象，确保密封效果，紧固各连接处的螺钉。

2) 减压阀故障诊断与修理　减压阀的常见故障有不减压、压力不稳定及泄漏等。

① 故障现象一　出口压力几乎等于进口压力，不减压。

故障分析与修理：

a. 主阀芯卡死在最大开度（y_{max}）的位置上，油液压力不降。修理方法是去除毛刺，清洗阀孔、阀芯，修复阀孔与阀芯的精度，研磨阀孔，再配阀芯。

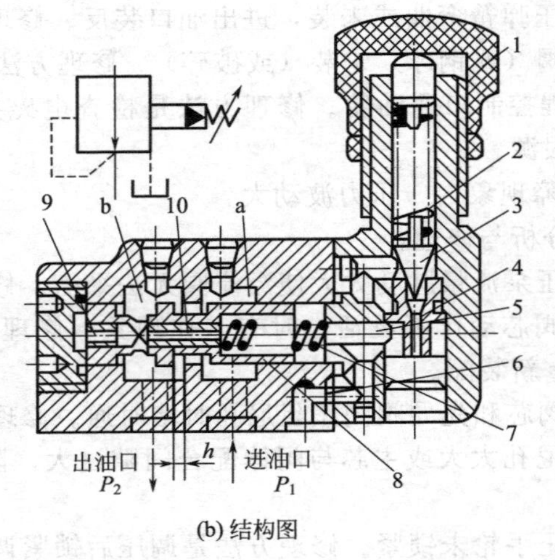

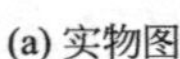
(a) 实物图　　　　(b) 结构图

图 3-13　先导式减压阀

1—调压螺母；2—先导阀弹簧；3—锥阀；4、5、6—先导阀油孔；7—主滑阀弹簧；8—主滑阀；9—中心孔；10—阻尼孔；a—主滑阀进油内腔；b—主滑阀出油内腔

b. 阀芯短阻尼孔或阀座孔堵塞，主阀弹簧力将主阀推往最大开度。修理方法是拆开，进行清洗。

② 故障现象二　出口压力很低，即使拧紧调压手轮，压力也升不起来。

故障分析与修理：

a. 减压阀进出油口接反或漏装锥阀。修理方法是查阅资料，重新组装，保证装配密合。

b. 先导阀（锥阀）与阀座配合面之间接触不良或有严重损伤，造成先导阀芯与阀座孔不密合。修理方法是清洗、修复阀孔和阀芯。

c. 主阀芯因污物、毛刺等卡死在小开度的位置上，使出口压力过低。修理方法是拆开，清洗，去除毛刺。

d. 阀盖与阀体之间密封不良，严重漏油。修理方法是拧紧螺钉，或者更换密封件。

e. 拆修时，漏装锥阀或锥阀未安装在阀座孔内。修理方法是检查锥阀的情况，正确组装。

f. 先导阀弹簧（调压弹簧）错装成软弹簧或折断。修理方法是更换弹簧。

③ 故障现象三　压力不稳定、噪声大和泄漏严重。

故障分析与修理：参照溢流阀的相应项。

3）顺序阀故障诊断与修理

① 故障现象一　压力不稳定、顺序动作错乱、噪声大和泄漏严重。

故障分析与修理：

a. 顺序阀的主阀芯因污物或毛刺卡住，造成液压缸无后续动作或无顺序动作。修理方法是拆开清洗和去除毛刺，使阀芯运动顺滑。

b. 主阀芯上的阻尼孔被堵塞，使顺序阀动作无序。修理方法是应拆开清洗，必要时更换控制活塞。

c. 系统其他调压元件出现故障时（例如溢流阀故障），系统压力建立不起来，即不能达到顺序阀设定的工作压力，顺序阀不能实现顺序动作。修理方法是查明系统压力上不去的原因并排除之。

d. 主阀芯与阀孔配合间隙过大或磨损严重，未达到调定值顺序阀即产生动作。修理方法是修复或更换主阀芯，并保证合理的装配间隙。

② 故障现象二　超过设定值时，顺序阀不打开。

故障分析与修理：

a. 主阀弹簧太硬。修理方法是更换弹簧。

b. 控制活塞卡死不动。修理方法是清洗或更换控制活塞。

c. 拆修重装时，控制活塞漏装或装倒，结果控制压力油由阀芯阻尼孔经泄油孔卸压，主阀芯在弹簧力作用下关闭，使先导压力控制油失去作用，阀芯打不开。修理方法是重新安装。

顺序阀在结构原理上和溢流阀只有少许差异，可参照溢流阀相关部分。

(3) 压力继电器故障诊断与修理　压力继电器是将液体的压力变化转变为电信号的一种液电转换装置，它能根据油压的变化自动接通或断开有关电路，实现程序控制或起安全保护作用。

压力继电器的故障主要是误发动作或者不发信号。其故障主要是由压力继电器本身产生的故障，或因回路原因、压力继电器误动作产生的故障以及因泵或者其他阀（如溢流阀、减压阀等）产生的故障，系统压力建立不起来，或者由较大的压力偏移现象产生的故障。但正确使用和调整大多可避免这类故障。图 3-14 所示为单触点柱塞式压力继电器。

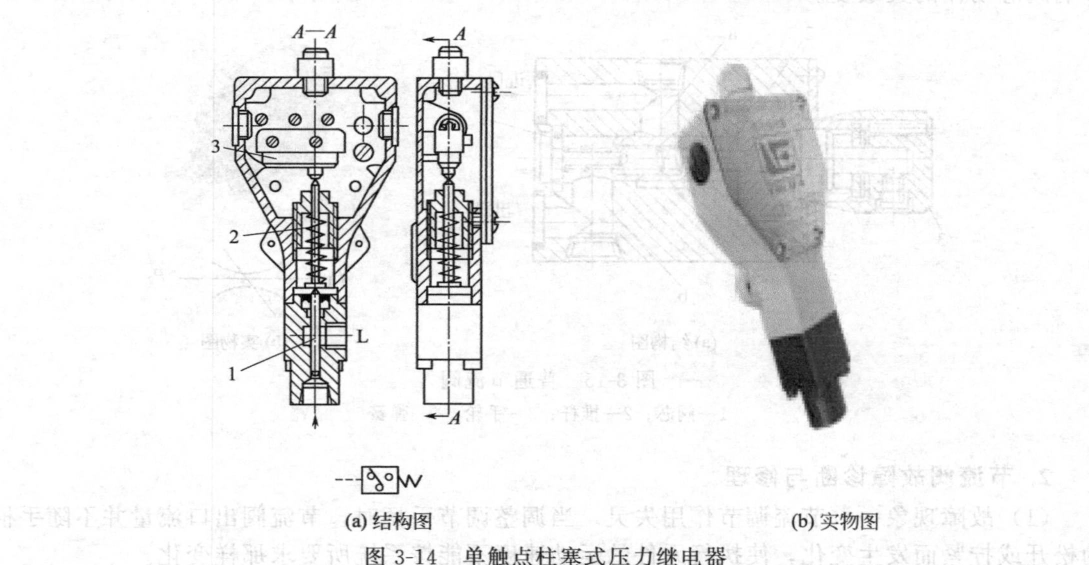

(a) 结构图　　(b) 实物图

图 3-14　单触点柱塞式压力继电器

1) 故障现象　压力继电器本身产生误发信号或不发信号。

2) 故障分析与修理

① 柱塞移动不灵活，有污物或毛刺卡住柱塞，压力继电器不能动作。修理措施：清洗，清除毛刺。

② 柱塞外圆上涂的二硫化钼润滑脂被洗掉，使柱塞移动不灵活而出现误动作。修理措施：拆卸重新涂上油脂。

③ 柱塞与框架的配合不好，致使柱塞卡死，压力继电器不动作。修理措施：重新装配，阀芯（柱塞）与中体孔的配合间隙应保证为 0.007～0.015mm。

④ 微动开关不灵敏，复位性差。弹簧片弹力不够使微动开关内触头压下后弹不起来，或因灰尘粘住触头使微动开关信号不正常而误发动作信号。修理措施：修理或更换微动开关。

⑤ 微动开关错位，致使动作值发生变化，即改变原来已调好的动作压力，而误发动作

信号。修理方法是调整微动开关并压紧，使之定位准确。

⑥ 压力继电器弹簧折断。修理方法是更换弹簧。

【任务实施】

☆ 流量控制阀的故障诊断与修理 ☆

1. 节流阀的拆装

图 3-15 为普通节流阀结构及外观图。节流阀的拆装步骤：

① 用内六角扳手拧松并取下底盖，取出弹簧和阀芯，所有密封件不能丢失。

② 用内六角扳手拧开并取下顶盖。

③ 按拆卸的逆向顺序完成阀的装配。阀体上的节流小口要清洗干净。阀芯用手推上推下要轻松，手感没有梗阻现象。

组装流量控制阀的过程中，除了要注意阀体和阀芯的配合间隙要合适、弹簧软硬要合适、密封可靠以及连接紧固等问题外，特别要注意阀体和阀芯的清洗，节流阀的节流口不能有污物，以防节流口被堵塞。如果是调速阀，还要注意减压阀中的阻尼小孔要通畅，否则会影响阀芯动作的灵敏度。

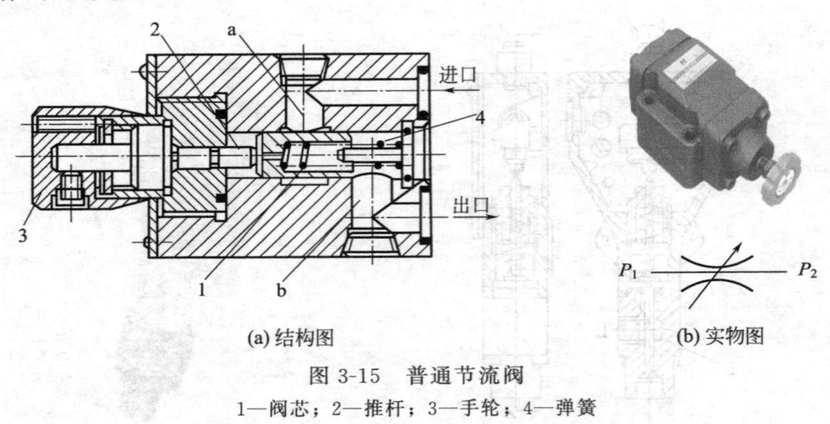

(a) 结构图　(b) 实物图

图 3-15　普通节流阀

1—阀芯；2—推杆；3—手轮；4—弹簧

2. 节流阀故障诊断与修理

(1) 故障现象一　节流调节作用失灵。当调整调节手柄时，节流阀出口流量并不随手柄的松开或拧紧而发生变化，使执行元件的运动速度不能按系统所要求那样变化。

故障分析与修理：

① 当节流阀芯卡死在关闭阀口的位置，则无流量输出，执行元件不动作；当阀芯卡死在某一开度位置，只有定值流量输出，执行元件只有一种速度。修理方法是用尼龙刷等工具清除阀孔内的毛刺，阀芯上的毛刺可用油石等手工精修的方法去除；清洗节流阀，加强过滤，必要时更换油液。

② 阀芯和阀孔的形位公差不好或者配合间隙过小，造成液压卡紧，导致节流调节失灵。修理方法是研磨阀孔，修复、电镀或者重新加工阀芯进行磨配研。

③ 阀芯与阀体孔配合间隙过大，造成泄漏大，导致节流作用失灵。修理方法是研磨阀孔修复，或者重配阀芯。

④ 阀芯与阀孔内外圆柱面出现拉伤划痕，使阀芯运动不灵活，或者卡死，或者内泄漏大，造成节流失灵。修理方法是阀芯若轻微拉毛，可抛光再用，严重拉伤时可先用无心磨磨去伤痕，再电镀修复。

⑤ 调节手轮的紧定螺钉松动或者脱落，调节轴螺纹被脏物卡死。修理方法是清洗污物，

调整或更换螺钉。

(2) 故障现象二　流量不稳定，使执行元件的速度出现时快时慢及突跳等现象。

故障分析与修理：

① 杂质堆积和黏附在节流通道壁上并随油液的流动发生变化，节流通道时堵时通，节流阀有效通流面积也随之变化，使流量不稳定。修理方法是清洗节流口，查明油液污染情况，采取换油等措施。

② 机械振动或其他原因使锁紧装置松动，改变了节流阀的开度，引起流量变化。修理方法是消除机械振动的振源和拧紧螺钉。

③ 油温随着机床运行时间的增长而升高，油黏度相应降低，通过节流开口的流量增大，但也可能因内泄漏增加而减少，出现流量不稳定的现象。修理方法是排除系统内空气，减少系统发热，更换黏度指数高的油液等。

④ 系统负载变化大，导致液压缸工作压力变化，流经节流阀的压差也随之变化，流量跟着发生变化。修理方法是改节流阀为有压力反馈补偿装置的调速阀。

调速阀因由节流阀与压力补偿机构所组成，故调速阀的故障诊断与修理可参阅上述节流阀的故障分析与排除方法，再考虑压力补偿机构所造成的故障即可。(略)

【知识拓展】

☆ 液压辅件的故障诊断与修理 ☆

液压辅件主要包括滤油器、蓄能器、油箱、压力表、油管及管接头等，是液压系统不可或缺的组成部分。熟悉它们的常见故障及排除方法，掌握维修的基本技能，也是非常重要的。

1. 过滤器的故障诊断与修理

过滤器因不能正常过滤或过滤器堵塞带来的故障很多，如污物进入系统，造成泵吸油不良、泵产生噪声；系统无法吸进足够的油液而造成压力上不去；油中出现大量气泡以及滤芯因堵塞产生高压而被击穿等故障。

① 滤芯在工作中被污染物严重阻塞而未得到及时清洗，流进与流出滤芯的压差增大，滤芯强度不够而导致滤芯变形直至损坏。采取的措施是定期检查、及时清洗或者更换滤芯。

② 过滤器选择或使用不当，超过了其允许的最高工作压力，滤芯被击穿。采取的措施是正确选用和正确安装滤油器。

拆开清洗后的滤油器，应在清洁的环境中，按拆卸相反顺序组装起来，若须更换滤芯的应按规格更换，规格包括外观和材质相同、过滤精度及耐压能力相同等。对于滤油器内所用密封件要按材质规格更换，并注意装配质量，否则会产生泄漏、吸油和排油损耗以及吸入空气等问题。

2. 油箱的故障诊断与修理

油箱温升严重与污染会导致液压系统的很多种故障。

(1) 油箱温升严重的原因与解决措施

① 油箱设置在高温辐射源附近，环境温度高。解决措施是尽量避开热源。

② 液压系统的各种压力损失，如溢流损失、节流损失、管路的沿程损失和局部损失等，都会转化为热量造成油液升温。解决措施是正确设计液压系统，尽量减少溢流损失、节流损失和管路损失，减少发热升温。

③ 油液黏度选择不当，过高或过低。解决措施是合理选择油液黏度。

④ 油箱设计时散热面积小等。解决措施是增加油箱的散热面积。

（2）油箱内油液污染与解决措施

① 装配时残存污物。解决措施是装配前必须严格清洗油箱。

② 油箱防尘密封不好，有外界污物进入。解决措施是加强防尘措施。

③ 系统内产生污物。解决措施是过滤油液，清洗过滤器。

3. 气囊型蓄能器的故障诊断与修理

气囊型蓄能器具有体积小、重量轻、惯性小、反应灵敏等优点，目前应用最为普遍。其在使用中常见故障现象及排除方法是：

（1）蓄能器压力下降严重，需要经常补气

① 蓄能器在工作过程中受到振动时使阀芯松动，或者锥面上黏有污物，导致漏气。采用的措施是拆开检查，清除污物和修磨密封锥面使之密合。

② 皮囊破损。气体压力过高或过低及内壁摩擦使皮囊破损。采取的措施是检查工作压力范围与封入气体压力的关系。

③ 工作油与皮囊材质不相容，皮囊损坏。采取的措施是检查耐油性。

（2）蓄能器不起作用　气阀漏气严重、皮囊内根本无氮气以及皮囊破损进油。采取的措施是检查气阀的气密性。发现泄气，及时修复，然后补足氮气；若气阀处泄油，则很可能是皮囊破裂，应当予以更换。

（3）吸收压力脉动的效果差　蓄能器与主管路分支点的连接管道要短，通径要适当大些，并要安装在靠近脉动源的位置。

（4）蓄能器释放出的流量稳定性差　蓄能器充放液的瞬时流量是一个变量，特别是在大容量且 $\Delta p = p_2 - p_1$。范围又较大的系统中，若要获得较恒定的和较大的瞬时流量时，可采用下述措施：

① 在蓄能器与执行元件之间加入流量控制元件；

② 用几个容量较小的蓄能器并联，取代一个大容量蓄能器，并且几个容量较小的蓄能器采用不同档次的充气压力；

③ 尽量减少工作压力范围，也可以采用适当增大蓄能器结构容积（公称容积）的方法；

④ 在一个工作循环中安排好足够的充液时间，减少充液期间系统其他部位的内泄漏，使在充液时，蓄能器的压力能确保和迅速升到位，再释放能量。

任务 3.5　综合实训：液压设备的液压系统故障与维修

【任务描述】

液压设备通常是由液压、机械、电气及仪表等装置有机结合组成的统一体，液压系统在完成液压传动和控制任务的过程中会出现一些异常现象。能否迅速地找出故障源，一方面取决于对系统和元件结构原理的理解，另一方面还有赖于实践经验的积累。

本任务是通过典型的液压设备的液压系统故障诊断与维修实例，熟悉和掌握液压设备维修的基本知识及基本技能，并从中获取一些设备维修技术的经验。

【任务分析】

系统中各种元件、机构和油液大都封闭在壳体和管道内，出现故障时，故障原因寻找时间较长，排除故障也比较麻烦，在分析故障之前必须弄清液压系统的工作原理、性能特点以及与机械、电气的关系，根据故障现象进行分析，缩小可疑范围，确定故障区域、部位，直至某个液压元件。液压系统故障的正确诊断与排除应是每个操作、维修人员所具备的基本技能。

【知识准备】

1. 液压系统的常见故障

掌握液压系统常见故障，是必须具有的技能，也是为处理特殊故障提供一定的判断基础。

① 液压系统的主要故障分析　工程机械的液压传动系统如果维护得好，一般说来故障是比较少的。由于密封件老化、变质和磨损而产生外泄是很容易观察到的，根据具体情况可设法排除。但是如果液压元件的内部发生了故障往往是观察不到的不容易一下子就找出原因，有时虽然是同样的故障现象，但产生的原因却不一定相同，需具体问题具体分析。

② 液压系统的常见故障及排除　液压传动系统的故障往往不容易从外部表面现象和声响特征中准确地判断出故障发生的部位和原因，熟悉并掌握液压系统常见故障，准确迅速地查出故障发生的部位、原因及其排除方法，是必须具有的基本技能。

液压系统常见故障产生原因及其排除方法见表 3-3。

表 3-3　液压系统常见故障及其排除方法

故障现象	产生原因	排除方法
振动	液压泵:吸入空气,安装位置过高吸油阻力大,齿轮齿形精度不够,叶片卡死断裂,柱塞卡死移动不灵活,零件磨损使间隙过大,柱塞卡死	更换进油口密封,吸油口管口至泵吸油口高度要小于 500mm,保证吸油管直径,修复或更换损坏零件
	液压油:液位太低,吸油管插入液面深度不够,油液黏度太大,过滤堵塞	加油管、吸油管加长浸到规定深度,更换合适黏度液压油,清洗过滤器
	溢流阀:阻尼孔堵塞,阀芯与阀座配合间隙过大,弹簧失效	清洗阻尼孔,修配阀芯与阀座间隙,更换弹簧
	其他阀芯移动不灵活	清洗,去毛刺
	管道:管道细长,没有固定装置,互相碰击,吸油管与回油管太近	增设固定装置,扩大管道间距离及吸油管和回油管距离
	电磁铁:电磁铁焊接不良,弹簧过硬或损坏,阀芯在阀体内卡住	重新焊接,更换弹簧,清洗及研配阀芯和阀体
	机械:液压泵与电机联轴器不同心或松动,运动部件停止时有冲击,换向缺少阻尼,电动机振动	保持泵与电机轴同心度不大于 0.1mm,采用弹性联轴器,紧固螺钉,设阻尼或缓冲装置,电动机做平衡处理
泄漏	接头松动,密封损坏	拧紧接头,更换密封
	板式连接或法兰连接接合面螺钉预紧力不够或密封损坏	预紧力应大于液压力,更换密封
	系统压力长时间大于液压元件或辅件额定工作压力	元件壳体内压力不应大于油封许用压力,更换密封
	油箱内安装水冷式冷却器,如油位高,则水漏入油中,如油位低,则油漏入水中	拆修
流量不足	油箱液位过低,油液黏度大,过滤器堵塞引起吸油阻力大	检查液位,补油,更换黏度适宜的液压油,保证吸油管直径
	液压泵转向错误,转速过低或空转磨损严重,性能下降	检查电动机、液压泵及液压泵变量机构,必要时换泵
	回油管在液位以上,空气进入	检查管路连接及密封是否正确可靠
	蓄能器漏气,压力及流量供应不足	检查蓄能器性能与压力
	其他液压元件及密封件损坏引起泄漏	修理或更换
	控制阀动作不灵活	调整或更换

续表

故障现象	产生原因	排除方法
冲击	蓄能器充气压力不够	给蓄能器充气
	工作压力过高	调整压力至规定值
	先导阀、换向阀制动不灵及节流缓冲慢	减少制动锥斜角或增加制动锥长度，修复节流缓冲装置
	液压缸端部没有缓冲装置	增设缓冲装置或背压阀
	溢流阀故障使压力突然升高	修理或更换
	系统中有大量空气	排除空气
过热	冷却器通过能力小或出现故障	排除故障或更换冷却器
	液位过低或黏度不适合	加油或换黏度合适的油液
	油箱容量小或散热性差	增大油箱容量，增设冷却装置
	压力调整不当，长期在高压下工作	调整溢流阀压力至规定值，必要时改进回路
	油管过细过长，弯曲太多造成压力损失增大，引起发热	改变油管规格及油管路
	系统中由于泄漏，机械摩擦造成功率损失过大	检查泄漏，改善密封，提高运动部件加工精度、装配精度和润滑条件
	环境温度高	尽量减少环境温度对系统的影响
系统无压力或压力不足	溢流阀开启由于阀芯被卡住关闭，阻尼孔堵塞，阀芯与阀座配合不好或弹簧失效	修研阀芯与壳体，清洗阻尼孔，更换弹簧
	其他控制阀阀芯由于故障卡住，引起卸荷	找出故障部位，清洗或研修，使阀芯在阀体内运动灵活
	液压元件磨损严重或密封损坏，造成内、外泄漏	检查泵、阀及管路各连接处的密封性，修理或更换零件和密封件
	液位过低，吸油堵塞或油温过高	加油，清洗吸油管或冷却系统
	泵转向错误，转速过低或动力不足	检查动力源

2. 数控车床液压系统的故障诊断与维修

随着机电技术、数控技术的不断发展，机床设备的自动化程度和精度越来越高，这使得液压技术得到了更广泛的应用，无论是一般数控机床，还是数控加工中心，液压与气动都是其有效的传动与控制方式。

(1) 数控车床液压系统及工作循环

1) 数控车床液压系统及性能要求　如图 3-16 所示为控制数控车床卡盘与尾座套筒的液压系统图。数控车床的液压控制系统能够完成卡盘的松开与夹紧、尾座套筒的伸出与缩回。当卡盘处于夹紧状态时，夹紧力的大小由减压阀 7 来调整，当尾座套筒处于伸出状态时，伸出的预紧力的大小由减压阀 11 来调整，伸缩速度的大小由变量泵 2 和节流阀 13 来控制，可以适应不同的工件需要且操作方便。变量叶片泵向系统供油，能量损失小，功效高。

2) 数控车床液压系统的工作循环

① 卡盘夹紧：液压缸驱动完成对工件的夹紧，减压阀 7 的调定压力取决卡盘对工件的夹紧力。

进油路：过滤器 1→变量泵 2→单向阀 3、5→减压阀 7→换向阀 8 左位→卡盘夹紧液压缸 10 左腔。

回油路：卡盘夹紧液压缸 10 右腔→换向阀 8 左位→油箱。

② 卡盘松开

进油路：过滤器 1→变量泵 2→单向阀 3、5→换向阀 8 右位→卡盘夹紧液压缸 10 右腔。

回油路：卡盘夹紧液压缸 10 左腔→换向阀 8 右位→油箱。

③ 尾座套筒伸出：液压缸驱动完成对工件的顶紧与支撑，减压阀 11 的压力值取决尾座套筒伸出预紧力所需的压力。尾座套筒伸缩的速度由节流阀来调节控制。

进油路：过滤器 1→变量泵 2→单向阀 3→减压阀 11→换向阀 12 左位→单向阀→液压缸 15 左腔。

回油路：液压缸 15 右腔→节流阀 13→换向阀 12 左位→油箱。

④ 尾座套筒收回

进油路：过滤器 1→变量泵 2→单向阀 3→减压阀 11→换向阀 12 右位→单向阀→液压缸 15 右腔。

回油路：液压缸 15 左腔→节流阀 13→换向阀 12 右位→油箱。

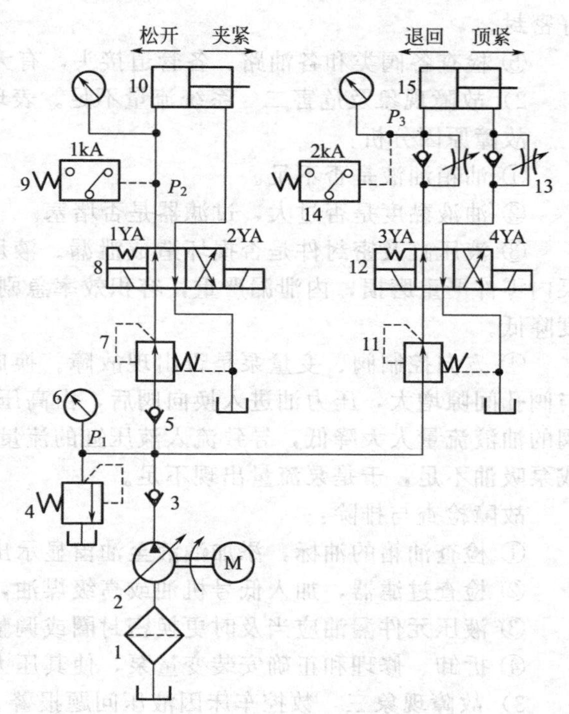

图 3-16　数控机床液压系统图

1—过滤器；2—泵；3、5—单向阀；4—溢流阀；6—压力表；7、11—减压阀；8、12—电磁换向阀；9、14—续电器；10、15—液压缸；13—节流阀

(2) 数控车床液压系统常见故障诊断和修理

1) 故障现象及危害一　系统无压力和压力不足。表现为卡盘夹不紧工件或不动；尾座套筒不能顶紧工件或不动；设备不能正常使用，甚至出现设备及人身安全事故。

故障原因分析：

① 油箱油液是否不足。

② 溢流阀、减压阀芯是否被卡死。如减压阀的主阀芯卡死，阀后压力就要高于或低于调定值；如果减压阀的先导锥阀与阀座由于污物而封闭不严时，减压阀的阀后压力就要低于调定值。

③ 液压泵是否出故障。

④ 液压缸是否出故障。液压缸本身内部泄漏严重，因活塞与缸筒间隙因磨损而过大，或活塞密封圈破损当液压缸运动时，液压缸高压腔中的压力油向低压腔泄漏。

⑤ 其他阀类和部件以及油管是否严重漏油。

故障检查与排除：

① 检查油箱的油液量，添加油液至油窗显示出正常油量；

② 检查油液的污染状况，拆卸、检查、清洗减压阀及溢流阀，查看主阀芯和先导阀芯是否完好无损，阻尼小孔是否堵塞。清洗或更换（修研）零件，使阀芯在阀孔内运行自如；

③ 拆开液压油泵，检查是否密封不好、有无漏油现象。调整或更换密封件，保证良好密封；

④ 拆开液压缸，检查组件是否严重磨损、密封不良，导致压力油大量泄漏。修理或者更换活塞组件，保证活塞与缸筒的合理间隙；如果活塞密封圈破损，应该更换新件，保证良

好密封。

⑤ 检查各阀类和各油路、各管道接头，有无大泄漏现象。

2）故障现象及危害二　系统流量不足。表现为动作过慢。

故障原因分析：

① 油箱油液是否不足。

② 油液黏度是否过大，过滤器是否堵塞。

③ 液压缸及密封件是否损坏造成泄漏。液压泵由于使用时间较长，或因油液污染造成泵内零件严重磨损，内泄漏严重，容积效率急剧下降，造成泵排油不足，因而液压缸运动速度降低。

④ 方向控制阀、变量泵是否出现故障。换向阀内部泄漏严重，由于各种原因造成阀芯与阀孔间隙增大，压力油进入换向阀后，由高压腔从内部环形缝隙流入低压腔，而经过换向阀的油液流量大大降低，导致流入液压缸的流量变小；由于油液污染，滤油器堵塞等原因造成泵吸油不足，于是泵流量出现不足。

故障检查与排除：

① 检查油箱的油标，添加油液至油窗显示出正常的油量；

② 检查过滤器，加入低号机油或高级煤油，拆卸、清洗过滤器；

③ 液压元件漏油应当及时更换密封圈或调整密封件，保证良好密封；

④ 拆卸、修理和正确安装变量泵，使其压力和流量正常地变化。

3）故障现象三　数控车床因液压问题报警。

故障原因：

① 卡盘没有卡紧（尾座套筒顶不紧），它的直接原因是压力继电器出现故障；

② 换向阀（二位四通）出现故障（电磁头损坏、阀芯卡住）。

故障检查与排除：

① 修理压力继电器，使其恢复正常，并调出适合夹紧力的正常压力；

② 拆卸换向阀，修理电磁头（与电工配合）和阀芯。使其换向自如。

【任务实施】

☆ 液压系统的故障分析步骤和故障预防 ☆

1. 液压系统故障分析步骤

第一步：液压设备运转不正常，如没有运动、运动不稳定、运动方向不正确、运动速度不符合要求、力输出不稳定、爬行等，无论是什么原因，都可以归纳为流量、压力和方向三大问题。

第二步：审核液压回路图，并检查每个液压元件，确认其性能和作用，初步评定其质量状况。

第三步：列出与故障相关的元件清单，进行逐个分析。进行这一步时，一要充分利用判断力，二是注意绝不可遗漏对故障有重大影响的元件。

第四步：对清单中所列元件按以往的经验和元件检查难易排列次序。必要时，列出重点检查的元件和元件重点检查的部位，同时安排检测仪器等。

第五步：对清单中列出的重点检查元件进行初检。初检应判断以下一些问题：元件的使用和安装是否合适；元件的测量装置、仪器和测试方法是否合适；特别要注意某些元件的故障先兆，如过高的温度和噪声、振动和泄漏等。

第六步：如果初检未查出故障，要用仪器反复检查。

第七步：识别出发生故障的元件，对不合格的元件进行修理或更换。

第八步：在重新启动主机前，必须先认真考虑一下这次故障的原因和后果。如果故障是由于污染或油液温度过高引起的，则应预料到另外元件也有出现故障的可能性，并应针对隐患采取相应的补救措施。

2. 液压系统的故障预防

(1) 保证液压油的清洁度　正确使用标定的和要求使用的液压油及其相应的替代品（参考《工程机械油料手册》），防止液压油中侵入污物和杂质。因为在液压传动系统中，液压油既是工作介质，又是润滑剂，所以油液的清洁度对系统的性能，对元件的可靠性、安全性、效率和使用寿命等影响极大。液压元件的配合精度极高，对油液中的污物杂质所造成的淤积、阻塞、擦伤和腐蚀等情况反应更为敏感。

(2) 防止液压油中混入空气　液压系统中液压油是不可压缩的，但空气可压缩性很大，即使系统中含有少量空气，它的影响也是非常大的。溶解在油液中的空气，在压力较低时，就会从油中逸出产生气泡，形成空穴现象；到了高压区，在压力的冲击下，这些气泡又很快被击碎，急剧受到压缩，使系统产生噪声。同时，气体突然受到压缩时，就会放出大量的热能，因而引起局部受热，使液压元件和液压油受到损坏，工作不稳定，有时会引起冲击性振动。

(3) 防止液压油温度过高　液压系统中的油液的工作温度一般在30～80℃的范围内比较好，在使用时必须注意防止油温过高。如油箱中的油面不够、液压油冷却器散热性能不良、系统效率太低、元件容量小、流速过高、选用油液黏度不正确，它们都会使油温升高过快。

【知识拓展】

☆ 液压设备的液压系统使用和维护保养 ☆

为了保证液压系统达到预定的生产能力和稳定可靠的技术性能，确保设备正常工作，液压系统的使用和维护保养是十分重要的。

1. 液压系统使用维护注意事项

① 使用者应明白设备的工作原理，熟悉各种操作和调整手柄的位置、功用及旋向。

② 开车前应检查系统上各调整手柄、手轮是否被非工作人员动过；电器开关和行程开关的位置是否正确和牢固；对外露部位应先进行擦拭以保证清洁无污物；检查油面，保证系统有足够的油量，然后才能开车。

③ 正式工作之前应先对系统进行排气。

④ 工作中应随时注意油液温度，正常工作时，油箱中油温应不超过60℃，油温过高时应设法冷却，并使用黏度较高的液压油；温度过低时，应进行预热，或在连续运转前进行间歇运转，使油温逐步升高后，再进入正式工作状态。异常升温时，应停车检查。

⑤ 油箱要加盖密封并经常检查其通气孔是否畅通；要经常检查油面高度以保证系统有足够的排量；合理地选用液压油，在加油前必须将油液过滤，应注意新旧油液不能混合使用；液压油要定期检查和更换；滤油器中的阀芯应定期清理和更换。

⑥ 压力控制阀的调整。对压力控制元件的调整，一般先调整整个系统的压力控制阀——溢流阀，从零起始逐步提高压力，使之达到规定的调定值；然后，依次调整各回路的压力控制阀。主油路液压泵的安全溢流阀的调整压力一般要大于执行元件所需工作压力的10%～25%。快速运动液压泵的压力阀，其调整压力一般大于所需压力10%～20%。如果用卸荷压力供给控制油路和润滑油路时，压力应保持在0.3～0.6MPa范围内。

⑦ 为保证电磁阀正常工作，电压波动值不应超过额定电压的+5%～−15%。调整压力

一般低于供油压力 0.3～0.5MPa。

⑧ 流量控制阀要从小流量调到大流量，并逐步调整。同步运动执行元件的流量控制阀应同时调整，保证运动的平稳性。

⑨ 经常观察蓄能器工作状况，若发现气压不足或油气混合时，应及时充气或修理。

⑩ 经常检查和定期紧固管接头、法兰等以防松动，高压软管要定期更换。

⑪ 不准使用有缺陷的压力计，更不能在无压力计的情况下工作或调整。

⑫ 设备若长期不用，应当将各调节旋钮全部放松，防止弹簧产生永久变形而影响元件的性能。

2. 点检与定检

点检是设备维修的基础工作之一，用以核查系统是否完好、工作是否正常。点检分为两种，即由操作者执行的日常点检和定期检查（定检）。定检是指间隔期在一个月以上的点检，一般是在停机后由设备管理人员检查。

液压系统点检的内容有：

① 各液压阀、液压缸及管接头处是否有外泄漏；

② 液压泵或电动机运转时是否有异常噪声；

③ 液压缸移动是否正常平稳；

④ 各测压点压力是否在规定范围内，是否稳定；

⑤ 油温是否在允许范围内；

⑥ 系统工作时有无高频振动；

⑦ 换向阀工作是否灵敏可靠；

⑧ 油箱内油量是否在油标刻线范围内；

⑨ 电气行程开关或挡块的位置是否变动；

⑩ 系统手动或自动工作循环时是否有异常现象；

⑪ 定期从油箱内取样化验，检查油液质量；

⑫ 定期检查蓄能器工作性能；

⑬ 定期检查冷却器和加热器的工作性能；

⑭ 定期检查和紧固重要部位的螺钉、螺母、管接头和法兰等。检查结果用规定符号记入点检卡，以作为技术资料归档。

3. 定期维护

液压系统能否正常工作，定期维护十分重要，其内容如下：

① 定期紧固；

② 定期更换密封件；

③ 定期清洗或更换液压元件；

④ 定期清洗或更换滤芯；

⑤ 定期换油与清洗新投入使用的液压系统。

【学习小结】

1. 液压元件的结构分析与正确拆装是进行液压元件故障诊断与修理的基础。

2. 液压系统常见故障诊断与修理的一般步骤要点是：先初步分析和判断，包括外部因素与内在原因；其次列出可能发生故障的原因表（一个故障现象可能有多个的原因所导致）；然后核实并仔细检查；再根据所列故障原因表尽量准确找出结论；再验证结论；最后对故障进行定性和定量分析，总结经验教训。

3. 液压设备故障的诊断方法一般有感官检测法、对比替换法、专用仪器检测法、逻辑分析法和状态检测法。最常用的故障诊断的方法是“四觉诊断法”，即“触觉”用手触摸允许摸的部件；“视觉”用眼看；“听觉”用耳听；“嗅觉”用鼻嗅。

4. 液压元件和液压系统的常见故障诊断与排除。

5. 典型设备液压系统的故障诊断与修理。

【自我评估】

一、简述题

1. 齿轮泵卸荷槽的作用是什么？卸荷槽的位置在哪里？困油现象严重会造成哪些故障？
2. 处理液压故障的步骤和方法有哪些？
3. 压力阀的调定压力过大或过小，会造成哪些故障？
4. 试述液压缸常见的故障及排除方法。
5. 试述液压系统泄漏的故障原因及排除方法。
6. 液压系统调试前有哪些要求？
7. 设备检修人员，在生产现场如何对液压传动系统的故障进行判断？
8. 液压系统中的振动和噪声对设备有何影响？它们是怎样产生的？如何防止和排除？
9. 试述用“四觉诊断法”进行故障的诊断。
10. 试述由节流阀的节流口堵塞造成的故障及修理方法。
11. 试述工作部件（液压缸）产生爬行的原因及排除方法。
12. 试述液压系统油温升高的原因、后果及解决措施。

二、选择题

1. 磨床液压系统进入空气、油液不洁净、导轨润滑不良、压力不稳定等都会造成磨床的（　　）故障。

A. 液压系统噪声或振动　　B. 工作台往复运动速度降低

C. 工作台低速爬行　　D. 工作台往复运动速度升高

2. 齿轮泵盖板端面修磨后，两困油卸荷槽距离增大，产生困油现象，造成（　　）。

A. 排油出口太小　　B. 转速变高

C. 噪声大或压力波动严重　　D. 两对相邻齿不能同时啮合

3. 压力控制阀是基于油液（　　）和弹簧力相平衡的原理进行工作的。

A. 流量　　B. 流动速度　　C. 压力　　D. 安全系数

4. 溢流阀的进出油口接反会造成系统（　　）。

A. 压力波动不稳定　　B. 压力调整无效　　C. 无压力　　D. 流量升高

5. 压力控制阀的回油管贴近油箱底面，使回油不畅通，这是产生（　　）的原因之一。

A. 压力升不高　　B. 压力突然升高　　C. 振动和噪声　　D. 流量升高

6. 液流方向的迅速改变或停止，致使流液速度也发生急剧变化，这将造成（　　）。

A. 液压冲击　　B. 泄漏　　C. 系统爬行　　D. 压力升高

7. 在节流调速系统中，引起油温过高的主要原因是液压系统在（　　）大量油液从溢流阀溢回油箱。

A. 工作时　　B. 非工作时　　C. 工作时和非工作时　　D. 油泵启动时

【评价标准】

本学习情境的评价内容包括专业能力评价、方法能力评价及社会能力评价等三个部分。其中自我评分占30%、组内评分占30%、教师评分占40%，总计为100%，见表3-4。

表 3-4 学习情境3综合评价表

类别	项目	内容	配分	考核要求	扣分标准	自我评分 30%	组内评分 30%	教师评分 40%
专业能力评价	任务实施计划	1. 实训的态度及积极性； 2. 实训方案制定及合理性； 3. 安全操作规程遵守情况； 4. 考勤纪律遵守情况； 5. 完成技能训练报告	30	实训目的明确，积极参加实训，遵守安全操作规程和劳动纪律，有良好的职业道德和敬业精神；技能训练报告符合要求	实训计划占5分；安全操作规程占5分；考勤及劳动纪律占5分；技能训练报告完整性占10分			
	任务实施情况	1. 拆装方案的拟定； 2. 液压元件的正确拆装； 3. 液压元件及系统的常见故障诊断与排除； 4. 简单液压系统的调试； 5. 任务实施的规范化，安全操作	30	掌握液压元件的拆装方法与步骤以及注意事项，能正确分析液压元件及系统的常见故障及修理；能进行系统调试；任务实施符合安全操作规程并功能实现完整	正确选择工具占5分；正确拆装液压元件占5分；正确分析故障原因拟定修理方案占10分；任务实施完整性占10分			
	任务完成情况	1. 相关工具的使用； 2. 相关知识点的掌握； 3. 任务实施的完整性	20	能正确使用相关工具；掌握相关的知识点；具有排除异常情况的能力并提交任务实施报告	工具的整理及使用占10分；知识点的应用及任务实施完整性占10分			
方法能力评价		1. 计划能力； 2. 决策能力	10	能够查阅相关资料制定实施计划；能够独立完成任务	查阅相关资料的能力占5分；选用方法合理性占5分			
社会能力评价		1. 团结协作； 2. 敬业精神； 3. 责任感	10	具有组内团结合作、协调能力；具有敬业精神及责任感	团结合作、协调能力占5分；敬业精神及责任心占5分			
合计			100					

年 月 日

学习情境4

大型设备的故障诊断与修理

学习目标

本情境主要介绍通风机、空压机、排水泵等设备的故障现象及分析，引导通风机、空压机、排水泵等设备的主要零件的修理技能，通过学习和实训，掌握现场维修技能，为工作提前奠定一定的基础。

知识目标：

1. 掌握轴流式通风机、空压机、排水泵等设备常见故障现象及分析；

2. 掌握轴流式通风机、空压机、排水泵等设备的主要零件的维修技能；

3. 掌握通风机、空压机、排水泵等设备的安全运行维护技能。

技能目标：

1. 能正确使用维修工具；

2. 能通过设备的故障现象，对故障进行正确的分析和判断；

3. 能确定维修方案，并对设备进行必要的维修。

能力目标：

1. 具有查阅图纸资料、搜集相关知识信息的能力；
2. 具有自主学习新知识、新技术和创新探索的能力；
3. 具有合理地利用与支配资源的能力；
4. 具有良好的协作工作能力。

任务 4.1 轴流式通风机的故障诊断与修理

【任务描述】

对风机的分类、组成和性能进行概括性介绍；重点介绍了轴流式通风机的主轴、传动装置、风叶组件以及减速箱等主要零部件的修理技术；同时，对离心式通风机的机壳、叶轮及主轴等主要零部件的修理技术也进行了比较详细的介绍，要求学生掌握通风机常见故障的诊断与维修技术。

【任务分析】

风机广泛应用于国民经济生产的各工业部门，在过程工业中，主要用于排气、冷却、输送、鼓气等操作单元，相对于其他机电设备来说风机的结构比较简单，故障诊断与修理也比较容易。

【知识准备】

☆概　述☆

1. 通风机的类型

风机按结构分类如图 4-1 所示。

按照规定，在设计条件下，全压 $P<15\text{kPa}$ 的风机通称为通风机；压缩比为 $1.15<\varepsilon<3$ 或压差为 $15\text{kPa}<\Delta P<0.2\text{MPa}$ 的风机通称为鼓风机；压缩比 $\varepsilon\geqslant2$ 或压差 $\Delta P>0.2\text{MPa}$ 的风机通称为压缩机。

在许多企业中，使用较多的是离心式鼓风机、离心式通风机、轴流式通风机、罗茨式鼓风机和透平式压缩机。

使用或维修通风机的人员，应对通风机的结构组成、用途作用、性能参数及易出现的故障现象，要有全面的掌握；应能根据故障现象，准确地判断出产生故障的原因，正确地制定维修方案；应及时地对故障进行排除，以保持通风机的正常运转，维持生产的正常进行。

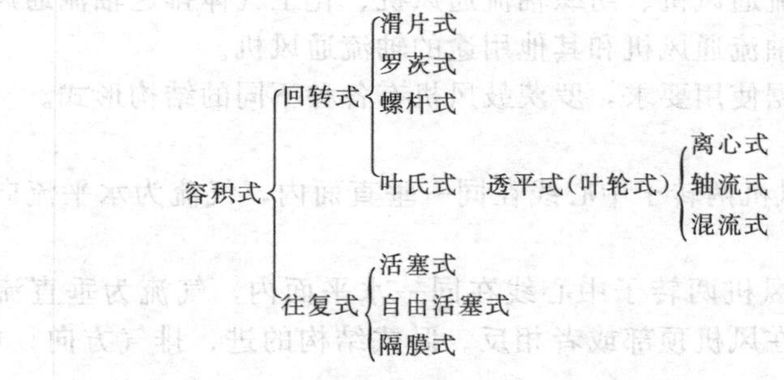

图 4-1　风机按结构分类

2. 风机的组成

不管是哪种形式的风机，均由机壳、转子、定子、轴承、密封、润滑冷却装置等组成。转子上包括主轴、叶轮、联轴器、轴套、平衡盘。定子上包括隔板、密封、进气室。隔板由扩压器、流道、回流器组成。有的在风机的叶轮入口前设有气体导流装置。

3. 风机的形式

(1) 离心式通风机　根据使用要求，离心式通风机有各种不同的结构形式。离心式通风机外形如图 4-2 所示。

① 旋转方向不同的结构形式。离心式通风机可以做成右旋或左旋两种。从电动机一端正视，叶轮旋转为时针方向的称为右旋，用“右”表示；反之，则为左旋，用“左”表示。

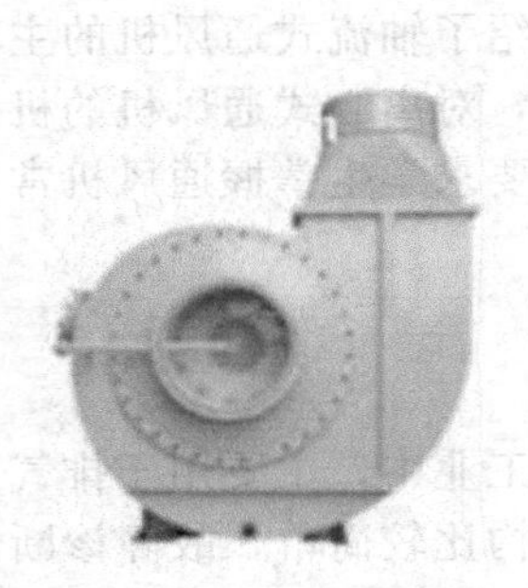
图 4-2　离心式通风机外形图

图 4-3　轴流通风机外形图

② 进气方向不同的结构形式。离心式通风机的进气方式有单侧进气（单吸）和双侧进气（双吸）两种。单吸通风机又分单侧单级叶轮和单侧双级叶轮两种。在同样情况下，双级叶轮产生的风压是单级叶轮的两倍。

③ 传动方式不同的结构形式。根据使用情况的不同，离心式通风机的传动方式有多种。如果风机转速与电机转速相同，大型风机可以用联轴器将风机和电机直联传动，小型风机可将叶轮直接装在电机轴上；如果转速不同，则可采用带轮变速传动。另外还有其他多种传动方式。

(2) 轴流通风机　轴流通风机按结构形式可分为筒式、简易筒式和风扇式轴流通风机；按轴的配置方向又可分为立式和卧式轴流通风机。

目前，我国的轴流通风机根据压力高低分为低压和高压两大类。低压轴流通风机全压小于或等于 490Pa；高压轴流通风机全压大于 490Pa 而小于 4900Pa。轴流通风机外形如图 4-3 所示。

轴流通风机按用途不同又可分为一般轴流通风机、矿井轴流通风机、冷却轴流通风机、锅炉轴流通风机、隧道轴流通风机、纺织轴流通风机、化工气体排送轴流通风机、矿井局部轴流通风机、降温凉风用轴流通风机和其他用途的轴流通风机。

(3) 罗茨鼓风机　根据使用要求，罗茨鼓风机有各种不同的结构形式。

① 按结构形式分

a. L 式（立式）：鼓风机两转子中心线在同一垂直面内，气流为水平流向，进、出风口分别在鼓风机的两侧。

b. W 式（卧式）：鼓风机两转子中心线在同一水平面内，气流为垂直流向，进风口在机壳下部的一侧，出风口在风机顶部或者相反。卧式结构的进、排气方向，如从强度考虑，以上进下排为好。

根据需要，罗茨鼓风机既可按顺时针也可按逆时针方向旋转。

② 按冷却方式分

a. 风冷式：当出口压力小于 49.0kPa（5000mmH_2O）时采用风冷结构，风冷式鼓风机运行中的热量采用自然空气冷却的方式。为增大散热面积，机壳表面制成翅片式的结构。

b. 水冷式：当出口压力大于或等于49.0kPa（5000mmH_2O）时采用水冷结构，水冷式鼓风机机壳的热量用冷却水强制冷却，在机壳表面制成夹套层，使冷却水在夹套中循环。

③ 按连接方式分。罗茨鼓风机采用联轴器与电动机连接，即直接驱动。也可采用带轮驱动，但因带轮传动效率不高，且轴承容易损坏，一般较少采用。

【任务实施】

☆ 轴流式通风机的故障诊断与修理 ☆

现以凉水塔所使用的轴流式通风机的故障诊断与修理为例，对轴流式通风机的主要部位的维修技术进行阐述。

1. 拆装程序

① 拆除联轴器，使电机、传动轴齿轮箱分离，同时拆除外围影响检修的螺栓等。

② 拆除传动轴支架，吊下电机，并取出传动轴。

③ 拆除风筒的上部拉筋，整体吊出齿轮箱及风叶组件。

④ 组装程序与上述程序相反。

2. 检修技术

(1) 主轴检修　主轴是轴流风机的关键部件，必须进行全面检测和检查。

① 检查主轴的表面应光滑，无划伤、划痕、腐蚀弯曲等缺陷。

② 检查主轴颈，其圆度和圆柱度公差应不大于0.03mm。

③ 主轴轴心线的直线度公差应不大于0.05mm/m；弯曲度过大，应进行矫正或换轴。

④ 检查主轴键连接部分，配合后不能有松动现象，以防造成滚键事故。

⑤ 主轴安装后，窜动量应在0.06～0.08mm的范围之内。

(2) 传动装置的检修

① 齿轮箱在径向、轴向内的水平平面误差应不大0.10mm/m。

② 齿轮箱轴与电机轴的同轴度公差应不大于0.10mm。

③ 传动主轴法兰面与半联轴器端面平行度公差应不大于0.12mm。

(3) 风叶组件的检修

① 风叶组件形式如图4-4所示，检查叶片角度，并调整校正，紧固各部螺栓。

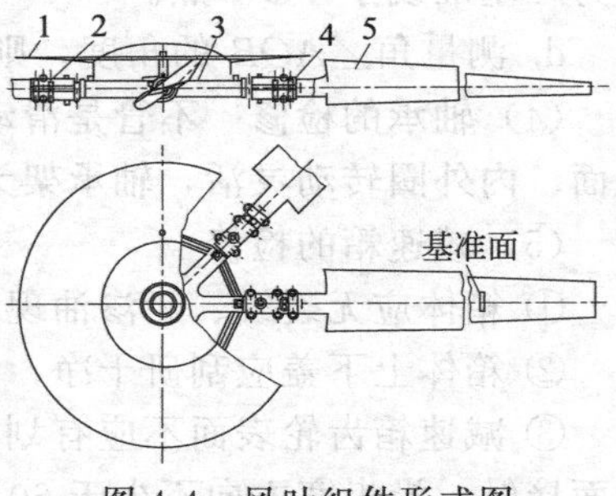

图4-4　风叶组件形式图

② 拆下各叶片、轮毂进行检查，应无裂纹、无腐蚀、锈蚀、变形等缺陷并进行无损探伤。

③ 每相邻风机风叶的倾角允差不大于0.5°。

④ 凉水塔风机风叶的技术要求如表4-1所示。

⑤ 叶片组装后进行叶轮的静平衡试验，叶轮直径较大，一般在工厂检修车间内的导轨上进行平衡，如图4-5所示。

a. 将平衡装置放在水平台上，用水平仪找出水平。

b. 球面支承座固定在轮毂轴上。

c. 风叶组件平稳放在平衡装置上。

d. 用水平仪可读出偏重的刻度。

e. 逐试配重，达到完全平衡为止，并将配重牢固固定在轮毂上。

f. 配重件固定后再次校验风叶组件的最终平衡状态。

表 4-1 风机风叶的技术要求

叶轮直径/mm	轮毂径向跳动/mm	轮毂端面跳动/mm	叶轮外缘径向跳动/mm	叶轮缘端面跳动/mm	叶片安装角度允差/(°)	叶片尖与风筒间隙/mm
≤600	≤1.0	≤1.0	≤1.0	≤2.0	±1	1～2
600～800	≤1.5	≤1.5	≤1.5	≤3.0	±1	1～3
800～1200	≤2.0	≤2.0	≤2.0	≤4.0	±1	1.5～4.0
1200～2000	≤3.0	≤3.0	≤3.0	≤5.0	±1	2～6
2000～3000	≤4.0	≤4.0	≤4.0	≤6.0	±1	3～8
3000～5000	≤5.0	≤5.0	≤5.0	≤10	±1	4～12
5000～8000	≤6.0	≤6.0	≤6.0	≤15	±1	5～16
>8000	≤8.0	≤8.0	≤8.0	≤20	±1	6～20

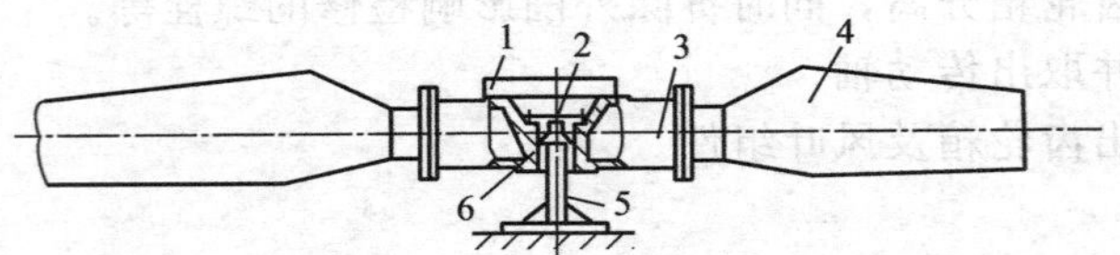

图 4-5 凉水塔风机叶轮静校正法

1—水平仪；2—球面支承及座；3—轮毂；4—叶片；5—平衡装置；6—平衡垫板

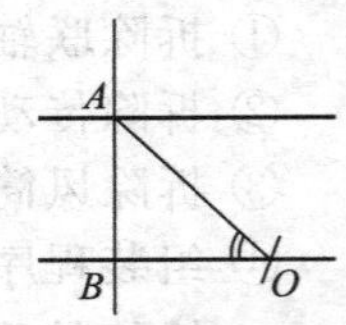

图 4-6 凉水塔风机叶片角度的测量

1—叶片；2、4—记号笔；3—风筒

对于传动轴的平衡可在平衡试验机上进行，也可在现场进行。

⑥ 叶片检查后应及时进行回装，回装时，关键是调整叶片角度，一般调整的方法步骤如图 4-6 所示。

a. 将记号笔固定在叶片的端部。

b. 转动叶轮，使叶片在风筒上划两条基准线。

c. 作两条基准线的垂直线，交于 A、B 两点，以 A 点为圆心，叶片端弦长为半径划圆，交另一基准线于“O”点。

d. 测量角 $\angle AOB$ 的角度，则可作为风机叶片的组装角。

(4) 轴承的检修　不管是滑动轴承还是滚动轴承，必须无裂纹，表面应光滑无缺陷，内表面、内外圈转动灵活，轴承架无变形等。

(5) 减速箱的检修

① 箱体应无裂纹、无渗油现象，每次检修应清洗干净。

② 箱体上下盖应刮研干净，纵横两方向的水平度公差均不大于 0.1mm。

③ 减速箱齿轮表面不应有划伤、毛刺、裂纹，啮合工作面无啃咬现象，用红丹油检测齿面接触，沿齿宽方向不少于 60%，沿齿高方向不少于 50%。

④ 对蜗杆蜗轮传动的减速箱，蜗杆轴心的直线度允许公差为 0.02mm/m，齿面粗糙度不应超过 Ra3.2，蜗轮蜗杆的齿顶间隙为 (0.2～0.3)m（m 为法向模数），齿侧间隙为 0.2mm。

⑤ 对于圆柱斜齿轮，啮合侧间隙为 0.26mm，啮合顶间隙 1.2～1.8mm。

⑥ 对圆锥齿轮，啮合侧间隙为 0.17mm，啮合顶间隙为 1.8～2.7mm。

(6) 联轴器检修

① 对于弹性柱销联轴器应检查更换弹性圈。

② 对于调心滚珠弹性联轴器，应检查和更换弹性圈及滚珠。

③对于万向联轴器，应检查万向节有无裂纹、扭曲变形等缺陷。

（7）对中找正　随着对中找正技术的智能化，可使用激光找正仪实施对加长轴的对中找正。它的一般实施步骤和方法如图 4-7 所示。

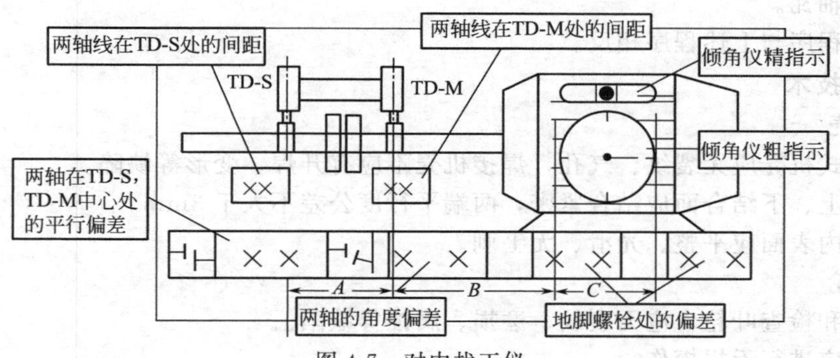

图 4-7　对中找正仪

① 首先将 TD-S 安装在基准轴上，将 TD-M 安装在调整轴上，测量 A、B、C 之间的距离并输入找正仪中，作为计算的已知量。

② 根据 TD-M 中的倾角指示，将轴旋转置于 TD-S、TD-M 两单元的 9：00 位置上，然后手动调节激光发射器，使激光束射进安装在对面单元的激光传感器中央，按下水平标记键，找正仪则显示为“0”，开始测量工作。

③ 在 TD-S 中水准仪和水准泡的指示下，再将两轴旋转到 3：00 位置，即得到 TD-S 激光束在 TD-M 传感器上的位移和 TD-M 激光束在 TD-S 传感器上的位移。

④ 按下水平标记键，找正仪就会根据已输入的 A、B、C 之间的距离及③步骤中得到的数据迅速计算出：

a. 两轴的空间偏差是上开口还是下开口等角度差。

b. 平轴平行的偏差。

c. 底座须加垫、减垫的偏差。

⑤ 根据 TD-M 倾角仪指示，将两轴旋转到12：00 位置上，按下垂直键，内置计算机就会计算出垂直方向的对中位置。

对于风机传动轴和电机轴的对中找正，也可用传统的办法进行。其方法步骤如下：

① 用 V 形架（图 4-8）支承传动轴，并将其就位；

② 检查测量传动轴和减速器输入轴，中心线平行后，再把两轴对中，以此为基准线找正电机；

③ 对传动轴较短的风机可直接用水平仪对中找正。

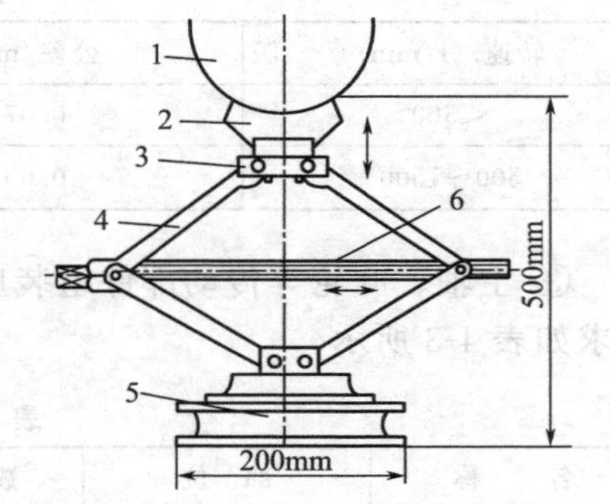

图 4-8　传动轴找正专用工具（V 形架）

1—传动轴；2—支托；3—铰销；4—调节架；5—底座；6—调节螺杆

【知识拓展】

☆ 离心式通风机的检修技术 ☆

1. 拆装程序

① 拆除与通风机连接的部件、管道和其他部件。

② 拆除风机的护罩和电气、仪表接线。

③ 拆除集流器。

④ 拆除轴承座上半压盖。

⑤ 拆下联轴器或带轮。

⑥ 吊出叶轮放在支承上。

⑦ 取下轴瓦。

⑧ 组装程序与上述程序相反。

2. 检修技术

(1) 机壳

① 铸造式机壳应无裂纹、气孔，焊接机壳不应有开焊、变形等缺陷。

② 机壳上、下结合面应贴合紧密，两端平行度公差不大于 3mm。

③ 机壳内表面应平整、光滑、无毛刺。

(2) 叶轮

① 清洗和检查叶轮，应无裂纹、磨损、腐蚀等缺陷。

② 叶轮应进行无损探伤。

③ 叶轮铆钉应无松动、变形、缺帽等现象。

④ 叶轮侧板平面度、圆度应符合技术要求。

⑤ 叶片应均布、无变形、无扭曲。

⑥ 叶轮组装好应进行低速动平衡试验，转速为 1500r/min 以下质量偏差应不大于 10g，转速为 1500～3000r/min 的质量偏差应不大于 5g。

(3) 主轴

① 主轴不应有裂纹、凹痕，轴颈表面粗糙度应不超过 Ra 0.8～Ra 1.6。

② 主轴直线度如表 4-2 所示。

表 4-2 主轴直线度公差

转速/(r/min)	公差/mm	转速/(r/min)	公差/mm
<500	0.07	1500～3000	0.03
500～1500	0.05		

③ 主轴、叶轮等传动部件组装应进行静平衡试验，转速较高者须做动平衡试验。技术要求如表 4-3 所示。

表 4-3 转子组装后技术要求

名　称	部　位	数值/mm	名　称	部　位	数值/mm
径向跳动公差	叶轮外缘	$\leqslant 0.7D^{1/2}$	侧间隙允差	机壳与叶轮	8～12
	联轴器外缘	≤0.05	顶间隙允差	机壳与叶轮	≤15
	主轴轴颈	≤0.01	间隙允差	机壳与主轴	1～2
端面跳动公差	叶轮外缘两侧	$\leqslant 0.1D^{1/2}$	倾斜度允差	外壳与机座	≤0.05
	联轴器外缘端面	≤0.05			

注：D 为叶轮外径，单位为 mm。

(4) 轴承

① 对安装滑动轴承的应检查内衬巴氏合金，不应有裂纹、砂眼、脱壳、脱落等缺陷。

② 滑动轴承轴瓦与轴颈的接合角度应为 60°～90°，用红丹研磨每平方厘米不少于 3 个点。

③ 轴瓦瓦背应与轴承座均匀贴合，上瓦、下瓦和上瓦座、下瓦座的接触面积不少于

40%～50%。

④ 轴瓦最大间隙的要求如表 4-4 所示。

⑤ 滚动轴承内外圈应转动灵活，支承架无裂纹、无变形、无倾斜，滚珠完好。

表 4-4　轴瓦最大顶间隙

轴颈/mm	间隙/mm	轴颈/mm	间隙/mm
50～80	0.10～0.18	120～180	0.23～0.34
80～120	0.15～0.25	180～250	0.34～0.40

（5）联轴器

① 一般采用柱销弹性圈联轴器。

② 弹性圈和柱销配合应无间隙，弹性圈外径与孔配合应有 0.4～0.6mm 间隙。

③ 带胶圈的半边联轴器应装于从动轴。

（6）密封　离心式通风机的轴封一般采用毛毡密封，但也有用迷宫式密封的，一般密封与机壳的配合为间隙配合。对于胀圈密封的胀圈应能沉入到密封槽内，其侧向间隙应在 0.05～0.08mm 的范围之内，其内表面与槽底应有 0.20～0.30mm。

任务 4.2 空压机的故障诊断与修理

【任务描述】

空气压缩机简称压缩机或空压机，是用来提高气体压力和输送气体的机械设备。从能量的观点来看，压缩机属于将电动机的动力能转变为气体压力能的机器。随着科学技术的发展，压力能的应用日益广泛，使得压缩机在国民经济建设的许多部门中成为必不可少的关键设备之一。压缩机在运转过程中，难免会出现一些故障，甚至事故。故障是指压缩机在运行中出现的影响排气的不正常情况，一经排除，压缩机就能恢复正常工作；而事故则是指出现了破坏性情况，如果不进行修复，压缩机就不能正常工作。两者是关联的，如果发现故障不及时排除，有可能会造成重大事故。因此，掌握空压机常见故障及修理具有重要意义。

【任务分析】

空压机是由各零部件组成的统一的整体，在故障诊断与修理时，如果有一个零件不符合质量要求，则会造成某一部分的返工，或造成一部分零件的事故磨损。故障诊断与修理工作的好坏，还直接影响到空压机运转的平稳性和可靠性。在故障诊断与修理工作的过程中，对于故障的原因要做出正确的判断，确定合理的维修方案，对各零件的配合都要认真对待，发现问题应立即进行消除。

【知识准备】

☆ 空压机运转中常见的故障 ☆

往复活塞式压缩机结构如图 4-9 所示。空压机发生故障的原因常常是复杂的，因此必须经过细心的观察研究，甚至要经过多方面的试验，并依靠丰富的实践经验，才能判断出产生故障的真正原因。表 4-5 所列为分析故障和消除故障的一般方法。常见故障和消除方法见表 4-5。

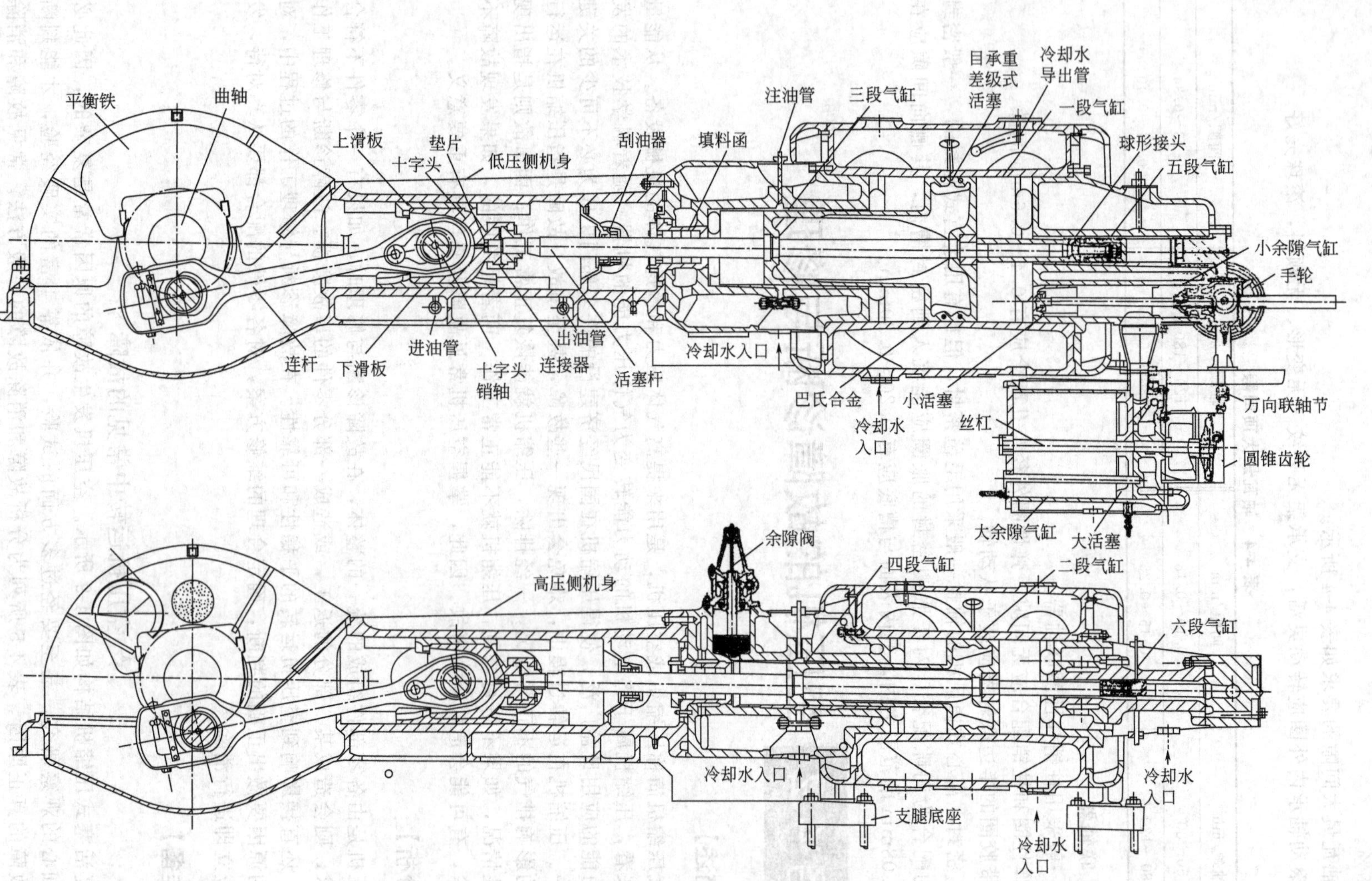

图 4-9 某往复活塞式压缩机结构图

表 4-5　空压机运转中的故障及处理

序号	发现的问题	故障原因	处理方法
1	排气量达不到设计的要求	气阀泄漏，特别是低压级气阀泄漏	检查低压级气阀，并采取相应措施
		活塞杆与填料函处泄漏	先拧紧填料函盖螺栓，待泄漏时则修理或更换
		汽缸余隙过大，特别是一级汽缸余隙大	调节汽缸余隙容积
		一级进口阀门未开足	开足一级进口阀门，注意压力表读数
		活塞环漏气严重	检查活塞环
2	功率消耗超过设计规定	气阀阻力大	检查气阀弹簧力是否恰当，通道面积是否足够大
		吸气压力过低	检查管道和冷却器，若阻力太大，应采取相应措施
		排气压力过高	降低系统压力
3	级间压力超过正常压力	后一级的吸排气阀泄漏	检查气阀，更换损坏元件
		第一级吸入压力过高	检查并消除
		前一级冷却器的冷却能力不足	检查冷却器
		后一级活塞环泄漏引起排出量不足	更换活塞环
		到后一级间的管路阻力增大	检查管路使之畅通
4	级间压力低于正常压力	第一级吸、排气阀不良，引起排气不足	检查气阀，更换损坏元件
		第一级活塞环泄漏过大	检查活塞环，予以更换
		前一级排出后，或后一级吸入前的机外泄漏	检查泄漏处，并消除泄漏
		吸入管道阻力太大	检查管路，使之畅通
5	吸、排气时有敲击声	气阀阀片切断	更换新阀片
		气阀弹簧松软	更换合适的弹簧
		气阀松动	检查拧紧螺栓
6	飞轮有敲击声	配合不正确	适当进行调整
		连接键配合松弛	注意使键的两侧紧紧地贴合在键槽上
7	十字头滑履发热	配合间隙过小	调整间隙
		滑履接触不均匀	重新研刮滑履
		润滑油油压太低或断油	检查油泵、油路情况
		润滑油太脏	更换润滑油
8	汽缸发热	润滑油质量低劣或供应中断	选择适当的润滑油，注意润滑油供应情况
		冷却水供应不充分，或在汽缸过热后进行强烈的冷却引起汽缸急剧收缩，因而使活塞咬住	适当地供应冷却水，禁止对过热的汽缸进行强烈的冷却
		曲轴连杆机构偏斜，是个别活塞摩擦不正常，过分发热而咬住	调整曲轴-连杆机构的同心性
		汽缸与活塞的装配间隙过小	调整装配间隙
9	轴承发热	轴瓦与轴颈贴合不均匀，或接触面小，单位面积上的比压过大	用涂色法刮研，或改善单位面积上的比压
		轴承偏斜或曲轴弯曲	检查原因，设法消除
		润滑油少或断油	检查油泵或输油管的工作情况
		润滑油质量低劣、肮脏	更换润滑油
		轴瓦间隙过小	调整其配合间隙

续表

序号	发现的问题	故障原因	处理方法
10	吸、排气阀发热	阀座、阀片密封不严，形成漏气	分别检查吸、排气阀，若吸气阀盖发热，则吸气阀有故障，不然故障可能在排气阀
		阀座与阀孔接触不严，形成漏气	研刮接触面或更换垫片
		吸、排气阀弹簧刚性差	检查刚性，调整或更换适当的弹簧
		吸排气阀弹簧折损	更换折损的弹簧
		汽缸冷却不良	检查冷却水流量及流道，清理流道或加大水流量
11	汽缸内发出异常声音	汽缸余隙过小	适当加大余隙容积
		油太多或气体含水分多，造成水击	适当减少润滑油，提高油水分离效率
		异物掉入汽缸内	清除异物
		缸套松动或断裂	消除松动或更换
		活塞杆螺母松动，或活塞杆弯曲	紧固螺母，或校正、更换活塞杆
		支撑不良	调节支撑
		曲轴-连杆机构与汽缸的中心线不一致	检查并调整同心度
12	曲轴箱振动并有异常声音	连杆螺栓、轴承盖螺栓、十字头螺母松动或断裂	紧固或更换损坏件
		主轴承、连杆大小头轴瓦、十字头滑道等间隙过大	检查并调整间隙
		各轴瓦与轴承座接触不良，有间隙	刮研轴瓦瓦背
		曲轴与联轴器配合松动	检查并采用相应措施
13	活塞杆过热	活塞杆与填料函配合间隙不合适	调整配合间隙
		活塞杆与填料函装配时产生偏斜	重新进行装配
		活塞杆与填料函的润滑油脏或供应不足	更换润滑油或调整供油量
		填料函的回气管不通	疏通回气管
		填料的材质不符合要求	更换合格材料
		活塞杆与填料之间有异物，将活塞杆拉毛	清除异物，研磨或更换活塞杆
14	循环油油压降低	油压表有毛病	更换或修理油压表
		油管破裂	更换或焊补油管
		油安全阀有毛病	修理或更换安全阀
		油泵间隙大	检查并进行修理
		油箱油量不足	增加润滑油量
		油过滤器阻塞	清洗或更换过滤器
		油冷却器阻塞	清洗油冷却器
		润滑油黏度下降	更换新的润滑油
		管路系统连接处漏油	紧固泄漏处
		油泵或油系统内有空气	排出空气
		吸油阀有故障或吸油管堵塞	修理故障阀门，清理堵塞的管路
15	注油泵及系统故障	注油泵磨损	修理或更换
		注油管路堵塞	疏通油管
		止回阀漏，倒气	修理或更换
		注油泵或油管内有空气	排出空气
16	管道发生不正常的振动	管卡太松或断裂	紧固或更换管卡，应考虑管子热胀间隙
		支撑刚性不够	加固支撑
		气流脉动引起管路共振	用预流孔改变其共振面
		配管架子振动大	加固配管架子

【任务实施】

1. 曲轴的故障修理

曲轴受到活塞力、往复惯性力、曲轴旋转惯性力等的作用，使之发生横向、轴向、切向的变形，所受力通过轴承传到机体上。

曲轴在运转中的故障，只有极少数是因制造质量问题引起的，而大多则是由安装、检修不佳所致。

（1）曲轴的拆卸、清理、检查

1）曲轴的拆卸　曲轴拆卸前必须移开电机定子和拆移转子，否则不能起吊。皮带传动的压缩机与联轴器传动的压缩机除外。

① 电机定子拆除。拆除定子防护罩及定子支座的地脚螺栓和稳钉，松开定子底座的顶丝。用钢管穿过定子支座的圆孔，把钢丝绳两头分别套在钢管两端，吊起定子的一个支座。起吊时总起升高度不得超过定子与转子的间隙。定子离开底座后，抽出支座垫片，换上 ϕ5mm 的圆棒或光焊条，使棒和轴垂直，作为定子平移滚动之用。放下吊钩，用同样的方法在另一个支座下换上圆钢棒。然后在高压侧挂两个倒链，分别钩在两个支座上平移定子。在移动时，应注意转子与定子不能相碰，圆钢棒不能脱落。

② 电机转子拆移。定子移开后，盘车使转子上、下两部分的分界线处于水平位置，用两根 20 工字钢制的横梁或 8 根枕木（每两根叠在一起），分别穿过下半部转子的轮辐，架在两边的基础上。用钢丝绳扣挂在转子的上半部，吊住转子，再用气焊迅速把 8 个固定环烤热取下，然后拆卸连接上、下两部分转子的螺栓，同时割断电机线圈连接导线，这时可吊出上半个转子。

③ 曲轴拆卸。用钢丝绳环绕主轴一周，一端扣在靠高压侧转子旁边的曲轴上，另一端挂在天车大钩上。为了便于拆卸，并弥补起吊时起重钩的作用线与曲轴重心的偏差，以及曲轴的窜动，需把高压侧拐臂上的平衡铁拆掉。在天车大梁上挂一个 5 号倒链，吊住低压侧拐轴（起吊时需用麻袋等包扎物把拐垫好，以免擦伤曲柄销），以调节曲轴平衡。然后起吊，使曲轴向上及向低压侧移动吊出。

主轴在大修时一般不拆卸，只在特殊情况下，如机座找正、主轴光刀或更换时才进行。

2）曲轴的清理及检查

① 测量曲轴的摆动差。主轴的摆动差是曲轴在瓦内旋转 360°时的摆动数值之差。把磁性千分表架放在曲轴主轴承座的平面上，触针顶在主轴颈上方位置，盘车使曲柄销停在某一位置时，调节千分表，使指针指在零。然后盘车，每转 90°记下千分表读数，要求主轴摆动差在 0.05mm 以内。

② 测量曲轴的主轴颈水平。用高精密度水平仪测量。曲轴旋转 360°，每转 90°测量一次，每次测轴颈两端的两个点。为防止水平仪有误差，测量时必须把水平仪转 180°，反复测两次，取它的平均值。

至于飞轮重量的影响，它会使曲轴产生微小的弯曲，而且主轴颈的锥度也会产生影响，在测量时要予以考虑。

③ 测量曲轴在轴承座孔内的位置。用内径千分尺在主轴中心的水平位置测量主轴与两侧轴承座孔的三条筋的距离。每一对数值应该相等。测量的目的，一方面是在修换底瓦时做参考，另一方面是检查曲轴有无歪斜情况。

④ 检查测量主轴颈和曲柄销表面粗糙度、圆度和圆柱度。圆度和圆柱度公差都要求小于 0.05mm，表面粗糙度不能满足要求的，应该用油石磨光。

主轴颈与曲柄销必须进行超声波探伤，检查有无缺陷，以及缺陷发展情况，尤其是在主轴颈与拐臂连接的根部。如图 4-10 所示为测量主轴颈与曲柄销圆度和圆柱度的位置。

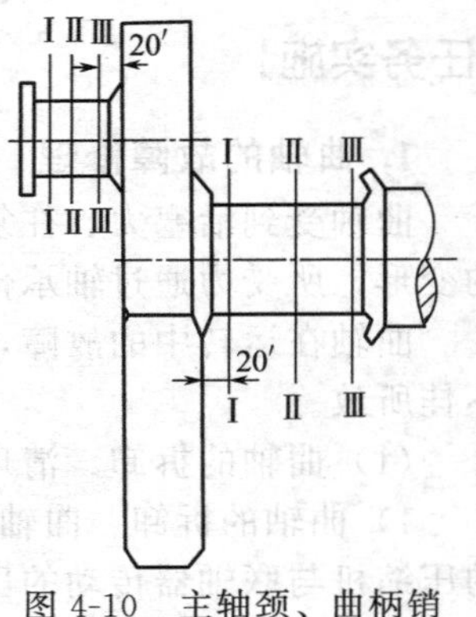

图 4-10　主轴颈、曲柄销测量点位置

当主轴颈与曲柄销的圆度、圆柱度公差大于或接近表 4-6 规定的最大值时应进行修圆。

(2) 曲轴的修理

1) 曲轴颈部“咬毛”、轻微疤痕的修复　主轴颈和曲柄销一般就地修复。用 00 号砂布或金相砂纸在销颈上绕一周，拉住砂布两端做往复运动。有时把宽度与轴颈长度相等的砂布用皮带或绳包住绕在轴颈上，拉动皮带或麻绳频频旋转，直至疤痕、疵痕等消除后，再用布面按同样的方法拉动，可改善表面粗糙度。有沟纹的地方用油石修光。

2) 磨损曲轴的修复

① 曲柄销与主轴颈磨损后的圆度或圆柱度公差值不大于表 4-6 中有关规定的最大公差时，可用油石、手锉或抛光用的木夹具中间夹细砂布进行研磨修正。

表 4-6　主轴颈与曲柄销的圆度、圆柱度公差　单位：mm

直　径	主轴颈	曲柄销
500～600	0.06(0.30)	0.07(0.30)
360～500	0.05(0.25)	0.06(0.25)
260～360	0.04(0.20)	0.05(0.20)
180～260	0.03(0.15)	0.04(0.15)

注：括号中为最大公差值，括号外为标准公差值。

② 如圆或圆柱度公差大于表 4-6 规定的最大公差时，用车床或磨床等机床光磨成统一尺寸。在车削或光磨轴颈时，必须严格保持圆角半径。

③ 光磨后，可在木夹具内衬以 00 号砂布或细磨膏把轴颈进一步抛光。

④ 圆角上的擦伤用手工修整或机械加工方法消除。

⑤ 凹陷的圆角或轴肩最好用焊补的方法进行修复。

3) 手工修复　手工修复时，必须先做胎具锉研。步骤是：

① 将轴颈圆柱分成 8 等份，沿轴颈长度分三处。

② 按等份及各截面测量轴颈尺寸。

③ 按测得的十几个直径数值，计算应锉削量。

④ 在最外端的截面锉出标准直径，再沿整个轴颈进行。修理时用千分尺、平尺校对，直至合格为止。

⑤ 锉研自制胎具由铸铁材料制成，取其 1/3 圆弧（此内径尺寸比修理的轴颈尺寸要精确）进行修复。

⑥ 轴颈磨损较大或已经几次修磨、轴颈尺寸已达到极限值时，可采用电喷镀，使轴颈表面形成金属喷镀层。为使金属喷镀层厚薄均匀，喷镀前应将轴颈按其圆柱度公差精车，喷镀层的半径厚度在 0.5～1.2mm 的范围为宜，过厚或过薄易引起脱层或强度不够。喷镀后的轴颈须经机械加工恢复到原来尺寸。

车削、研磨后的轴颈减小量应不大于原来轴颈的 5%。

4) 曲轴裂纹的修理　轴颈上有轻微的轴向裂纹时，如修磨后能消除，则可继续使用。径向裂纹一般不加修理，因为在使用过程中受应力作用裂纹会逐渐扩大，甚至发生严重的折断事故。

5）曲轴弯曲和扭转变形的校正

① 弯曲变形较大的曲轴，可采用热压校正法。把曲轴放在V形铁上，先用氧乙炔或喷灯对弯曲的凸面进行局部加热，温度控制在500～550℃之间，即呈暗红色。然后对弯曲凸面施加机械压力。在加压过程中，继续对曲轴弯曲部位进行缓慢加热，加温应均匀。用热压法校正曲轴的弯曲，一般需要重复多次，直至稍有相反方向的弯曲为止。

② 曲轴的弯曲和扭转变形较小时，用车削和研磨方法消除。车削和研磨后的轴颈减少量应不大于原来轴颈的5%，同时还必须相应地更换轴瓦。对较大的弯曲变形，校直时的反向压弯量以不大于原弯曲量的1～1.5倍为宜，还应使校直后的曲轴具有微量的反向弯曲。校直时应根据变形的方向和程度，用小锤或其他风动工具沿曲轴进行“冷作”，以消除集中的塑性变形。

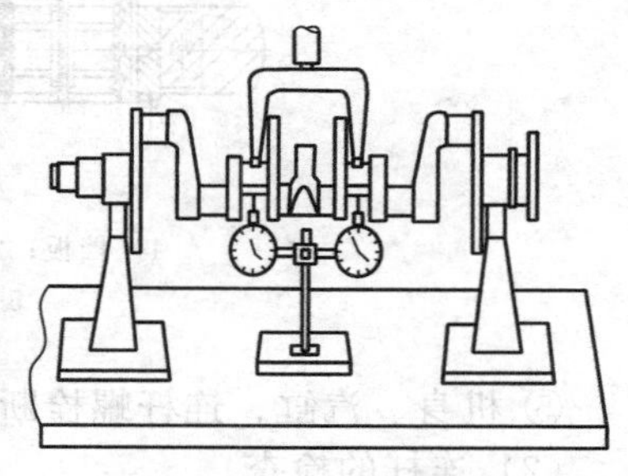
图4-11　弯曲变形的千分表校正法

③ 弯曲变形的第二种校正方法如图4-11所示。曲轴的弯曲和扭转变形可借助于千分表来发现。将千分表安置在轴颈上，而轴颈分成4等份或更多的等份，缓慢地转动曲轴，分别测量出读数，做好记录。

将曲轴架在平台的V形铁架上，在中间一道曲轴轴颈或轴拐轴颈拟加压部位的下面立好千分表（最好将千分表触点立在加压轴颈的径向端部，这个部位的磨损量较小，数字较准）。然后分段缓慢地增加压力，最后一次压下量不能过大，以避免曲轴发生弹性变形。另外，曲轴校直时的反向压弯量要比原弯曲量大一些，以不超过原弯曲量的1～1.5倍为宜，这样使校直后的曲轴具有微量的反向弯曲。

6）擦伤或刮痕的修理　曲轴轴颈出现深达0.1mm的擦伤或刮痕，若用研磨的方法不能消除时，则必须予以车削和光磨。

7）曲轴现场更换　在个别情况下，如在制造和安装方面有特殊要求时，也可把曲轴分成若干部分分别制造，然后用热压法、法兰、键销等永久或可拆的连接方式组装成一体。

8）曲柄安装注意事项　从打开加热炉门到曲柄装在主轴上，顺利时可在20min或更短的时间内完成。但在曲柄冷缩到主轴温度之前，应有专人定时观察冷却情况，尤其当主轴与曲柄温差在150℃左右时要进一步检查主轴和曲柄的相对位置，一旦发现问题应立刻采取纠正措施。

曲柄在受热后，不仅孔径增大，而且长、宽、厚等各尺寸均有胀大，所以在安装前主轴端要留有足够的尺寸，以防止曲柄安装不到位。

在固定曲柄时，不允许有限制曲柄自由收缩的约束力。

安装环境风力过大且保温不好时，会使曲柄各部分在冷却过程中产生较大的温差。因此，在环境较差时，宜采用一定的保温和防风措施。

2. 连杆的故障修理

（1）连杆的常见故障　连杆组合图如图4-12所示。

① 材质的化学成分不对、力学性能不符合要求；锻件未经正火处理，正火后未进行回火处理，有白点、裂纹等。

② 加工不良，常见的如杆身表面粗糙度不好、有粗的尖沟状刀痕、杆身与头部的圆角过渡面不符合要求等。

③ 装配时，曲轴中心线与机身滑道中心线不垂直，连杆歪斜，使轴承歪偏磨损；轴瓦间隙不当，引起烧瓦、抱轴、严重敲击、连杆损坏等。

④ 润滑油量少、油压低、油温高、污物堵塞油路，引起轴承烧熔，甚至连杆损坏等。

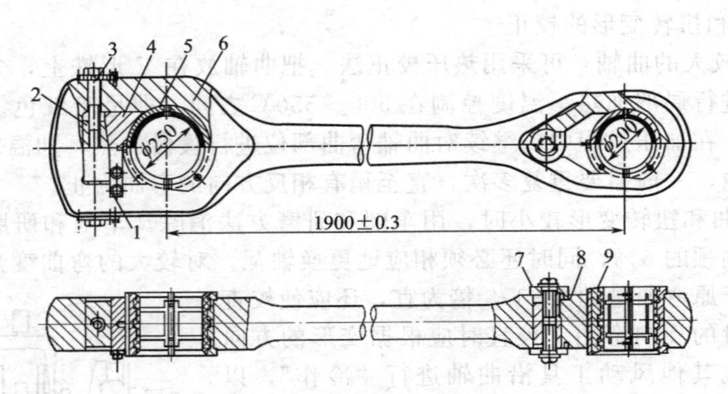

图 4-12 连杆组合图

1—挡板；2、7—斜铁；3—带齿拉紧螺栓；4、8—斜瓦座；
5—轴瓦；6—连杆；9—十字头小轴瓦

⑤ 机身、汽缸、连杆螺栓断裂，以及液击引起连杆损坏等。

(2) 连杆的检查

① 拆卸时要仔细检查大、小头的磨损状况，杆身须做无损探伤，检查是否有内部缺陷。

② 仔细检查大、小头轴承间隙，轴承内外表面情况及轴承合金与钢壳贴合情况等。

③ 拆卸前检查连杆螺栓有无松动，拆卸后仔细检查连杆螺栓螺纹，并做磁粉探伤检查。

④ 连杆大、小头中心线的平行度公差，在 100mm 上不超过 0.02mm。

(3) 连杆的修复

① 大头分解面磨损的修复 连杆大头的分解面磨损或破坏较轻时，可用研磨法磨平或者用砂纸打光。修整后的分解面不允许有偏斜，并应保持相互平行。可用涂色法进行检查，接触点应均匀分配，且不少于总面积的 70%。

若分解面的磨损或破坏较严重时，可用电焊修补，再用机械加工的方法达到原来的要求。焊补作业应分次进行，每次的焊补厚度不得超过 1.5mm。每焊完一层后，应冷却到与周围空气温度相等时再焊下一层。否则，温度过高容易使连杆产生变形。另外，在焊下一层时，应彻底消除前一焊层上的氧化物、熔渣及溅斑。焊补时，焊层的总厚度最好在 5mm 左右。

② 大头变形的修复 连杆大头变形的原因是由于轴承突出过高。因此，装配时应保证轴承的突出高度最好不超过 0.05～0.15mm。至于修理的方法，是先在平板上检查其变形，再进行车削加工，一直到分解面恢复到原来的水平为止。

③ 弯曲变形的校正 连杆的弯曲和扭转变形，可用连杆校正器进行检查，并在虎钳或特种扳钳上敲击校正。弯曲时，可用压床或手动螺杆顶使之扳直，也可以用火焰校正法进行校正。

④ 连杆螺栓的更换 使用过程中发现下列情况之一时，应予以更换（连杆螺栓一般不进行修理）。

a. 连杆螺栓的螺纹损坏或配合松弛。

b. 连杆螺栓出现裂纹。

c. 连杆螺栓产生过大的残余变形。

连杆螺栓的螺纹损坏或配合松弛，一般是由于装配时，拧紧连杆螺栓用力不当引起的。螺栓拧得过紧，螺纹损坏；拧得过松，配合松弛。最好用测力扳手拧紧连杆螺栓，这样可以防止上述情况发生。

⑤ 连杆螺栓裂纹的检查　连杆螺栓的裂纹，可用5倍以上的放大镜对螺纹和其圆角、过渡面等处进行检查，也可用浸油法进行检查。先将连杆螺栓浸入煤油中，然后取出拭擦干净，再涂上一层薄薄的掺了白粉的溶液，待白粉干后，裂纹处会出现一条明显的黑线。必要时还可用磁粉、着色剂或超声波检查。

⑥ 连杆螺栓的装配　连杆螺栓装配时，可用测微卡规、专用卡规或厚薄规测量其弹性伸长度，不应超过连杆螺栓长度的1/1000。使用中如果发现连杆螺栓的残余变形量大于2/1000时，应予以更换。

3. 连杆大头和小头轴瓦的故障修理

(1) 使用曲柄轴时接触面检查　大型压缩机用的曲轴结构如图4-13所示。

用曲柄轴时，连杆常采用闭式结构。先检查瓦背与连杆、斜瓦座的接触面，然后是斜瓦座和斜铁的接触面，最后是斜铁和连杆的接触面。若接触不好，需进行研刮，使各接触面都均匀接触。用红丹油检查，接触面达到60%以上。

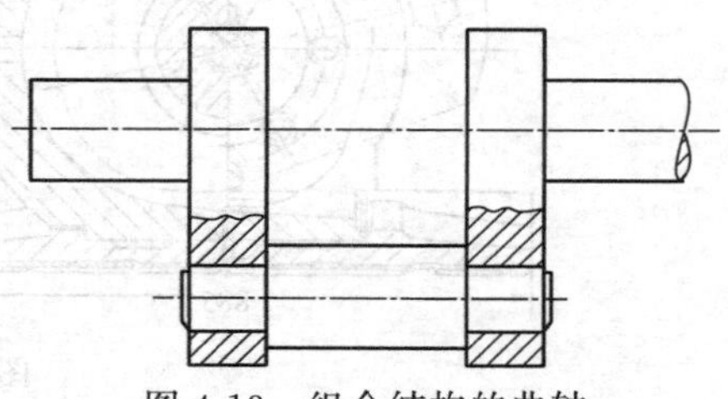

图4-13　组合结构的曲轴

研刮旧瓦时，按修理前测得的轴瓦间隙与垫片厚度来调节垫片，使轴瓦比轴颈小0.05mm左右。在轴上涂红丹油，将连杆装在曲柄销上，拧紧斜铁螺丝，用塞尺检查大头瓦及斜铁有无间隙。用同样的方法检查小轴和小头瓦。如果瓦和斜铁有间隙，则需分别调节垫片或刮削斜铁来消除。连杆组装后，盘车研磨轴瓦；如果不组装研磨，容易发生偏斜。拆下连杆，根据接触情况进行刮削，并反复研刮，随时调整轴瓦垫片，使垫片始终保持压紧状态而轴瓦无间隙。当瓦与曲柄销刮后接触均匀、曲柄销与每块瓦接触圆弧面为120°、接触点不重，并且接触面积达到70%以上时，可用加垫片的方法来调节间隙。

新瓦在内径车完后，研锉瓦背，再对轴颈研刮。

(2) 使用曲拐轴时接触面检查　活塞式压缩机单曲拐如图4-14所示。

使用曲拐轴时，都采用剖分的结构，大头盖与杆体用螺栓连接。连杆大头瓦的研磨在曲柄销上进行。瓦背与连杆大头的凹面应仔细研刮，瓦背不应加垫片。瓦口垫片要平整，不允许加偏垫。垫片内侧离开轴颈表面的间隙不能太大，一般为0.1～0.25mm，否则大头瓦润滑油会大量外流，致使轴承润滑不良。

大头瓦的检修方法视损坏程度而定。钢瓦壳与轴承合金应结合良好，不应有裂纹、气

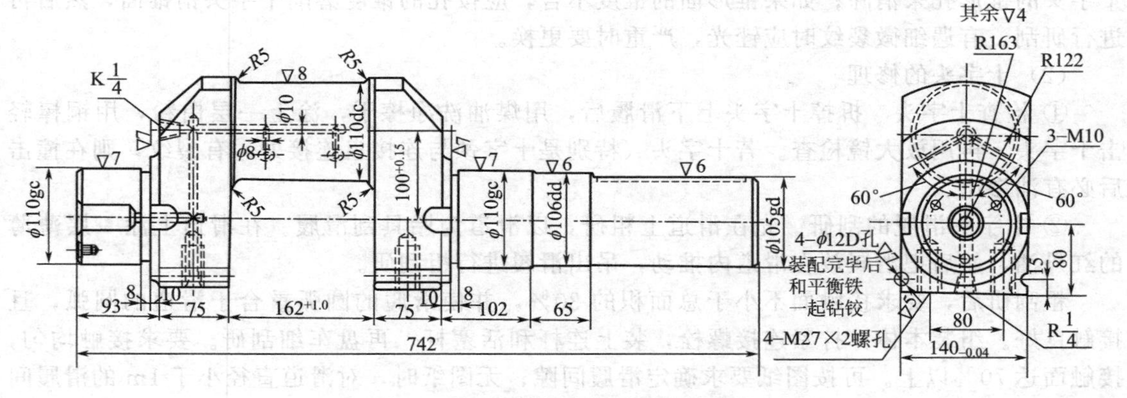

图4-14　活塞式压缩机单曲拐结构图

孔、分层等现象。磨损后的轴承合金厚度不足原厚度的2/3时，应予更换（对于厚壁瓦而言）。对连杆大头瓦与小头瓦，应先各自研刮后，再用连杆组装，盘车研磨轴瓦；之后拆下连杆，根据接触情况进行刮削，并反复研刮，直至接触面积达到70%以上，且接触均匀为止。

4. 十字头的故障修理

(1) 十字头的检测　十字头结构如图4-15所示。

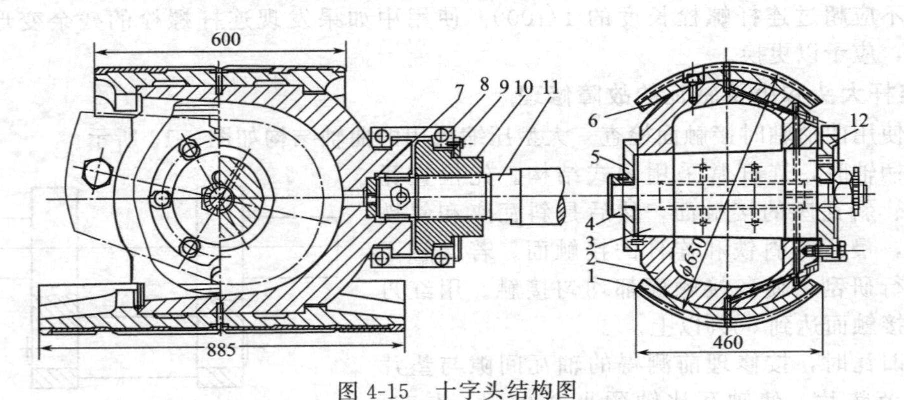

图4-15　十字头结构图

1—下滑板；2—十字头体；3—十字头小头；4—拉杆；5、9—固定盖；6—上滑板；7—调节垫；8—连接器；10—螺母；11—活塞杆；12—固定滑板

1) 测量和检查

① 用电动或手动盘车，使十字头处于滑道的前端、中端、后端三个位置，用塞尺分别测出上、下滑履与滑道的间隙。在圆弧面上等分测三点，做好记录。

② 盘车测量活塞杆在滑道内的对中情况，测量十字头在前、后死点位置上的高度。

③ 检查滑履是否损坏，滑履上轴承合金的破裂、剥落等的面积超过总面积的30%时，应更换滑履。

④ 检查连接器（或螺纹、法兰、楔）是否有裂纹，配合是否合适等。

⑤ 测量十字头销的圆度和锥度，大于规定值时应进行磨圆。检查十字头销有无裂纹，特别应注意检查有无径向裂纹。

2) 十字头销的处理　十字头销两端锥面与十字头体锥形孔互相配研。研磨时要把十字头放平，使大锥形孔向上，十字销垂直放在孔内。用工具使销在孔内旋转，反复研刮，并涂以红丹油检查接触情况，使接触点分布均匀，接触面积达80%。如果接触不好，可用刮削十字头的锥形孔来消除；如果锥形面的锥度不合，应按孔的锥度磨削十字头销锥面，然后再进行研刮。有遇细微裂纹时应锉光，严重时要更换。

(2) 十字头的修理

① 检查十字头　拆掉十字头上下滑履后，用煤油洗净擦干，涂上一层白粉，用铜棒轻击十字头，再用放大镜检查。若十字头（特别是十字颈与连接盘连接处）有裂纹，则在撞击后必有油渗出。

② 十字头滑履的刮研　先在滑道上粗研，以滑道为胎具刮滑履。在滑道上涂一层薄薄的红丹油，然后把滑履放在滑道内推动，吊出滑履进行粗刮研。

粗刮研后，要求接触面不小于总面积的30%，并使滑履的圆弧重合于滑道的圆弧，且接触良好。组装本体，拧紧连接螺栓，装上连杆和活塞杆，再盘车细刮研。要求接触均匀，接触面达70%以上。可按图纸要求确定滑履间隙；无图纸时，对滑道直径小于1m的滑履间隙，可参照下式求得：

$$\delta_{滑}=(6\sim8)/10000D_{滑} \quad (4\text{-}1)$$

式中　$\delta_{滑}$——上滑履与滑道的间隙，mm；

$D_{滑}$——滑道直径，mm。上滑履与滑道不应有间隙。

③ 检查十字头在滑道内是否对中　测量点选在十字头连接盘上，要求偏差不超过0.04～0.10mm。如果达不到要求，需调整十字头滑履上下垫片，同时，用塞尺检查滑履间隙。若不符合要求，应根据十字头对中情况，调整滑履垫片或刮研十字头滑履。十字头上下滑履间隙，应在连接活塞杆和装上连杆后进行一次复查。如发生变化，误差超过允许范围时，应分析原因进行修正。当十字头偏斜时，不得采用加偏垫的方法来调整，以免开车后由于紧固螺栓松动，使偏垫移位，堵塞油孔，造成轴瓦烧坏。十字头与滑履间隙测量和对中测量同前面所述。

整体式十字头比分开式十字头简单，可按分开式十字头检查与修理，唯一不同的是滑履间隙不能调节。

④ 十字头滑履与滑道拉毛的修理　十字头滑履与滑道拉毛，表面呈麻布状时，可选用适当的黏结剂进行修补。将缺陷部位清理干净，多次清洗并在施黏结剂前用丙酮再洗一次。调匀黏结剂，施于滑道缺陷部位，用刀刮平，以避免用机床进行机械加工。先自然固化，后用灯烘烤，再用00号砂布或金相砂纸打磨即可。

5. 汽缸的故障修理

(1) 汽缸（套）的检查步骤

① 活塞抽掉以后，首先检查各级汽缸（套）的圆度、圆柱度，测量前、中、后（或上、中、下）三个截面的垂直、水平（或东西、南北）内径，同时检查汽缸内表面的粗糙度是否良好。由于气阀损坏的阀片、弹簧等物落入汽缸或其他原因，往往在汽缸壁上磨出很多串气通道，影响压缩机的效率。对于磨损严重的应考虑更换或镗缸。汽缸允许的最大磨损量如表4-7所示。

表 4-7　汽缸允许的最大磨损量　　单位：mm

汽缸直径	100～150	151～300	301～400	401～700	701～1000	1001～1200	1201～1500
沿汽缸圆周	0.5	1.0	1.2	1.4	1.6	1.75	2.0
匀均磨损	0.25	0.4	0.5	0.6	0.8	1.0	1.2

② 用水平仪检查汽缸的倾斜情况，如发现汽缸倾斜与十字头滑道倾斜相差较大，或者两者倾斜方向相反，并且超过允许范围时，应进一步分析原因，检查汽缸连接情况，必要时进行拉线校核。属于汽缸下部磨损不均匀，则需进行镗缸或更新，属于汽缸本身倾斜过大，则汽缸端要进行加工。

③ 检查汽缸（套）有无碎裂、滑动等。

④ 检查汽阀腔有无裂纹，汽阀的密封面有无损坏与裂纹。

⑤ 检查各级汽缸的连接面有无损坏。

(2) 汽缸裂纹的修补　汽缸出现裂纹一般是很难维持生产的，需要更换汽缸。如裂纹较小或出现在次要部位，可考虑修补。具体的修补方法如下：

1) 钢板修补法　水套产生裂纹时，可在裂纹两头钻上直径4～5mm的卸荷小孔，以防止裂纹继续扩散。在裂纹周围铰M10～16螺孔数个，在裂纹处加上胶皮垫，用8～15mm厚的钢板压上，再用螺栓拧紧即可。

钢板修补法如图4-16所示。

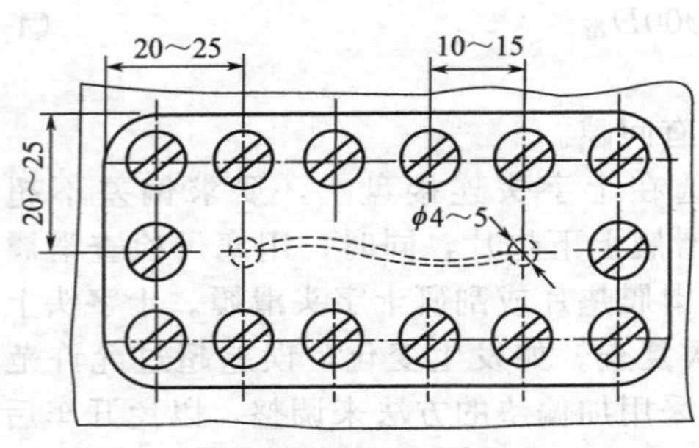

图 4-16 钢板修补法（单位：mm）

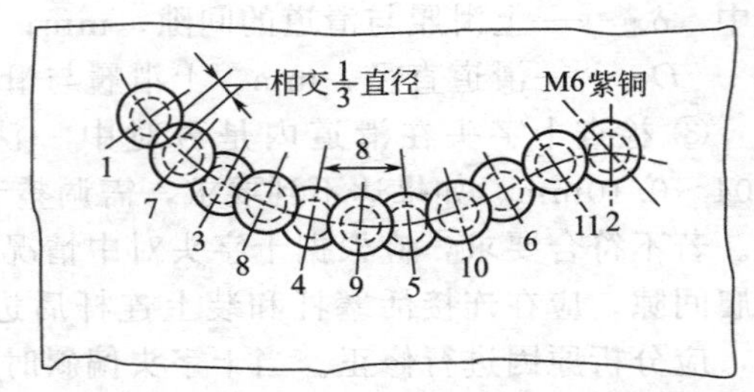

图 4-17 用钻孔缀缝钉方法修补裂纹

2）钻孔缀缝钉修补法 利用钻孔缀缝钉修补时，在裂纹两头钻上直径 4～5mm 的卸荷小孔，以防止裂纹继续扩散。然后用直径为 5mm 的钻头，在沿裂纹的长度时，每隔 8mm 的间距分别钻孔，并在孔中用 M6 的丝锥攻出内螺纹。将 M6 的紫铜螺栓旋入螺纹孔中，再将裂纹表面以上 1.5～2mm 地方的螺栓锯断。然后在每两个紫铜螺栓之间的裂纹上钻孔攻丝，再次将紫铜螺栓旋入这些螺纹孔中（操作同上）。最后，用手锤敲击紫铜螺栓的上端，将裂纹堵塞，如图 4-17 所示。

3）冷焊修补 因汽缸制造材料使用异种钢，焊修应采用镍或镍基合金焊条。常用的焊条有 Ni307、Ni327、Ni337、Ni347 等镍及镍合金焊条。其化学成分见表 4-8 所示。

表 4-8 纯镍、镍基焊条的化学成分

焊条牌号	化学成分/%						备 注
	碳	锰	硅	镍	铁	铬	
Ni307	0.05	2.5	1.5	70	2～6	12～15	含硫磷≤0.002%
Ni327	0.05	1～5	0.75	5	4～8	13～17	含硫磷≤0.003%
Ni337	0.035	2.35	0.28	5	6.28	15～16	含硫磷≤0.002%
Ni347	0.04	4.65	0.13	5	5.92	16～19	含硫磷≤0.015%
Ni357	0.1	3.5	0.75	62～75	10	13～17	含硫磷≤0.015%

4）补焊 补焊时的操作方法，按下列程序进行：

① 先清理裂纹，开凿坡口，并在两端钻孔，以免裂纹扩展。

② 焊前用红外线灯泡或其他方法进行烘烤，以除去水分。焊后仍须用红外线继续保温，使之缓慢冷却。

③ 焊补时所用焊条应在 150～200℃的温度下烘烤约 1.5～2h，除水后放入烘箱中，便于趁热使用。

在保证电弧稳定的情况下，用较小直径焊条和适当的电流以直流反接进行焊补。

为了避免使焊接处产生过大的温差，应采用多次分段焊接的方法进行焊接。每次焊接时间不应太长，每段焊接长度约 30～50mm。使焊接处的温差降低到一定程度时（以不烫手为原则），再进行下一次的焊接。

④ 每焊完一段时，应立即用小锤敲击，以便获得较细的金相组织，提高其焊缝接头质量，借以消除因焊接而产生的内应力。

用小锤敲击完以后，应用细钢丝刷清除熔渣。在焊补过程中，每焊完一层，就须检查有无裂纹和气孔。如发现裂纹，应彻底铲除进行重焊。若发现气孔，则可用点焊进行修补。

⑤ 裂纹焊补工作完毕后，用 5～10 倍放大镜进行检查，不允许有裂纹。可能情况下应进行无损探伤检查。

⑥ 焊接处须进行机械加工，则加工后须再次用放大镜检查有无裂纹。

⑦ 将操作情况和检查结果进行记录。

5）低压缸出口气阀的阀腔缺陷修补　如阀腔法兰有裂纹（未延至汽缸体）时，可用加强环热装紧固后继续使用，如图 4-18(a) 所示。

如缸体气阀连接螺栓孔有气孔缺陷，从拧紧螺孔处漏气时，可用方铅块打入螺孔，并将螺栓绕上生料带（四氟乙烯薄膜）后拧紧，如图 4-18(b) 所示。

6）金属喷镀　一般用于修复压力不高时不大的裂纹。用凿子修整裂纹并除去残油或用角向砂轮机打磨，然后用金属喷枪将金属喷在裂纹上。

7）在裂纹处涂油灰　仅仅用于堵塞不大的裂纹，一般用于冷却水腔裂纹修补。先将裂纹进行清洁并除去残油，再将成分相当的油灰填入。油灰的成分一般为 66% 的铁屑和 34% 的硇砂，或者是 80%的铁屑和 20%的硇砂和硫（其中 2 份硇、1 份硫）。堵塞前，用水和盐酸调浓；堵塞后，须干燥约1～2h。

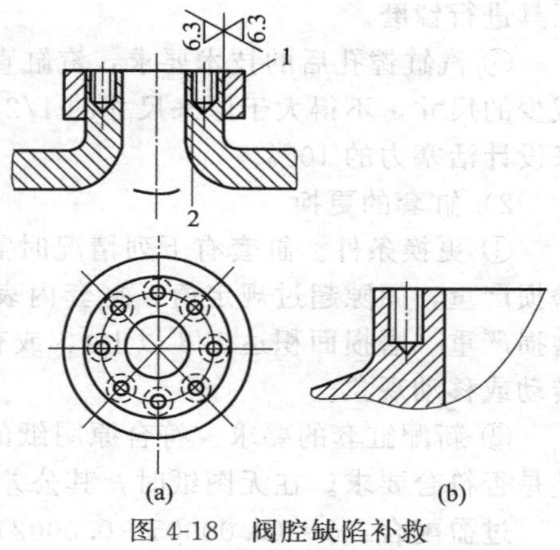

图 4-18　阀腔缺陷补救

1—法兰盘；2—阀体连接口

(3) 气阀阀腔密封平面损坏的修复　密封平面轻微损坏时，可用该级气阀座涂以研磨剂（凡尔砂等）和机油进行实物对研，直到两止口平面完全贴合为止。如严重损坏，可用简单工具进行车削或磨研。

汽缸的其他接合面，可以用类似的方法进行修复。损坏严重而无法现场修复时，应用机床或镗床修复。

(4) 汽缸或缸套表面缺陷的修复　汽缸表面有轻微的擦伤缺陷或拉毛现象时，可用半圆形油石沿缸壁弧周方向以手工往复研磨，直到以手触摸无明显的感觉时可认为合格。如拉痕较深而更换又有困难时，可用铜、银或轴承合金等熔焊在拉痕处暂时填补使用。若伤痕深达 1.5mm，宽 3～5mm 以上时，须进行镗缸修理。

1）汽缸的镗削　汽缸由于磨损而使最大直径与最小直径之差达 0.5mm 以上时，或具有大于 0.5mm 的擦痕时，则进行镗缸。

① 镗缸时应注意的事项：

a. 在装入活塞的汽缸端，最好车成 15°的锥孔，以便装卸活塞和活塞环之用。

b. 为了不使汽缸表面因活塞和活塞环的摩擦而形成凹槽，应在汽缸表面的两端制成圆锥形斜面。当活塞处于上、下死点（前、后死点）的位置时，第一道或最末一道活塞环应超越汽缸表面边缘约 1～2mm。

c. 带差动活塞的卧式压缩机，几个汽缸串联在一条轴线上。镗缸时，各个汽缸应镗去的厚度须取得一致。不然会使各级汽缸接触不良，引起不正常的磨损或擦伤。

d. 汽缸内孔镗去的尺寸，在汽缸直径上不应大于 2mm。如须大于 2mm 时，应配制一种与新汽缸内孔相适应的活塞和活塞环。

e. 汽缸表面如发现疏松或其他缺陷时，汽缸内孔镗去的尺寸须增大到 10～25mm 时，应镶缸套。缸套的厚度对中等直径建议取 8～10mm，对大直径建议取 16～25mm。但必须进行强度核算。

② 镗缸时，可根据工厂的设备和修理能力，用立车或镗床进行加工。利用镗床加工时，镗过的汽缸表面上会留有相当显著的刀痕，因此，镗削后还须进行一次光磨。利用立车加工时，虽然可以用小进刀量、高速度的切削方法获得良好的精度和表面粗糙度，但也须稍加光磨。如果条件允许，镗削后的汽缸表面再进行一次研磨，效果则更为理想。对小直径汽缸，可置于立钻上镗削和研磨，但须保证汽缸中心线与钻床主轴中心线重合，也可在现场用自制

工具进行镗磨。

③ 汽缸镗孔后的技术要求：汽缸直径增大的尺寸，不得大于原来尺寸的2%；汽缸壁厚减少的尺寸，不得大于原来尺寸的1/2；由于汽缸直径的加大而增加的活塞力，不得大于原来设计活塞力的10%。

2）缸套的更换

① 更换条件。缸套有下列情况时需要更换：检查发现缸套有裂纹、砂眼和破裂；缸套磨损严重，间隙超过规定值；缸套内表面有很多波浪状伤痕（深达0.3mm左右），或局部磨损严重（磨损面积达1/3以上），或有纵向沟纹；缸套的外径变形，有明显的间隙，并有转动或移动现象。

② 新配缸套的要求。符合原图纸的尺寸。按汽缸的实际内径，检查缸套的外径尺寸公差是否符合要求。在无图纸时，其公差范围可按下式选用。

过盈配合：$\delta=(0.00005\sim0.0002)D_{套}$

过渡配合：$\delta=(0.0002\sim0.0005)D_{套}$

式中 $D_{套}$——缸套外径，mm。$D_{套}$ 在60～1000mm的范围内。

③ 更换缸套的方法。拆除汽缸螺栓和各种管线，吊出汽缸，选择好适当的场地，放置平稳、牢固。用机具或螺栓压板将缸套扒出或用车床将缸套车削掉。

装配新缸套的步骤：

a. 清洗缸套的内外表面。

b. 在缸套外表面均匀地涂上压缩机润滑油。

c. 按缸套的各开孔位置，在汽缸的相应部位画线，供安装找正用。

d. 过渡配合的缸套，按画线对准的位置，用千斤顶或压力机等工具压入过盈配合的缸套，如图4-19所示。则一般采用热装法，即将蒸汽通入汽缸冷却水夹套，用草袋或麻袋盖好保温。缓慢加温，使汽缸温度达到70%～90%。用内径千分尺实测汽缸内径，当大于缸套外径时装入缸套，缸套达到端部时，切断蒸汽。

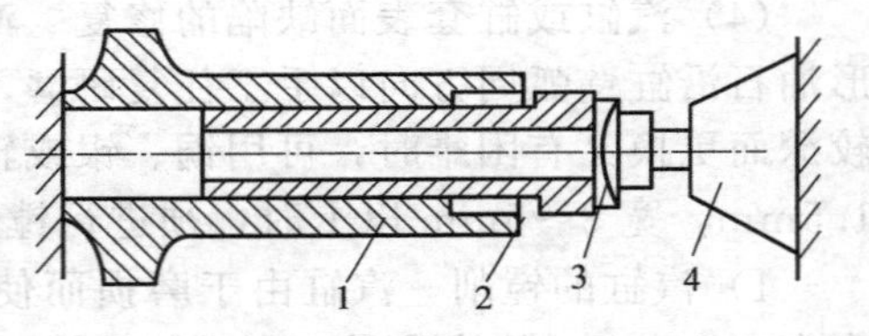

图4-19 缸套压入示意图

1—汽缸体；2—钢套；3—球面垫；4—千斤顶

e. 缸套装入后进行水压试验，试验压力一般为汽缸工作压力的1.5倍。

f. 高压级缸套的配合部分内径、外径的圆度、圆柱度公差不应大于0.01mm，全长的圆柱度公差不应大于0.05mm。

g. 缸套装入后，检查注油孔是否畅通，自由端的缝隙是否合乎要求，一般为1.5～3.0mm。缸套和汽缸装配好后，检查汽缸与机身滑道中心是否一致。较长的汽缸采用钢丝拉线找正，使主轴与汽缸中心互相垂直，双列汽缸则应互相平行。

用上述各种方法修理后的汽缸，均应进行水压试验，以检查修理后的质量是否符合要求。汽缸的试验压力一般为工作压力的1.5倍，水室通常为0.3～0.5MPa。试验时，不允许有渗漏和残余变形现象出现。

6. 气阀的故障修理

(1) 气阀的拆卸与检查

1）拆卸汽缸气阀

① 对损坏严重的汽缸（套），当温度高达200℃以上时不能立即拆卸，而要等温度降到150℃以下时才可拆卸。

② 用套筒扳手或专用扳手按对角顺序松开汽缸阀门盖螺母，将阀门盖撬起一些，证实

汽缸内确定没有气体压力后，才可卸去螺帽。

③ 用专用工具取出气阀压筒、铝垫或尼龙垫子、气阀等。

④ 粗查一遍拆出的气阀，无问题时，试水查漏（最好用煤油试漏）。

⑤ 对有泄露的气阀，应拆开检查阀片、弹簧等零件是否损坏，阀座与阀片密封面有无划痕以及划痕的深浅程度。若发现有碎片或残缺不全时，要用手电筒查找可能的去向，并盘车检查，以免发生事故。

2）气阀零件的检查

① 检查阀片是否断裂、扭曲和磨损，断裂或严重扭曲时则需更换，磨掉厚度小于原厚度的 20%时则要进行修研磨平。

② 检查阀片与升程限制器导轨配合部分的磨损程度，磨损凹痕大于 0.5mm 时应予报废；阀片径向位移不大于 0.5mm 时应予修复使用，但铸铁制造的要报废。

③ 检查气阀阀座密封面凸缘有无伤痕及磨损情况，有伤疤或磨成弧形的要修平。

④ 检查气阀压筒的密封垫圈有无破碎或压扁，若有则需更换新垫片。

⑤ 检查弹簧是否断裂、变形、失去弹性，以及两端面与中心线的垂直度，弹簧钢丝的外边缘有无磨损。

⑥ 检查阀片与阀座的接触情况。当两条接触线全部是银白色光泽，且无其他缺陷时，可继续使用。当接触线的径向偏离很大时，应进行修磨。

3）气阀的修理

① 阀片上的密封面如果有明显的磨损现象，可采用手工在平面台上研磨或在磨床上磨平后继续使用。手工研磨时，先将 80 目碳化硅放在铸铁平板上，调些机械油，车一个专用工具将阀片压平压紧。然后用手在平板上成∞字形运动，并不时将阀片转 90°方位，重复研磨。这样可使阀片研磨均匀，不会造成单面倾斜，不会使阀片因有规则的运动而造成有规则的研磨痕迹，也不会留下直通的、容易使气体泄漏的轴向痕迹。研磨到痕迹较浅时，再用 180 目碳化硅细磨。直到阀片与平板的接触有黏感时，将研磨工具在平板上扣一下，若平板上的接触线连续而且均匀，则可清洗阀片进行检查。当磨损超过原厚度的 1/4 时，应考虑报废。

② 当阀座密封面有轻微的伤痕或不平时，可在平板上研磨密封面；当阀座密封面有严重的不平、伤痕或凸起高度小于 1mm 时，可先在车床上车削，达到要求后，再在平板上研磨密封面。当然用磨床磨最好。

③ 升程限制器的弹簧槽磨穿时一般不予修理。若有擦伤、沟痕、变形时，一般用车削方法修理。

④ 弹簧有磕痕、高度缩短 1mm 以上、歪斜时，一般不予修理。对于使用时间过长的弹簧要定期更换。弹簧有锈斑时不能使用。

（2）气阀的装配

① 将气阀各零件用煤油或汽油清洗干净（包括气体通道的积炭和污垢）。氧压缩机的气阀清洗干净后，必须脱脂。

② 选用检查合格的阀片，把它放在阀座上检查接触情况，放在升程限制器上检查与升程限制器的径向间隙。按图纸要求，一般间隙为 0.1～0.25mm。

③ 按不同级别选用弹簧。在平板上排列弹簧，同一个阀中选用长度一样的弹簧，然后把弹簧放在升程限制器内，压缩至各圈贴合，此时弹簧应低于槽 1～2mm。

④ 选配阀座与升程限制器内的固定销子，不许有歪斜现象。

⑤ 阀座与升程限制器叠在一起，装好卡簧，拧紧螺栓，检查阀片的起跳量（即升起高度）是否符合图纸要求，可用游标尺测量。用螺丝刀通过阀座的气道轻压阀片，如活动灵

活，说明安装正确。

⑥ 安装气阀前，应在密封口加少量润滑油，以防生锈。氧压缩机的气阀除外。

⑦ 组装好的气阀应用煤油试漏；氧气压缩机的气阀则用水试漏，以不漏为合格。

【知识拓展】

1. 压缩机安装找正

往复式压缩机的安装找正工作非常重要，安装找正的好坏直接影响着压缩机今后的正常运行和使用寿命，因此必须仔细地做好这项工作。

压缩机安装找正是一项多工种配合的工作，需将工作次序安排得当，人员分配合理。除了制定周密可行的安装计划外，整个工作还需要统一指挥和调度。安装找正时，零部件都已修复完毕，故要求吊装时十分谨慎。

压缩机的安装找正如图 4-20 所示。

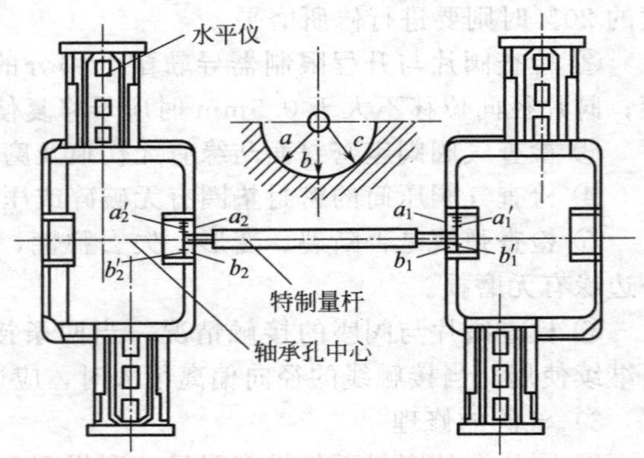

图 4-20 压缩机安装找正示意图

2. 安装找正要求

(1) 机身组装要求

① 用煤油注入机身曲轴箱内至润滑油的最高油面位置，经 2～4h，不应有渗漏现象。如发生渗漏现象时，须进行修补后再行试验，一直到完全合格时为止。

② 机身的纵向和横向水平度偏差，在每米长度上不大于 0.05mm。卧式和对称平衡式压缩机的纵向水平度应在机身十字头导轨上测量，横向水平度应在曲轴轴承座上测量；立式压缩机在曲轴箱的接合面上测量；L 型压缩机在机身法兰面上测量。

③ 双列压缩机两机身的中心线，其平行度公差在每米长度上不大于 0.04mm；水平度偏差在每米长度上不大于 0.1mm。

(2) 曲轴轴承组装要求

① 轴瓦应进行刮研，轴颈与对开式轴瓦的下瓦承受负荷部分有 90°～120°的弧面接触点，接触点的总面积不小于该接触弧面面积的 60%～80%；对四开式轴瓦轴颈与下瓦和侧瓦接触点的总面积不小于该瓦面积的 70%，接触点应均匀分布。

② 轴瓦与轴颈间的径向和轴向间隙，应符合规定。

③ 曲轴的水平度偏差在每米长度上不大于 0.1mm。

④ 曲轴中心线与机身十字头导轨中心线的垂直度公差，在每米长度上不大于 0.05mm。

(3) 汽缸和中体组装要求

① 汽缸体和汽缸盖应按规定进行水压试验，如有渗漏应修补好后方得组装。

② 卧式汽缸中心线应与机身中心线重合，其重合度偏差应符合表 4-9 的规定。如不符合规定时，允许用刮研汽缸（或中体）法兰接合面的方法达到要求，而不许在法兰接合面加衬垫。

③ 立式汽缸中心线应与机身十字头导轨中心线重合。此时活塞在汽缸内的间隙应均匀分布，其偏差不大于活塞与汽缸间平均间隙的 1/2。

④ 卧式汽缸的水平度偏差在每米长度上不大于 0.05mm。

表 4-9 汽缸中心线与机身中心线的重合度偏差　　单位：mm

汽缸直径	汽缸两端镜面上相同位置至所拉设的机身钢丝中心线距离偏差	汽缸-端-径向平面的镜面至所拉设的机身钢丝中心线距离偏差
≤100	0.05	
100～300	0.07	0.02
300～500	0.10	0.04
500～1000	0.15	0.06
1000～1500	0.20	0.08

注：在测量时应计入所拉设的机身钢丝中心线的垂度。

任务 4.3 排水泵故障的诊断与修理

【任务描述】

对排水泵的零部件进行修理，是延长零部件的使用寿命、恢复排水泵的性能指标、降低生产成本的积极措施。及时地、保质保量地修复排水泵，是生产持续进行的需要。维修人员必须掌握正确的修理方法，才能胜任维修工作。本任务着重介绍常用排水泵的主要零件的修理方法。

【任务分析】

排水泵是生产中使用数量较大、种类较多的运转机器。做好排水泵的故障诊断与修理工作是生产的需要，也是节约原材料、降低生产成本、保护环境的重要措施。要搞好排水泵的故障诊断与修理工作，必须抓住四大重要环节，即正确地拆装；零件的清洗、检查、修理或更换；精心组装；组装后各零件之间的相对位置及各部件间隙的调整。

【知识准备】

1. 离心水泵的拆卸

排水泵的使用中，以离心式结构最为常用，如图 4-20 所示为典型的单级单吸离心水泵结构，该泵用电动机通过弹性联轴器直接驱动。主要部件有叶轮、泵轴、泵体、泵盖、轴封及密封环等。该泵叶轮为单吸闭式叶轮，叶片弯曲方向与旋转方向相反。

离心水泵种类繁多，不同类型的离心水泵结构相差甚大，要搞好离心泵的修理工作，首先必须认真了解泵的结构，找出拆卸难点，制定合理方案，才能保证拆卸顺利进行。

(1) 离心水泵的拆卸　下面以单级单吸离心水泵（图 4-21）为例介绍其拆卸与装配过程。

首先切断电源，确保拆卸时的安全。关闭出、入阀门，隔绝液体来源。开启放液阀，消除泵壳内的残余压力，放净泵壳内残余介质。拆除两半联轴节的连接装置。拆除进、出口法兰的螺栓，使泵壳与进、出口管路脱开。

① 机座螺栓的拆卸　机座螺栓位于离心水泵的最下方，最易受酸、碱的腐蚀或氧化锈蚀。长期使用会使得机座螺栓难以拆卸。因而，在拆卸时，除选用合适的扳手外，应该先用手锤对螺栓进行敲击振动，使锈蚀层松脱开裂，以便于机座螺栓的拆卸。

机座螺栓拆卸完之后，应将整台离心水泵移到平整宽敞的地方，以便于进行解体。

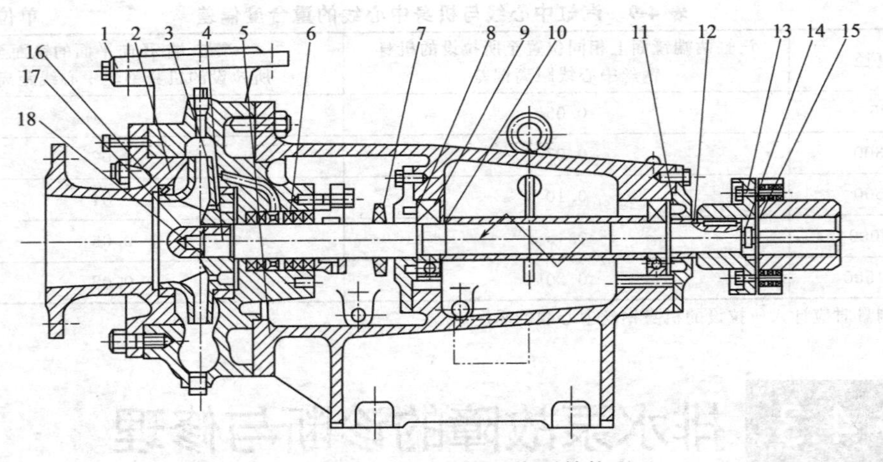

图 4-21　单级单吸离心水泵结构

1—泵体；2—泵盖；3—叶轮；4—泵轴；5—托架；6—轴封；7—挡水环；8、11—挡油圈；9—轴承；10—定位套；12—挡套；13—联轴器；14—止退垫圈；15—小圆螺母；16—密封环；17—叶轮螺母；18—垫圈

② 泵壳的拆卸　拆卸泵壳时，首先将泵盖与泵壳的连接螺栓松开拆除，将泵盖拆下。在拆卸时，泵盖与泵壳之间的密封垫，有时会出现黏结现象，这时可用手锤敲击通芯螺丝刀，使螺丝刀的刀口部分进入密封垫，将泵盖与泵壳分离开来。

然后，用专用扳手卡住前端的轴头螺母（也叫叶轮背帽），沿离心水泵叶轮的旋转方向拆除螺母，并用双手将叶轮从轴上拉出。

最后，拆除泵壳与泵体的连接螺栓，将泵壳沿轴向与泵体分离。泵壳在拆除进程中，应将其后端的填料压盖松开，拆出填料，以免拆下泵壳时，增加滑动阻力。

③ 泵轴的拆卸　要把泵轴拆卸下来，必须先将轴组（包括泵轴、滚动轴承及其防松装置）从泵体中拆卸下来。为此，需按下面的程序来进行：

a. 拆下泵轴后端的大螺帽，用拉力器将离心水泵的半联轴节拉下来，并且用通芯螺丝刀或錾子将平键冲下来。

b. 拆卸轴承压盖螺栓，并把轴承压盖拆除。

c. 用手将叶轮端的轴头螺母拧紧在轴上，并用手锤敲击螺母，使轴向后端退出泵体。

d. 拆除防松垫片的锁紧装置，用锁紧扳手拆卸滚动轴承的圆形螺母，并取下防松垫片。

e. 用拉力器或压力机将滚动轴承从泵轴上拆卸下来。

有时滚动轴承的内环与泵轴配合时，由于过盈量太大，出现难以拆卸的情况。这时，可以采用热拆法进行拆卸。

(2) 单级离心水泵零部件的清洗　清洗的质量直接影响零部件的检查与测量精度。

拆下来的零件应当按次序放好，尤其是多级泵的叶轮、叶轮挡套、中段等。凡要求严格按照原来次序装配的零部件，次序不能放错，否则会造成叶轮和密封圈之间间隙过大或过小，甚至出现泵体泄漏等现象。整机的装配顺序基本上与拆卸相反。注意各技术指标按图纸资料或《设备维护检修规程》进行调整。

(3) 离心水泵的试车　离心水泵安装或修理完毕后，必须经试车来检查和消除在安装修理中没有发现的问题，使离心水泵的各配合部分运转协调。

离心水泵在试车前必须进行检查，以保证试车时的安全，检查按下列项目依次进行。

① 检查机座的地脚螺栓及机座与离心水泵、电动机之间的连接螺栓的紧固情况。

② 检查离心水泵与电动机两半联轴器的连接情况。

③ 检查轴承内润滑油量是否足够及轴承螺钉的紧固情况。

④ 检查轴向密封填料（盘根）是否压紧，检查通往轴封中水封环内的管路是否已连接好。

⑤ 检查轴承水冷却夹套的水管是否连接好。

在正式试车前，除了进行上述项目的检查外，还需准备必要的修理工具及备品等，如螺丝刀、扳子、填料、垫料及管路法兰间的垫圈等。

(4) 试车的步骤

① 关闭排出管上的阀门。

② 灌泵。

③ 启动电动机。

④ 当电动机达到正常转速后，逐步打开排出管上的阀门，并调整到一定的流量。

(5) 在试车中可能出现的问题及其消除方法

在试车过程中，要随时注意轴承温度及进口真空度和出口压力的变化情况。试车中可能出现的故障及其消除方法如下：

① 轴承温度过高。可能是轴承间隙不合适、研配不好或润滑不良等原因所引起的，应针对产生故障的原因予以消除。

② 进口真空度下降。可能是管路法兰及轴封等部位密封不严密而吸入了空气所致，确定了不严密的部位后，可用拧紧螺栓的方法来消除，或者将垫圈更换。

③ 出口压力下降。这可能是由于叶轮与密封环之间的径向间隙增加之故。必要时可以拆开泵体进行检查，一般可以用更换密封环的方法来进行修理。

当试车时，若轴承温度、进口真空度和出口压力都符合要求，且泵在运转时振动很小则可认为整个泵的安装质量符合要求。

离心水泵试车后，便可把所有的安装记录文件及图纸移交生产单位，该泵可以正式投入生产。

2. 离心水泵的故障修理

离心水泵常见故障及其处理方法见表 4-10 所示。

【任务实施】

☆ 离心泵的检修 ☆

1. 离心水泵泵体的检修

(1) 转子的检查与测量　离心水泵的转子包括叶轮、轴套、泵轴及平键等几个部分。

① 叶轮腐蚀与磨损情况的检查。对于叶轮的检查，主要是检查叶轮被介质腐蚀以及运转过程中的磨损情况。另外，铸铁材质的叶轮，可能存在气孔或夹渣等缺陷。上述的缺陷和局部磨损是不均匀的，极容易破坏转子的平衡，使离心水泵产生振动，导致离心水泵的使用寿命缩短。

② 叶轮径向跳动的测量。叶轮径向跳动量的大小标志着叶轮的旋转精度，如果叶轮的径向跳动量超过了规定范围，在旋转时就会产生振动，严重的还会影响离心水泵的使用寿命。

③ 轴套磨损情况的检查。轴套的外圆与填料函中的填料之间的摩擦，使得轴套外圆上出现深浅不同的若干条圆环磨痕。这些磨痕将影响轴向密封的严密性，导致离心水泵在运转时出口压力降低。轴套磨损情况可用千分尺或游标卡尺测量其外径尺寸，将测得的尺寸与标准外径相比较来检查。一般情况下，轴套外圆周上圆环形磨痕的深度不得超过 0.5mm。

表 4-10 离心水泵常见故障及其处理方法

故障现象	故障原因	解决办法
泵不出水	泵没有注满液体	停泵注水
	吸水高度过大	降低吸水高度
	吸水管有空气或漏气	排气或消除漏气
	降低液体温度	被输送液体温度过高
	吸入阀堵塞	排除杂物
	转向错误	改变转向
流量不足	吸入阀或叶轮被堵塞	检查水泵,清除杂物
	吸入高度过大	降低吸入高度
	进入管弯头过多,阻力过大	拆除不必要弯头
	泵体或吸入管漏气	紧固
	填料处漏气	紧固或更换填料
	密封圈磨损过大	更换密封环
	叶轮腐蚀、磨损	更换叶轮
输出压力不足	介质中有气体	排出气体
	叶轮腐蚀或严重破坏	更换叶轮
消耗功率过大	填料压盖太紧,填料函发热	调节填料压盖的松紧度
	联轴器皮圈过紧	更换胶皮圈
	转动部分轴窜过大	调整轴窜动量
	中心线偏移	找正轴心线
	零件卡住	检查、处理
轴承过热	中心线偏移	校正轴心线
	缺油或油不净	清洗轴承、加油或换油
	油环转动不灵活	检查处理
	轴承损坏	更换轴承
密封处漏损过大	填料或密封元件材质选用不对	验证填料腐蚀性能,更换填料材质
	轴或轴套磨损	检查、修理或更换
	轴弯曲	校正或更换
	中心线偏移	找正
	转子不平衡、振动过大	测定转子、平衡
	动、静环腐蚀变形	更换密封环
	密封面被划伤	研磨密封面
	弹簧压力不足	调整或更换
	冷却水不足或堵塞	清洗冷却水管路,加大冷却水量
泵体过热	泵内无介质	检查处理
	出口阀未打开	打开出口阀门
	泵容量大,实用量小	更换泵
振动或发出杂音	中心线偏移	找正中心线
	吸水部分有空气渗入	堵塞漏气孔
	管路固定不对	检查调整
	轴承间隙过大	调整或更换轴承
	轴弯曲	校直
	叶轮内有异物	清除异物
	叶轮腐蚀、磨损后转子不平衡	更换叶轮
	液体温度过高	降低液体温度
	叶轮歪斜	找正
	叶轮与泵体摩擦	调整
	地脚螺栓松动	紧固螺栓

(2) 泵轴的检查与测量　离心水泵在运转中，如果出现振动、撞击或扭矩突然加大，将会使泵轴造成弯曲或断裂现象。应用千分尺对泵轴上的某些尺寸（如与叶轮、滚动轴承、联轴节配合处的轴颈尺寸）进行测量。

离心水泵的泵轴还应进行直线度偏差的测量。泵轴直线度的测量方法如图 4-22 所示。首先，将泵轴放置在车床的两顶尖之间，在泵轴上的适当地方设置两块千分表，将轴颈的外圆周分成四等份，并分别做上标记，即 1、2、3、4 四个分点。用手缓慢转动泵轴，将千分表在四个分点处的读数分别记录在表格中，然后计算出泵轴的直线度偏差。离心水泵泵轴直线度偏差测量记录见表 4-11 所示。

表 4-11　泵轴直线度偏差测量记录　　单位：mm

测　点	转动位置				弯曲量(弯曲方向)
	1(0°)	2(90°)	3(180°)	4(270°)	
Ⅰ	0.36	0.27	0.20	0.28	0.08(0°)；0.05(270°)
Ⅱ	0.30	0.23	0.18	0.25	0.06(0°)；0.10(270°)

直线度偏差值的计算方法是：直径方向上两个相对测点千分表读数差的一半。如Ⅰ测点的 0°和 180°方向上的直线度偏差为 (0.36－0.20)/2＝0.08mm。90°和 270°方向上的直线偏差度为 (0.28－0.27)/2＝0.05mm。用这些数值在图上选取一定的比例，可用图解法近似地计算出泵轴上最大弯曲点的弯曲量和弯曲方向，如图 4-22 所示。

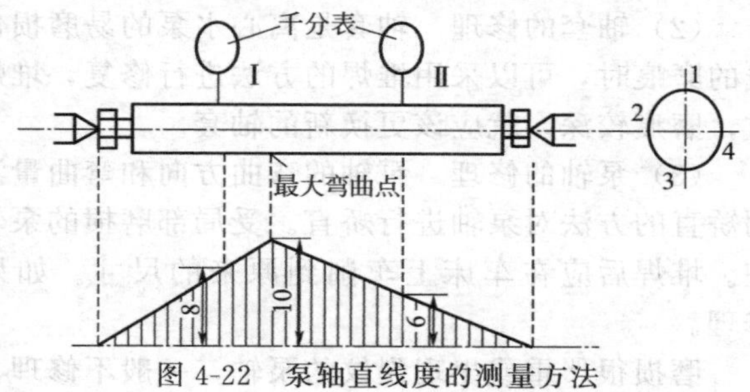

图 4-22　泵轴直线度的测量方法

(3) 键连接的检查　泵轴的两端分别与叶轮和联轴节相配合，平键的两个侧面应该与泵轴上键槽的侧面实现少量的过盈配合，而与叶轮孔键槽以及联轴节孔键槽两侧为过渡配合。检查时，可使用游标卡尺或千分尺进行尺寸测量，如果平键的宽度与轴上键槽的宽度之间存在间隙，无论其间隙值大小，都应根据键槽的实际宽度，按照配合公差重新锉配平键。

(4) 滚动轴承的检查

① 滚动轴承构件的检查。滚动轴承清洗后，应对各构件进行仔细的检查，如裂纹、缺损、变形以及转动是否轻快自如等。在检查中，如果发现有缺陷应更换新的滚动轴承。

② 轴向间隙的检查。滚动轴承的轴向间隙是在制造过程中形成的，这就是滚动轴承的原始间隙。但是经过一段时间的使用之后，这一间隙会有所增大，破坏轴承的旋转精度。所以，对滚动轴承轴向进行检查时，可采取“手感法”检查，或用一只手握持滚动轴承的外环，并沿轴向做猛烈的摇动，如果听到较大的响声，同样可以判断该滚动轴承的轴向间隙大小。

③ 径向间隙的检查。滚动轴承径向间隙的检查与轴向间隙的检查方法相似。同时，滚动轴承径向间隙的大小，基本上可以从它的轴向间隙大小来判断。

(5) 泵体的检查与测量

① 轴承孔的检查与测量。泵体的轴承孔与滚动轴承的外环形成过渡配合，它们之间的配合公差为 0～0.02mm。可采用游标卡尺或内径千分尺对轴承孔的内径进行测量，然后与原始尺寸相比较，以便确定磨损量的大小。除此之外，还要检查轴承孔内表面有没有出现沟纹等缺陷。

② 泵体损伤的检查。由于振动或碰撞等原因，可能造成泵体上产生裂纹。可采用手锤敲击的方法进行检查，即用手锤轻轻敲击泵体的各个部位，如果发出的响声比较清脆，则说明泵体上没有裂缝；如果发出的响声比较浑浊，则说明泵体上可能存在裂缝，也可用煤油浸润法来检查泵体上的穿透裂纹。即将泵体灌满煤油，停留 30min 进行观察，如果泵体的外表有煤油浸出的痕迹，则说明泵体上有穿透的裂纹。

2. 离心水泵主要零件的修理

(1) 叶轮的修理　叶轮与其他零件相摩擦，所产生的偏磨损，可采用堆焊的方法来修理。不同材质的叶轮，其堆焊方法是不同的。堆焊后，应在车床上将堆焊层车到原来的尺寸。

由于叶轮受介质的腐蚀或冲刷造成层厚减薄、铸铁叶轮出现气孔或夹渣，以及由于振动或碰撞出现裂纹，一般是用新的备品配件进行更换。如果必须进行修理时，可用补焊法来进行修复。补焊时，根据叶轮的材质不同，采用不同的补焊方法。

叶轮进口端和出口端的外圆，其径向跳动量一般不应超过 0.05mm。如果超过得不多(在 0.1mm 以内)，可以在车床上车去 0.06～0.1mm，使其符合要求。如果超过很多，应该检查泵轴的直线度偏差，用矫直泵轴的方法进行修理，消除叶轮的径向跳动。

(2) 轴套的修理　轴套是离心水泵的易磨损件之一。如果磨损量很小，只是出现一些很浅的磨痕时，可以采用堆焊的方法进行修复，堆焊后再车削到原来的尺寸。如果磨损比较严重，磨痕较深，就应该更换新的轴套。

(3) 泵轴的修理　泵轴的弯曲方向和弯曲量测出来后，如果弯曲量超过允许范围，可利用矫直的方法对泵轴进行矫直。受局部磨损的泵轴，磨损深度不太大时，可用堆焊法进行修理。堆焊后应在车床上车削到原来的尺寸。如果磨损深度较大时，可用镶加零件法进行修理。

磨损很严重或出现裂纹的泵轴，一般不修理，用备品配件进行更换。

泵轴上键槽的侧面如果损坏较轻微，可使用锉刀进行修理。如果歪斜较严重，应该用堆焊的方法来进行修理。修理时，先用电弧堆焊出键槽的雏形，然后用铣削、刨削或手工锉削的方法，恢复键槽原来的尺寸和形状。

除此之外，还可用改换键槽位置的方法进行修理。

(4) 泵体的修理　泵体滚动轴承的外环在泵体轴承孔中产生相对转动时，便会将轴承孔的内圆尺寸磨大或出现台阶、沟纹等缺陷。对于这些缺陷进行修理时，应首先将泵体固定在镗床上，把轴承孔尺寸镗大，然后，按镗后轴承孔的尺寸镶套。

铸铁泵体出现夹渣或气孔，泵体因振动、碰撞或敲击出现裂纹时，采用补焊或粘接的方法进行修理。

3. 离心水泵密封件的修理

(1) 密封环的安装与修理

① 密封环的检查与测量。离心水泵在运转过程中，密封环与叶轮发生摩擦，引起密封环内圆或端面的磨损，破坏了密封环与叶轮进口端之间的配合间隙。特别是径向间隙数值的增大，将引起大量高压液体由叶轮的出口回流到叶轮的进口，在泵壳内循环，大大减少了泵出口的排液量，降低了离心水泵的出口压力。泵壳内水流短路的循环情况如图 4-23 所示。

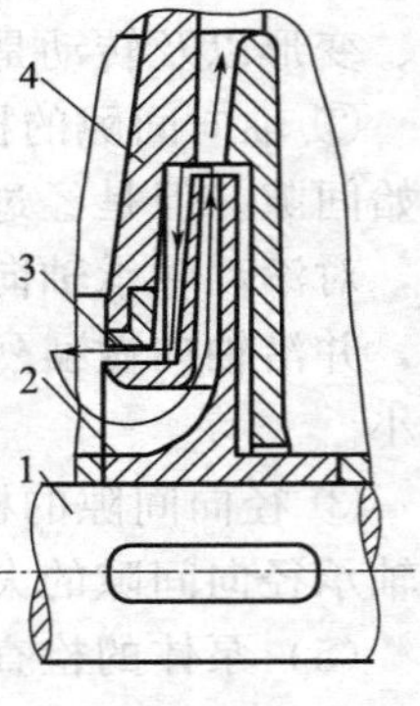

图 4-23　泵壳内部水流短路循环路线

1—泵轴；2—叶轮；3—密封圈；4—泵壳

密封环的磨损通常有圆周方向的均匀磨损和局部的偏磨损两种。而任何一种径向间隙的磨损，都会造成密封环的报废。

② 密封环与叶轮进口端外圆之间径向间隙的测量。可用游标卡

尺来测量密封环与叶轮进口端之间的径向间隙。首先测密封环内径的尺寸，再测叶轮进口端外径的尺寸，然后用下式计算出它们之间的径向间隙。

$$a=\frac{D_1-D_2}{2} \tag{4-2}$$

式中 a——密封环与叶轮进口端之间的径向间隙，mm；

D_1——密封环内径尺寸，mm；

D_2——叶轮进口端外径尺寸，mm。

计算出径向间隙 a 的数值后，应与表 4-12 所示的径向间隙数值对照。如达到表中所列的极限间隙数值时，则应更换新的密封环。

表 4-12　密封环与叶轮之间的径向间隙数值　　单位：mm

密封圈内径	径向间隙	磨损后的极限间隙	密封圈内径	径向间隙	磨损后的极限间隙
8～120	0.090～0.220	0.48	>220～260	0.160～0.340	0.70
>120～150	0.105～0.255	0.60	>260～290	0.160～0.350	
>150～180	0.120～0.280		>290～320	0.175～0.375	0.80
>180～220	0.135～0.315		>320～360	0.200～0.400	

对于密封环与叶轮之间的轴向间隙，一般要求不高，以两者之间有间隙又不发生摩擦为宜。

③ 密封环的修配。密封环的外圆与泵盖的内孔之间为基孔制的过盈配合，两者配合后不应产生任何松动。密封环外径的尺寸为修理尺寸，可以利用锉配的方法，使密封环的外径与泵盖的内孔直径达到过盈配合的要求，其过盈值为 0～0.02mm 左右。最后，用手锤将密封环打入泵盖中心的孔内。

密封环内圆与叶轮进口端外圆之间形成间隙配合。其间隙的大小严格按照表 4-16 所列的径向间隙数值进行控制。如果间隙太小，密封环与叶轮进口端之间容易产生摩擦，这时可以在车床上将密封环的内径尺寸车大一些，也可以用刮削的方法将密封环的内径尺寸刮大一些以便使两者之间保持一定的径向间隙。如果间隙太大，则应该更换新的密封环。

密封环的厚度较小，强度较低，如果发生较大的磨损或断裂现象，通常不予以修理，而应该更换新的备品配件。

(2) 填料密封的安装与修理

① 填料密封的检查与测量。填料密封的主要零部件有填料函外壳、填料、液封环、填料压盖、底衬套等，结构如图 4-24 所示。检查和测量填料密封时，应着重于以下几个方面工作。

a. 泵壳与轴套之间的径向间隙。首先用游标卡尺量取中心孔的内径，再量取轴套的外径，然后用下式(4-3) 计算出来。

$$a'=\frac{D'_1-D'_2}{2} \tag{4-3}$$

式中 a'——泵壳与轴套之间的径向间隙，mm；

D'_1——泵壳中心孔的内径，mm；

D'_2——轴套外径，mm。

径向间隙 a' 的数值越小越好，但两零件之间不能出现摩擦现象，径向间隙过大时，填料将会由这里被挤入泵壳内，出现所谓“吃填料”的现象。这

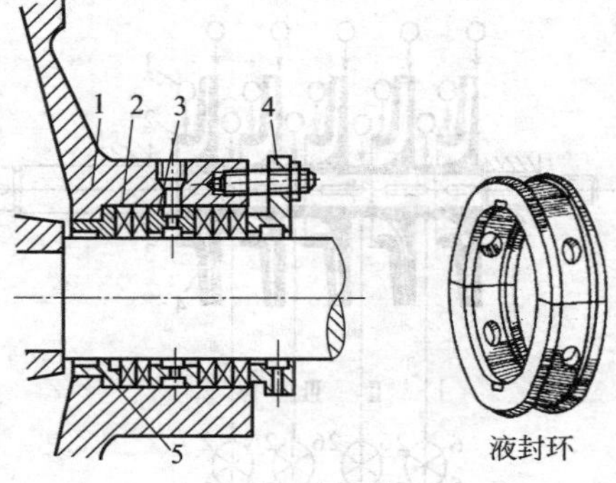

图 4-24　离心水泵填料密封装置

1—填料函外壳；2—填料；3—液封环；4—填料压盖；5—底衬套

样，将会直接影响离心水泵的密封效果。一般情况下，泵壳与轴套之间的径向间隙为0.3～0.5mm。

b. 填料压盖外圆与填料函内圆的径向间隙。离心水泵的填料函对于填料压盖的推进，起着导向的作用。所以，这个地方的径向间隙不能太大。如果径向间隙太大，填料压盖容易被压扁，将导致压盖内孔与轴套外圆的摩擦和磨损。此处的径向间隙数值可以用游标卡尺来量取，然后再计算出来（计算方法与泵轴和轴套之间的径向间隙计算方法相同）。

c. 填料压盖内圆与轴套外圆之间的径向间隙。离心水泵填料压盖内圆与轴套外圆之间的径向间隙不宜太小。如果径向间隙数值太小，填料压盖内圆与轴套外圆将会发生摩擦，同时产生摩擦热，使填料焦化而失效，造成填料压盖与轴套受到磨损。一般情况下，填料压盖内圆与轴套外圆之间的径向间隙为0.4～0.5mm。

② 填料压盖的修理

a. 填料压盖外圆与填料函内圆之间的径向间隙为0.1～0.2mm，这是在修理工作中应该严格保证的。如果两者之间的径向间隙过小，可将压盖卡在车床上进行车削，或者用锉刀对压盖的外圆进行曲面锉削，直至加工到需要的尺寸为止。如果两者之间的径向间隙太大，则应更换新的填料压盖。

b. 填料压盖内圆与轴套外圆之间的径向间隙为0.4～0.5mm。为了防止压盖与轴套之间发生摩擦，这一径向值应该保证。如果间隙值过小，可以用车削的方法，在车床上将填料压盖的内孔车大一些，以保证两零件之间应有的间隙。

【知识拓展】

1. 多级离心水泵参数的测量

为了提高离心水泵的扬程和增大它的出口压力，在生产中，往往要使用多级离心水泵。多级离心水泵是具有两级或两级以上叶轮的离心水泵，它的结构虽然比单级离心水泵较为复杂，但是，维修起来却与单级离心水泵有很多相同之处。所以，在这里只着重介绍多级离心水泵叶轮组径向跳动量和轴向跳动量的测量、推力平衡装置的修理，以及联轴节的找正等内容。

(1) 多级离心水泵叶轮组径向跳动量的测量

多级离心水泵的叶轮组包括泵轴、轴套和各级叶轮。将叶轮装配在泵轴上以后，各级叶轮的径向跳动量不能大于规定数值。如果径向跳动量超过允许值，将使叶轮组出现不平稳的转动，甚至发生机械事故。

对多级离心水泵的叶轮组进行径向跳动量的测量时，首先把滚动轴承装配到泵轴的两端，并在滚动轴承的外环下面放置V形铁进行支承，或者将两端滚动轴承放置在离心水泵本身的泵体上，使叶轮组能自由转动。然后，在每一级叶轮进口端的外圆处和出口端的外圆处以及各级叶轮之间的轴套外圆处，分别设置千分表，使千分表的触头接触每一个被测量的地方，如图4-25所示。把每个被测量的圆周分成6等份，并做上标记，即1、2、3、4、5、6各点，然后，慢慢盘动叶轮组，每转过一等份，将千分表的读数做一次记录。叶轮组转动一周后，每一个测点上的千分表就能得到6个读数，把这些读数记录在表格中，就可以看出叶轮组各部分径向跳动量

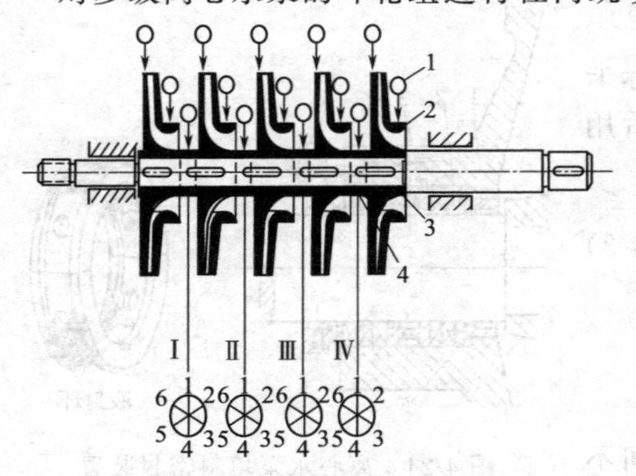

图4-25 测量转子径向跳动的方法
1—千分表；2—叶轮；3—轴；4—轴套

的大小。叶轮组中叶轮的径向跳动量测定记录实例，见表 4-13 所示。

表 4-13 各级叶轮径向跳动量测定记录实例 单位：mm

测点位置		转动角度						径向跳动量
		1 (0°)	2 (60°)	3 (120°)	4 (180°)	5 (240°)	6 (300°)	
一级叶轮	进口端	0.33	0.34	0.33	0.35	0.33	0.35	0.02
	出口端	0.31	0.32	0.31	0.33	0.33	0.34	0.03
二级叶轮	进口端	0.25	0.24	0.25	0.26	0.24	0.27	0.03
	出口端	0.32	0.33	0.33	0.34	0.36	0.34	0.04
三级叶轮	进口端	0.30	0.32	0.28	0.30	0.35	0.32	0.07
	出口端	0.26	0.24	0.27	0.26	0.29	0.28	0.05
四级叶轮	进口端	0.35	0.36	0.35	0.38	0.39	0.38	0.04
	出口端	0.20	0.22	0.23	0.23	0.25	0.24	0.05
五级叶轮	进口端	0.21	0.23	0.22	0.24	0.26	0.23	0.05
	出口端	0.30	0.31	0.33	0.34	0.36	0.35	0.06

记录表中，同一测点处的最大读数值减去最小读数值，就是该被测处的径向跳动量。由记录表中可以看出，一级叶轮进口端与出口端的径向跳动量分别为 0.02mm 和 0.03mm；二级叶轮进口端与出口端的径向跳动量分别为 0.03mm 和 0.04mm；三级叶轮进口端与出口端的径向跳动量分别为 0.07mm 和 0.05mm；四级叶轮进口端与出口端的径向跳动量分别为 0.04mm 和 0.05mm：五级叶轮进口端与出口端的径向跳动量分别为 0.05mm 和 0.06mm。

各级叶轮进口端与出口端外圆处的径向跳动量，一般要求不得超过 0.05mm。如果径向跳动量在 0.1mm 以内，超过规定数值较少时，可将叶轮组卡在车床上车去一些，使其符合要求。各段轴套径向跳动量测定记录见表 4-14。

表 4-14 各段轴套径向跳动量测定记录实例 单位：mm

测点位置	转动角度						径向跳动量
	1 (0°)	2 (60°)	3 (120°)	4 (180°)	5 (240°)	6 (300°)	
Ⅰ	0.21	0.23	0.22	0.24	0.20	0.19	0.05
Ⅱ	0.32	0.30	0.31	0.33	0.31	0.30	0.03
Ⅲ	0.30	0.28	0.29	0.33	0.35	0.32	0.07
Ⅳ	0.34	0.33	0.33	0.35	0.34	0.35	0.02

由记录表中可以看出，轴套上Ⅰ测点处的径向跳动量为 0.05mm，Ⅱ、Ⅲ、Ⅳ各测点处的径向跳动量分别为 0.03mm、0.07mm 和 0.02mm。

叶轮组中轴套外圆处的径向跳动量，一般也要求不得超过 0.05mm。如果径向跳动量在 0.1mm 以内，超过规定数值较少时，也可用车削的方法车去一些。如果径向跳动量超过规定数值很多时，可以对泵轴直线度的偏差进行测量。测量时，可参照任务实施中“泵轴的检查与测量”来进行，以便确定泵轴的弯曲方向和弯曲量的大小。修理时，则可参照任务实施中“泵轴的修理”来对泵轴进行维修。

(2) 多级离心水泵叶轮组各级叶轮轴向跳动量的测量

对叶轮组各级叶轮轴向跳动量的测量，就是对各级叶轮端面的轴向跳动量的测量。各级

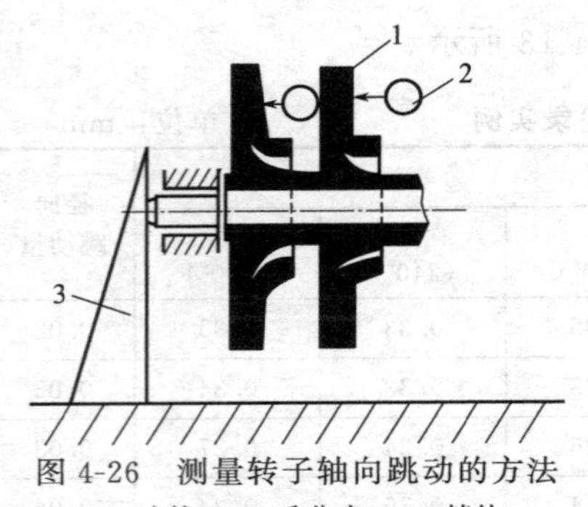

图 4-26 测量转子轴向跳动的方法
1—叶轮；2—千分表；3—挡块

叶轮端面的轴向跳动量，不能大于规定数值。如果叶轮端面的轴向跳动量超过允许值，叶轮组的转动将会不平稳。

对多级离心水泵叶轮组各级叶轮端面进行轴向跳动量的测量时，首先应将泵轴连同叶轮组一起放置在车床的两个顶尖之间，也可以用V形铁将叶轮组进行支承，使泵轴保持水平状态，并在轴的一端安装挡块，用来阻止泵轴产生单方向的轴向窜动。然后，在相邻两级叶轮之间设置千分表，并使千分表的触头接触在每一级叶轮的端面上，如图4-26所示。慢慢旋转叶轮，观察千分表指针的变化情况，并做好记录。其最大值减去最小值的差，就是该级叶轮的轴向跳动量。通常情况下，直径在300mm以下的叶轮，其轴向跳动量如果不超过0.2mm，可以不进行修理。如果端面跳动量的数值过大时，可以利用修刮叶轮内孔或者加垫片的方法，来调整泵轴与叶轮中心孔的装配关系，以便减小其轴向跳动量。如果实在无法调整，只好在车床上将叶轮端面进行少量车削。

多级离心水泵轴组部分的径向跳动量和轴间跳动量测量合格之后，还要对各零部件的外表面及它们之间的配合情况进行检查与修复。最后，应对轴组做静平衡和动平衡试验，以上各项都符合技术要求时，轴组的修理工作才算完成。

2. 多级离心水泵推力平衡装置的修理

多级离心水泵的各级叶轮，进口端如果都开在一个方向，而叶轮的进口端为低压区，离心水泵在运转中，泵轴必然会向叶轮进口端方向产生串动。这种串动就是泵轴受到轴向推力所引起的。这种轴向推力将会加快滚动轴承的磨损，甚至导致整台离心水泵的严重破坏。

为了平衡多级离心水泵在运转中产生的轴向推力，往往在末级叶轮的后端装有推力平衡装置，多级离心水泵的推力平衡装置的结构如图4-27所示。平衡盘1随轴一起旋转，平衡环2镶嵌在泵壳上，平衡盘和平衡环之间只保留很小的轴向间隙，（约为0.10～0.25mm）。离心水泵在运转时，由于叶轮的受力，使泵轴产生轴向推力，这种轴向推力被平衡盘两面的压力差自动平衡掉（平衡盘与平衡环之间的平衡室内有末级叶轮出口的压力，平衡盘后面与叶轮的进口端相连通，压力较小，于是泵轴就产生向后的轴向推力，此推力与叶轮吸入液体时产生的轴向推力大小相等，方向相反，所以，轴向推力就被平衡掉了）。

当离心水泵开始运转时，由于进口处为低压区，随着液体的被吸入，泵轴就向前（图上的箭头方向）串动。这时，平衡室内的压力高于平衡盘后面的压力，迫使泵轴与平衡盘一起向后串动。于是，把原有的轴向推力平衡掉。离心水泵在正常运转时，平衡盘受压力的影

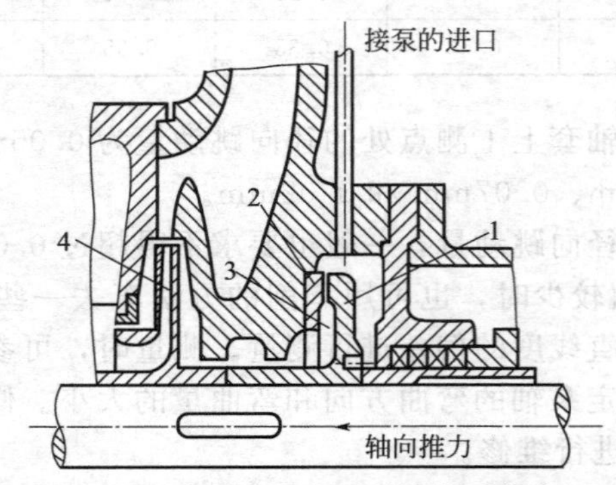

图 4-27 多级离心水泵的推力平衡装置
1—平衡盘；2—平衡环；3—平衡室；4—末级叶轮

响，时而向前移动，与平衡环的工作面相接触，时而向后移动，又与平衡环的工作面相分离。这样，就引起了泵轴相对位置的变化，进而影响到平衡盘与平衡环之间间隙的变化。当平衡盘与平衡环相接触时，两者的工作面就会产生摩擦和磨损。为了延长它们的使用寿命，通常情况下，平衡盘和平衡环是用耐磨金属制成的，如青铜、灰铸铁等。

推力平衡装置的关键部位是平衡盘和平衡环的工作面。在修理和装配过程中，严格要求平衡盘和平衡环的两工作面必须互相平行而没有歪斜现象产生。如果两工作面之间有歪斜或凹凸不平的现象，泵在运转时就会产生大量的泄漏，平衡室内就不能保持平衡轴向推力所应有的压力，因而失去了平衡轴向推力的作用。为了保证两工作面之间互相平行，要求这两个面对泵轴中心线的垂直度偏差不大于 0.03mm，为了减少泄漏量，要求两工作面表面粗糙度的轮廓算术平均偏差 Ra 不大于 $0.2\mu m$。在修理和装配工作中，可以用千分表来测量，用修刮、研磨或调整的办法，使两工作面能严密贴合在一起为止。

【学习小结】

在本学习情境中，对风机的组成、风机的形式、风机的性能用途做了简要的介绍。重点对轴流式通风机的故障判断及修理方法进行了详细的论述。对空气压缩机运转中常见的故障、故障原因及串联方法进行了分析，对空气压缩机一般故障的排除方法进行了阐述，对空气压缩机主要部件的修理方法进行了详细的引导。对离心式水泵的拆卸、零部件的清洗方法进行了概述，对离心式水泵常见故障现象、原因、处理方法进行了分析，对离心式水泵主要部件的修理方法进行了详细的阐述。

【自我评估】

1. 试述风机按结构不同分为哪几种类型。
2. 试述凉水塔轴流式通风机的拆装程序。
3. 试述凉水塔轴流式通风机主轴的检修内容及要求。
4. 试述离心式通风机的拆装程序。
5. 试述离心式通风机机壳的检修内容及要求。
6. 试分析造成空压机排气量达不到设计要求的故障原因及处理方法。
7. 试分析造成空压机级间压力超过正常值的故障原因及处理方法。
8. 试分析造成空压机吸、排气时有敲击声的故障原因及处理方法。
9. 试分析造成空压机汽缸内发出异常声音的故障原因及处理方法。
10. 试分析造成空压机曲轴箱振动并有异常声音的故障原因及处理方法。
11. 试述安装空压机曲轴时需注意的事项。
12. 试述空压机连杆大头和小头轴瓦的修理方法。
13. 试述空压机十字头的修理方法。
14. 试述离心式排水泵的拆卸程序。
15. 试述离心式排水泵试车前检查内容及试车步骤。
16. 试分析离心式排水泵不出水的故障原因及处理方法。
17. 试分析离心式排水泵输出压力不足的故障原因及处理方法。
18. 试分析离心式排水泵消耗功率过大的故障原因及处理方法。

【评价标准】

现以 L 活塞式压缩机的检修为例，对重点知识、技能的考核项目及评分标准进行分析，见表 4-15。此表也适合其他设备零件修理技能考核参考。

表 4-15 学习情境 4 技能考核表

序号	考核项目	配分	权重	评价细则	评分记录		
					学生自评 20%	小组评价 30%	教师评价 50%
1	L 活塞压缩机的拆卸	20	1	L 活塞压缩机的拆卸完全符合要求			
			0.75	L 活塞压缩机的拆卸符合要求			
			0.6	L 活塞压缩机的拆卸基本符合要求			
			0.5	L 活塞压缩机的拆卸不符合要求			
2	L 活塞压缩机的修理	30	1	L 活塞压缩机的修理完全符合要求			
			0.75	L 活塞压缩机的修理符合要求			
			0.6	L 活塞压缩机的修理基本符合要求			
			0.5	千斤顶、水平仪使用不符合要求			
3	L 活塞压缩机的安装	40	1	正确使用工具			
			0.75	使用工具测量结果错 1 次			
			0.6	使用工具错 2 次			
			0.5	工具不会使用			
4	安全操作	10	1	安全文明操作，符合操作规程			
			0.75	操作过程中出现违章操作			
			0.6	经提示后再次出现违章操作			
			否决项	不经允许擅自操作，造成人身、设备事故			
备注					合计		
					总分		
开始时间			结束时间		学生签字		
					教师签字		

年 月 日

学习情境5

起重设备的故障诊断与修理

学习目标

起重设备在各行企业中都普遍使用，是生产中不可缺少的生产设备，起重设备安全运行在企业生产占有重要位置。该情境主要学习桥式起重机、塔吊、电动葫芦、电梯等起重设备设的结构、工作过程和常见故障分析和故障修理措施。通过学习掌握起重设备常见故障修理技能，为岗前实习和工作提前奠定一定的基础。

知识目标：

1. 掌握桥式起重机、塔吊、电动葫芦、电梯等起重设备的类型及结构特点；

2. 掌握桥式起重机、塔吊、电动葫芦、电梯等起重设备的故障现象、故障原因；

3. 掌握桥式起重机、塔吊、电动葫芦、电梯等起重设备的故障解决措施。

技能目标：

1. 会桥式起重机的安装；

2. 会桥式起重机的操作及日常管理；
3. 会桥式起重机常见故障的修理；
4. 会塔吊的安装、配重；
5. 会塔吊的信号指令操作及日常管理；
6. 会塔吊常见故障的修理；
7. 会电动葫芦的操作及日常维护管理；
8. 会电动葫芦常见故障的修理；
9. 会电梯常见故障的修理。

能力目标：

1. 具有通过工具查阅图纸资料、搜集相关知识信息的能力；
2. 具有自主学习新知识、新技术和创新探索的能力；
3. 具有良好的协作工作能力；
4. 具有主动性工作的自觉性。

任务 5.1 桥式起重机的故障诊断与修理

【任务描述】

物料搬运在整个国民经济中有着十分重要的地位，提高起重设备的生产效率、确保运行的安全可靠性对于降低物料搬运的成本起着十分关键的作用。起重设备的工作环境一般比较复杂恶劣，因此，出现的故障种类很多，发生故障时不容易查找原因，有些是不太明显的，需要用专门的仪器才能检测出来。如果在起重设备出现故障后，要想进行准确的诊断和正确的维修，就要掌握起重设备故障的基本分类和分析方法以及一般步骤，才能保证起重设备正常工作，并延长其使用寿命。

【任务分析】

起重设备的故障是多种多样的，如噪声、振动、啃轨、制动失灵等。有的是由系统中某一元件或多个元件综合作用引起的，有的是由某一元件安装不当等其他原因引起的。即使是同样的故障，产生的原因也不尽相同。只有熟悉和掌握起重设备故障诊断的方法与一般步骤，才能对故障进行正确分析，确定发生故障的部位以及故障的性质和原因，方能予以排除。

【知识准备】

1. 桥式起重机的结构

桥式起重机主要由桥架、大车运行机构、小车运行机构、起升机构和电气设备组成，通过车轮支承在厂房或露天栈桥的轨道上，因为外观像一架金属的桥梁，所以称为桥式起重机。桥架可沿厂房或栈桥做纵向运行；而起重小车则沿桥架做横向运动，起重小车上的起升机构可使货物做升降运动。这样桥式起重机就可以在一个长方形的空间内起重搬运货物。图5-1所示为通用桥式起重机的外形图。

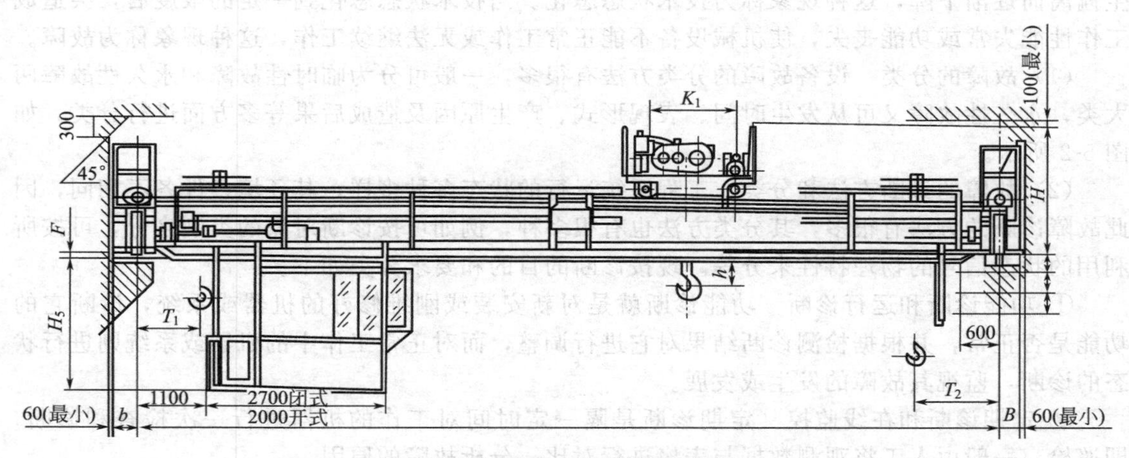

图 5-1 通用桥式起重机的外形图

桥式起重机根据使用吊具不同，可分为吊钩式桥式起重机、抓斗式桥式起重机、电磁吸盘式桥式起重机。

根据用途不同，可分为通用桥式起重机、冶金专用桥式起重机、龙门桥式起重机和装卸桥等。

按主梁结构形式可分为箱形结构桥式起重机、桁架结构桥式起重机、管形结构桥式起重机，还有由型钢（工字钢）和钢板制成的简单截面梁的起重机（称为梁式起重机）。

在桥式起重机之中，主要技术参数包括起重量、跨度、起升高度、工作级别、主要尺寸、极限位置等数据。

习惯上，把桥式起重机分为大车、小车和电气设备三个部分。从便于检修方面考虑，桥式起重机可分为金属结构部分、机械部分和电气部分，下面就按这种结构分类进行分别叙述。

（1）金属结构部分　桥式起重机的金属结构是起重机的骨架，所有机械、电气设备都分布于其上，是起重机的承载结构，并使起重机构成一个机械设备的整体。

桥式起重机的金属结构主要由起重机桥架（又称大车桥架）、小车架和操作室（司机室）等部分组成。为了保障起重机的运行和人身安全，方便操作人员、检修人员工作，在桥式起重机上还设置了走台和防护栏杆。

（2）机械部分　机械部分是为实现起重机的不同要求而设置的，它是起重机动作的执行机构，一般具有三个机构，即起升机构、大车运行机构和小车运行机构。起升机构是用来升降重物的；大车运行机构是用来移动起重机，使重物做纵向水平运动；小车运行机构是用来移动小车，使重物做横向水平运动的。起升机构紧耦合小车运行机构安装在小车架上，大车运行机构安装在桥架走台上。

（3）电气部分　桥式起重机的电气部分主要包括各机构的电动机、制动电磁铁、操作电器和保护电器等，它是指挥桥式起重机各机构工作的控制系统。其中操作电器包括控制器、接触器、继电器、熔断器、变频器、配电盘和控制开关等。

（4）安全装置　起重机的安全装置是保证起重机和操作人员安全，防止发生机械和人身事故的装置，它是起重机不可缺少的部分。起重机的安全装置主要有缓冲器、限位器、防碰装置及连锁保护线路等，对安全装置的要求是灵活、牢固、可靠和便于维修。

2. 桥式起重机的故障分类及诊断方法

机械设备在使用过程中，随着使用时间的延长，其主要技术性能指标会与初始标准值产生偏离而逐渐下降，这种现象称为技术状态恶化。当技术状态恶化到一定的限度后，会造成工作性能失常或功能丧失，使机械设备不能正常工作或无法继续工作，这种现象称为故障。

（1）故障的分类　设备故障的分类方法有很多，一般可分为临时性故障和永久性故障两大类，永久性故障又可从发生时间、表现形式、产生原因及造成后果等多方面进行分类，如图 5-2 所示。

（2）故障的诊断方法和分类　工程系统运行的状态多种多样，其环境条件各不相同，因此故障诊断的方法有很多，其分类方法也有很多种，例如可按诊断对象的类别来分，可按所利用的状态信号的物理特性来分等。现按诊断的目的和要求分类如下。

① 功能诊断和运行诊断　功能诊断就是对新安装或刚维修好的机器或系统，诊断它的功能是否正常，并根据检测诊断结果对它进行调整，而对正常工作中的机器或系统则进行状态的诊断，监视其故障的发生或发展。

② 定期诊断和在线监控　定期诊断是隔一定时间对工作的机器进行一次检查和诊断，即巡检。一般由人工将观测数据与表格进行对比，分析故障的原因。

③ 直接诊断和间接诊断　直接诊断是直接根据关键零部件的信号判断该零部件的状态，例如对油液的混浊程度、运行时的声音、轴承间隙、齿轮齿面磨损、轴和叶片的裂纹以及在腐蚀环境下管道的壁厚等进行直接观察和诊断。直接诊断往往受到机械结构和运行条件的限

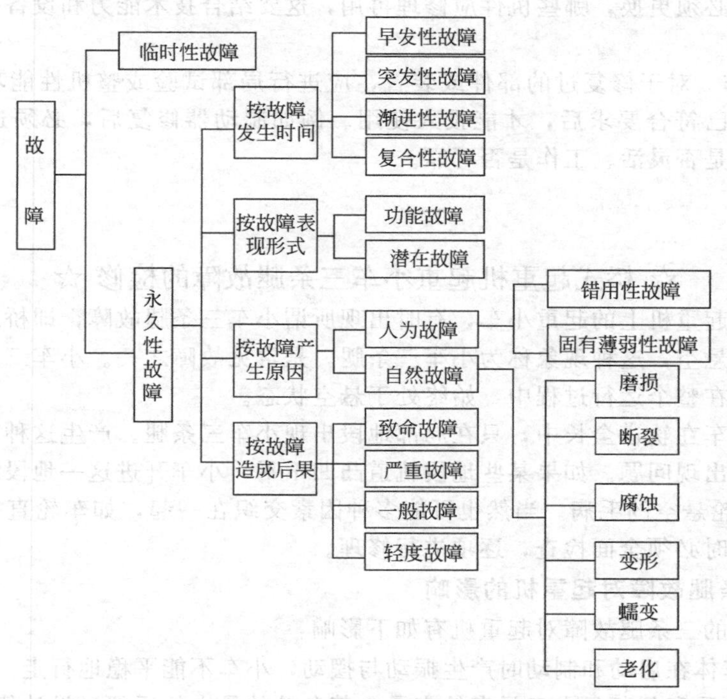

图 5-2 设备故障类型

制而无法实现，这时只好采用间接诊断。

间接诊断是通过二次诊断信息来间接地判断机器中关键零部件的状态变化，这些信息包括油液压力、温度的变化等。这些信息一般容易测量，有一套成熟的经验判别数据可供参考。

(3) 排除故障的步骤和方法　故障排除工作的一般步骤为：弄清故障现象；分析故障原因；拆卸检查，确定故障原因；修复；试验。

① 弄清故障现象　弄清故障现象就是根据起重机运行中出现的异常情况进行仔细观察，总结出规律，例如，车轮打滑在什么状态下发生而在什么状态下不发生；减速箱漏油是在哪个部位。当发生故障时，有的现象明确直观，有的则不易察觉，还有的是偶发性的，这就需要进行认真分析，做出正确的判断。

② 分析故障原因，确定检查部位　根据故障现象分析产生原因，一般按照实际对照有关资料，列出可能发生同类故障的各种原因，例如分析起升机构不能吃重的原因，就必须首先了解起升机构各种动作的工作原理，了解各个部件之间的装配关系。认真分析各个部件的性能，逐步进行推理查找。在找故障时，可用眼看、耳听、手摸等不同方法来判断各个部件是否异常，也有的需要借助测试仪器和专用器具来检验。

③ 拆卸检查，确定故障原因　对于确定拆卸的各个部件，应按照引发故障发生的可能性以及拆卸的复杂程度，确定拆卸的先后顺序，通常做法是先拆简易的、后拆复杂的，先拆故障可能性大的、后拆故障可能性小的。

桥式起重机的故障归纳起来可分两大类：一类是由于机件的损坏，称为操作性故障，如主梁弯曲变形、轴承破裂、吊钩钩头折断等；另一类是由于连接松弛、间隙变化，例如，制动器活动关节被卡死造成制动带不能脱开制动轮、减速器合口不严及螺栓松动导致漏油等，这类故障均称为非损伤性故障或维护性故障。

④ 修复工作　对于非损伤性故障只要进行必要的清洗、润滑、补充、调整、紧固等工作就可排除。如部件松动，紧一下螺栓即可消除故障。对于损伤性故障，则应采取慎重的态

度决定哪些机件必须更换，哪些机件应修理再用，这要结合技术能力和设备条件综合考虑经济效益来决定。

⑤ 试验工作　对于修复过的部件或装置，应进行局部试验或整机性能功能试验，只有在确认整机性能已符合要求后，才能投入使用。例如制动器修复后，必须进行吊运负荷试验，检验其动作是否灵活、工作是否可靠。

【任务实施】

☆ 桥式起重机起重小车三条腿故障的检修 ☆

用在双主料起重机上的起重小车，有时出现所谓小车三条腿故障，即桥式起重机小车在工作中一只车轮悬空，这种现象称为小车三条腿，是常见故障之一。小车三条腿常见的表现形式为一个车轮在整个运行过程中，始终处于悬空状态。

有时起重小车在轨道全长中，只在局部地段出现小车三条腿。产生这种现象的原因可能是轨道的平直性出现问题。如果某些地段轨道凸凹不平，小车开进这一地段就会出现3个车轮着轨、1个车轮悬空的毛病。当然也可能多种因素交织在一起，如车轮直径不等，同时轨道凸凹不平。这时必须全面检查，逐项进行修理。

1. 小车三条腿故障对起重机的影响

起重机小车的三条腿故障对起重机有如下影响：

① 使小车车体在启动和制动时产生振动与摆动，小车不能平稳地行走。

② 使小车自重和负荷只由三只车轮支承，其车轮的最大轮压超过设计值。

③ 造成小车运行过程的啃轨。

④ 整机产生振动，小车也容易脱轨。

⑤ 桥架因受力不均容易变形。

2. 产生小车三条腿故障的原因

产生小车三条腿的原因可分自身故障，以及变形、安装与磨损所致的轨道问题。

(1) 小车自身因素

① 小车架本身形状不符合技术要求或者发生了变形。

② 4个车轮中有1个车轮直径过小。

③ 车轮的安装不符合技术要求。

④ 小车架对角线上的2个车轮直径误差过大。

(2) 轨道因素　包括轨道变形、磨损、安装质量和主梁变形或上盖板波浪形变形引起的轨道凸凹、轨道标高超差等。

小车三条腿常有如下的表现形式：

① 某1个车轮在整个运行过程中，始终处于悬空状态。造成这种三条腿的原因可能有两个，其一，4个车轮的轴线不在一个平面内，即使车轮直径完全相等，也总要有1个车轮悬空；其二，即使4个车轮的轴线在一个平面内，若是有1个车轮直径明显地较其他车轮小或者对角线2个车轮直径太小，都会造成小车三条腿。

② 起重小车在轨道全长中，只在局部地段出现小车三条腿。

3. 小车三条腿的检查

造成小车三条腿的主要原因是车轮和轨道的尺寸偏差过大，根据其表现形式，可以优先检查某些项目。如在轨道全长运行中，起重小车始终是三条腿运行，这就要首先检查车轮；如局部地段三条腿，则应首先检查轨道。

(1) 小车车轮的检查　车轮直径的偏差可根据车轮直径的公差进行检查，如 $\phi350d_4$ 的车轮，查公差表可得知允许偏差为0.1mm，同时要求所有的车轮滚动面必须在同一平面上，偏差不应大于0.3mm。

(2) 轨道的检查　为了消除小车三条腿，检查轨道的着重点应是轨道的高低偏差。小车轨道高度偏差（在同一截面内）：当小车跨距$L_x \leqslant 2.5$m时，允许偏差$d \leqslant 3$mm；当小车跨距$L_x > 2.5$m时，允许偏差$d \leqslant 5$mm。小车轨道接头处的高低差$e \leqslant 1$mm，小车轨道接头的侧向偏差$g \leqslant 1$mm。

小车轨道高度偏差可用水平仪和经纬仪来找平；没有这些条件的地方，可用桥尺和水平尺找平。桥尺是一个金属构架，下弦面必须比较平整，整个架子刚性要强，这样才能保证准确性。如图5-3所示，把桥尺横放在小车的两条轨道上，桥尺上安放水平尺。用观察水平尺气泡移动的方法来检查起重小车轨道高度差。

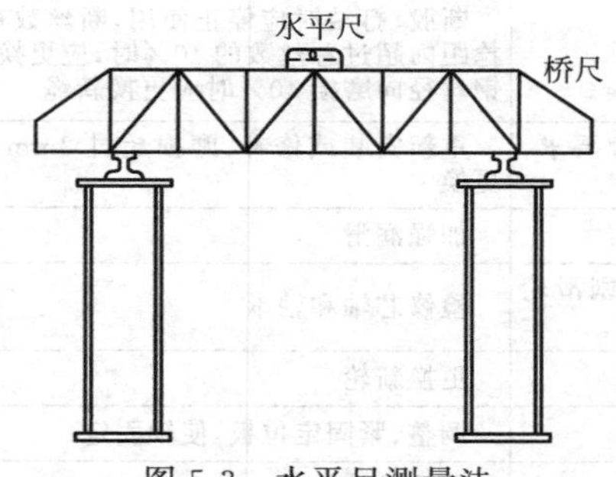

图5-3　水平尺测量法

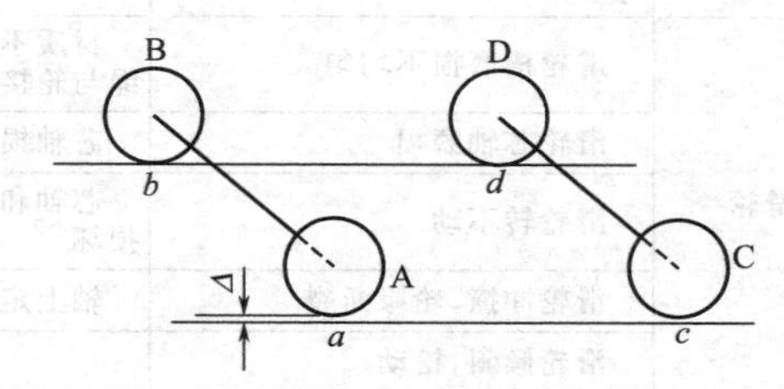

图5-4　小车三条腿检查

检查同一条轨道的平直性，可采用拉钢丝的方法，根据钢丝来找平轨道。

(3) 小车三条腿的综合检查　实际工作中，所遇到的问题多数是几种因素交织在一起，有车轮的原因，也有轨道的原因。这时只能推动小车，一段一段地分析，找出三条腿的原因。检查时，可准备一套塞尺或厚度各不相同的铁片，将小车慢慢推动，逐段检查。如果在检查过程中发现，小车在整个行程始终有一个车轮悬空，而车轮直径又在公差范围内，那么就可以断定那个车轮的轴线偏高。

在推动过程中，只有在局部地段出现三条腿现象，如图5-4所示，车轮A在a处出现间隙Δ，那么选择一个合适的塞尺或铁片塞进去，然后再推动起重小车，如果当C轮进入a点不再有间隙，则说明轨道在a处偏低。如果A轮在a点没有间隙，C轮进入a点出现间隙，那就可以判断三条腿现象是车轮的偏差所造成的。当然可能出现更加复杂的情况，那就要进行综合分析，找出原因进行修理。

4. 小车三条腿的修理方法

(1) 车轮修理　需要修理车轮的主要原因常常是车轮轴线不在一个平面内，这时一般采用修理被动轮的方法，而不动主动车轮。因为主动车轮的轴线是同心的，移动主动车轮会影响轴线的同轴度。

若主动轮和被动轮的轴线不在一个水平面内，可将被动轮及其角轴承架一起拆下来，把小车上的水平键板割掉，再按所需要M尺寸加工，焊上以后，把角轴承架连同车轮一起安装上，如图5-5所示。

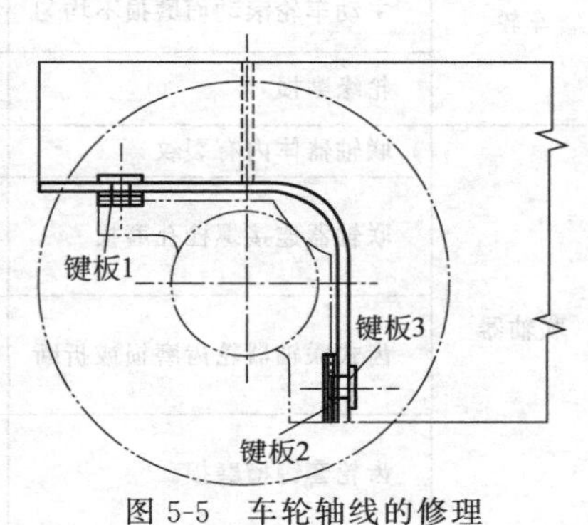

图5-5　车轮轴线的修理

① 确定刨掉水平键板1的尺寸。

② 将键板和车架打上记号，以备装配时找正。

③ 割掉车架上的定位键板3、水平键板1和垂直键板2。

表 5-1 桥式起重机常见故障与排除

零部件名称	故障	原因	排除方法
锻制吊钩	尾部螺纹及退刀槽、钩头表面出现裂纹	超期使用、超载使用或材质缺陷所致	发现裂纹及时更换
	钩口危险断面磨损	磨损严重时，其强度削弱，易于折断，造成事故	当磨损量超过危险断面 10%时，应更换新钩；对于吊运钢水、熔化金属的吊钩磨损量超过危险断面高度 5%时，应报废更换新钩；对于已磨损，但未超过此标准者，应降低负荷使用
	钩口部位和弯曲部位发生永久变形	长期过载，疲劳所致	立即更换新钩
叠片式吊钩（板钩）	吊钩变形	吊钩长期过载所致	停止使用更换新钩
	钩片上有裂纹	吊钩超期、超载使用，导致吊钩损坏	更换钩片
钢丝绳	断股、断丝、打结或磨损	会导致断绳	断股、打结时应停止使用，断丝数在一个捻距内超过总丝数的 10%时，应更换新绳；钢丝径向磨损 40%时应更换新绳
滑轮	滑轮槽磨损不均匀	材质不均匀，安装不合要求，绳与轮接触不均匀	重新安装或修补，磨损超过 3mm 时，应更换
	滑轮芯轴磨损	芯轴损坏	加强润滑
	滑轮转不动	芯轴和钢丝绳磨损加剧滑轮损坏	检修芯轴和轴承
	滑轮冲撞，轮缘断裂	轴上定位板松动	更换新轮
	滑轮倾斜，松动		调整、紧固定位板，使轴固定
卷筒	卷筒发现疲劳裂纹	卷筒断裂	更换卷筒
	卷筒轴、键磨损	轴被剪断，导致吊物坠落	停止使用，立即检修
	卷筒绳槽磨损和跳槽	卷筒强度削弱，容易断裂，钢丝绳缠绕混乱	当卷筒壁厚磨损达原厚度的 20%以上时，应更换卷筒
齿轮	齿轮轮齿折断	在工作时跳动，继而损坏机构	更换新齿轮
	轮齿磨损	齿轮传动时声响不正常，有跳动现象	超过允许极限值时，应更换新齿轮
	轮辐、轮缘、轮毂有裂纹	齿轮损坏	对起升机构应更换新轮，对运行机构可进行修补
	因“键滚”而使齿轮键槽损坏	使吊物坠落	对起升机构应更换新轮，对运行机构可在相距 90°方向重新插键槽，并可靠地安装在轴上
轴	轴上有裂纹	轴材质差，热处理不当，导致轴折断	更换新轴
	轴弯曲	导致轴颈磨损，影响传动	不直度超过每米 0.5mm 时，应校直
	键槽损坏	不能传递转矩	起升机构传动轴应更换，运行机构可重新铣键槽，继续使用
车轮	轮辐、踏面（滚动面）有裂纹	车轮损坏	更换新车轮
	主动车轮滚动面磨损不均匀	由于表面淬火不匀，车轮倾斜啃道所致，运行时振动	成对地更换
	轮缘磨损	由于车体倾斜，啃道所致，容易脱轨	轮缘磨损超过原厚度的 50%时，更换新车轮
联轴器	联轴器体内有裂纹	联轴器损坏	更换
	联轴器连接螺栓孔磨损	开动时机构跳动、切断螺栓，如是起升机构，将发生吊物坠落	对于起升机构联轴器应更换新件；对于运行机构的联轴器可重新扩孔配螺栓，孔磨损严重时，可焊补后再钻铰孔
	齿式联轴器轮齿磨损或折断	由于缺少润滑油，工作频繁，打反车所致。会导致齿磨坏，重物坠落	对于起升机构，轮齿磨损达原齿厚 15%即应更换新件；对于运行机构轮齿磨损达原齿厚的 20%时，更换新件
	齿轮套键槽磨损	不能传递转矩，重物坠落	对于起升机构齿轮套应更换新件，若对于运行机构齿轮套可在与其相距 90°处重新插键槽，配键后继续使用

续表

零部件名称	故障	原因	排除方法
减速器	周期性的、颤动的声响	齿轮齿距误差过大或齿侧间隙超过标准，引起机构振动	更换齿轮
	发生剧烈的金属挫擦声，引起减速器的振动	通常是减速器高速轴与电动机轴不同心，或齿轮轮齿表面磨损不均，齿顶有尖锐的边缘所致	检修、调整同轴度或相应修整齿轮轮齿
	壳体、特别是安装轴承处发热	轴承滚珠破碎，或保持架破碎；轴颈卡住，轮齿磨损；缺少润滑油	更换轴承；修整轮齿；更换润滑油
	润滑油沿剖分面流出	密封环损坏；减速器壳体变形；剖分面不平；连接螺栓松动	更换密封圈，将原壳体洗净后涂液体密封胶；检修减速器壳体；剖分面刮平；开回油槽紧固螺栓
	减速器在架上振动	减速器固定螺栓松动，输入或输出轴与电动机轴、工作机件不同心，支架刚性差	调整减速器传动轴的同心度紧固减速器的固定螺栓；加固支架，增大刚性
制动器	不能刹住重物(对运行机构则是小车或大车断电后滑行过大)	制动器杠杆系统中有的活动铰链被卡住；制动轮工作表面有油污；制动带磨损严重，铆钉裸露；主弹簧张力调整不当或弹簧疲劳、制动力矩过小所致	润滑活动铰链；用煤油清洗制动轮工作表面；更换新制动带；调整主弹簧；更换已疲劳的弹簧
		电磁铁冲程调整不当，或长冲程电磁铁坠重下有物支承	调整电磁铁冲程；清理长冲程电磁铁的工作环境
		液压推杆制动器叶轮旋转不灵活	检修推动机构和电器部分
	制动器不能打开	制动带胶粘在有污垢的制动轮上	用煤油清洗制动轮及制动带
		活动铰链被卡住	消除卡住地方，润滑铰链处
		主弹簧张力过大	调整主弹簧
		制动器顶杆弯曲，顶不到动磁铁	将顶杆调直，或更换顶杆
		电磁铁线圈烧毁	更换线圈
		在液压推杆制动器上油液使用不当	按工作环境温度更换油液
		叶轮卡住	检查电器部分和调整推杆机构
		电压低于额定电压的85%，电磁铁吸力不足	用万用电表测T电磁铁的电压，查明电压降低的原因，并予以解决
	在制动带上发生焦味、冒烟，制动带迅速磨损	制动带与制动轮间隙不均匀在运转时相摩擦而生热	调整制动器
		辅助弹簧失效不起作用，推不开制动臂，制动带始终压在制动轮上	更换新弹簧
		制动轮工作表面粗糙	按要求重新加工制动轮
	制动器易于脱开调整的位置，制动力矩不稳定	主弹簧的锁紧螺母松动，致使调整螺母松动	拧紧调整螺母，并用锁紧螺母锁住
		螺母或制动推杆螺母破坏	更换制动推杆和螺母，或重新修整推杆并配制螺母
夹轨钳	制动力矩小，夹不住	各活动铰接部分有卡住现象或润滑不良	修整各活动铰接部分，加润滑油
		制动带(闸瓦)磨损，制动力矩显著减少	更换新制动带
滚动轴承	轴承产生高热	缺少润滑油	检查轴承中润滑油，使其达到规定标准
		轴承中有污垢	用汽油清洗轴承，并注入新润滑油
	工作时滚动轴承响声大	装配不良而使轴卡住	检查轴承的装配质量
		轴承部件损坏	更换新轴承
小车运行机构	打滑	轨道上有油或冰霜	去掉油污和冰霜
		轮压不均	调整轮压
		同一截面内两轨道标高差过大	调整轨道，使其达到安装标准
		启动过猛(一般发生在鼠笼式电动机的启动时)	改善电动机的启动方法，或选用绕线式电动机
	小车三条腿运行	车轮直径偏差过大	按图纸要求进行加工
		安装不合理	按技术要求重新调整安装
		小车架变形	火焰矫正，使其达到设计要求

④ 加工水平键板 1，将车架垂直键板的孔沿垂直方向向上扩大到所需要的尺寸并清理毛刺。

⑤ 将车轮及角轴承架安装上并进行调整和拧紧螺钉，然后试车。如运行正常，则可将各键板焊牢；如还有三条腿现象，再进行调整。为了减少焊接变形和便于今后的拆修，键板应采用断续焊。

(2) 轨道的修理

① 轨道高度偏差的修理。轨道高度偏差一般可采用加垫板的方法，垫板宽度要比轨道下翼缘每边多出 5mm 左右，垫板数量不宜过多，一般不应超过 3 层。轨道有小的局部凹陷时，一般采用在轨底下加力顶的办法。在开始加力之前，先把轨道凹陷部分固定起来（加临时压板），如图 5-6 所示。这样就避免了由于加力使轨道产生更大的变形。校直后要加垫板，以防再次变形。

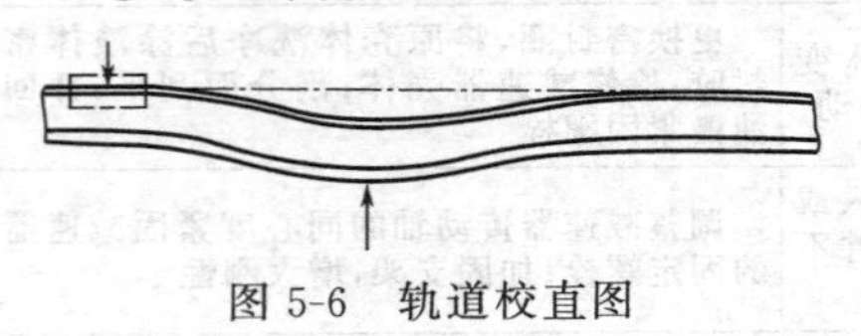

图 5-6 轨道校直图

② 轨道直线性的修理。轨道直线性可采用拉钢丝的方法来检查，如发现弯曲部分，可用小千斤顶校直。在校直时，先把轨道压板松开，然后在轨道弯曲最大部位的侧面焊一块定位板，千斤顶靠在定位板上，校直后，打掉定位板，重新把轨道固定好。

由于主梁上盖板（箱形梁）的波浪引起的小车轨道波浪，一般可采用加大一号钢轨或者在轨道和上盖板间加一层钢板的办法来解决。

【知识拓展】

☆ 桥式起重机的常见故障与排除方法 ☆

桥式起重机的常见故障与排除方法如表 5-1 所示。

任务 5.2 塔吊的故障诊断与修理

【任务描述】

塔式起重机，简称塔吊，是建筑安装工程中广泛应用的一种施工机械，具有工作效率高、使用范围广、回转半径大、起升高度高、操作方便的特点。

塔吊的种类很多，出现的故障和造成故障的原因也是多种多样的，只有掌握故障诊断与修理的基本技能，才能在维修过程中做到诊断准确，措施得当。

【任务分析】

塔式起重机的故障分为机械液压系统和电气系统两部分的故障，常见故障有钢丝绳磨损太快、开式齿轮磨损不均匀、制动器失灵、液力耦合器漏油、噪声过大等。产生故障的原因有时是内部因素，有时是外部因素，有时又是综合因素造成的结果。本任务是熟悉塔式起重机的工作原理和结构分析，掌握塔式起重机常见故障的产生原因与排除方法，提高准确诊断塔吊的故障以及修理的基本技能，为以后的工作奠定基础。

【知识准备】

1. 塔吊的分类

塔式起重机，简称塔吊，是建筑安装工程中广泛应用的一种施工机械，在工业与民用建筑、电站施工、水利建设及造船等部门都有广泛的应用。塔式起重机（塔吊）具有工作效率高、使用范围广、回转半径大、起升高度高、操作方便的特点，是完成垂直输送效率较高的起重设备之一。

中国塔式起重机的发展经历了从测绘仿制到自行设计制造的过程。如今，无论从生产规模、应用范围，还是从拥有塔式起重机总量等方面来衡量，中国均可堪称塔式起重机大国。

塔式起重机种类繁多，形式各异，功能也不尽相同，但从其构造和使用特点等方面来看，可按下面方法分类。图 5-7 是各类塔式起重机的结构简图。

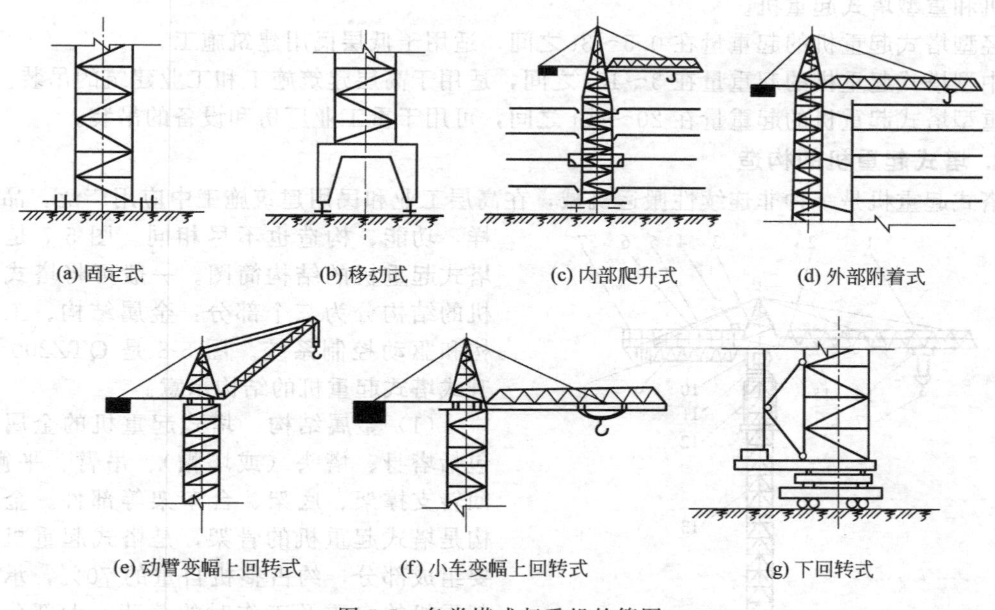

图 5-7　各类塔式起重机的简图

（1）按回转部分装设的位置不同分类　按回转部分装设的位置不同，可分为上回转塔式起重机和下回转塔式起重机。

上回转塔式起重机是将回转部分装设在塔机的上部。这种塔机的特点是塔身固定不动，在回转部分和塔身之间装有回转装置，这样可将上、下两部分融为一体，又可相对回转。根据回转支承构造形式的不同，上回转部分又可分为塔帽式、转柱式和塔顶式等几种。

下回转塔式起重机是将回转部分装设在塔机的下部，吊臂装在塔身顶部，而塔身、平衡重和所有机构均安装在转台上。这种塔机的特点是重心低，稳定性好，塔身受力较有利，另外由于平衡重在塔机下部，能够自行架设、整体搬运。

所有机构均安装在转台上。这种塔机的特点是重心低，稳定性好，塔身受力较有利，另外由于平衡重在塔机下部，能够自行架设、整体搬运。

（2）按起重机有无运行机构分类　根据起重机有无运行机构，可分为移动式塔式起重机和固定式塔式起重机。

移动式塔式起重机具有行走装置，能够行动。具体又可分为轨道式塔式起重机、轮胎式塔式起重机、汽车式塔式起重机和履带式塔式起重机四种。

固定式塔式起重机没有运行机构，不能移动，而是通过连接件将塔身基础固定在地基基础或结构物上，具体又可分为塔身高度不变式和自升式。

（3）按塔机变幅方式的不同分类　根据塔机变幅方式的不同，可分为动臂变幅塔式起重机、小车变幅塔式起重机和综合变幅塔式起重机。

动臂变幅塔式起重机由臂架的俯仰运动进行变幅，具有臂架受力状态良好、自重较轻的特点。

小车变幅塔式起重机由起重小车沿起重臂的运动进行变幅，具有幅度利用率高、工作平稳、安装方便、效率高的特点。

综合变幅塔式起重机根据作业的要求，其臂架可以弯折，同时具有动臂变幅和小车变幅的功能，在起升高度和幅度上弥补了二者工作的局限性，应用广泛。

(4) 按起重能力的大小分类　根据起重能力的大小，可分为轻型塔式起重机、中型塔式起重机和重型塔式起重机。

轻型塔式起重机的起重量在0.5～3t之间，适用于低层民用建筑施工。

中型塔式起重机的起重量在3～15t之间，适用于高层建筑施工和工业建筑的吊装。

重型塔式起重机的起重量在20～40t之间，可用于重工业厂房和设备的吊装。

2. 塔式起重机的构造

塔式起重机是一种非连续性搬运机械，在高层工业和民用建筑施工中应用广泛，品种多样，功能、构造也不尽相同。图5-7是各类塔式起重机的结构简图。一般可将塔式起重机的结构分为三个部分：金属结构、工作机构和驱动控制系统。图5-8是QTZ200型自升式塔式起重机的结构示意。

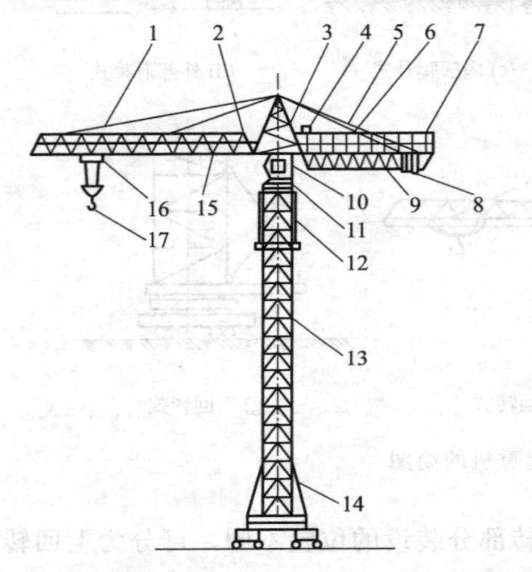

图5-8　QTZ200型自升式塔式起重机的结构示意
1—吊臂拉杆；2—限位装置；3—塔帽；4—电控箱；5—平衡臂拉杆；6—起升钢绳；7—起升机构；8—配重；9—平衡臂；10—驾驶室；11—回转机构；12—顶升机构；13—塔身；14—底架；15—吊臂；16—起重小车；17—吊钩

(1) 金属结构　塔式起重机的金属结构包括塔身、塔头（或塔帽）、吊臂、平衡臂、回转支撑架、底架、台车架等部件。金属结构是塔式起重机的骨架，是塔式起重机的重要组成部分，约占整机自重的70%，承载着起重机的自重及工作时的载荷。大部分金属结构都采用分段的格子式结构，由角钢、槽钢、管子等焊接而成，其设计要从减轻自重、节约钢材、提高性能、结构合理、满足可靠性要求等方面考虑。

塔身是塔式起重机的主体结构，承载塔机上部及载荷的重量，按结构形式可分为空间桁架结构和薄壁圆筒结构；按受力特点可分为旋转塔身和不旋转塔身，旋转塔身以承受轴向力为主，不旋转塔身主要受压、弯、扭转作用。在设计塔身时，要计算强度、刚度和稳定性，并充分考虑振动问题。

塔式起重机的吊臂臂架长，自重较大，按其结构形式可分为三种：桁架压杆式、桁架水平式和桁架混合式，目前采用最多的是前两种形式。桁架压杆式臂架是利用固定在臂架端部的变幅钢丝绳改变臂架倾角实现变幅的，臂架主要承受轴向力；桁架水平式臂架则利用沿臂架弦杆运动的起重小车的运动实现变幅，臂架主要承受轴向力及弯矩作用。

平衡臂的作用是承载平衡重，形成作用方向与起重力矩方向相反的平衡力矩，在上回转式塔式起重机中应配设平衡臂。常用的平衡臂有三种形式：平面框架式、三角形截面桁架式和矩形截面桁架式。平衡臂的长度与起重臂的长度要保证一定的比例关系，一般在0.2～0.35之间；平衡臂的重量与平衡臂的长度成反比关系。

回转平台式塔式起重机回转部分的固定部分之间的部件，由上、下接架构成，分别用螺栓与回转支承内外圈连接，其中上接架与回转塔身连接，下接架与塔身标准节连接。

塔式起重机的底架主要起支撑作用，增加塔身整体的稳定性。以回转自升式塔机为例，底架通常采用十字形结构，由一根长的横梁与两根半梁用螺栓连接而成，与塔身基础节、撑杆等共同组成塔式起重机的底架结构。

(2) 工作机构　工作机构是指为了实现塔式起重机的不同机械运动，达到预定的各种机械动作而设置的各种机械部分的总称。以自升式塔式起重机为例，其工作机构通常包括起升机构、变幅机构、回转机构和运行机构等。

① 起升机构　起升机构是用于实现重物升降运动的工作机构。对于一台塔式起重机来说，起升机构通常包括电动机、制动器、减速器、卷筒、钢丝绳、滑轮组及吊钩等部分，各部分连接关系如图 5-9 所示。电动机与减速器之间通过连接轴相连，减速器的输出端装有卷筒，卷筒通过钢丝绳安装在塔身或塔顶上，导向滑轮和起重滑轮与吊钩相连。电动机工作时，发出动力，减速器完成转速与力矩间转换的最佳配比，使电动机处于最佳工作状态，缠绕在卷筒上的钢丝绳被卷筒卷进或放出，通过滑轮组带动悬挂于吊钩上的物品起升或下降。当电动机停止工作时，制定器通过弹簧力将制动轮刹住，支持吊装物品，不允许其在重力作用下下落。起升机构的设计应充分满足塔式起重机的主要工作性能，在此基础上还要使机构简单、工作可靠、减轻自重、维修保养方便。

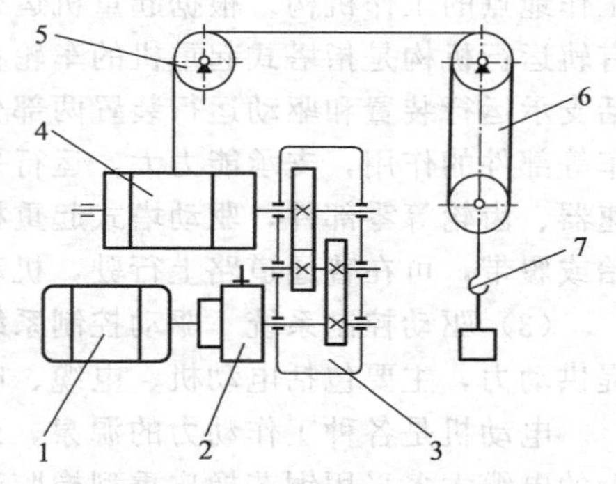

图 5-9　起升机构示意图

1—电动机；2—联轴器；3—减速器；4—卷筒；5—导向滑轮；6—滑轮组；7—吊钩

② 变幅机构　变幅机构是用来改变幅度的工作机构，可扩大塔式起重机的工作范围，充分利用自身的起吊功能，提高生产效率。

根据工作性质的不同，可将塔式起重机的变幅机构分为非工作性变幅机构和工作性变幅机构。非工作性变幅机构是在塔式起重机空载时改变幅度，调整取物装置的作业位置，具有变幅次数少，构造简单、自重轻的特点。工作性变幅机构是在塔式起重机负载条件下改变幅度，变幅过程是起重机工作的主要环节，具有生产效率高、工作性能好的特点，但构造复杂、自重较大。

根据运动形式的不同，可将塔式起重机的变幅机构分为动臂式和运行小车式。动臂式是通过钢丝绳滑轮组和变幅液压缸控制吊臂做俯仰运动，从而实现变幅的，通常用于非工作性变幅，具有起升高度高、拆卸方便、自重轻的特点，但幅度利用率低、变幅速度不均匀。小车式变幅机构是通过起重小车的移动牵引实现变幅的，工作时小车由变幅牵引机构驱动沿水平安装的吊臂轨道运动，具有变幅速度快、安装就位方便、幅度利用率高的特点，但由于吊臂要承受较大的弯矩，因而结构笨重，用钢量大。针对以上两种方式的利弊，经常在塔式起重机上同时采用两种变幅方法，即综合变幅塔式起重机，它可同时具有二者的功能，弥补二者的不足，现已得到广泛的应用。

③ 回转机构　回转机构是为了扩大塔式起重机的工作范围，使起重臂架能够绕塔式起重机的回转中心实现 360°的回转运动，改变吊钩在工作平面内的位置，这样在塔式起重机固定不动的情况下，也能把物品吊运到回转圆力所能及的范围内。塔式起重机常用的回转方式有两种：一种是由电动机带动涡轮减速器转动，涡轮减速器再带动行星小齿轮围绕大齿轮转动，从而实现塔式起重机转台以上部分围绕回转中心转动；另外一种是由电动机通过少齿差行星齿轮减速器或摆线针轮减速器带动小齿轮围绕大齿轮转动，进而驱动塔式起重机转

动，这种方式普遍应用在上回转塔式起重机中。

回转机构包括支承装置和回转驱动装置。回转支承装置为塔式起重机的回转部分提供稳定、牢固的支承，同时将回转部分的载荷传递给固定部分。塔式起重机中常采用柱式回转支承装置和滚动轴承式回转支承装置，柱式回转支承装置结构简单、制造方便；滚动轴承式回转支承装置结构紧凑，是目前应用最广的回转支承装置，可同时承受垂直力、水平力和倾覆力矩。回转驱动装置驱动塔式起重机的回转部分相对其固定部分实现回转，一般采用电动机驱动，通常安装在塔式起重机的回转部分上，电动机通过减速器带动最后一级小齿轮，小齿轮与塔式起重机固定部分的大齿轮互相啮合，从而实现回转运动。

④ 运行机构　运行机构是用来支承起重机的自重和载荷，并使起重机水平运行、改变工作地点的工作机构。根据起重机运行方式的不同，可分为有轨运行机构和无轨运行机构。有轨运行机构是指塔式起重机的车轮在专门铺设的轨道上运行，是目前采用较多的形式，包括支承运行装置和驱动运行装置两部分。支承运行装置起到支承塔式起重机的行走车轮、台车等部件的作用，支承能力大，运行平稳且阻力小；驱动运行装置包括电动机、制动器、减速器、齿轮等零部件，驱动塔式起重机沿轨道移动。无轨运行机构则是指塔式起重机采用轮胎或履带，可在普通道路上行驶，机动性强。

(3) 驱动控制系统　驱动控制系统是塔式起重机的一个重要组成部分，为各种工作机构提供动力，主要包括电动机、电缆、电缆卷线器和各种电控系统的结构部件等。

电动机是各种工作动力的源泉，最常用的是 YZR 和 YZ 系列交流电动机。塔式起重机上的电缆大多采用铜芯橡皮重型橡胶套电缆，能够承受较大的机械外力而不致损坏。电缆卷筒大都安装在底架上，由一套专用的传动装置带动并与塔式起重机的行走机构同步运行。电缆卷线器是塔式起重机上专用的电缆收放装置，能够准确保证电缆的收放与行走机构同步，避免因不同步造成电缆承受拉力而容易损坏，甚至出现电缆被拉断或电缆收卷慢而产生堆积的情况，塔式起重机的电控系统主要包括电源行走控制箱、卷扬电控箱、卷扬电阻箱、起重小车电控箱、起重小车电阻箱、驾驶室电控箱、联动操作台、被控电动机及辅助电气等，由连接电缆将其连成一个完整的系统，操纵塔式起重机完成各项工作。

驱动控制系统控制工作机构的驱动装置和制动装置，完成机构的启动、制动、改向、调速等工作过程，并实时监控机构工作的安全性，起到安全保护作用，与此同时能够及时把塔式起重机工作情况的各种参数（如电流值、电压值、速度、幅度、起重量、起重力矩、工作位置、风速等数据）传递并显示给操作者，使操作者做到心中有数。对于一台性能优秀的塔式起重机来说，一定要有性能良好、安全可靠、寿命较长的驱动控制系统与之相配合，才能更好地发挥其功能。

除了以上三个部分外，由于使用塔式起重机时经常会发生事故，如因超载而引起的倒塔、塔身弯折；在大风作用下，夹轨器失灵使塔式起重机沿导轨走到头部，遇到挡板而翻车等情况，因此在塔式起重机上安装各种安全保护装置也是十分必要的。常用的安全保护装置有起升高度限位器、起重量限制器、起重力矩限制器、幅度指示器、夹轨器、锚定装置及各种行程限位开关等，通过这些安全保护装置尽可能地避免由于操作失误或违章操作等引起的灾难性事故的发生。

【任务实施】

☆ 塔式起重机的常见故障及排除方法 ☆

1. 机械及液压系统

机械及液压系统故障与排除方法见表 5-2。

表 5-2 机械及液压系统故障与排除

故障现象	原因	排除方法
钢丝绳磨损太快或经常跳出滑轮槽	滑轮、导向滑轮不转或磨成深槽 滑轮槽和钢丝绳直径不符 滑轮偏斜或位移	修复或更换 更换合格钢丝 调整滑轮位置
开式齿轮噪声大或磨损不均匀	齿面磨损间隙过大 中心距过大或过小	修理或更换 重新调整中心距
减速器噪声大、温度高	润滑油过多或过少 轴承安装不当或损坏 齿轮咬合不良或轴中心线不平行	增、减润滑油到标准油位 重新安装或更换 调整咬合间隙及轴平行度
减速器震动、联轴器弹性胶圈磨损快	电动机与减速器两轴不同心 固定或连接螺栓松动	按摩擦力力矩 1450kN·m 更换
制动器失灵或发热冒烟	制动片沾有油污或间隙过大 制动片与制动轮间隙过小 液压推动器不动作,制动器不脱离	清除油污,调整间隙 调整间隙 拆卸清洗检查,修复故障
涡流制动器噪声大	内部轴承润滑不良或损坏 支撑安装不正确	润滑或更换 用垫片调整
回转支承装置回转时有跳动或异响	小齿轮与大齿轮咬合不良 支承滚轮与滚道间隙过大 缺少润滑油	修复或更换 调整到规定间隙 添加润滑脂
行走轮轮缘严重磨损	轨矩过大或过小 行走轮轴承磨损与轴的间隙过大	重新调整轨距 修补轴或更换轴承
安装装置工作失灵	弹簧脱落或损坏 行程开关损坏 线路错接或短路	修复或更换 修复或更换 检修
液力耦合器温升过高	机械故障引起工作载荷过重 油液不洁,油量过多或过少	检修 更换新油或按规定油量增减
液力耦合器漏油	油封失效 轴颈磨损 接合面不平或密封损坏	更换油封 修复轴颈 修整平面或换垫
液压泵吸空	手动截止阀关闭 滤清器堵塞或油的黏度过高	打开手动截止阀 清洗滤清器,更换合适的液压油
液压油泡沫太多	油箱油面过低 油路系统吸入空气	加油至规定高度 排除空气
液压系统没有压力或压力不足	驱动液压泵的电动机接反 液压泵的进出口接反 换向阀磨损或定位不正确 工作缸内部渗漏 溢流阀失效	改变电动机接线 改变进出口接头 修复或更换 更换密封圈 调整或拆检修复
液压系统压力不稳	液压油脏 液压油中有空气 液压单元件磨损	清洗滤清器,并换新油 拧紧易漏接头,排除空气 修复或更换
液压泵、工作缸、各种阀过热	液压系统压力过高 液压油脏或供油不足 液压油中有空气 溢流阀压力不对 液压泵磨损或损坏	调整安全阀至规定值 清洗滤清器,检查油的黏度 拧紧易漏接头,排除空气 按规定重新调整 更换新件

2. 电气系统

电气系统故障与排除方法见表 5-3。

表 5-3　电气系统故障与排除

故障现象	原　因	排除方法
电动机温升高，有异动	电动机缺相运行 定子绕组有故障 轴承缺油或磨损 定、转子相摩擦	正确接线 检查后排除 加油或更换轴承 调整定转子间隙
电动机输出功率小，达不到全速	线路电压过低 制动器未完全松开 转子或定子回路接触不良	停止工作 调整制动器 检查转子或定子回路
滑环产生电火花	电动机超负荷运行 电刷弹簧压力不足 滑环及电刷有污垢	停止超负荷运行 加大弹簧压力 清除脏物
滑环磨损过快	弹簧压得太紧 滑环表面不光滑	放松弹簧 研磨滑环
控制器接通后，过电流继电器动作	触头与外壳或相邻触头短接 导线绝缘不良	检查短接处并消除 修复或更换导线
接触器有噪声	短路环损坏 磁铁系统歪斜	修复短路环 校正
涡流制动器低速挡速度变快	硅整流器击穿 接触器或主令控制器触头损坏 涡流制动器线圈烧坏	更换整流器 修复或更换触头 更换涡流制动器
涡流制动器速度过低	定、转子间积尘太多或有铁屑	清除积尘
电源隔离开关及空气开关送电后，主接触器不接合	电压过低或无电压 控制电路保险丝烧断 安全开关未接通 控制器手盘不在零位 过电流继电器常闭触头断开 接触器线圈烧破或断线	逐项检查并加以排除或修复
操作主令元件接触器不动作	按钮、控制器转换开关等接触损坏 接触器联锁触头接触不良	检查修复 检查修复
开关及接触器合上后，电动机不转或不加速	触点接触不良 电阻或导线断裂 频敏变阻器档位不符	检修触头 检查修复 检查修复
制动电磁铁过热或有噪声	衔铁面太脏 电磁铁缺相运行 硅钢片未压紧	清扫积尘并涂抹薄层机油 接好三相电源 压紧硅钢片
主接触器吸合后过电流继电器立即动作	过电流继电器整定值不够 主电路中有短路	调整整定值 检查短路部位予以排除
电源电流引入电路接不通	熔断器内熔件烧断 电缆线或中央集电环炭刷接触不良 隔离开关或空气开关未接通	更换熔件 检查修复 重新接通

【知识拓展】

☆ 塔式起重机的使用与操作 ☆

1. 塔式起重机的使用要点

① 式起重机属于露天高空作业机械，其作业环境温度应在 20～40℃之间，过冷或过热的气温，不仅操作人员难以忍受，也不利于起重机的安全使用。

② 塔式起重机塔身高，臂架伸幅长，整机的迎风面广，且迎风面大部分在高空，对风压较为敏感。因此，在风力达到四级及以上时，不要进行塔式起重机的安装和顶升作业，因为这时塔式起重机整体性较差，容易发生事故，同时还要对已拆卸的上、下塔身各连接螺栓重新紧固。当风力在五级及以上时，应停止内爬升塔式起重机的爬升作业，也是因为爬升中的起重机要脱开与建筑物支撑楼层的固定。当风力在六级及以上时，在用的塔式起重机应立即停止作业，锁紧夹轨器，将回转机构的制动器完全松开，使起重臂和平衡臂能随风自由转动，以减小迎风面。对轻型俯仰变幅起重机，应将起重臂落下并与塔身结构锁紧在一起。沿海地区使用塔式起重机如遇风暴警报时，应将塔式起重机停放在避风地点，如不能移动时，则应加缆风绳固定。对于下回转快速拆装的塔式起重机应将塔身放倒至拖运状态。对于大雨、大雾、大雪等恶劣天气，也应停止塔式起重机的拆装和起重吊装作业。

③ 每日或连续大雨后，应对轨道基础进行一次全面检查，检查内容有：轨距偏差，钢轨的平行度，钢轨顶面的倾斜度，轨道基础的弹性沉陷，钢轨的不直度以及轨道的通过性能等。通过检查，对轨道基础的技术状况做出评定，并消除其存在的问题。对于固定式混凝土基础，应检查其是否有不均匀的沉降。

④ 保持塔式起重机上所有安全装置灵敏有效，每月应检查一次，发现失灵的安全装置，必须及时修复或调整。所有安全装置调整妥当后，严禁擅自触动，并应加封（如火漆或铅封），以防止私下调节而造成安全装置失效。

⑤ 塔式起重机的现场平面应按下列原则布置：

a. 要为塔式起重机提供足够的作业场地，清除或避开起重臂起落及回转半径内的障碍物。

b. 应根据施工进度要求、工序安排以及作业性质，为施工创造有利的环境条件，协调运输、装卸、起重等几个方面的关系，使之合理平衡。

c. 合理安排各项物件的堆放。包括吊运构件的依次堆放、辅件辅料的堆放、设备工具的堆放，以达到起重吊运有序，消除相互影响，提高起重机作业效率。

d. 现场的一切布置要以保证安全作业为前提，做到交通应通畅；高压输电线路应满足高度；警戒标志应架设；场地应平整；安全装置应齐全有效。

⑥ 现场施工负责人应在充分掌握起重作业任务的规模（包括工作量、操作范围、吊件质量、安装高度等）以及现场作业条件等情况下，根据塔式起重机的技术性能，编制起重作业方案，内容包括：起重作业任务概况，作业进度计划，劳动组织及职责分工要求，以及作业中需要的辅助机械、设备和料具等，并绘制起重作业顺序图，其中应表明作业现场的构件布置、就位点、起重机行走路线等。编制后应经有关作业人员讨论修正，再经技术主管审定，然后按照起重作业方案进行技术交底，并负责监督检查方案的执行情况，及时解决存在的问题。

⑦ 塔式起重机的操作人员不仅要熟悉所操作的塔式起重机的构造特点、技术性能、操作规程等，而且要掌握正确的操作方法。作业前应对现场环境、行走道路、架空线路、建筑物以及构件质量和分布情况等进行全面了解，并和施工人员、指挥人员密切配合，按照起重作业方案，全面完成起重吊装任务。

⑧ 起重吊装的指挥人员应熟悉塔式起重机使用性能、起重经验丰富、有指挥能力，并经过专业培训，考核合格后持证上岗。指挥人员必须和操作人员密切配合，按照起重作业方案各项要求，组织做好作业前的准备工作，正确运用指挥信号（手势、音响、旗语）指挥起重作业的全过程。对于驾驶室远离地面的塔式起重机，在正常指挥发生困难时，应采用对讲机等有效的通信工具，保持地面和高空人员的联系。操作人员必须按照指挥人员的信号进行作业，如信号不清或错误时，操作人员应拒绝执行，以防由于指挥失误而引发事故。

2. 塔式起重机的操作要点

操作人员在作业前，应认真做好以下检查工作：

① 检视轨道基础，轨道基础应平直无沉陷，固定螺栓无松动；清除轨道上的障碍物，松开夹轨钳并向上固定好。

② 重点检查：起重机钢结构各个杆件应无变形；各传动机构应正常；各齿轮箱、液压油箱的油位应符合标准，各润滑点润滑良好；各主要部位连接螺栓应无松动；各制动器铰点灵活，制动片松紧合适；钢丝绳磨损情况及各滑轮穿绕符合规定；各音响信号、警报装置及照明设备正常有效。

③ 配电箱在送电前，检查各控制器手柄应在零位。当接通电源时，应采用试电笔检查金属结构部分，确认无漏电后，方可上机。

④ 进行空载运转，试验各工作机构是否运转正常，有无噪声及异响；各机构的制动器和安全防护装置是否有效，确认正常后方可作业。

3. 作业中安全注意事项

① 操作人员要精神集中，根据指挥人员的指挥信号进行操作。开始操作前应鸣号（铃）示意，以引起有关人员的注意。

② 起吊的重物和吊具的总质量不得超过起重机相应幅度下规定的起重量。作业前应先了解起吊重物的质量，对照起重机的起重性能曲线，以判明是否超载。对于质量不明的重物，切勿盲目起吊。

③ 根据起吊重物的质量和现场情况，正确地选择工作速度。操纵各控制器时应从停止点（零位）开始，依次逐级增加速度，严禁越档操作。在变换运转方向时，应将控制器手柄转到零位，待电动机停转后再转向另一方向，不得直接变换运转方向。特别是操纵回转机构时，因起重臂长度大，回转惯性力矩大，更应稳妥地进行操作。

④ 操作应力求平稳。开始启动时，应低速运行，然后逐步加快而达到全速运行。停止前，应逐步减速而停车，不得猛然由全速转入停车或突然制动，以防增大惯性力而破坏塔式起重机的稳定性。

⑤ 进行复合动作时，应先从单项动作开始，然后依次进行两项动作（如起升＋回转或起升＋行走等）和三项动作（如起升＋回转＋行走）的复合运行。但是，这些增加的动作，只能在操作者视线所及的范围内进行。

⑥ 起吊重物时应绑扎平稳、牢固，不得在重物上堆放或悬挂零星物件。零星材料和物件，必须用吊笼或钢丝绳绑扎牢固后方可起吊。操作人员要密切注意起吊重物的绑扎是否牢固合理，以防重物在空中坠落或翻转。

⑦ 起吊重物时，应注意吊钩与起重臂间的距离，一般应不少于1m。起吊重物平移时，应注意保持重物与其所跨越的障碍物之间的距离，一般应不小于0.5m。

⑧ 起吊满载或接近满载的重型构件时，应先将重物吊离地面约0.5m进行观察，待确认一切正常后，再继续起吊。对于有可能晃动的重物，必须拴拉绳。

⑨ 设有两套操纵系统的塔式起重机，不得同时使用。为确保安全，在上部操作时，下部的驾驶室必须加锁。

⑩ 工作中如遇停电或电压下降，应立即将控制器扳到零位，并切断电源。如吊钩上挂有重物，应设法稍稍松开起升机构制动器，使重物缓慢地下降到安全地带。

⑪ 行程限位开关是防止由于错误操作而造成越位事故的安全装置，不得用作停止运行的控制开关。在吊钩、大车或小车运行到限位装置碰杆之前，即应减速而停车。

⑫ 采用制动调速系统的塔式起重机；禁止长时期使用低速档工作，也不得长时期使用就位速度。

⑬ 起吊重物必须在垂直情况下进行。严禁斜拉、斜吊和起吊地下埋设或凝结在地面上的重物、现场浇注的混凝土构件或模板，必须全部松开后方可起吊。

⑭ 作业过程中，严禁下列动作：

a. 将重物长时间悬吊在空中；

b. 任意调整限位开关和制动器；

c. 对运转中的机构进行润滑或检修。

⑮ 作业完毕后，起重机应停放在轨道中间位置，起重臂应转到顺风方向，并放松回转制动器，起重小车及平衡重应移到非工作状态位置，吊钩升到离起重臂顶端2～3m处。

⑯ 将每个控制器拨到零位，依次断开各路开关，关闭操纵室门窗，下机后断开电源总开关，打开高空指示灯。

⑰ 锁紧夹轨器，使起重机和轨道固定。

⑱ 机修人员上塔身、起重臂、平衡臂等高空部位检查或修理时，必须佩戴安全带。

⑲ 寒冷季节对停用起重机的电动机、制动器等，必须严密遮盖，以防雪水侵入受潮。

任务 5.3 电动葫芦的故障诊断与修理

【任务描述】

电动葫芦可作起重设备单独使用，配备自行小车后也可作架空单轨起重机、电动梁式起重机的起重小车。电动葫芦分为钢丝绳式、环链式和板链式三种。本任务主要介绍了钢丝绳式电动葫芦的结构组成、工作原理和常见故障。由于其自身与外在因素的影响，在工作中会造成电动葫芦出现一些异常现象，如小车啃轨、吊重困难、制动不灵等。它直接着影响电动葫芦的工作效果及生产安全性，应对电动葫芦的故障准确诊断并修理，保证设备安全正常地工作。

【任务分析】

电动葫芦常见的故障有很多。本任务介绍了电动葫芦的常见故障、产生原因与排除方法的基本知识，并介绍了电动葫芦的悬挂运输链的故障诊断与维修方法。只有掌握准确诊断电动葫芦的故障以及修理的基本技能，才能为以后的工作奠定基础，保障设备和人身的安全性。

【知识准备】

1. 电动葫芦的结构与分类

(1) 电动葫芦的结构　电动葫芦是比较常用的起重设备。电动葫芦结构紧凑、自重轻、效率高、操作方便，可作起重设备单独使用，配备自行小车后也可作架空单轨起重机、电动梁式起重机的起重小车。电动葫芦有钢丝绳式、环链式和板链式三种（图5-10），其中钢丝

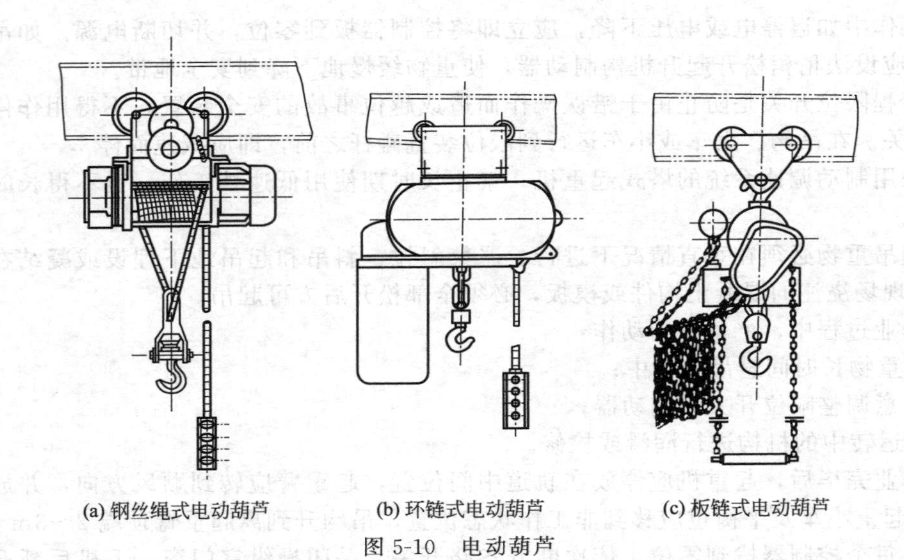

(a) 钢丝绳式电动葫芦　(b) 环链式电动葫芦　(c) 板链式电动葫芦

图 5-10　电动葫芦

绳式电动葫芦用得较普遍。电动葫芦多数采用地面跟随操纵或在随起重机移动的司机室操纵，也可采用有线或无线操纵。图 5-11 为钢丝绳式电动葫芦的结构组成。

① 减速器　电动葫芦中采用的减速器多为渐近线外啮合、输入轴与输出轴同轴线的减速器。它制造简单、维修方便、效率高。采用行星减速器，其结构比较紧凑、体积小、自重轻，但加工和装配精度要求较高，零件维修和更换较困难。

② 卷筒装置　卷筒装置包括卷筒、卷筒外壳、导绳器、联轴器等。卷筒外壳用铸铁或钢板、无缝钢管制成。导绳器可使钢丝绳在卷筒上排列整齐，提高钢丝绳的使用寿命，并可与起升高度限位开关联锁。联轴器常用轮胎型橡胶联轴器。

③ 电动机　钢丝绳式电动葫芦一般用圆锥形转子带制动器的电动机。这种电动机具有较高的启动转矩和过载能力，能保证电动机在断电情况下电动葫芦处于制动状态，以保证启升物品时的安全。此电动机的启动电流和飞轮力矩较小，有足够的制动力矩和较高的机械强度。

④ 运行机构　运行机构有牵引小车式和自行小车式两种。

牵引小车式运行机构一般用在架空单轨的电动葫芦上，有钢槽轮式和橡胶轮胎式。

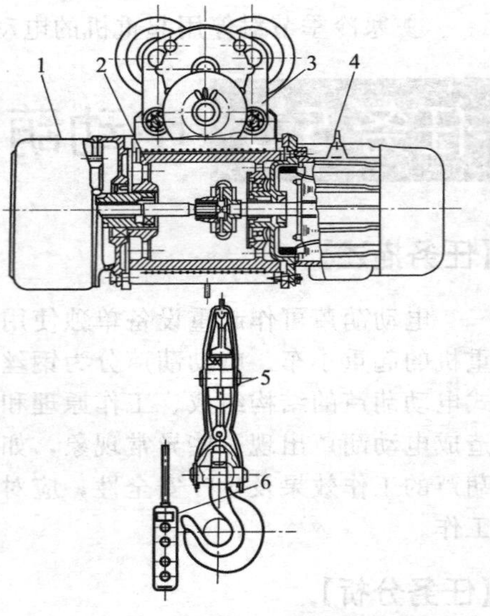

图 5-11　钢丝绳式电动葫芦

1—减速器；2—卷筒装置；3—电动运行小车；4—带制动器的提升电机；5—吊钩装置；6—电气设备

⑤ 慢速驱动装置　慢速驱动装置是为使起升机构或运行机构得到低稳定工作速度的变速驱动装置。它常有以下形式：

a. 附加有慢速电动机和齿轮传动装置。当接通慢速用的电动机而不接通常速用的主电动机时，可得到慢速，速比变化范围 1∶4～1∶10，最大可达 1∶27。由于是几个独立的部件组成，拆装维修方便。

b. 用双速电动机的装置。采用此种变速机构的电动机结构比较复杂，速比变化范围小，但重量轻，尺寸小。

电动葫芦根据电动机、制动器、减速器、卷筒等几个主要部件的布置不同，可分为TV型、CD型、DH型等。

（2）电动葫芦的三种基本结构形式的性能及技术参数比较 电动葫芦的三种基本结构形式的性能及技术参数比较见表5-4。

表5-4 三种电动葫芦的性能及技术参数比较

性能及技术参数	钢丝绳式电动葫芦	环链式电动葫芦	板链式电动葫芦
工作平稳性	平稳	稍差	稍差
承载件弯折方向	任意	任意	只能在一个平面内
起重量/t	一般为0.1～10，根据需要可达63或更大	0.1～20	0.1～3
起升高度/m	一般为3～30，需要时可达60或更高	一般3～6，最大不超过20	一般3～4，最大不超过10
自重	较大	较小	小
起升速度/(m/min)	一般为4～10(大起重量宜取小值)，需要高速的可有16、20、35、50；有慢速要求的可选取双速葫芦，速比1∶3～1∶10	一般为4～6，根据需要还有0.5、0.8、2	
运行速度/(m/min)	常用20、30(在地面跟随操纵)或60(司机室操纵)		

2. 电动葫芦的常见故障及排除

电动葫芦的常见故障及其排除方法见表5-5。

表5-5 电动葫芦常见故障与排除

故障	产生原因	排除方法
小车啃轨	工字梁歪斜，影响两侧轮压接触	调整工字梁使两翼边垂直
	运行小轮向左偏移，则左轮单侧向前；如向右偏移，则右轮着力，左轮打滑	调整重心使两轮接触均匀
	两侧车轮直径不等	使车轮达到等径
吊重困难	电压过低，或电葫芦有故障	检查电压和电动机，针对情况处理
	CD、MD型则因压簧过紧	适当调松弹簧
制动不灵	制动片的摩擦面有油污	消除油污
	弹簧压力过低	调紧弹簧
启动器关闭后有嗡嗡声	启动器触头接触不良，或电动机有故障	检查触头和电动机，针对情况处理
	制动器电磁盘线头接触不良，或电磁铁调整不当	检查接线板，调整电磁铁
闭合过程磁力启动器有剧烈火花	由于长时间频繁启动的强力电流引起触点表面烧坏	更换触点，改进操作方法，避免频繁启动
电动葫芦运转方向与手控钮箭头方向不符	电源相序装错	改换电源中两个接头
电动机不能起吊且杂声	电源电压过低、一相电源中断、后端盖与制动轮由于锈蚀咬死在一起，电源线截面积过小	检查保险丝接触器、修换拆下制动轮、清除后端盖锈蚀、增大电源线截面积
不能制动或下滑量过大	锥形制动环油污或磨损	调节制动机构或拆开制动轮，消除摩擦面的油污、灰尘，更换制动环
由卷筒或卷筒外壳中向外滑油	减速器加油过多由输入轴孔漏出	打开减速器，侧下方看油，螺塞将多余油放出
减速器有较大的异常噪声	减速器缺油或内部齿轮、轴承有问题	加油，或检修减速器，更换轴承
导绳器损坏	重物与葫芦不垂直	更换导绳器、保持垂直起吊
限位器失灵或限位器位置不合适	限位杆上停止块松动，或位置不当，电源错相	调节并紧固停止块、核对运动方向

【任务实施】

☆ 电动葫芦悬挂运输链的故障诊断与维修 ☆

悬挂运输链是电动葫芦中的重要组成部分，悬挂运输链的维修，首先是将轨道的故障排除，再排除链条的故障，修复或更换链节等机件。

1. 链条的故障及其排除方法

链条的主要故障是链距的伸长，这是由于链板孔磨损或销轴的磨损（图 5-12）而形成的。在运行时由于链条节距大于链轮节距，常会引起链条掉落现象，排除这种故障有两种方法：

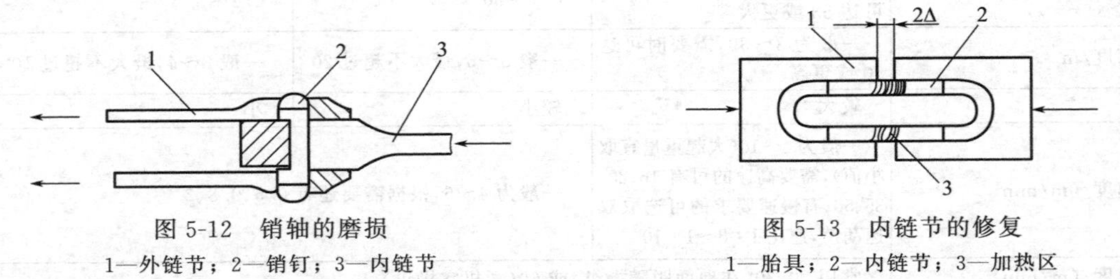

图 5-12 销轴的磨损

1—外链节；2—销钉；3—内链节

图 5-13 内链节的修复

1—胎具；2—内链节；3—加热区

① 将磨损的内链板（外链板不易磨损）中间局部烧红，用内链节修复用（图 5-13）的胎具在两端加力，使链距缩至 2Δ（Δ 为一端的磨损量）。

② 将已磨损的销轴翻转装配使用（图 5-14），但要注意销轴要有足够的强度。

如果需要更换部分新链节，应将新链节均匀混插在旧链节之中，否则容易造成掉链故障。

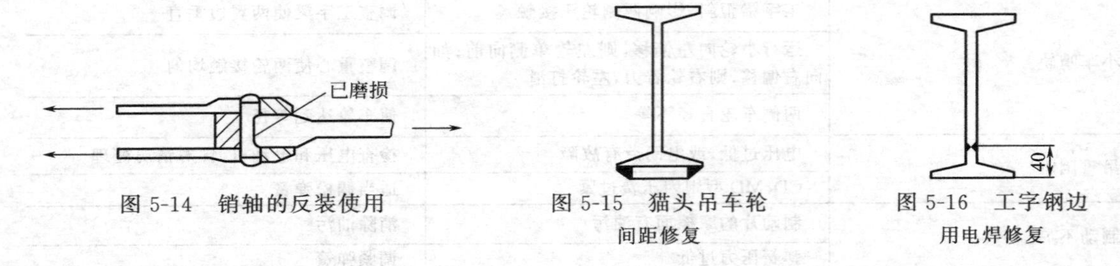

图 5-14 销轴的反装使用

图 5-15 猫头吊车轮间距修复

图 5-16 工字钢边用电焊修复

2. 轨道的故障及其排除方法

轨道的故障及其排除方法如表 5-6 所示。

表 5-6 轨道的故障与排除方法

故障		故障的原因	排除方法
转弯处剥筋或磨翼板边缘		链轮位置与轨道弯偏移	调整链轮位置，严重时更换轨道
翼板卷边		载荷过大，两车轮间距大	调整猫头吊车轮之间距，垂直切断磨损段，对调新旧面也可按图 5-15 修复
翼板磨损	水平弯	正常磨损	将磨损轨段用气焊垂直切断，翻转对调新旧面
	水平段	正常磨损	将磨损轨段用气焊垂直切断，翻转对调新旧面
	爬坡立弯	正常磨损	将磨损轨段的下翼部分切掉（高度为 40mm），切成相同尺寸的工字钢边用电焊修复（图 5-16）

3. 运输链运行时的故障及其排除方法

运输链正常运转条件是链条与链轮沿轨道的中心线应一致（图 5-17），否则将引起外链板磨损或掉链故障。现以链轮 2 为例（图 5-18），分析故障的原因及其排除方法（表 5-7）。

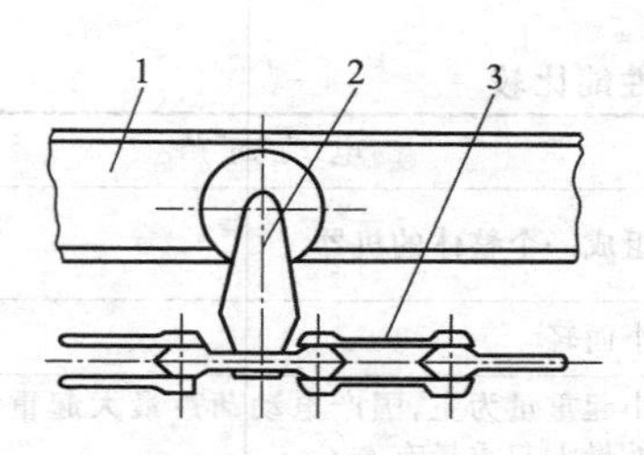

图 5-17 猫头吊和轨道对链条的影响
1—轨道；2—猫头吊；3—链条

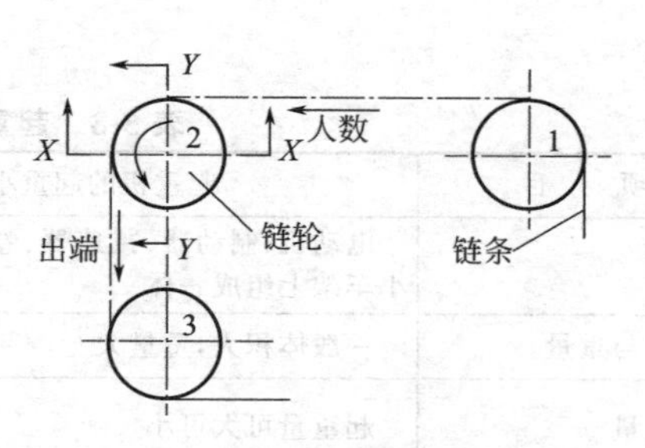

图 5-18 链轮的位置

表 5-7 运输链运行时的故障与排除方法

故障	原因	排除方法
链条偏上掉链	链轮偏斜，X-X 剖视 α 角为负值(图 5-19)	调整链轮轴承座，消除 α 角
	链轮偏低于入端相邻的链轮	调低相邻的链轮 1
链条偏下掉链	链轮偏斜，X-X 剖视 α 角为正值(图 5-19)	调整链轮轴承座，消除 α 角
	链轮偏高于入端相邻的链轮	调高入端相邻的链轮 1
链条爬齿掉链	链板节距的伸长大于链轮节距	修短内链板(图 5-13)，翻转使用旧销钉(图 5-14)
	在旧链条上集中更换新链节	更换新链节时应穿插进行，不要集中在一处
链条不易脱齿，链轮出口磨上侧	链轮偏斜，Y-Y 剖视 β 角为正值(图 5-20)	调整链轮轴承座，消除 β 角
	链轮偏高于出端相邻的链轮	调高出端相邻的链轮 3
链条不易脱齿，链轮出口磨下侧	链轮偏斜，Y-Y 剖视 β 角为负值(图 5-20)	调整链轮轴承座，清除 β 角
	链轮偏低于出端相邻的链轮	调低出端相邻的链轮
	链轮偏低于轨道	适当调高链轮

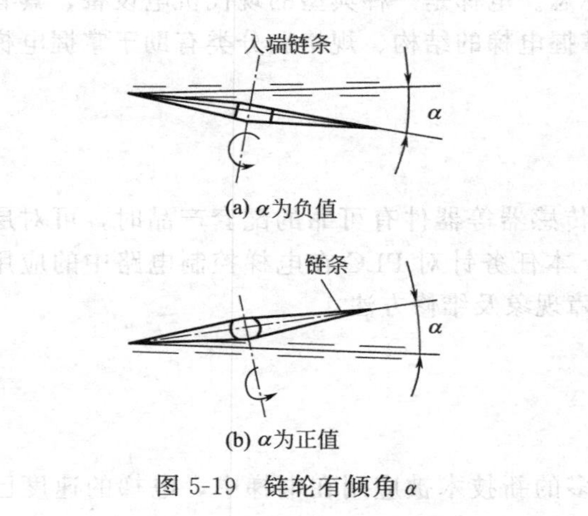

图 5-19 链轮有倾角 α

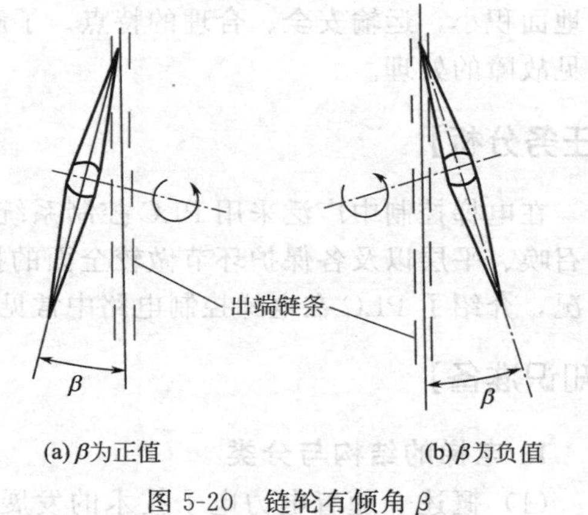

图 5-20 链轮有倾角 β

【知识拓展】

☆起重小车与电动葫芦的性能比较☆

一般在起重机上配用合适的电动葫芦比起重机上安装起重小车的优点多，如表 5-8 所示。

表 5-8　起重小车与电动葫芦性能比较

项　目	起重机的起重小车	电动葫芦
形式	电动机、制动器、减速器、卷筒等，单独装在小车架上组成一体	组成一个整体的机器
体积与重量	一般体积大，重量大	小而轻
起重量	起重量可大可小	小起重量为主，国产电动葫芦最大起重量为 15t，国外最大起重量有 63t
速度控制	用绕线或电动机，可能获得多种速度	用笼形电动机，可点动控制，特殊有 2～3 级速度
操纵	在司机室操纵	在地面按钮操纵，也可以在司机室操纵
使用频率	一般较大	可大可小
成本与维护费用	一般较高	较低
检修	要求专门技术	一般专业知识

起重小车重量大，一般在司机室操作，司机要经过专业培训，有起重小车的车间要专门配备一名司机，造成生产成本高。

起重量在 10t 以下的门式起重机多采用电动葫芦作为起重小车。电动葫芦是一种把电动机、卷筒、减速器、制动器及运行小车合为一体的小型轻巧的起重设备。

电动葫芦重量轻，不需要操作室，操作简单，不需要专岗司机，生产成本降低。

任务 5.4　电梯的故障诊断与修理

【任务描述】

随着中国经济的快速发展，高层建筑越来越多，电梯是高层建筑中必备的垂直交通运输设备，可以说，电梯已成为城市化发展的一个标志。电梯是一种典型的现代机电设备，具有占地面积小，运输安全、合理的特点。了解并掌握电梯的结构、规格和分类有助于掌握电梯常见故障的处理。

【任务分析】

在电梯控制中广泛采用 PLC 控制系统，当传感器等器件有可靠的配套产品时，可对层楼召唤、平层以及各保护环节做较全面的控制。本任务针对 PLC 在电梯控制电路中的应用情况，介绍了 PLC 在电梯控制电路中常见的故障现象及维修方法。

【知识准备】

1. 电梯的结构与分类

(1) 概述　随着电力电子技术的发展，更多的新技术被应用在电梯中，电梯的速度已达到 10～12m/s，不仅应用在高层建筑中，还应用在海底勘察等方面。电梯发展到今天，对电梯的要求不但要完成运输功能，而且还要在提高电梯速度的同时，充分考虑到乘梯人员的舒适感和安全性，满足乘梯人的心理需要和生理需要也成为如今电梯设计的一项主要内容。

（2）电梯的分类　根据 GB/T 7024—1997《电梯、自动扶梯、自动人行道术语》中的规定，电梯的定义是："服务于规定楼层的固定式升降设备"。由于电梯的应用场合不同，起到的作用也不尽相同。在建筑设备中，电梯作为一种间歇动作的升降机械，主要承担垂直方向的运输任务，属于起重机械；在公共场所的自动扶梯和自动人行道作为一种连续运输机，主要承担倾斜或水平方向的运输任务，属于运输机械。各国对电梯的分类采用了不同的方法，根据中国的行业习惯，归纳为以下几种：

① 按运行速度分　按运行速度分，可分为低速电梯、快速电梯、高速电梯和超高速电梯。

② 按用途分　按用途分，可分为客梯、货梯和客货梯，每一种又包括很多小类，这是目前普遍使用的分类方式。

③ 按拖动方式分　按拖动方式分，可分为交流电梯、直流电梯、液压电梯、齿轮齿条电梯和直线电动机驱动的电梯。

④ 按控制方式分　按控制方式分，可分为手柄操纵控制电梯、按钮控制电梯、信号控制电梯、集选控制电梯、并联控制电梯、群控电梯和微机控制电梯等。

⑤ 按拽引机结构分　按拽引机结构分，可分为有齿拽引机电梯和无齿拽引机电梯。

⑥ 按有无司机操作分　按有无司机操作分，可分为有司机电梯、无司机电梯和有/无司机电梯。

（3）电梯的基本规格及型号

1）电梯的基本规格　电梯的基本规格是对电梯的服务对象、运载能力、工作性能及井道机房尺寸等方面的描述，通常包括以下几部分。

① 电梯的类型，指乘客电梯、载货电梯、病床电梯、自动扶梯等，表明电梯的服务对象。

② 额定载重量，指电梯设计所规定的轿内最大载荷，习惯上采用所载质量代替。

③ 额定速度，指电梯设计所规定的轿厢速度，单位为 m/s，是衡量电梯性能的主要参数。

④ 驱动方式，指电梯采用的动力种类，分为直流驱动、交流单速驱动、交流双速驱动、交流调压驱动、交流变压变频驱动、永磁同步电动机驱动、液压驱动等。

⑤ 操纵控制方式，指对电梯的运行实行操纵的方式，分为手柄操纵、按钮控制、信号控制、集选控制、并联控制、梯群控制等。

⑥ 轿厢形式与轿厢尺寸，指轿厢有无双面开门的特殊要求，以及轿厢顶、轿厢壁、轿厢底的特殊要求。轿厢尺寸分为内部尺寸和外廓尺寸，以深×宽表示。内部尺寸根据电梯的类型和额定载重量确定；外廓尺寸与井道设计有关。

⑦ 门的形式，指电梯门的结构形式，按开门方式可分为中分式、旁开式、直分式等；按控制方式可分为手动开关门、自动开关门等。

⑧ 其中额定载重量和额定速度是电梯设计、制造及选择使用时的主要依据，是电梯的主要参数。

2）电梯的型号　根据中国城乡建设部颁布的 JJ 45—1986《电梯、液压梯产品型号编制方法》的规定，电梯型号编制方法如下：

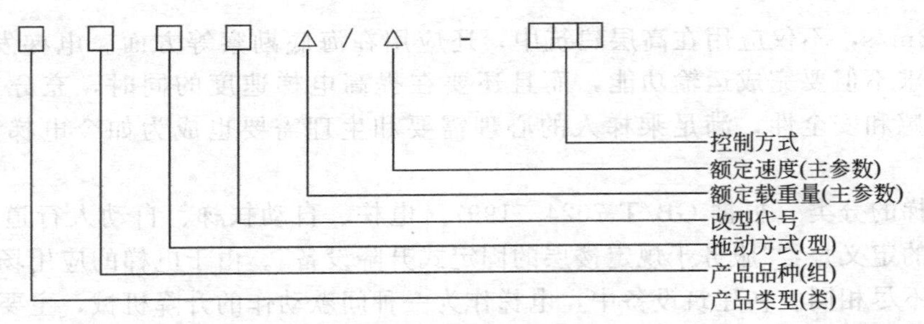

如，TKJ500/1.0-XH 表示交流乘客电梯，额定载重量为 500kg，额定速度为 1.0m/s，信号控制；

THY1000/0.63-AZ 表示液压电梯，额定载重量为 1000kg，额定速度为 0.63m/s，按钮控制，自动门；

TKZ800/2.5-JXW 表示直流乘客电梯，额定载重量为 800kg，额定速度为 2.5m/s，微机组成的集选控制。

除此之外，国外众多品牌的电梯制造厂家进入中国后，许多合资厂家仍沿用引进国产电梯型号的命名，如“广日”牌电梯是引进日本“日立”技术生产的，其型号的组成如下：

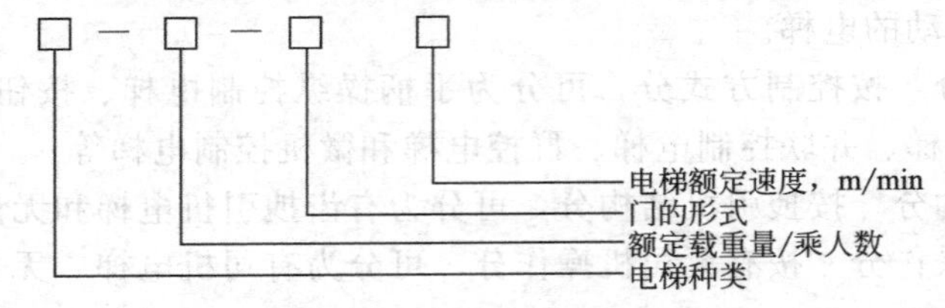

如，YP-15-C090 表示交流调速乘客电梯，额定乘员 15 人，中分式电梯门，额定速度为 90m/min；F-1000-2S45 表示货物电梯，额定载重量 1000kg，两扇旁开式电梯门，额定速度为 45m/min。

(4) 电梯的结构　电梯是一种典型的现代化机电设备，基本组成包括机械部分和电气部分，从空间上考虑可分为机房部分、井道部分、层站部分和轿厢部分（图 5-21）。

① 机房部分　机房部分在电梯的最上部，包括拽引系统、限速安全系统、控制柜、选层器、终端保护装置和一些其他部件（如电源总开关、照明总开关、照明灯具等）。

拽引系统是轿厢升降的驱动部件，输出并传递动力，使电梯完成上下运动。拽引系统包括电动机、减速器、拽引轮、制动器和连轴器。根据拽引系统中电动机与拽引轮之间是否有减速器，可把拽引机分为有齿拽引机和无齿拽引机。在有齿拽引机中，电动机与拽引轮转轴间安装减速器，可将电动机轴输出的较高转速降低，以适应拽引轮的需要，并得到较大的拽引转矩，满足电梯运行的需求。拽引轮是电梯运行的主要部件之一，分别与轿厢和对重装置连接，当拽引轮转动时，拽引力驱动轿厢和对重装置完成上下运动。制动器是电梯的重要安全装置，是除了安全钳外能够控制电梯停止运动的装置，同时对轿厢和厅门地坎平层时的准确定位起着重要的作用。

限速安全装置是电梯中最重要的安全装置，包括限速器和安全钳。当电梯超速运行时，限速器停止运转，切断控制电路，迫使安全钳开始动作，强制电梯轿厢停止运动；而当电梯正常运行时，限速器不起作用。限速器与安全钳联合动作才能起到控制作用。

选层器能够模拟轿厢的运动，将反映轿厢位置、呼梯层数的信号反馈给控制柜，并接收反馈信号，起到指示轿厢位置、确定运行方向、加减速、选层及消号的作用。

控制柜包括控制电梯运动的各种电梯元件，一般安装在机房中，在一些无机房电梯系统中，也可安装在井道里或顶层厅门旁边。控制柜控制电梯正常运行的顺序和动作，记忆各层

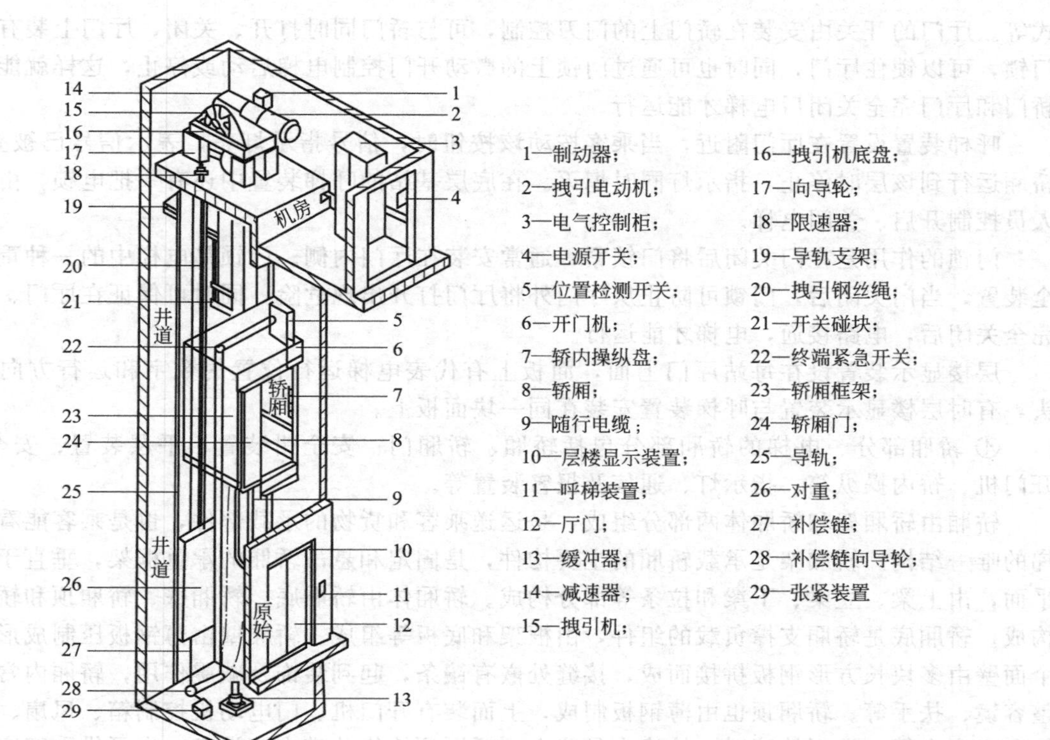

图 5-21　电梯的基本结构示意图

呼梯信号，许多安全装置的电路也由它管辖。

终端保护装置是为了防止电气系统失灵、发生冲顶或撞底事故，在电梯上下终端设置的正常限位停层装置，一般包括强迫减速开关、限位开关和极限开关。

② 井道部分　电梯的井道部分主要包括导向系统、对重装置、缓冲器、限速器张紧装置、补偿链、随行电缆、底坑及井道照明等。

电梯的导向系统包括导轨、导靴、导轨支架，这些都安装在井道中。导轨能限制轿厢和对重在水平方向产生移动，确定轿厢和对重在井道中的相对位置，对电梯升降运动起到导向作用。导靴能够保证轿厢和对重沿各自轨道运行，分别安装在轿厢架和对重架上，即轿厢导靴和对重导靴，各 4 对。导轨支架固定在井道壁或横梁上，起到支撑和固定导轨作用。

对重安装在井道中，能够平衡轿厢及电梯负载的重量，同时减少电动机功率的损耗。对重的重量应按规定选取，使对重与电梯负载尽量匹配，这样能够减小钢丝绳与绳轮间的拽引力，延长钢丝绳的使用寿命。

缓冲器安装在井道中，是电梯的最后一道安全装置。在电梯运行中，当其他所有保护装置都失效时，电梯便会以较大速度冲向顶层或底层，造成严重的后果，缓冲器可以吸收轿厢的动能，减缓冲击，起到保护乘客和货物的作用，减少损失。

补偿链由铁链和麻绳组成，两端分别挂在轿厢底部和对重底部。采用补偿链的目的是当电梯拽引高度超过 30m 时，避免因拽引钢丝绳的差重而影响电梯的平稳运行。补偿链使用广泛，结构简单，但不适用于高速电梯，当电梯速度较高时，常采用补偿绳，补偿绳以钢绳为主体，可以保证高速电梯的运行稳定。

③ 层站部分　电梯的层站部分包括厅门、呼梯装置（召唤箱）、门锁装置、层楼显示装置等。

厅门在各层站的入口处，可防止候梯人员或物品坠入井道，分为半分式、旁开式、直分式等。厅门的开关由安装在轿门上的门刀控制，可与轿门同时打开、关闭，厅门上装有自动门锁，可以锁住厅门，同时也可通过门锁上的微动开门控制电梯启动或停止，这样就能保证轿门和厅门完全关闭后电梯才能运行。

呼梯装置设置在厅门附近，当乘客按动该按钮时，信号指示灯亮，表示信号已被登记，轿厢运行到该层时停止，指示灯同时熄灭。在底层基站的呼梯装置中还有一把电锁，由管理人员控制开启、关闭电梯。

门锁的作用是在门关闭后将门锁紧，通常安装在厅门内侧。门锁是电梯中的一种重要安全装置，当门关闭后，门锁可防止从厅门外将厅门打开出现危险，同时可保证在厅门、轿门完全关闭后，电路接通，电梯才能运行。

层楼显示装置设在每站厅门上面，面板上有代表电梯运行位置的数字和运行方向的箭头，有时层楼显示装置与呼梯装置安装在同一块面板上。

④ 轿厢部分　电梯的轿厢部分包括轿厢、轿厢门；安全钳装置、平层装置、安全窗、开门机、轿内操纵箱、指示灯、通信及报警装置等。

轿厢由轿厢架和轿厢体两部分组成，是运送乘客和货物的承载部件，也是乘客能看到电梯的唯一结构。轿厢架是承载轿厢的主要构件，是固定和悬吊轿厢的承重框架，垂直于井道平面，由上梁、立梁、下梁和拉条等部分构成。轿厢体由轿厢底、轿厢壁、轿厢顶和轿厢门构成。轿厢底是轿厢支撑负载的组件，由框架和底板等组成。轿厢壁由薄钢板压制成形，每个面壁由多块长方形钢板拼接而成，接缝处嵌有镶条，起到装饰及减震作用，轿厢内常装有整容镜、扶手等。轿厢顶也由薄钢板制成，上面装有开门机、门电动机控制箱、风扇、操纵箱和安全窗等，发现故障时，检修人员能上到轿厢顶检修井道内底设备，也可供乘客安全撤离轿厢。轿厢顶需要一定的强度，应能支撑两个人的重量，以便检修人员进行维修。

轿厢门是乘客、物品进入轿厢的通道，也可避免轿内人员或物品与井道发生相撞。同厅门一样，轿厢门也可分为中分式、旁开式和直分式几种。轿厢门上安装有门刀，可控制厅门与轿门同时开启或关闭。另外，轿门上还装有安全装置，一旦乘客或物品碰及轿门，轿门将停止关闭，重新打开，防止乘客或物品被夹。

安全钳与限速器配套使用，构成超速保护装置，当轿厢或对重超速运行或出现突然情况时，限速器操纵安全钳将电梯轿厢紧急停止并夹持在导轨上，为电梯的运行提供最后的综合安全保证。安全钳安放在轿厢架下的横梁上，成对使用，按其运动过程的不同可分为瞬时式安全钳和滑移式安全钳。

平层装置的作用是将电梯的快速运行切换到平层前的慢速运行，同时在平层时能控制电梯自动停靠。

(5) 电梯的基本工作原理　如图 5-22 所示，电梯通电后，拖动电梯的电动机开始转动，经过减速机、制动器等组成的拽引机，依靠拽引轮的绳槽与钢丝绳之间的摩擦力使拽引钢丝绳移动。因为拽引钢丝绳两端分别与轿厢和对重连接，且它们都装有导靴，导靴又连着导轨，所以拽引机转动，拖动轿厢和对重做方向相反的相对运动（轿厢上升，对重下降）。轿厢在井道中沿导轨上、下运行，电梯就开始执行竖直升降的任务。

拽引钢丝绳的绕法，按拽引比（拽引钢丝绳线速度与轿厢升降速度之比）常有三种方法，即半绕 1∶1 吊索法、半绕 2∶11 吊索法和全绕 1∶1 吊索法，如图 5-23 所示。

2. 电梯的机械系统

(1) 机械系统

① 拽引机　拽引机是电梯的主拖动机械，驱动电梯的轿厢和对重装置作上、下运动。分为无齿轮拽引机和有齿轮拽引机两种。它们分别用于运行 $v>2.0$m/s 的高速电梯和 $v\leqslant 2.0$m/s 的客梯、货梯上。主要由电动机、电磁制动器、减速器、拽引轮和盘车手轮几部分组成。

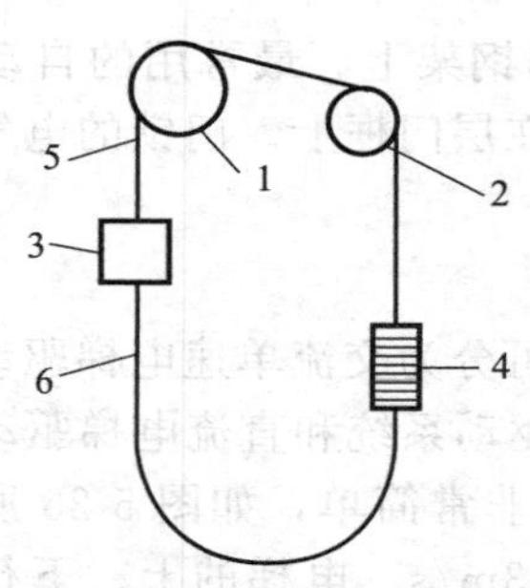

图 5-22　电梯运行示意图

1—拽引轮；2—导向轮；3—轿厢；
4—对重；5—拽引绳；6—平衡链

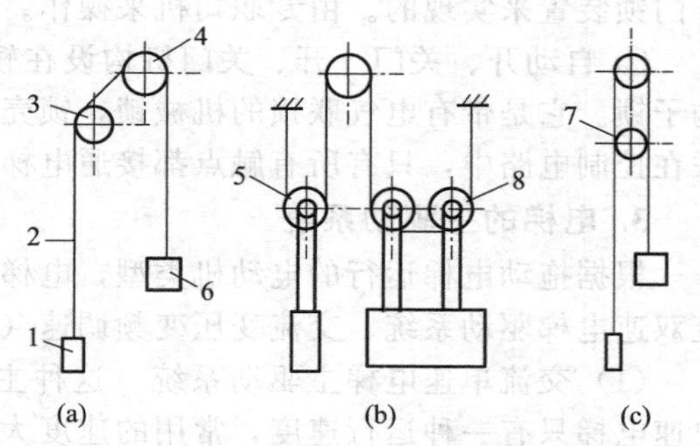

图 5-23　拽引方式示意图

1—对重装置；2—拽引绳；3—导向轮；4—拽引轮
5—对重轮；6—轿厢；7—复绕轮；8—轿厢轮

② 减速器　减速器只有在齿轮拽引机中应用，安装在电动机转轴和拽引轮转轴之间，采用蜗轮蜗杆做减速运动。蜗轮与拽引绳同装在一根轴上，由于蜗杆与蜗轮之间有啮合关系，拽引电动机就通过蜗杆驱动蜗轮而带动绳轮做正、反方向运动，如图 5-24 所示。

③ 电磁制动器　电梯正常停车时，为保证平层准确度和电梯的可靠性，安装了电磁制动器。在电梯停止运行或断电状态下，依靠制动弹簧的压力抱闸。正常运行时，它处于通电状态，依靠电磁力松闸。

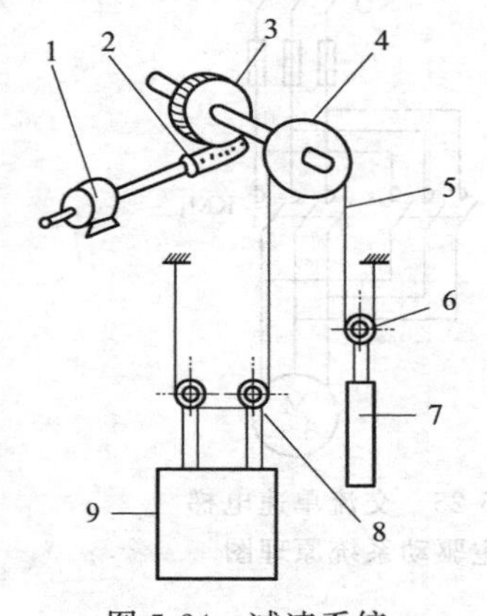

图 5-24　减速系统

1—拽引电动机；2—蜗杆；3—蜗轮；4—拽引轮；5—拽引钢丝绳；6—对重轮；7—对重装置；8—轿顶轮；9—轿厢

④ 拽引轮　是挂拽引钢丝绳的轮子，轿厢和对重就悬挂在它的两侧。在它上面还加工有拽引绳槽。

⑤ 拽引钢丝绳　按 GB 8903—1988 生产的电梯专用钢丝绳。由浸油纤维绳作芯子，用优质碳素钢丝捻成。它有较大的强度、较高的韧性和较好的抗磨性。

⑥ 盘车手轮　装在电动机后端伸出的轴上。在电梯断电时用人力使拽引机转动，将轿厢停在层站放出乘客。平时取下另行保管，必须由专业人员操作。

(2) 导引系统

由导轨、导轨架和导靴三部分组成。

① 导轨　由强度和韧性都较好的 Q235 钢经刨削制成。每根导轨长 3m 或 5m。不允许采用焊接或螺栓直接连接，而是用螺栓将导轨和加工好的专用接板连接。

② 导轨架　它固定在井道壁或横梁上，是支撑和固定导轨用的。

③ 导靴　分固定滑轮导靴、滑动弹簧导靴和胶轮导靴。成对安装在轿厢上梁、底部，以及对重装置上部、底部。

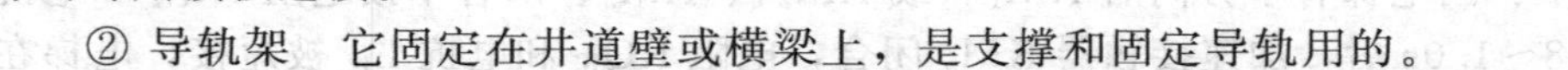

(3) 平衡系统

它可以使电梯运行平稳、舒适，还可以减少电动机的负载转矩。

① 对重装置　由对重块和对重架组成，对重块固定于对重架上。

② 补偿装置　悬挂在对重和轿厢下面，用以补偿钢丝绳和控制电缆的重量对电梯平衡状态的影响。

(4) 电梯门

开、关门的方式分手动和自动两种。

① 手动开、关门　目前应用很少。它是依靠分装在轿门和轿顶、层门与层门框上的拉

杆门锁装置来实现的。由专职司机来操作。

② 自动开、关门　开、关门机构设在轿厢上部的特制钢架上。最常用的自动门锁称为钩子锁。它是带有电气联锁的机械锁，锁壳和电气触头装在层门框上。门锁的电气触点都串联在控制电路中，只有所有触点都接通电梯才可以运行。

3. 电梯的主驱动系统

根据拖动电梯运行的电动机类型，电梯的主驱动系统可分为交流单速电梯驱动系统、交流双速电梯驱动系统、交流变压变频调速（VVVF）电梯驱动系统和直流电梯驱动系统等。

(1) 交流单速电梯主驱动系统　这种主驱动系统电路非常简单，如图5-25所示。交流单速电梯只有一种运行速度，常用的速度大多为0.25～0.3m/s。电梯的上、下行是通过接触器KM_1、KM_2的触点切换电动机上的电源相序使电动机进行正、反两个方向的旋转来实现的。

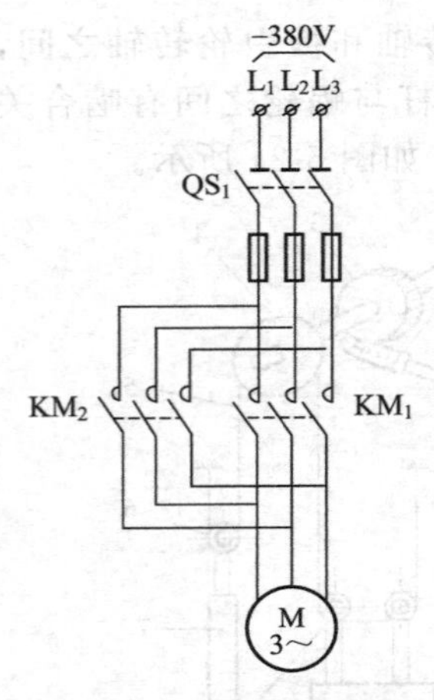

图5-25　交流单速电梯主驱动系统原理图

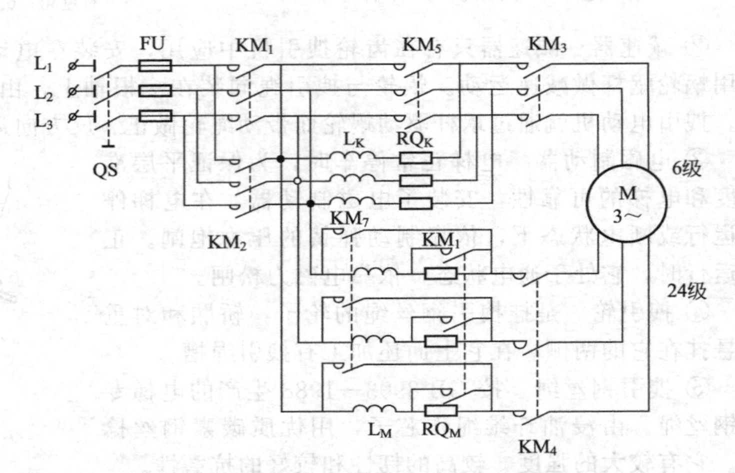

图5-26　交流双速电梯的主驱动系统原理图

交流单速电梯主驱动系统及控制系统可靠性好，但平层准确度低，只适应于运行性能要求不高、载重量小、提升高度小的杂物电梯。

(2) 交流双速电梯主驱动系统　交流双速电梯的主驱动系统原理如图5-26所示。从图中可以看出电动机具有两个不同极对数绕组，一个是6极绕组，同步转速为1000r/min；一个是24极绕组，同步转速为250r/min，所以称之为双速电梯。

工作过程如下：当电梯有了方向后KM_1（或KM_2）、KM_3、闭合串接电阻RQ_K和电抗启动运行，经0.8～1.0s后，加速接触器KM_5闭合，电阻RQ_K和电抗L_K被短接，电梯在6级绕组下加速至稳速运行（额定速度），当电梯快到站时，发生减速信号，KM_3断开，KM_4闭合，拽引电动机切换至24极绕组下进入再发生电制动状态，电梯随即减速，并按时间原则，KM_6、KM_7相继闭合，以低速稳定运行，直到平层KM_1或KM_2断开停车。

由于这种电梯启动后可以高速运行，平层之前可以低速运行，并向电网送电，所以输送效率较高，平层准确，经济性较好，广泛用于15层楼以下、提升高度小于45m的低档乘客电梯、货梯、服务电梯等。

(3) 开环直流快速电梯主驱动系统　图5-27是开环直流快速电梯主驱动系统原理图。它由三相交流异步电动机拖动一台同轴相联的直流发电机发电，调节直流电机的励磁电流，就可以输出连续变化的直流电压供给直流拽引电动机，由于直流发电的输出电压可以任意调节，所以，直流拽引电动机的速度很易满足电梯运行时所需要的各种速度。

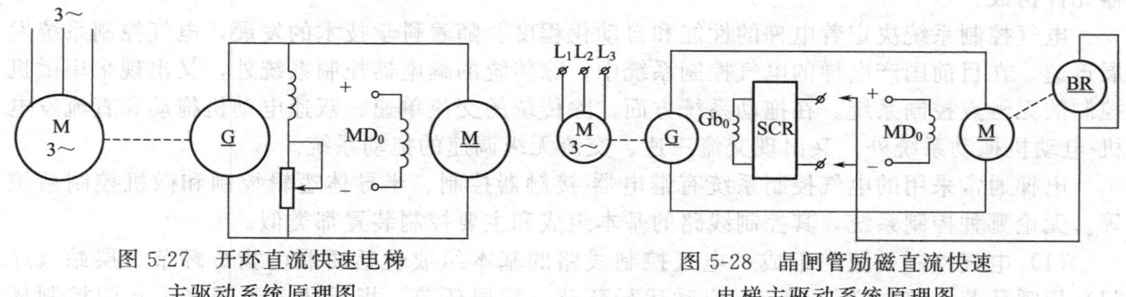

图 5-27 开环直流快速电梯主驱动系统原理图　　图 5-28 晶闸管励磁直流快速电梯主驱动系统原理图

这种电梯的主要的优点是：起伏和减速都比较平稳，调速容易，载重量大。但整个系统耗电多，结构复杂，体积大，维护难度大，负载变化时电梯的运行不易控制。所以，这电梯已淘汰，只在一些旧建筑物中还有应用。

(4) 晶闸管励磁直流快速电梯主驱动系统　这种电梯的主驱动系统如图 5-28 所示，与开环直流主驱动系统相比，所不同的是晶闸管及其驱动控制电路取代了开环直流系统中的人工调节直流发电机的励磁绕组。调整晶闸管控制角的大小即可改变晶闸管的输出电压，从而改变直流发动机的输出电压，使直流电动机的转速得到调节。控制角的大小由速度反馈信号与给定信号比较后确定，这样可以实现速度自动调节，即构成速度闭环控制系统。

这种主驱动系统的性能特点是：可实现无级调速，起、制动平稳，电梯运行速度几乎不受负载变化的影响，但系统相对复杂，维修难度大。

(5) 交流调速电梯主驱动系统　直流调速系统复杂，维修难度大；交流有级调速性能差，给人以不适感，应用范围很窄。又因为交流电动机结构简单，成本低廉，便于维护，有直流电动机不可比拟的优点，发展交流无级调速成为必然趋势。随着电力电子技术的进步，电力电子器件的使用，以及自动控制技术的发展，交流无级调速系统的成本大为降低。目前新型电梯中广泛采用的交流调速主驱动系统是交-直-交变频，称 VVVF 系统。图 5-29 是 VVVF 系统的脉宽调制（PWM）变频原理简图。

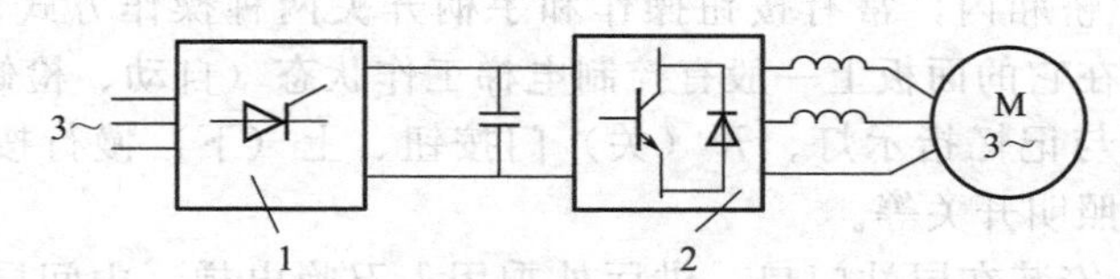

图 5-29　脉宽调制（PWM）变频原理简图

1—晶闸管整流器；2—晶体管逆变器

其工作原理是：将三相交流电整流成为电压大小可调的直流电，再经大电容与逆变器（由电力晶体管组成），以脉宽调制方式输出电压和频率都可调节的交流电。这样交流拽引电动机就可以获得平稳的调速性能。应用这种系统的电梯运行平稳、舒适，平层精度≤5mm。

综上所述，交流调速电梯与一般常用电梯相比，运行时间短，平层误差小，舒适感好，电能消耗小，运行可靠，节省投资，适应范围广，是国内外电梯厂家大力发展的一种电梯。

4. 电气控制系统

电梯的种类多，运行速度范围要求大，自动化程度有高、低之分，工作时还要接受轿厢内、层站外的各种指令，并保证安全保护，系统准确动作。这些功能的实现都要依靠电气控制系统。

电气控制系统是电梯的两大系统之一。电气控制系统是由控制柜、操纵箱、指层灯箱、召唤箱、限位装置、换速平层装置、轿顶检修箱等十几个部件，以及拽引电动机、制动器线圈、开关门电动机及开关门调速开关、极限开关等几十个分散安装在各相关电梯部件中的电器元件构成。

电气控制系统决定着电梯的性能和自动化程度。随着科学技术的发展，电气控制系统发展迅速。在目前国产电梯的电气控制系统中，除传统的继电器控制系统外，又出现采用微机控制的无触点控制系统。在拖动系统方面，除传统的交流单速、双速电动机拖动和直流发电机-电动机拖动系统外，又出现交流三速、交流无级调速的拖动系统。

电梯通常采用的电气控制系统有继电器-接触器控制、半导体逻辑控制和微机控制系统等。无论哪种控制系统，其控制线路的基本组成和主要控制装置都类似。

（1）电气控制系统的组成　电气控制线路的基本组成包括轿厢内指令环节、层站（厅门）招呼环节、定向选层环节、启动运行环节、平层环节、指层环节、开（关）门控制环节、安全保护环节和消防运行环节。对主驱动系统较为复杂的电梯还有电动机调速与控制环节等。各环节之间的控制关系如图 5-30 所示。

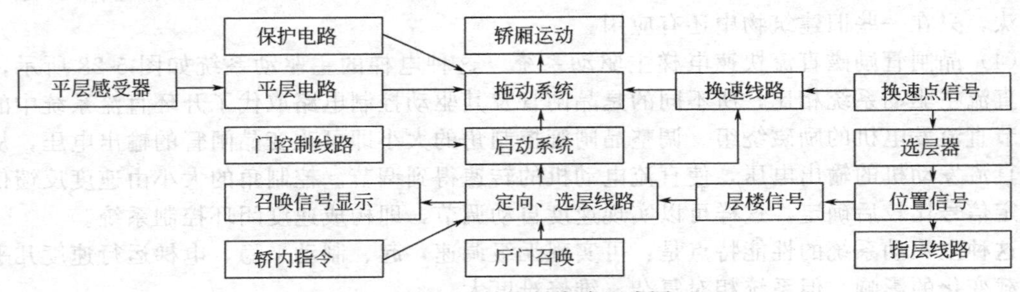

图 5-30　电气控制线路组成图

各种控制环节相互配合，使电动机依照各种指令完成正反转、加速、等速、调速、制动、停止等动作，从而实现电梯运行方向（上、下）、选层、加（减）速、制动、平层、自动开（关）门、顺向（反向）截梯、维修运行等。为实现这些功能，控制电路中经常用到自锁、互锁、时间控制、行程控制、速度控制、电流控制等许多控制方式。

（2）电气控制系统主要装置

① 操纵箱　位于轿厢内，常有按钮操作和手柄开关两种操作方式。它是操纵电梯上、下运行的控制中心。在它的面板上一般有控制电梯工作状态（自动、检修、运行）的钥匙开关、轿厢内指令按钮与记忆指示灯、开（关）门按钮、上（下）慢行按钮、厅外召唤指示灯、急停、电风扇和照明开关等。

② 召唤按钮箱　安装在层站门口，供厅外乘用人召唤电梯。中间层只设上行与下行两只按钮，基站还设有钥匙开关以控制自动开门。

③ 位置显示装置　在轿厢内、层站外都有。用灯光或数字（数码管或光二极管）显示电梯所在楼层，以箭头显示电梯运行方向。

④ 控制柜　控制电梯运行的装置。柜内装配的电器种类、数量、规格与电梯的停站层数、运行速度、控制方式、额定载荷、拖动类型有关，大部分接触器-继电器都安装在控制柜中。

⑤ 换速平层装置　电梯运行将要到达预定楼层时，需要提前减速，平层停车。完成这个任务的是换速平层装置，如图 5-31 所示。它由安装在轿厢顶部和井道导轨上的电磁感应器和隔磁板构成。当隔磁板插入电磁感应器，干簧管内触头接通，发出控制信号。

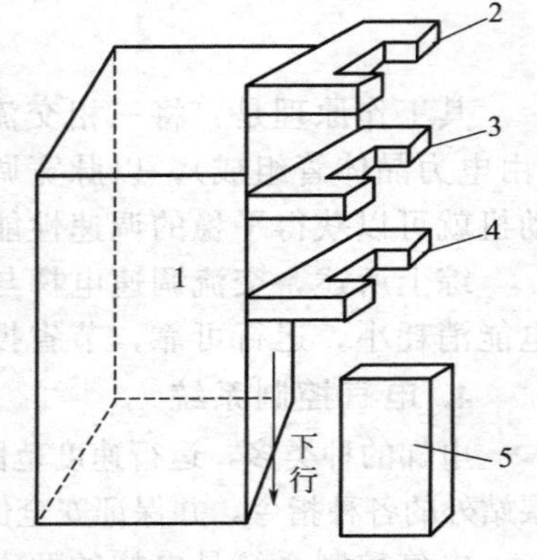

图 5-31　平层感应器

1—桥厢；2、3、4—电磁感应器；5—隔磁板

⑥ 选层器　通常使用的是机械-电气联锁装置。用钢带

链条或链条与轿厢连接，模拟电梯运行状态（把电梯机械系统比例缩小）。有指示轿厢位置、选层消号、确定运行方向、发出减速信号等作用。这种机、电联锁式的选层器内部有许多触点。随着控制技术的发展，现在已经应用了数控选层器和微机选层器。

⑦ 轿顶检修厢　安装在轿厢顶，内部设有电梯快下（慢下）按钮、点动开门按钮、轿顶检修转换开关与检修灯开关和急停按钮，是专门用于维修工检修电梯的。

⑧ 开、关门机构　电梯自动开、关门，多采用小型直流电动机驱动。因直流电动机的调速性能好，可以减少开、关门抖动和撞击。

5. 电梯的安全保护系统

电梯运行的安全可靠性极为重要，在技术上采取了机械、电气和机电联锁的多重保护，其级数之多、层次之广是其他任一种提升设备不能相比的。按国家标准 GB 1005—1988 规定，电梯应有如下安全保护设施：①超速保护装置；②供电系统断相、错相保护装置；③撞底缓冲装置；④超越上、下极限工作位置时的保护装置；⑤厅门锁与轿门电气连锁装置；⑥井道底坑有通道时，对重应有防止超速或断绳下落的装置等设施。

下面仅介绍机械安全装置和电气安全保护装置。

(1) 机械安全装置　为保证电梯安全运行，机械系统保护装置中，除拽引钢丝绳的根数一般在 3 根以上，且安全系数至少达 12，另外还设有以下几种安全保护装置。

① 限速器和安全钳　限速器安装在机房内，安全钳安装在轿厢下的横梁下面，限速器张紧轮在井道地坑内。当轿厢下行速度超过 115%额定速度时，限速器动作，断开安全钳开关，切断电梯控制电路，拽引机停转。如果此时出现意外，轿厢仍快速下降，安全钳即可动作把轿厢夹在导轨上使轿厢不致下坠。

② 缓冲器　设置在井道底坑内的地面上，当发生意外，轿厢或对重撞到地坑时，用来吸收下降的冲击力量。分为弹簧缓冲器和油压缓冲器。

③ 安全窗　装在轿厢的顶部。当轿厢停在两层之间无法开动时，可打开它将厢内人员用扶梯放出。安全窗打开时，其安全触点要可靠断开控制电路，使电梯不能运行。

(2) 电气安全保护装置　电气保护的接点都处于控制电路之中。如果它动作，整个控制回路不能接通，拽引电动机不能通电，最终轿厢不能运动。

① 超速断绳保护　这种保护实质为机械-电气联锁保护。它将限速器与电气控制线路配合使用。当电梯下降速度达到额定速度的 115%时，限速器上第一个开关动作，要求电梯自动减速；若达到额定转速的 140%时，限速器上第二个开关动作，切断控制回路后再切断主驱动电路，电动机停止转动，迫使电梯停止运行，强迫安全钳动作，将电梯制停在导轨上。这种保护是最重要的保护之一，凡是载客电梯必须设有这种保护。

② 层门锁保护　电梯在各个门关好后才能运行，这也是一种机械-电气联锁保护。当机械钩子锁锁紧后，电气触点闭合，此时电梯的控制回路才接通，电梯能够运行。另外电梯门上还设有关门保护（如关门力限制保护，光、电门等），防止乘客关门时被夹伤。

③ 终端超越保护　电梯在运行到最上或最下一层时，如果电磁感应器或选层器出现故障而不能发出减速信号，电梯就会出现冲顶或撞底这样的严重故障。在井道中依次设置了强迫减速开关、终端限位开关，这几种开关中的一个动作都可迫使电梯停止运行。

④ 三相电源的缺相、错相保护　为防止电动机因缺相和错相（倒相）损坏电梯，造成严重事故而设置的保护。

⑤ 短路保护　与所有机电设备一样都有熔断器作为短路保护。

⑥ 超载保护　设置在轿厢底和轿厢顶，当载重量超过额定负载 110%时发生动作，切断电梯控制电路，使电梯不能运行。

图 5-32 是普通交流双速载客电梯安全保护系统框图，从中可看出各种安全保护装置的动作原则。

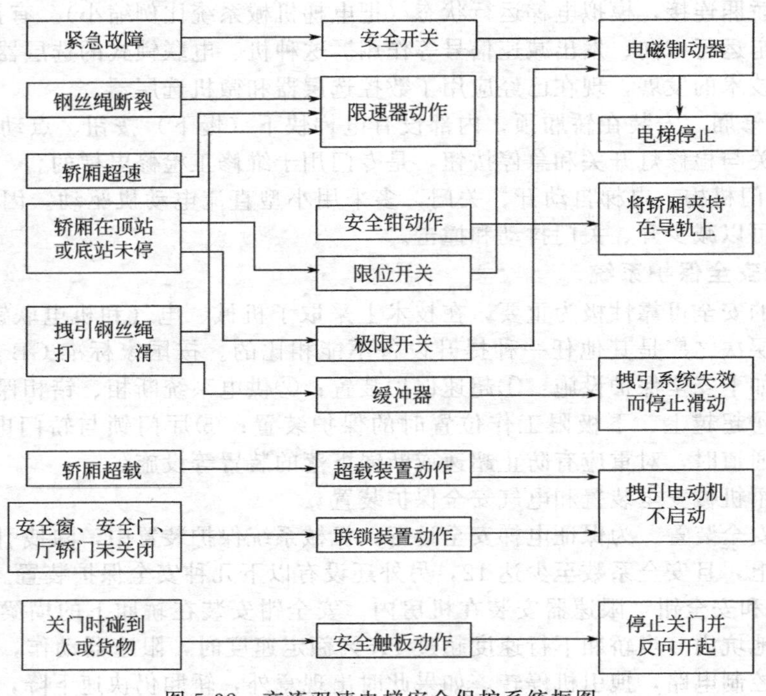

图 5-32　交流双速电梯安全保护系统框图

【任务实施】

☆ PLC 在电梯控制电路中的应用及维修 ☆

1. 概述

现在 PLC 在电梯中的应用越来越广泛，PLC 应用于电梯控制电路可以是局部的。例如，不改变原有外围设备，用 PLC 取代开、关门和调速等部分控制单元；当传感器等器件有可靠的配套产品时，则可对层楼召唤、平层以及各保护环节做较全面的控制。

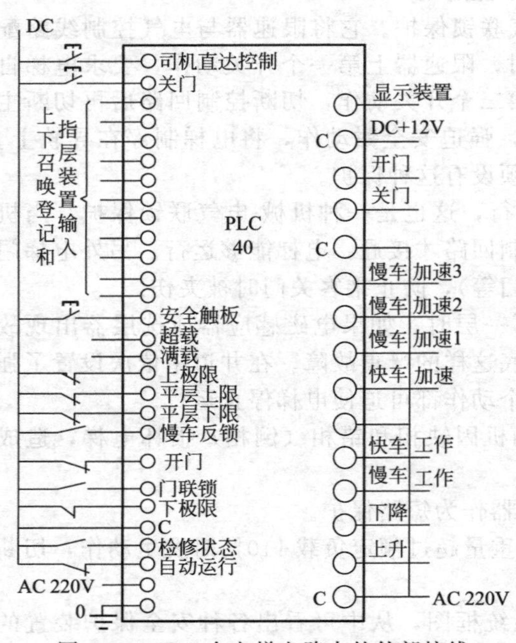

图 5-33　PLC 在电梯电路中的外部接线

图 5-33 所示为杭州西子电梯厂已批量生产的、用 PLC 控制的电梯电路图中的一部分，只绘出 PLC 的输入和输出接线头和标记，对于外接输入线路的控制触头只画出一个，省略了有多个控制的情况。本电梯所用 PLC 为日产 OMRON 产品，输入端画在左侧；输出端在右侧。本梯的上下召唤、登记电路仍沿用传统方法，层站信号用大型数码管显示。PLC 根据指层装置、召唤登记情况的输入分别对电梯的上下行、加减速和开关门进行自动控制，同时也完成各安全装置的联锁控制。由于这种控制方式简单可靠，故得到用户广泛的好评。

图 5-34 所示为 PLC 的外部接线示意图，现就与接线有关的几个问题做一些说明，以供

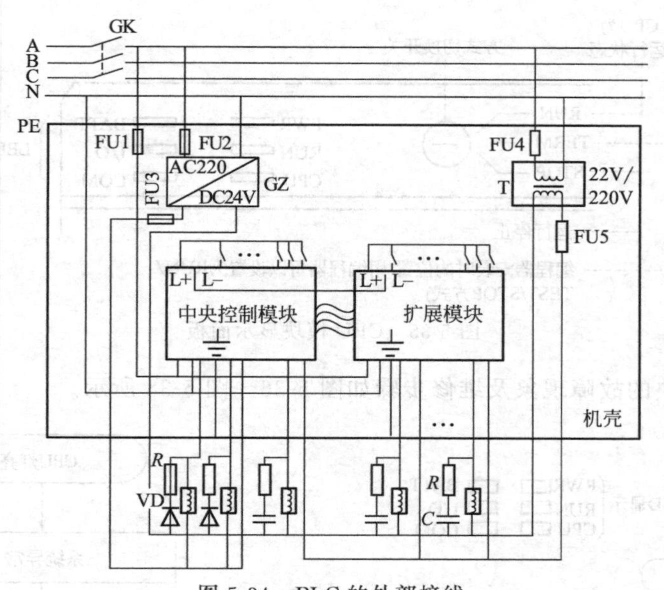

图 5-34 PLC 的外部接线

读者参考。

① 为了给 PLC 和执行元件提供一个统一的隔离装置，应设总电源开关 GK。

② PLC 和输出元件的电源应取自同一相线（本图为 A 相）。

③ PLC 和它的扩展模块应合用一个熔断器 FU1，该熔断器熔丝的额定电流不得大于 3A。

④ PLC 内自备有 DC 24V、1A 的电源，供输入元件使用。当输出的执行元件与输入电流之和小于 1A 时，允许合用机内电源。否则，应另装整流电源 GZ 专供输出的执行元件用。

⑤ 当执行元件为直流电磁铁、直流电磁阀时，一般应在线圈两端接入限流电阻 R 和续流二极管 VD 以作保护。

⑥ 当执行元件为感性元件时，应在线圈两端接入电阻（可取 100Ω）和电容 C（可取 0.047μF）组成灭弧电路。

⑦ 当电压为 AC 220V 的执行元件的线圈数超过 5 个时，最好设隔离变压器 T 供电。

⑧ 电源线与输入、输出线在（电梯）出厂时均分别走线，检修中不可把它们混在一起，更不允许将输入信号线与一次回路导线合用同一电缆或并排敷设，以减少干扰。

⑨ PLC 的接地端（PE）应可靠接地，接地电阻应小于 100Ω，一般可与机架相连。

⑩ PLC 与扩展单元连接以及机上有关器件如 EPROM 集成块的插入和拔出等，均不允许带电操作。

2. PLC 故障检查

(1) CPU 模块　图 5-35 所示为 CPU 的方式选择及显示面板图。

① PWR：二次侧逻辑电路电压接通时灯亮。

② RUN：CPU 运行状态时亮。

③ CPU：监控定时器发生异常时亮。

④ BATT：CPU 中的存储器备用电池或者存储器盒内的电池电压低时灯亮。

⑤ I/O：I/O 模块、I/O 接线等模块的联系发生异常时灯亮。

⑥ COM：SU-5 型机和编程器的通信发生异常时灯亮。SU-6 型机上位通信、PLC 通信、通用端口的通信及编程器的通信发生异常时灯亮。

CPU为运行状态
方式切换开关
RUN
TERM
STOP
PWR
RUN
CPU
BATT
I/O
COM
LED
运行停止
编程器安装时的位置(用编程器可以设置为RUN/TEST/STOP方式)

图 5-35　CPU 模块显示面板

有关 CPU 模块的故障现象及维修步骤如图 5-36～图 5-38 所示。

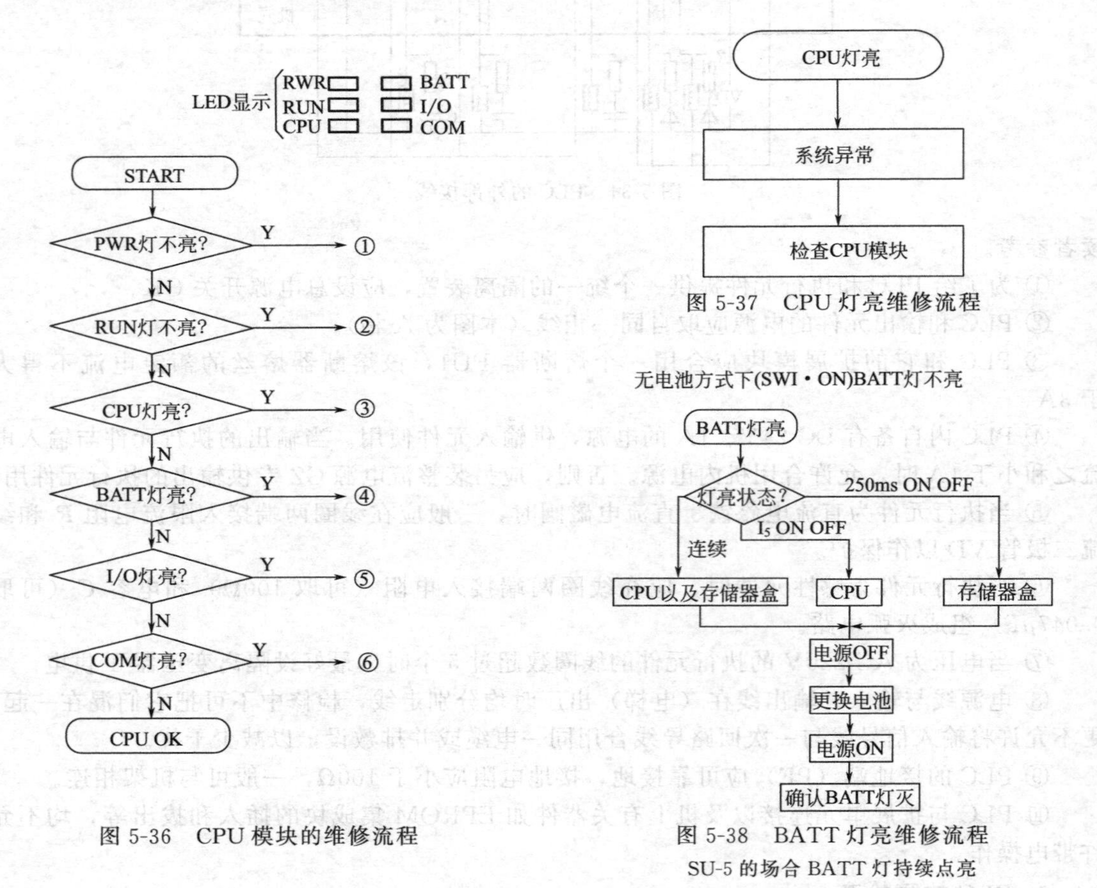

图 5-36　CPU 模块的维修流程

图 5-37　CPU 灯亮维修流程

图 5-38　BATT 灯亮维修流程

SU-5 的场合 BATT 灯持续点亮

(2) I/O 模块　图 5-39 为 I/O 模块的维修流程图，有关特殊模块请参照各有关资料。在检查输入、输出回路时，请参阅各模块的规格。

3. 故障现象与原因

(1) PLC 运行时动作不正常　此现象可以考虑以下原因：

① 包含 PLC 在内的系统的供给电源有问题。

a. 未供给电源。

b. 电源电压低。

c. 电源时常瞬断。

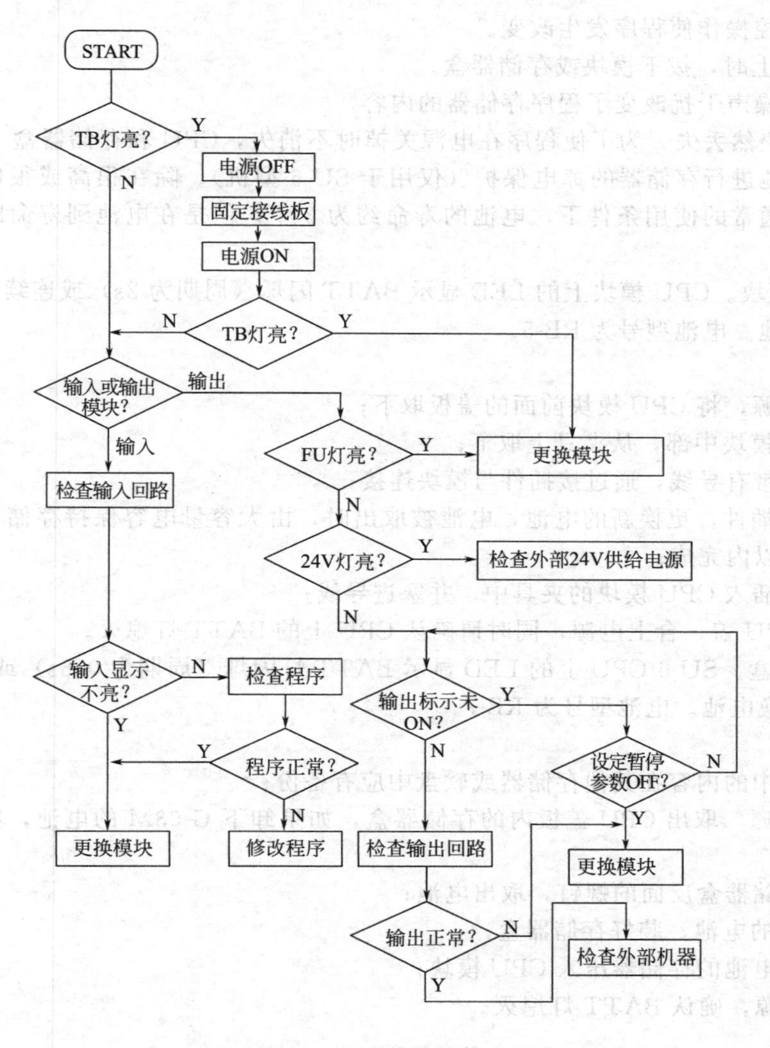

图 5-39 I/O 模块维修流程

d. 电源带有强的干扰噪声。

② 由于故障或出错造成的机器损坏。

a. 电源上附加高压（如雷击等）。

b. 负载短路。

c. 因机械故障造成动力机器损坏（阀、电动机等）。

d. 由于机械故障造成检测部件被损坏。

③ 控制回路不完备。

a. 控制回路（PLC、程序等）和机械不同步。

b. 控制回路出现了意外情况。

④ 机械的老化、损耗。

a. 接触不良（限位开关、继电器、电磁开关等）。

b. 存储器盒内以及 CPU 内存储器备用电池电压低。

c. 由高压噪声造成的 PLC 恶化。

⑤ 由噪声或误操作产生的程序改变。

a. 违背监控操作使程序发生改变。

b. 电源合上时，拔下模块或存储器盒。

c. 由于强噪声干扰改变了程序存储器的内容。

(2) 程序突然丢失　为了使程序在电源关掉时不消失，CPU 和存储器盒（G-O3M）采用长寿命锂电池进行存储器的掉电保护（仅用于 SU-6 型机）。除在很高或很低温度的场所下使用外，在通常的使用条件下，电池的寿命约为 3 年；但是在电池到寿命时，必须立即更换。

① CPU 模块。CPU 模块上的 LED 显示 BATT 闪烁（周期为 2s）或连续点亮时，请在一周内更换电池。电池型号为 RB-5。

更换方法：

a. 关掉电源，将 CPU 模块前面的盖板取下；

b. 电池在模块中部，从夹具上取下；

c. 电池上带有导线，通过接插件与模块连接；

d. 拆开接插件，更换新的电池，电池被取出时，由大容量电容保持存储器的内容，更换请在 10min 以内完成；

e. 将电池插入 CPU 模块的夹具中，并塞进导线；

f. 盖好 CPU 盖，合上电源，同时请确认 CPU 上的 BATT 灯熄灭。

② 存储器盒。SU-6 CPU 上的 LED 显示 BATT 灯闪烁（周期为 0.5s）或连续点亮时，请在一周内更换电池。电池型号为 RB-7。

更换方法：

a. 存储器中的内容在其他存储器或软盘中应有备份；

b. 关掉电源，取出 CPU 盖板内的存储器盒，如果卸下 G-03M 的电池，则存储器的内容消失；

c. 卸下存储器盒反面的螺钉，取出电池；

d. 换上新的电池，装好存储器盒；

e. 将换好电池的存储器压入 CPU 模块；

f. 合上电源，确认 BATT 灯熄灭。

【知识拓展】

☆ 电梯常见故障的诊断与排除 ☆

不同制造厂生产的电梯，在机械结构、电气线路等方面都有不同程度的差异，因此故障产生的原因及排除方法各有差异。表 5-9 介绍国产电梯的常见故障排除。

【学习小结】

1. 起重设备的结构组成和工作原理是进行起重设备故障诊断与修理的基础。

2. 起重设备常见故障诊断与修理的一般步骤要点是：先初步分析和判断，弄清故障现象，包括外部因素与内在原因；其次分析故障原因，确定检查部位（一个故障现象可能有多个原因所导致）；然后拆卸检查，确定故障原因；再根据所列故障原因表尽量准确找出结论，进行修复工作；最后对起重设备试验工作，对故障进行定性和定量分析，总结经验教训。

3. 桥式起重机的典型故障和常见故障诊断与维修。

4. 塔式起重机的典型故障和常见故障诊断与排除。

5. 电动葫芦的典型故障和常见故障诊断与修理。

6. 电梯的典型故障和常见故障诊断与修理。

表 5-9 电梯常见故障与排除

故障现象	故障原因	排除方法
在基站将钥匙开关闭合后，电梯不开门（对直流电梯钥匙开关闭合后，发电机不启动）	控制电路的熔断器烧坏	更换熔丝，并查找原因
	钥匙开关触点接触不良或折断	如接触不良，可用无水酒精清洗，并调整触点弹簧片；如触点折断，则更换
	基站钥匙开关继电器线圈损坏或继电器触点接触不良	如线圈损坏，更换；如触点接触不良，清洗修复
	有关线路出了毛病	在机房人为使基站钥匙开关继电器吸合，看其以下线路接触器或继电器是否动作，如仍不能启动，则应进一步检查哪一部分出了故障，并加以排除
按下选层按钮后没有信号（灯不亮）	按钮接触不良或折断	修复和调整
	信号灯接触不良或烧坏	排除接触不良或更换灯泡
	选层继电器失灵或自锁触点接触不良	更换或修理
	有关线路断了或接线松开	用万用表检测并排除
	选层器上信号灯活动触头接触不良，使选层继电器不能吸合	调整活动触头弹簧，或修复清理触头
有选层信号，但方向箭头灯不亮	信号灯接触不良或烧坏	排除接触不良或更换灯泡
	选层器上自动定向触头接触不良，使方向继电器不能吸合	用万用表或电线短接的方法检测，并调整修复
	选层继电器常开触点接触不良，使方向继电器不能吸合	修复及调整
	上、下行方向继电器回路中的二极管损坏	用万用表找出损坏的二极管，更换
按下关门按钮后，门不关	关门按钮触点接触不良或损坏	用导线短接法检查确定，然后修复
	轿厢顶的关门限位开关常闭触点和开门按钮的常闭触点闭合不好，从而导致整个关门控制回路有断点，使关门继电器不能吸合	用导线短接法将门控制回路中的断点找出，然后修复或更换
	关门继电器出现故障或损坏	排除或更换
	门机电动机损坏或有关线路松动	用万用表检查电动机是否损坏，线路是否畅通，并加以修复或更换
	门机传动带打滑	张紧传动带或更换
电梯已接受选层信号，但门关闭后不能启动	门未关闭到位，门锁开关未能接通	重新开关门，如不奏效，应调整门锁
	门锁开关出现故障	排除或更换
	轿门闭合到位开关未接通	调整和排除
	运行继电器回路有断点或运行继电器出现故障	用万用表检查确定有否断点，并排除；或修复、更换继电器
门销未关，电梯能选层启动	门锁开关触头粘连（对使用微动开关的门锁）	排除或更换
	门锁控制回路接线短路	检查和排除
到站平层后，电梯门不开	开门电动机回路中的熔丝过松或熔断	拧紧或更换
	轿厢顶上开门限位开关闭合不好或触点折断了，使开门继电器不能吸合	排除或更换
	开门电气回路出故障或开门继电器损坏	排除或更换

续表

故障现象	故障原因	排除方法
平层误差大	选层器上的换速触头与固定触头位置不合适	调整
	平层感应器与隔磁板位置不当	调整
	制动器弹簧过松	调整
开、关门速度变慢	开、关门速度控制电路出现故障	检查低速开、关门行程开关，看其触点是否粘住并排除
	开门机传动带打滑	张紧传动带
电梯在行驶中突然停车	外电网停电或倒闸换电	如停电时间过长，应通知维修人员采取营救措施
	由于某种原因，电流过大，总开关熔断器熔断或自动空气开关跳闸	找出原因，更换熔丝或重新合上空气开关
	门刀碰撞门轮，使锁臂脱开，门锁开关断开	调整门锁滚轮与门刀位置
	安全钳动作	在机房断开总电源，将制动器松开，用人为的方法使轿厢向上移动，使安全钳楔块脱离导轨，并使轿厢停靠在层门口，放出乘客。然后合上总电源，站在轿顶上，以检修速度检查各部分有无异常并用锉刀将导轨上的制动痕修光
电梯平层后又自动溜车	制动器制动弹簧过松，或制动器出现故障	收紧制动弹簧或修复调整制动器
	曳引绳打滑	修复曳引轮绳槽或更换
电梯冲顶撞底	由于控制部分例如选层器换速触头、选层继电器、井道上换速开关、极限开关等失灵，或选层器链条脱落等	查明原因后，酌情修复或更换元器件
	快速运行继电器触头粘住，使电梯保持快速运行直至冲顶、撞底	冲顶时，由于轿厢惯性冲力很大，当对重被缓冲器支承住，轿厢会产生急促抖动下降，可能会使安全钳动作。此时应首先拉开总电源，用木柱支承对重，用3t手动葫芦吊升轿厢，直至安全钳复位
电梯启动和运行速度有明显下降	制动器抱闸未完全打开或局部未打开	调整
	三相电源中有一相接触不良	检查三相电线，紧固各触点
	行车上下行接触器触点接触不良	检修或更换
	电源电压过低	调整三相电压，电压值不超过规定值的±10%
预选层站不停车	轿内选层继电器失灵	修复或更换
	选层器上减速动触头与预选静触头接触不良	调整与修复
未选层站停车	快速保持回路接触不良	检查调整快速回路中的继电器与接触器触点，使其接触良好
	选层器上层间信号隔离二极管击穿	更换二极管

续表

故障现象	故障原因	排除方法
电梯在运行中抖动或晃动	拽引机减速箱蜗轮蜗杆磨损，齿侧间隙过大	调整减速箱中心距或更换蜗轮蜗杆
	拽引机固定处松动	检查地脚螺栓、挡板、压板等，发现松动拧紧
	个别导轨架或导轨压板松动	慢速行车，在轿顶上检查并拧紧
	滑动导靴靴衬磨损过大，滚动导靴的滚轮不均匀磨损	更换滑动导靴靴衬；更换滚轮导靴滚轮或修车滚轮
	拽引绳松紧差异大	调整绳丝头套螺母，便各条拽引绳拉力一致
直流电梯在运行时忽快忽慢	励磁柜上的晶闸管插件和脉冲插件的触点接触不良或有关元器件损坏	将插件板触点轻轻地摩擦干净，或更换插件，修复损坏元器件
	励磁柜上的触发器插件触点接触不良或有关元器件损坏	将插件板触点器轻轻地摩擦干净，或更换插件，修复损坏元器件
	励磁柜上放大器插板触点接触不良或有关元器件损坏	将插件板触点轻轻地摩擦干净，或更换插件，修复损坏元器件
	励磁柜上熔丝熔断	查找原因，更换熔丝
直流电梯在运行中抖动	励磁柜上的反馈调节稳定不合适，有零浮现象	调整稳定调节电位器和放大器调零
	测速发动机出了故障或V带过松	修复或更换测速发电机；张紧或更换V带
	发电机或电动机的电刷磨损严重，并在行车时发出大的火花	更换电刷，校正中心线
局部熔丝经常烧断	该回路导线有接地点或电气元件有接地	检查接地点，加强绝缘
	有的继电器绝缘垫片击穿	加绝缘垫片或更换继电器
主熔丝片经常烧断	熔丝片容量小，且压接松，接触不良	按额定电流更换熔丝片，并压接紧固
	有的接触器接触不良有卡阻	检查调整接触器，排除卡阻或更换接触器
	电梯启动、制动时间过长	调整启动、制动时间
电梯运行时在轿厢内听到摩擦声	滑动导靴靴衬磨损严重，使两端金属盖板与导轨发生摩擦	更换靴衬
	滑动导靴中卡入异物	清除异物并清洗靴衬
	由于安全钳拉杆松动等原因，使安全钳楔块与导轨发生摩擦	修复
开关门时门扇振动大	门滑轮磨损严重	更换门滑轮
	门锁两个滚轮与门刀未紧贴，间隙大	调整门锁
	门导轨变形或发生松动偏斜	校正导轨，调整紧固导轨
	门地坎中的滑槽积尘过多或有杂物，妨碍门的滑行	清理
门安全触板失灵	触板微动开关出故障	排除或更换
	微动开关接线短路	检查电路，排除短路点
桥厢或厅门有麻电感觉	轿厢或厅门接地线断开或接触不良	检查接地线，使接地电阻不大于4Ω
	接零系统零线重复接地线断开	接好重复接地线
	线路上有漏电现象	检查线路绝缘电阻，其绝缘电阻不应低于0.5MΩ

【自我评估】

一、填空题

1. 桥式起重机的结构可以分为________、________、________、________、________五个部分；桥式起重机起重小车三条腿故障对起重机造成的影响有________________________________；产生小车三条腿故障的原因有________________________________；采取的主要措施有________________________________。

2. 塔式起重机的结构可以分为________________________几个部分。常见的故障有________________________________。

3. 电动葫芦的基本结构有________________________几个部分；当电动葫芦的小车出现啃轨时，排除方法有________________________________。

4. 电梯的基本结构有________________________________几个部分。

二、简答题

1. 简要叙述桥式起重机的工作原理，并分析小车三条腿现象对起重机有什么影响？
2. 桥式起重机的起重小车出现打滑的故障，大概有哪几方面的原因，应该怎么修理？
3. 塔式起重机分为哪几个部分？简要叙述一下各个部分的作用及工作原理。
4. 试述塔式起重机常见的故障及排除方法。
5. 试述电动葫芦的结构组成及分类。
6. 试述电动葫芦的常见故障及排除方法。
7. 电动葫芦悬挂运输链出现故障时，应该如何排除？
8. 试述电梯的结构组成及其基本工作原理。
9. 试述电梯的电气控制系统的基本组成及其基本工作原理。
10. 电梯的主驱动系统有哪几类？分别适用于什么场合？
11. 试述电梯的常见故障及排除方法。
12. 试述 PLC 在电梯控制电路中的常见故障及维修方法。
13. 当电梯出现已接受选层信号，但门关闭后不能启动的故障时，应该如何诊断与排除？

【评价标准】

本学习情境的评价内容包括专业能力评价、方法能力评价及社会能力评价等三个部分。其中自我评分占30%、组内评分占30%、教师评分占40%，总计为100%，见表5-10。

表 5-10 学习情境 5 综合评价表

种类别	项目	内容	配分	考核要求	扣分标准	自我评分 30%	组内评分 30%	教师评分 40%
专业能力评价	任务实施计划	1. 实训的态度及积极性； 2. 实训方案制定及合理性； 3. 安全操作规程遵守情况； 4. 考勤遵守情况； 5. 完成技能训练报告	30	实训目的明确，积极参加实训，遵守安全操作规程和劳动纪律，有良好的职业道德和敬业精神；技能训练报告符合要求	实训计划占5分；安全操作规程占5分；考勤及劳动纪律占5分；技能训练报告完整性占10分			

续表

种类别	项目	内容	配分	考核要求	扣分标准	自我评分30%	组内评分30%	教师评分40%
专业能力评价	任务实施情况	1. 拆装方案的拟定； 2. 起重设备的正确拆装； 3. 起重设备的常见故障诊断与排除； 4. 简单起重设备的调试； 5. 任务实施的规范化，安全操作	30	掌握起重设备的拆装方法与步骤以及注意事项，能正确分析起重设备的常见故障及修理；能进行系统调试；任务实施符合安全操作规程并功能实现完整	正确选择工具占5分；正确拆装起重设备占5分；正确分析故障原因拟定修理方案占10分；任务实施完整性占10分			
	任务完成情况	1. 相关工具的使用； 2. 相关知识点的掌握； 3. 任务实施的完整性	20	能正确使用相关工具；掌握相关的知识点；具有排除异常情况的能力并提交任务实施报告	工具的整理及使用占10分；知识点的应用及任务实施完整性占10分			
方法能力评价	1. 计划能力； 2. 决策能力	能够查阅相关资料制定实施计划；能够独立完成任务	10	能准确查阅工具、手册及图纸；能制定方案；能实施计划	查阅相关资料能力占5分；选用方法合理性占5分			
社会能力评价	1. 团结协作； 2. 敬业精神； 3. 责任感	具有组内团结合作、协调能力；具有敬业精神及责任感	10	做到团结协作；做到敬业；做到全责	团结合作能力占5分；敬业精神及责任心占5分			
合计			100					

年　月　日

学习情境6

电气设备的故障诊断与修理

学习目标

该情境阐述了电气设备所用的电动机、电器开关、变压器设备及自控装置等电气设备的性能、特点、故障诊断与修理的知识；还介绍了电气设备的安装、调试与维修等知识。根据教学需要，将理论与实践内容相互渗透和融合，以满足专业培养目标的岗位需求，通过基本情境的教学，培养学生具有良好的个性发展和创新意识，随着我国社会主义市场经济的快速发展，各行各业越来越需要具有综合职业能力和全面素质的、直接从事生产、技术和服务第一线的应用型、技能型人才。因此，要求学生除了具备本专业必要的基础理论、专业技术知识外，还必须具有解决工作生产中实际问题的能力，以适应今后的工作。

知识目标：

1. 掌握检查电气设备故障的诊断与维修方法；
2. 掌握电气控制原理图、故障原因分析、诊断与检修；
3. 掌握常用电气控制方法；

学习情境6

技能目标：

1. 能正确维护、分析、检修故障；
2. 能正确操作与维护电气设备；
3. 能正确识读电气控制原理图。

能力目标：

1. 具有通过设备图纸资料搜集相关知识信息的能力；
2. 具有自主学习新知识、新技术和创新探索的能力；
3. 具有合理地利用与支配资源的能力；
4. 具有良好的协作工作能力。

任务 6.1 电气设备的故障诊断、修理措施与操作步骤

【任务描述】

电气设备在运行过程中会产生各种各样的故障，致使设备停止运行而影响生产，严重的还会造成人身或设备事故。引起电气设备故障的原因，除部分是由于电器元件的自然老化引起的外，还有相当部分的故障是因为忽视了对电气设备的日常维护和保养，以致小毛病发展成大事故，还有些故障则是由于电气维修人员在处理电气故障时的操作方法不当，或因缺少配件凑合行事，或因误判断、误测量而扩大了事故范围所造成的。所以为了保证电气设备正常运行，以减少因电气修理的停机时间，提高设备的利用率和劳动生产率，必须十分重视对电气设备的维护和保养。另外根据各厂设备和生产的具体情况，储备部分必要的电器元件和易损配件等。

【任务分析】

1. 电气故障产生的原因

电气设备故障具有必然性，尽管对电气设备采取了日常维护保养及定期校验检修等有效措施，但仍不能保证电气设备长期正常运行而永远不出现电气故障。电气故障产生的原因主要有两方面：

（1）自然故障　电气设备在运行过程中，其电器常常要承受许多不利因素的影响，诸如电器动作过程中的机械振动；过电流的热效应加速电器元件的绝缘老化变质；电弧的烧损；长期动作的自然磨损；周围环境温度、湿度的影响；有害介质的侵蚀；元件自身的质量问题；自然寿命等原因，以上种种原因都会使电器难免出现一些这样或那样的故障而影响设备的正常运行。因此加强日常维护保养和检修可使电气设备在较长时间内不出或少出故障，但切不可误认为，电气设备的故障是客观存在、在所难免的，就忽视日常维护保养和定期检修工作。

（2）人为故障　电气设备在运行过程中，由于受到不应有的机械外力的破坏或因操作不当、安装不合理而造成的故障，也会造成设备事故，甚至危及人身安全。

2. 电气设备的结构不同，导致电气故障的因素

故障的类型由于电气设备的结构不同，电器元件的种类繁多，导致电气故障的因素又是多种多样，因此电气设备所出现的故障必然是各式各样的。然而这些故障大致可分为两大类：

(1) 有明显的外表特征并容易被发现的故障　例如电机、电器的显著发热、冒烟、散发出焦臭味或火花等。这类故障是由于电机、电器的绕组过载、绝缘击穿、短路或接地所引起的。在排除这些故障时，除了更换或修复之外，还必须找出和排除造成上述故障的原因。

（2）没有外表特征的故障　这一类故障是控制电路的主要故障。在电气线路中由于电气元件调整不当、机械动作失灵、触头及压接线头接触不良或脱落，以及某个小零件的损坏，导线断裂等原因所造成的故障。线路越复杂，出现这类故障的机会也越多。这类故障虽小但经常碰到，由于没有外表特征，要寻找故障发生点，常需要花费很多时间，有时还需借助各类测量仪表和工具才能找出故障点，而一旦找出故障点，往往只需简单地调整或修理就能立

即恢复机床的正常运行，所以能否迅速地查出故障点是检修这类故障时能否缩短时间的关键。

3. 故障的分析和检修

当设备发生电气故障后，为了尽快找出故障原因，需按正确步骤进行检查分析，排除故障。

【知识准备】

1. 电气设备的维护保养、检修及注意事项

（1）电气设备的维护保养

① 电气柜的门、盖、锁及门框周边的耐油密封垫均应良好。门、盖应关闭严密，不得有水滴、油污和金属屑等进入电气柜内，以免损坏电器造成事故。

② 电气设备元器件之间的连接导线、电缆或保护导线的软管，不得被冷却液、油污等腐蚀，管接头处不得产生脱落或散头等现象。在巡视时，如发现类似情况应及时修复，以免绝缘损坏造成短路故障。

③ 电气设备的按钮站、操纵台上的按钮、主令开关的手柄、信号灯及仪表护罩等都应保持清洁完好。

④ 电气设备的维护保养周期：对设置在电气柜内的电器元件，一般不经常进行开门监护，主要靠定期维护保养。其维护保养周期应根据电气设备的结构、使用情况及环境条件等来确定。一般可采用配合机械设备的一、二级保养同时进行其电气设备的维护保养工作。

（2）配合机械设备一级保养进行电气设备的维护保养工作

比如金属切削机床的一级保养一般一季度进行一次，作业时间随机床的复杂程度在6～12h不等。这时可对机床电气柜内的电器元件进行如下维护保养：

① 清扫电气柜内的积灰异物。

② 修复或更换即将损坏的电器元件。

③ 整理内部接线，使之整齐美观。特别是在平时应急修理采取的临时措施，应尽量复原成正规状态。

④ 紧固熔断器的可动部分，使之接触良好。

⑤ 紧固接线端子和电器元件上的压线螺钉，使所有压接线头牢固可靠，以减小接触电阻。

⑥ 通电试车，使电器元件的动作程序正确可靠。

（3）电器元件的维护保养

① 电气设备一级保养时，对设备电器所进行的各项维护保养工作，在二级保养时仍需照例进行。

② 着重检查动作频繁且电流较大的接触器、继电器触头。为了承受频繁切合电路所受的机械冲击和电流的烧损，多数接触器和继电器的触头均采用银或银合金制成，其表面会自然形成一层氧化银或硫化银，但它并不影响导电性能，这是因为在电弧的作用下它还能还原成银，因此不要随意涂掉。即使这类触头表面出现烧毛或凹凸不平的现象，仍不会影响触头的良好接触，不必修整锉平。但铜质触头表面烧毛后则应及时修平。

③ 检修有明显噪声的接触器和继电器，找出原因并修复后方可继续使用，否则应更换新件。

④ 校验热继电器，看其是否能正常动作。校验结果应符合热继电器的动作特性。

⑤ 校验时间继电器，看其延时时间是否符合要求。如误差超过允许值，应预调整或修理，使之重新达到要求。

2. 电气设备的检修

（1）修理前的调查研究

① 问　首先向电气设备的操作者了解故障发生的前后情况，故障是首次突然发生还是经常发生；是否有烟雾、跳火、异常声音和气味出现，有何失常和误动作等。因为电气设备的操作者最熟悉该设备性能，最先了解故障发生的可能原因和部位，这样有利于修理人员在此基础上利用有关电气工作原理来判断故障发生的地点和分析故障产生的原因。

② 看　观察一下熔断器内的熔丝是否熔断；电气元件及导线连接处有无烧焦痕迹。

③ 听　电动机、控制变压器、接触器、继电器运行中声音是否正常。

④ 摸　在电气设备运行一段时间后，切断电源用手背触摸有关电器的外壳或电磁线圈，试其温度是否显著上升，是否有局部过热现象。

（2）根据电气原理图进行分析，确定产生故障范围　从电气原理图进行分析，确定产生故障的可能范围，电气线路有的很简单，但有的也很复杂。对于比较简单的电气线路，若发生了故障，仅有的几个电器元件和几根导线会一目了然，即使采用逐个电器、逐根导线地依次检查，也容易寻找出故障部位。但是对线路较复杂的电气设备则不能采用上述方法来检查电气故障。电气维修人员必须熟悉和理解设备的电气线路图，这样才能正确判断和迅速排除故障。

（3）从外表检查判断电器元件故障　在判断了故障可能发生的范围后，在此范围内对有关电器元件进行外表检查，这时常常能发现故障的确切部位。

（4）试验电路的动作顺序来检查故障　试验控制电路的动作顺序经外表检查未发现故障点时，则可采用通电试验控制电路动作顺序的办法来进一步查找故障点。具体作法是：操作某一只按钮或开关时，线路中有关的接触器、继电器将按规定的动作顺序进行工作。若依次动作至某一电器元件被发现动作不符，即说明此元件或其相关电路有问题。再在此电路中进行逐项分析和检查，一般到此便可发现故障。

（5）利用电工测量仪表进行检查故障　利用各种电工测量仪表对电路进行电阻、电流、电压等参数的测量，以此进一步寻找或判断故障，是电器维修工作中的一项有效措施。如利用万用表、钳形电流表、兆欧表、试电笔等仪表来检查线路，能迅速有效地找出故障原因。

（6）检修注意事项　在通电试验时，必须注意人身和设备的安全。要遵守安全操作规程，不得随意触动带电部分。必须切断主电路电源，只在控制电路带电的情况下进行检查。如需要电动机运转，则应使电动机在空载下运行，避免机械运动部分发生误动作和碰撞；要暂时隔断有故障的电路，以免故障扩大，并预先充分估计到局部线路动作后可能发生的不良后果。

【任务实施】

☆ 电动机位置控制部分的故障诊断和修理 ☆

1. 对电动机位置控制部分进行故障诊断

（1）地点　动力实训室、实训基地。

（2）设备　电机、变压器、实验台、电气控制柜等，每类设备 3～4 台。

（3）分组　4～6 人一组，指定组长，每小组成员始终固定，严禁串岗。

（4）实施步骤

① 学习安全操作规程，警示安全注意事项；

② 学习和掌握电气设备的结构、组成及控制原理，阅读电气自动控制原理图；

③ 学习正确使用电气测量仪器、仪表；

④ 分析电气控制线路和检修故障，完成电气线路调试，直到控制功能；

⑤ 按某机械设备电动机位置控制部分进行故障分析，如图 6-1 所示。

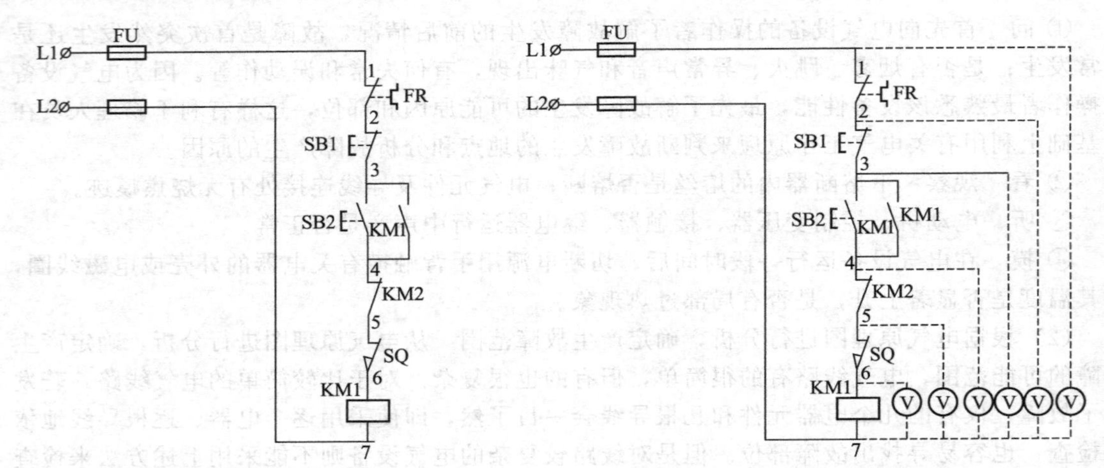

图 6-1 某机械设备位置控制电路　　图 6-2 电压的分阶测量法

根据故障现象进行分析，对发生的部位、电器元件做出判断，并从原理图上找到故障发生的部位或回路，应尽可能缩小故障范围。

2. 对电动机位置控制部分进行故障修理

① 通电试车，控制电动机正转的接触器 KM1 不工作。

② 采取相应的措施排除故障。

③ 局部或全部线路通电进行空载试运行。

④ 带负载试运行。

⑤ 排除故障后及时总结经验，并做好维修记录，编写实训报告。维修记录的内容可包括设备的型号、名称、编号、故障发生日期、故障现象、部位、损坏的电器、故障原因、修复措施及修复后的运行情况等。记录的目的：作为档案以备日后维修时参考，通过对历次故障分析，采取相应的有效措施，防止类似事故的再次发生，或对电气设备本身的设计提出改进意见等。

【知识拓展】

☆ 电路分析方法 ☆

下面介绍几种常用的电路分析方法。

1. 电压测量法

在检查电气设备时，经常通过测量电压值来判断电器元件和电路的故障点，检查时把万用表扳到交流电压 500V 挡位上。

（1）分阶测量法　电压的分阶测量如图 6-2 所示，所测电压及故障见表 6-1。

表 6-1　分阶测量法所测电压及故障原因

故障现象	测试状态	7-6	7-5	7-4	7-3	7-2	7-1	故障原因
按下 SB2 时 KM1 不吸合	按下 SB2 时不放	0	380V	380V	380V	380V	380V	SQ 接触不良
		0	0	380V	380V	380V	380V	KM2 接触不良
		0	0	0	380V	380V	380V	SB2 接触不良
		0	0	0	0	380V	380V	SB1 接触不良
		0	0	0	0	0	380V	FR 接触不良

（2）分段测量法　电压的分段测量如图 6-3 所示，分段测量电压值及故障见表 6-2 。

表 6-2　分段测量法所测电压值及故障原因

故障现象	测试状态	1-2	2-3	3-4	4-5	7-2	故障原因
按下 SB2 时 KM1 不吸合	按下 SB2 时不放	380V	0	0	0	0	FR 常闭触头接触不良
		0	380V	0	0	0	SB1 触头接触不良
		0	0	380V	0	0	SB2 接触不良
		0	0	0	380V	0	KM2 常闭触头接触不良
		0	0	0	0	380V	SQ 触头接触不良

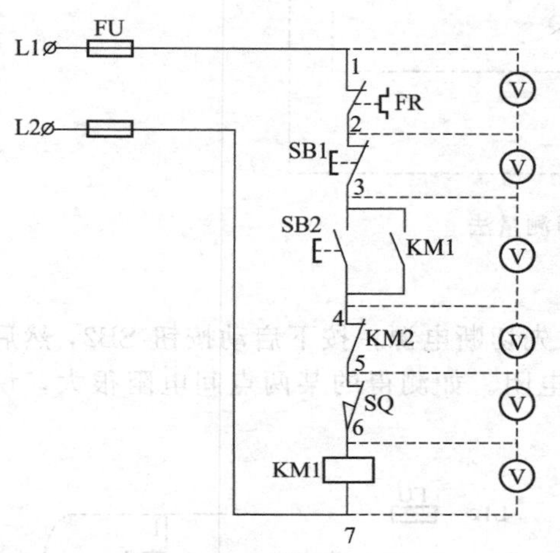

图 6-3　电压的分段测量法

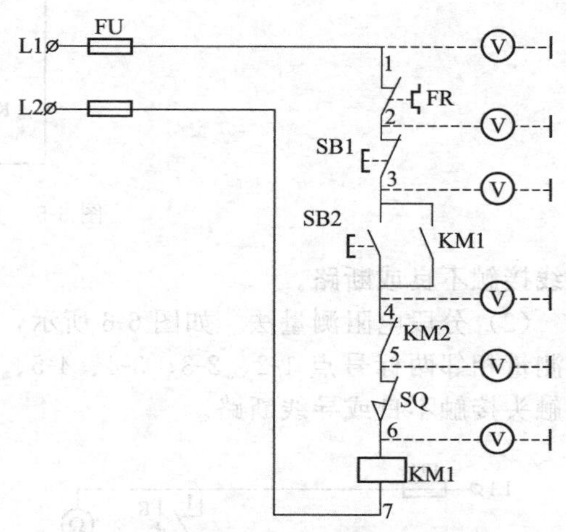

图 6-4　电压的对地测量法

（3）对地测量法　机床电气控制线路也可用接地测量法来检查电路的故障。电压的对地测量如图 6-4 所示，所测电压及故障见表 6-3。

表 6-3　对地测量法所测电压值及故障原因

故障现象	测试状态	1	2	3	4	5	6	故障原因
按下 SB2 时 KM1 不吸合	按下 SB2	0	0	0	0	0	0	FU 熔断
		220V	0	0	0	0	0	FR 常闭触头接触不良
		220V	220V	0	0	0	0	SB1 触头接触不良
		220V	220V	220V	0	0	0	SB2 触头接触不良
		220V	220V	220V	220V	0	0	KM2 常闭触头接触不良
		220V	220V	220V	220V	220V	0	SQ 常闭触头接触不良
		220V	220V	220V	220V	220V	220V	KM1 线圈断路或接线脱落

用电压测量法检查线路电气故障时，应注意下列事项：

① 用分阶测量法来检查线路电气故障时，标号 6 以前各点对 7 点的电压，都应为 380V，如低于额定电压的 20%以上，可视为有故障。

② 用分段或分阶测量法测量到接触器 KM1 线圈两端点 6 与 7 时，若测量的电压等于电源电压，可判断为电路正常，若接触器不吸合，可视为接触器本身有故障。

2. 电阻测量法

（1）分阶电阻测量法　如图 6-5 所示，按启动按钮 SB2，若接触器 KM1 不吸合，说明该电气回路有故障。检查时，先断开电源，把万用表扳到电阻挡，按下 SB2 不放，测量 1-7 两点间的电阻。如果电阻为无穷大，说明电路断路；然后逐段分阶测量 1-2、1-3、1-4、1-5、1-6 各点的电阻值。当测量到某标号时，若电阻突然增大，说明表笔刚跨过的触头或连

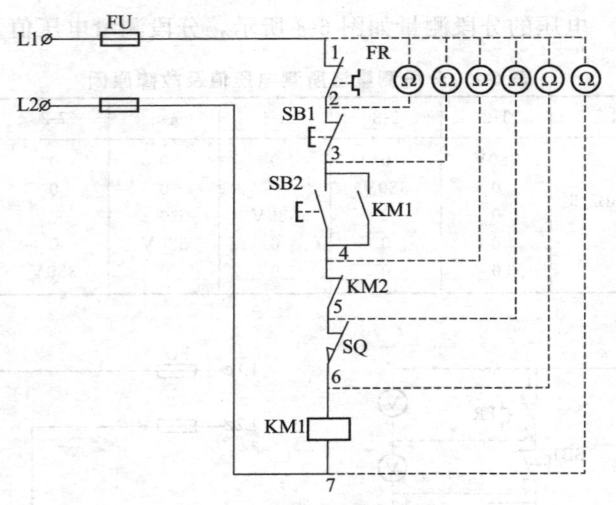

图 6-5 分阶电阻测量法

接线接触不良或断路。

(2) 分段电阻测量法 如图 6-6 所示，检查时先切断电源，按下启动按钮 SB2，然后逐段测量相邻两标号点 1-2、2-3、3-4、4-5、5-6 的电阻。如测得的某两点间电阻很大，说明该触头接触不良或导线断路。

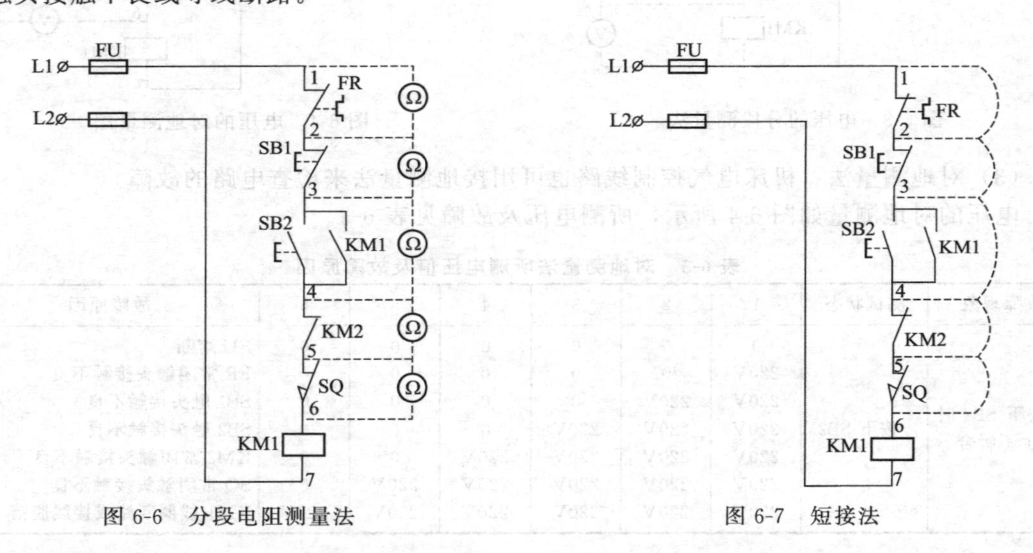

图 6-6 分段电阻测量法　　图 6-7 短接法

(3) 电阻测量法的优缺点

① 电阻测量法的优点是安全。

② 电阻测量法的缺点是测量电阻值不准确时易造成判断错误，为此应注意：用电阻测量法检查故障时一定要断开电源。所测量电路如与其他电路并联，必须将该电路与其他电路断开，否则所测电阻值不准确。测量高电阻电器元件，要将万用表的电阻挡扳到适当的位置。

3. 短接法

电气设备的常见故障为断路故障，如导线断路、虚连、虚焊、触头接触不良、熔断器熔断等。对这类故障，除用电压法和电阻法检查外，还有一种更为简便可靠的方法，就是短接法，如图 6-7 所示。短接法短接部位及故障原因见表 6-4。

表 6-4 短接法短接部位及故障原因

故障现象	短接点标号	KM1 动作	故障原因
按下 SB2 时 KM1 不吸合	1-2	KM1 吸合	FR 常闭触头接触不良
	2-3	KM1 吸合	SB1 常闭触头接触不良
	3-4	KM1 吸合	SB2 常开触头接触不良
	4-5	KM1 吸合	KM2 常闭触头接触不良
	5-6	KM1 吸合	SQ 常闭触头接触不良

用短接法检查故障时的注意事项：

① 短接法要注意安全，避免触电事故。

② 短接法只适用于压降极小的导线及触头之类的断路故障。对于压降较大的电器，如电阻、线圈、绕组等断路故障，不能采用短接法，否则会出现短路故障。

③ 对于机床的某些要害部位，必须在保障电气设备或机械部位不会出现事故的情况下，才能使用短接法。

任务 6.2 电力变压器的故障诊断、修理措施与操作步骤

【任务描述】

变压器是一种静止电器设备，它是利用电磁感应原理，把输入的交流电压升高或降低为同频率的交流输出电压，以满足高压输电、低压供电及其他用途的需要。变压器对电能的经济传输、分配和安全使用具有重要意义。为使变压器能长期安全、可靠地运行，必须十分重视变压器的日常维护、故障诊断及检修。

【任务分析】

1. 变压器运行中出现的不正常现象

① 变压器运行中如出现漏油、油位过高或过低、温度异常、音响不正常及冷却系统不正常等，应设法尽快消除。

② 当变压器的负荷超过允许的正常过负荷值时，应按规定降低变压器的负荷。

③ 变压器内部音响很大，很不正常，有爆裂声；温度不正常并不断上升；储油柜或安全气道喷油；严重漏油使油面下降，低于油位计的指示限度；油色变化过快，油内出现炭质；套管有严重的破损和放电现象等，应立即停电修理。

④ 当发现变压器的油温较高，而其油温所应有的油位显著降低时，应立即加油。加油时应遵守规定。如因大量漏油而使油位迅速下降时，应将瓦斯保护改为只动作于信号，而且必须迅速采取堵塞漏油的措施，并立即加油。

⑤ 变压器油位因温度上升而逐渐升高时，若最高温度时的油位可能高出油位指示计，则应放油，使油位降至适当的高度，以免溢油。

2. 变压器运行中的检查

① 检查变压器上层油温是否超过允许范围。由于每台变压器负荷大小、冷却条件及季节不同，运行中的变压器不能以上层油温不超过允许值为依据，应根据以往运行经验及在上述情况下与上次的油温比较。如油温突然增高，则应检查冷却装置是否正常，油循环是否被破坏等，来判断变压器内部是否有故障。

② 检查油质，应为透明、微带黄色，由此可判断油质的好坏。油面应符合周围温度的标准线，如油面过低应检查变压器是否漏油等。油面过高应检查冷却装置的使用情况，是否有内部故障。

③ 变压器的声音应正常。正常运行时一般有均匀的嗡嗡电磁声。如声音有所改变，应细心检查，并迅速汇报值班调度员并请检修单位处理。

④ 应检查套管是否清洁，有无裂纹和放电痕迹，冷却装置应正常。工作、备用电源及油泵应符合运行要求等。

⑤ 天气有变化时，应重点进行特殊检查。大风时，检查引线有无剧烈摆动，变压器顶盖、套管引线处有无杂物；大雾天，各部有无火花放电现象等。

【知识准备】

1. 变压器的基本工作原理

变压器主要由铁芯和套在铁芯上的两个或多个绕组所组成。接电源的绕组称为原绕组，与负载相接的绕组称为副绕组。当原绕组两端加上适合的交流电压，原绕组中会流过交流电流，于铁芯中激励交变的磁通，该磁通又在原、副绕组中产生感应电势。如果副绕组两端接上负载，副边的闭合回路中就会有交变电流，该电流在负载中产生的电功率，是把原绕组输入的电功率通过磁的联系传递到副边电路中的。由于副绕组中的电流也会产生磁通，该磁通对原磁通（原绕组中的电流产生的磁通）起阻碍作用，有降低原绕组中的感应电势的趋势，因而当副边电流增大时，原边电流也相应地增大。由于原、副绕组的匝数不同，它们工作时会有不同的电势和电流。在电路上它们是相互隔离的。变压器在传递电功率的过程中，仍然遵守能量守恒定律，即变压器输出的功率加上传递过程中损耗的功率，等于原边输入的功率。损耗的功率相对于所传递的功率来说是非常小的，因而变压器在额定运行时的效率是相当高的，一般可达到95%以上，大型变压器的运行效率则在99%以上。变压器的高效率对于现代电力系统是非常有意义的，因为大型电力系统中的升压和降压是多次进行的。

众所周知，传送一定的电功率，电压越高则电流越小，所用导线的截面积也越小，可以节约有色金属材料和钢材，达到减少投资和降低运行费用的目的。由于大型发电厂的交流发电机通常输出 10.5kV 或 16kV 的电压，而一般高压输电线路的电压为 110kV、220V、330kV、500kV、765kV，这就要求用变压器把发电机输出的电压升高后再送入输电线路。电能输送到用电区后，为了用电安全，又必须用变压器把输电线路上的高电压降低为配电系统的电压等级。然后，再用变压器降压供给用户。简单电力系统示意如图 6-8 所示，电力系统中的多次升压和降压，使得变压器的应用相当广泛。

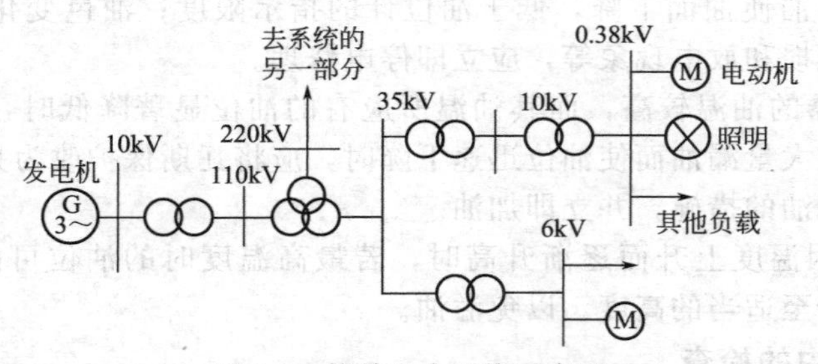

图 6-8　简单电力系统示意图

2. 电力变压器的结构

电力系统中使用的变压器叫电力变压器。电力变压器是电力系统中输配电力的主要设备，它把一种等级的电压转变成另一种等级的电压。

油浸式电力变压器的结构如图 6-9 所示。它由铁芯、油箱、套管、分接开关、吸湿器、温度计、安全通道、气体继电器等主要部件组成。

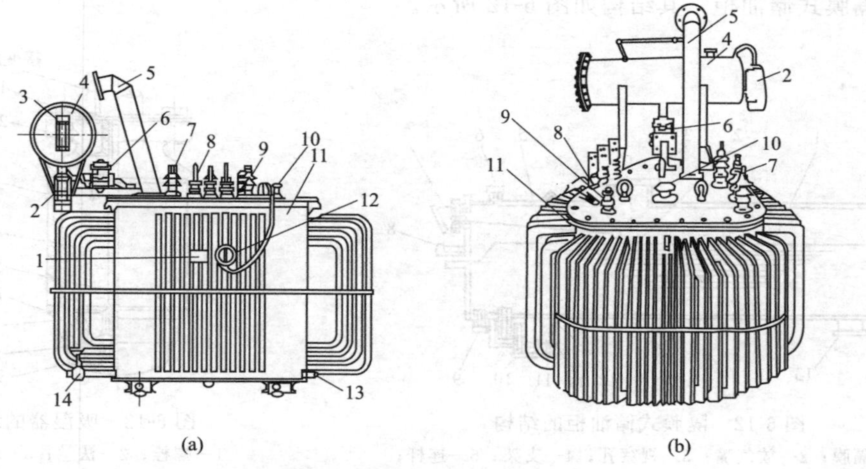

图 6-9　油浸式电力变压器

1—铭牌；2—吸湿器；3—油位计；4—储油柜；5—安全通道；6—气体继电器；7—高压套管；8—低压套管；9—零线套管；10—分接开关；11—油箱；12—温度计；13—接地螺钉；14—放油阀

(1) 油箱　油箱是变压器的外壳，变压器的绕组和铁芯装在油箱内，油箱内灌有定量的变压器油，变压器油不仅加强了绝缘，还使变压器所产生的热量能及时散发，确保变压器铁芯和绕组的冷却。油箱装有散热器，使油箱内的油能流通而冷却。小容量变压器散热器通常直接焊在油箱上，大容量变压器上、下各有一个集油器组成散热器，有的还装有冷却专用风扇。

(2) 储油柜　储油柜曾称油枕，储油柜的作用是调节变压器油因温度变化而引起的体积变化。当变压器油温变化而膨胀或收缩时，储油柜内的油面就随着上、下变化，始终保持油箱内油是充满的。全密封储油柜使变压器油与大气隔离，减缓油的老化，另外使套管充满变压器油以提高套管的绝缘水平。普通储油柜如图 6-10 所示。

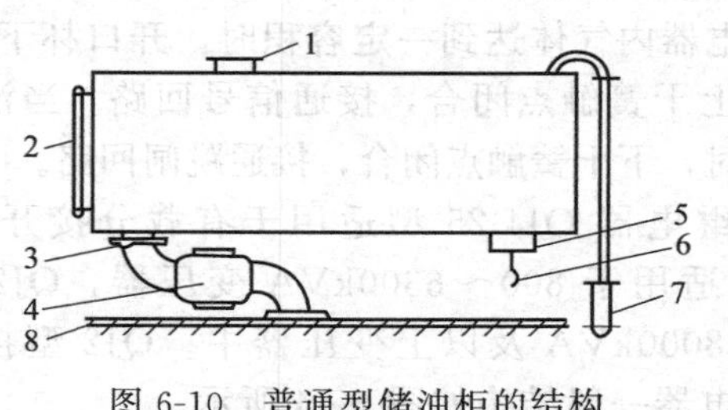

图 6-10　普通型储油柜的结构

1—注油孔；2—油标；3—储油柜连管；4—气体继电器；5—集污器；6—排污阀；7—吸湿器；8—油箱上盖

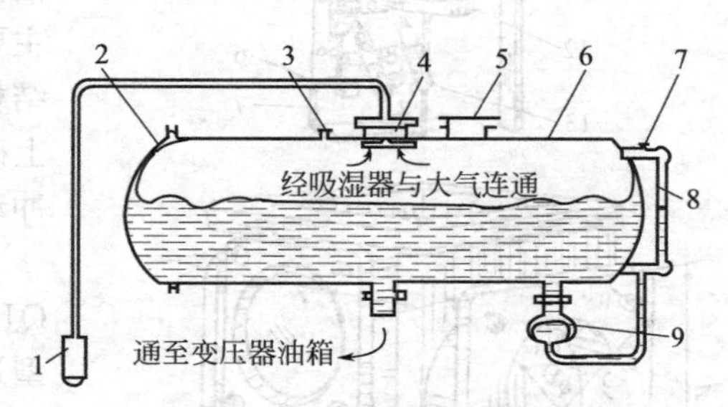

图 6-11　胶囊式储油柜的结构

1—吸湿器；2—胶囊；3—放气塞；4—胶囊压板；5—安装孔；6—储油柜体；7—油位计注油及呼吸塞；8—油位计；9—油位计胶囊

根据变压器容量，储油柜的形式有普通型和密封型两大类，变压器容量在 630kVA 及以下时为普通型储油柜并且无气体继电器，容量在 800～6300kVA 时为普通型储油柜带有气体继电器，8000kVA 以上一般为密封式储油柜。密封式储油柜一般包含胶囊式和隔膜式两种。

① 普通型储油柜　其结构如图 6-10 所示，它的一端或两端是可拆卸的圆形钢板端盖。胶囊式储油柜与普通型储油柜的区别在于其在油枕内放置耐油胶囊，袋内通过呼吸器与大气

相连。另外在储油柜下部的小胶囊里面装满变压器油并与油位计相连，这样保证了变压器本体绝缘油与大气的完全隔离。胶囊式储油柜的结构如图 6-11 所示。

② 隔膜式储油柜　其结构如图 6-12 所示。

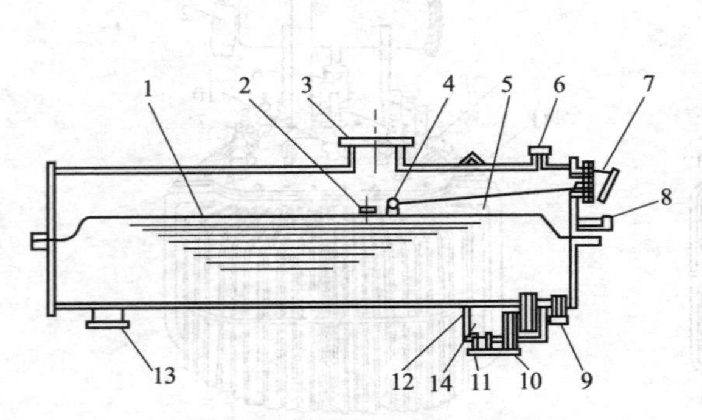

图 6-12　隔膜式储油柜的结构

1—隔膜；2—放气嘴；3—视察孔；4—支架；5—连杆；6—吸湿器管接头；7—油位计；8—放水塞；9—加油管接头；10—排气管接头；11—气体继电器管接头；12—集气室；13—集气盒油位计；14—集污盒

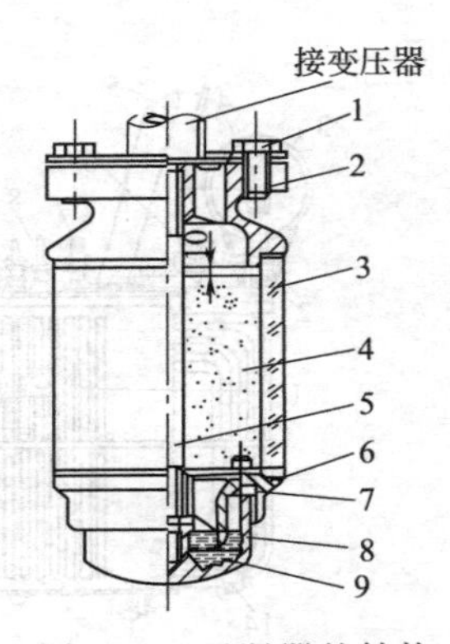

图 6-13　吸湿器的结构

1—螺栓；2—法兰；3—玻璃桶；4—吸附剂；5—螺杆；6—下座；7—密封圈；8—下罩；9—变压器油

(3) 吸湿器　为了使储油柜内或胶囊内是干燥的气体，避免灰尘进入储油柜内，一般变压器均装有吸湿器（俗称呼吸器）。吸湿器的结构如图 6-13 所示。变压器在运行中由于呼吸作用，使吸湿器中的硅胶由蓝色变为粉红色，这时可将罩拧下，倒出已变成粉红色的硅胶，在 140℃温度下烘焙约 8h 直至全部变为蓝色，或用备用的硅胶重新装入即可。

(4) 气体继电器　气体继电器安装在储油柜和箱盖的联管之间，在变压器内部故障产生的气体或油流的作用下，接通信号或跳闸回路，是变压器的主要安全保护装置。目前采用的是挡板式磁力触点结构。继电器内气体达到一定容积时，开口杯下沉，上磁铁使上干簧触点闭合，接通信号回路。当油流冲动挡板时，下干簧触点闭合，接通跳闸回路。

气体继电器 QJ4-25 型适用于有载分接开关，QJ2-50 型适用于 800～6300kVA 变压器，QJ2-80 型适用于 8000kVA 及以上变压器中。QJ2 型挡板式气体继电器一般结构如图 6-14 所示。

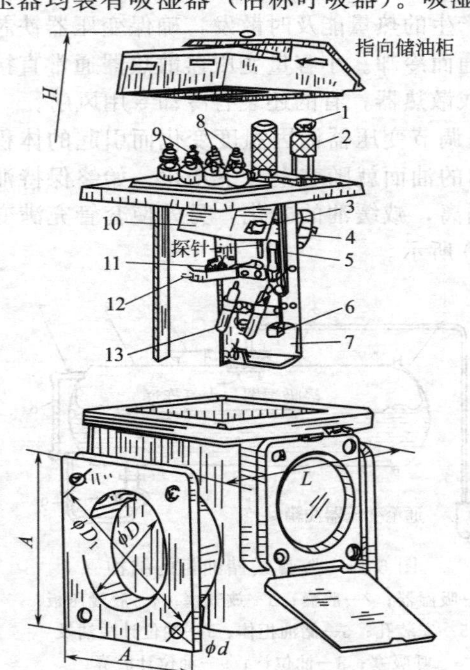

图 6-14　QJ2 型挡板式气体继电器的结构和安装尺寸

1—顶针；2—嘴子；3—上磁铁；4—重锤；5—上干簧触点；6—下磁铁；7—挡板；8—信号端子罩；9—跳闸端子；10—开口杯；11—弹簧；12—调节杆；13—下干簧触点

气体继电器在检修和调整时，改变重锤位置，可调节信号触点动作的气体体积，松动调节杆，改变弹簧的长度，可调节跳闸触点动作的油流速度；转动螺杆，可以调节下磁铁与下干簧触点的距离；从嘴子处打进空气，可检查信号触点动作的可靠性；将罩拧下，按动波纹管，通过顶针可检查跳闸触点的可靠性；打开平板阀充油时，打开嘴子的帽，慢慢松动顶针可排除气体。在检修时还应测量引线小套管间、对地间的绝缘电阻，安装时应将密封胶垫放正，密封良好，外壳上红色箭头应指向储油柜。

(5) 温度计　一般大中型变压器均装有水银温度计、信号（压力）温度计和电阻温度计。

信号温度计在拆卸时拧下密封螺母连同温包一起取出，然后将温度表从油箱上拆下，并将金属毛细管盘好，不得扭曲、损伤和变形。包装好后进行校验，并进行报警信号的整定。装复时在变压器测温座中注入适量的变压器油，将座拧紧不渗油，在固定温度计时应将金属毛细管妥善固定。压力式信号温度计的结构如图 6-15 所示。

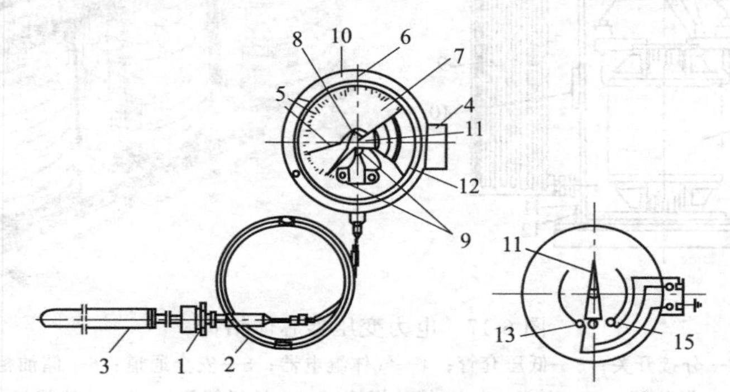

图 6-15　压力式信号温度计的结构图

1—管接头；2—毛细管；3—测温探头；4—接线盒；5—指针；6—固定孔；7—外壳；8—调节孔；9—上下限指针；10—表盘；11—传动机构；12—弹簧管；13—下限触点；14—动触点；15—上限触点

(6) 安全通道（俗称防爆管）　安全通道是装在变压器顶盖上喇叭形的管子，它的一端与油箱相连，另一端管口用玻璃或酚醛板膜片封住。其作用是当变压器内部发生短路故障时，变压器油箱内压力突然增大，此时防爆口的膜片首先被冲破，气体和油即从防爆管口喷出，使油箱内压力减小，从而避免发生油箱爆炸等设备事故。

(7) 分接开关　其作用是为保持电压的恒定而适时调节输出电压，可分为无励磁分接开关（曾称无载分接开关）和有载分接开关两种形式，通常有 3～5 个分接头位置，而对于仅有 3 个分接头的分接开关，它的中间分接头“2”即是额定电压的位置，相邻分接头相差 5%额定电压。

无励磁分接开关应在电网断开的情况下进行调压，有载分接开关一般用专用电动机进行驱动，变压器在带负载运行的情况下即可进行分接调压。为提高供电可靠性，有载分接开关已被广泛应用，其电气连接如图 6-16 所示。图中的辅助触头和过渡电阻的主要作用是使开关在调压时，电弧容易熄灭。

(8) 电力变压器芯体　电力变压器芯体结构如图 6-17 所示。

(9) 绝缘套管　绝缘磁管由外部的瓷套与中心的导电杆组成。它穿过变压器上面的油箱壁，其导电杆在油箱中的一端与绕组的出线端相接，在外面的一端和外线路相接。绝缘套管的结构因电压的高低而不同，电压不高时可用简单的瓷质空心式套管，电压较高时可在瓷套管和导电杆之间充油，电压更高时除充油外环绕着导电杆还可以包上几层同心绝缘纸筒，而在这些纸筒上附一层均压铝箔。这样沿着铝箔的径向距离方向，绝缘层和铝箔构成了一系列的串联电容器，使套管内部的电场均匀分布，因而增强了绝缘性能。绝

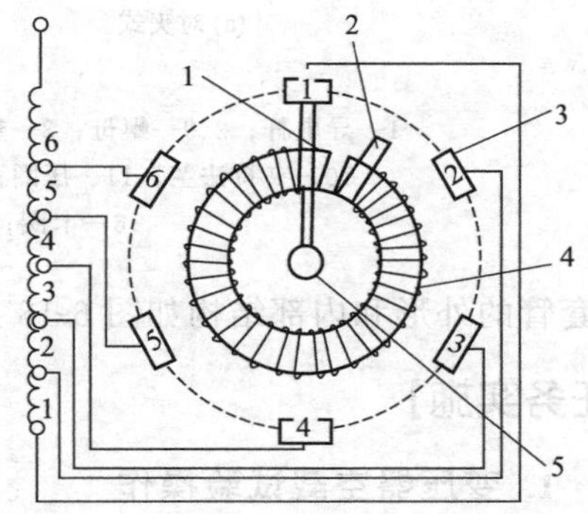

图 6-16　有载分接开关的电气连接图

1—主触头；2—辅助触头；3—定触头；4—过滤触头；5—转轴；

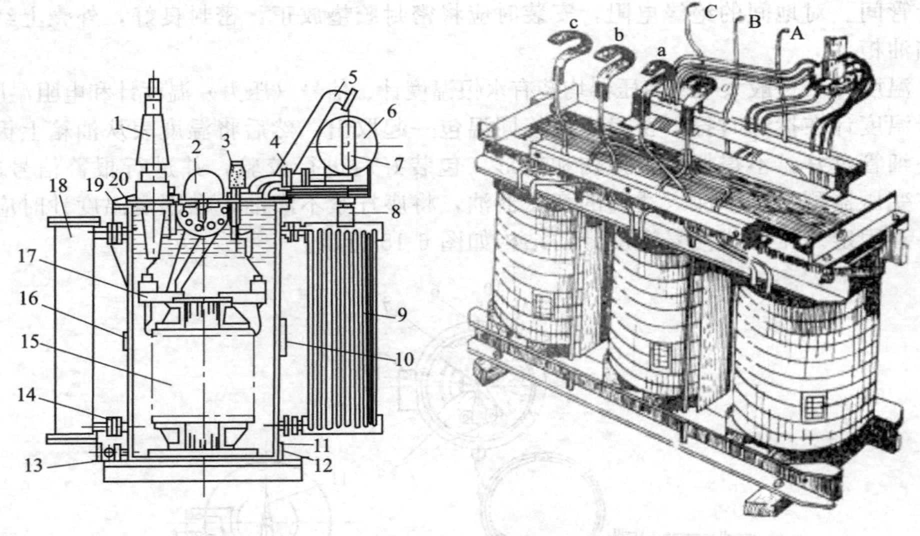

图 6-17　电力变压器芯体结构

1—高压套管；2—分接开关；3—低压套管；4—气体继电器；5—安全通道；6—储油柜；7—油位表；8—呼吸器；9—散热器；10—铭牌；11—接地螺栓；12—油样阀门；13—放油阀门；14—阀门；15—线圈；16—信号温度计；17—铁芯；18—净油器；19—油箱；20—变压器油

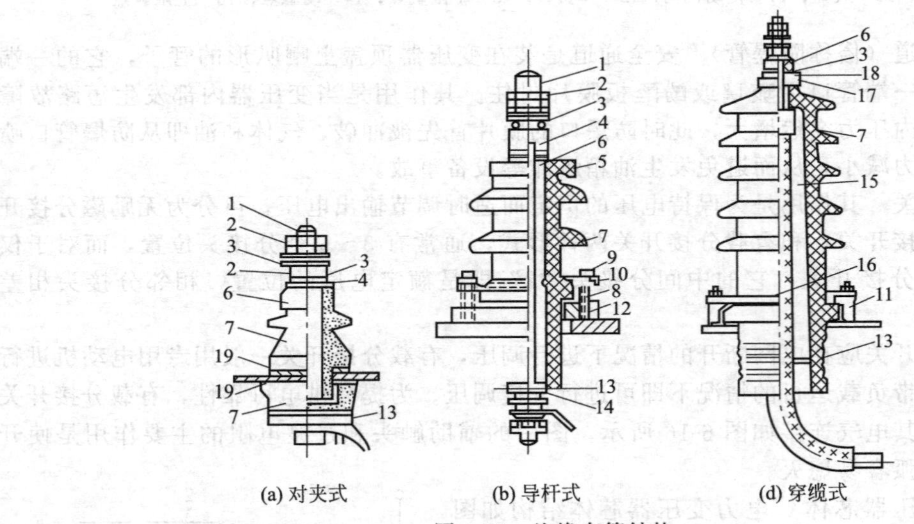

图 6-18　绝缘套管结构

1—导电杆；2、9—螺母；3—垫圈；4—铜杆；5—衬垫；6—瓷盖；7—瓷伞；8—螺杆；10—夹持法兰；11—压圈；12—钢板；13—绝缘垫圈；14—铜垫圈；15—电缆；16—卡圈；17—放气塞；18—罩；19—密封垫圈

缘套管的外形和内部结构如图 6-18 所示。

【任务实施】

1. 变压器空载试验操作

(1) 地点　动力实训室、实训基地。

(2) 设备　电机、变压器、实验台等，每类设备 3～4 台。

(3) 分组　4～6 人一组，指定组长，每小组成员始终固定，严禁串岗。

(4) 实施步骤

① 学习安全操作规程，警示安全注意事项。

② 绝缘电阻测量：用 2500V 兆欧表测量绕组之间及绕组对地绝缘电阻。

③ 绕组的直流电阻测定：用双臂电桥对每个绕组的直流电阻进行测量。

④ 空载试验：变压器的空载试验又称无载试验或开路试验。空载试验就是从变压器任意一侧绕组（一般为低压侧）施以额定电压，在其他绕组开路的情况下测量其空载损耗和空载电流。对三相变压器进行空载试验时，三相电源电压应平衡，其线电压相差不得超过 2%。

当接通电源后，首先慢慢地提高试验电压，观察各仪表指示是否正常，然后将电压升到额定电压，再读取空载电流和空载损耗值。采用二瓦特表法进行三相电源变压器空载试验的接线图如图 6-19 所示。

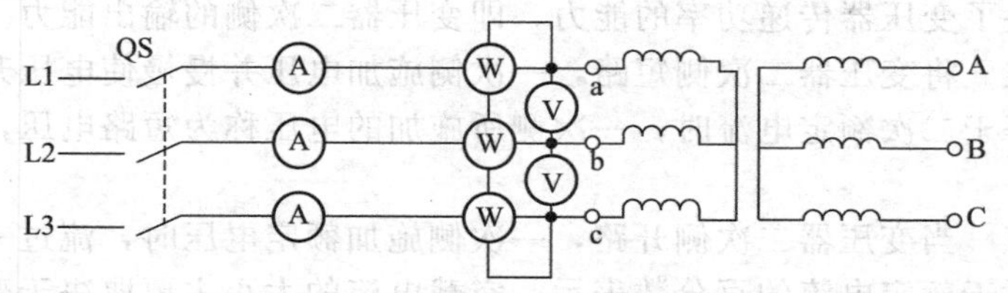

图 6-19　二瓦特表法变压器空载试验

⑤ 学生提出问题，教师答疑并引导学生归纳总结，编写实训报告。

2. 电力变压器及低压配电装置的检修操作

(1) 地点　动力实训室、实训基地。

(2) 设备　电机、变压器、实验台等，每类设备 3～4 台。

(3) 分组　4～6 人左右一组，指定组长，每小组成员始终固定，严禁串岗。

(4) 实施步骤

① 检查铁芯到夹件的接地连接铜皮是否有效接地，如没装设或已损坏，在运行时能发出轻微的啪啪放电声。

② 用 1000V 兆欧表测量铁轭夹件穿芯螺丝栓绝缘电阻是否合格，其数值应不小 2MΩ。

③ 铁芯硅钢片是否有过热现象。

④ 如发现各部螺母松动应加以紧固。

⑤ 学生提出问题，教师答疑并引导学生归纳总结，编写实训报告。

【知识拓展】

☆ 电力变压器的铭牌参数 ☆

1. 变压器型号

根据我国新的电力变压器国家标准，变压器型号由两部分组成：前一部分描述变压器的类别、结构、特征和用途，由汉语拼音字母组成；后一部分描述变压器的容量（单位为 kVA）和绕组的电压等级，用具体数字表示。

如型号为 S7-315/10 的变压器，其含义为：三相油浸自冷式铜绕组电力变压器。其容量为 315kVA，一次侧额定电压为 10kV。

2. 额定技术数据

使用任何电气设备，其工作电压、电流、功率等都是有一定限定的。例如，流过变压器一、二次绕组的电流不能无限增大，否则将造成绕组导线及其绝缘材料的过热而损坏；施加到原绕组的电压也不能无限升高，否则将产生一、二次绕组之间或绕组匝间或绕组与铁芯之间的绝缘击穿，造成变压器损坏，甚至危及人身安全。为了确保变压器安全、可靠、经济、合理地运行，生产厂家对它在给定的工作条件下能正常运行，规定了允许的工作数据，称为额定值，通常在相应的电气量标注下标“N”，并标注在产品的铭牌上。

（1）额定电压　额定电压是根据变压器的绝缘强度和允许温升而规定的，以伏或千伏为单位。变压器的一次额定电压指原边应加的电源电压，二次额定电压指原边加上额定电压时副边绕组的空载电压。应注意的是，三相变压器一次和二次侧额定电压都是指线电压。

（2）额定电流　额定电流是根据变压器允许温升而规定的，以安或千安为单位。变压器的一次侧额定电流和二次侧额定电流，是变压器一次、二次绕组长期允许通过的电流。同样应注意的是，三相变压器中的一次侧额定电流和二次侧额定电流都是指线电流。使用变压器时，不允许超过其额定电流值，变压器长期过负荷运行将缩短其使用寿命。

（3）额定容量　额定容量是指其二次绕组的额定视在功率，以伏安或千伏安为单位。变压器额定容量反映了变压器传递功率的能力，即变压器二次侧的输出能力。

（4）短路电压　将变压器二次侧短路，一次侧施加电压并慢慢使电压升高，直到二次侧产生的短路电流等于二次额定电流时，一次侧所施加的电压称为短路电压，用相对于额定电压的百分数表示。

（5）空载电流　当变压器二次侧开路，一次侧施加额定电压时，流过一次绕组的电流为空载电流，用相对于额定电流的百分数表示，空载电流的大小主要取决于变压器的容量、磁路结构、硅钢片质量等因素，它一般为额定电流的3%～5%。

（6）空载损耗　指变压器二次侧开路，一次侧施加额定电压时变压器的损耗，它近似等于变压器的铁损。空载损耗可以通过空载试验测得。

（7）短路损耗　指变压器一、二次绕组流过额定电流时，在绕组的电阻中所消耗的功率。短路损耗可以通过短路试验测得。

（8）额定温升　变压器的额定温升是以环境温度为40℃作参考，规定在运行中允许变压器的温度超出参考环境温度的最大温升。我国标准规定，绕组的温升限值为65℃，上层油面的温升限值为35℃，确保变压器上层油面最高温度不超过95℃。

（9）冷却方式　为了使变压器运行时温升不超过限值，通常需进行可靠的散热和冷却处理，变压器铭牌上用相应的字母代号表示不同的冷却循环方式和冷却介质，如表6-5所示。除了油浸式电力变压器，目前我国已生产一定容量的环氧浇注干式变压器，由于此种变压器具有难燃、自熄、耐潮、机械强度高、体积小等特点，已被广泛应用于高层建筑、机场、车站、地铁、隧道等变配电所。

表 6-5　冷却方式字母代号对照

冷却介质	循环方式
A—空气	N—自然循环
W—水	F—强迫循环
G—气体	D—强迫导向油循环
L—不燃性合成油	
O—矿物油（合成油）	

任务 6.3　控制开关的故障诊断、修理措施与操作步骤

【任务描述】

控制开关大多是低压电器开关，在正常状态下使用或运行，都有各自的机械寿命和电气

寿命，即自然磨损。若操作不当、过载运行、日常失修等，都会加速电器元件的老化，缩短使用寿命。电器元件在运行中，无论自然的或人为的原因，都难免会产生故障而影响工作。电器元件的故障排除是必要的，但最为重要的是正确使用和正常维修。由于电气线路中使用的电器种类很多、结构繁简程度不一，因而产生故障的原因也是多方面的。本任务只对各种控制开关电器的共性元件及某些常用电器开关的故障进行诊断与维修。

【任务分析】

电器开关共性元件的故障及维修：一般电磁式电器，通常由触头系统、电磁机构和灭弧装置等组成，而触头系统和电磁机构是电磁式低压电器的共性元件。这部分元件经过长期使用或使用不当，可能会发生故障而影响电器的正常工作。

触头的故障及维修：触头是有触点低压电器的主要部件，它担负着接通和分断电路的作用，也是电器中比较容易损坏的部件。触头的常见故障多表现为触头过热、磨损和熔焊等情况。

【知识准备】

☆ 电器开关触头故障 ☆

1. 触头过热

触头接通时，有电流通过都会发热，正常发热是允许的，过热是不允许的。触头的发热程度与流过触头的电流及接触电阻有关。动、静触头间的接触电阻或流过的电流越大，则触头发热越严重，当触头的温度上升超过允许值时，轻则使触头特性变坏，重则造成触头熔焊。

造成触头过热的原因主要有以下两方面原因：

(1) 通过动、静触头间的电流过大　任何电器的触头都必须在其额定电流下运行，否则触头就会因电流过大而发热。造成触头电流过大的原因有：

① 系统电压过高或过低；

② 用电设备超负载运行；

③ 电器触头容量选择不当；

④ 故障运行等，当流过触头的电流超过其额定电流时，触头必然过热。

(2) 动、静触头间的接触电阻变大　接触电阻是所有电接触形式的一个重要参数，只有低值而稳定的接触电阻，才能保证电接触工作的可靠性。动、静触头闭合时，接触电阻的大小关系到触头间的发热程度。造成触头间接触电阻变大的原因有：

① 触头压力不足。不同接触形式、不同规格的电器，其触头压力都有各自的规定标准，对相同的电接触形式来说，一般是触头压力越大接触电阻越小。触头压力弹簧失去弹性、触头长期磨损变薄等，都会导致触头压力不足，接触电阻增大。遇到这种情况时，首先应更换压力弹簧，经调整后仍达不到标准要求，则应更换新触头。

② 触头表面接触不良。动、静触头的接触面对接触电阻影响较大。如铜质触头表面易形成一层氧化膜，是接触不良的重要原因之一。另外，在运行中，油污和灰尘也会在触头表面形成一层电阻层而造成接触不良。再如触头分断电流时，表面会被电弧灼伤、烧毛，形成表面不平，甚至局部烧缺，使接触面积减小，也造成接触不良。以上因素都会导致触头接触电阻变大，引起触头过热。因此，应加强对运行中触头的维护和保养。铜触头表面的氧化膜应用小刀轻轻刮去，但对银及银基合金触头表面形成的氧化层，则另当别论，因为银的氧化膜导电率和纯银不相上下，不影响触头的接触性能。对触头表面的油污，可用棉花浸些汽油

或四氯化碳清洗。对灼伤的触头，修理时可用刮刀或小细锉仔细修整，对大电流的触头表面，不要求修整得过分光滑，重要的是平整。两个平整而较粗糙的平面接触在一起，触点数目较多，且能有效地清除氧化膜。相反，过分光滑会使接触减小，接触电阻反而变大。但对于某些小容量电器，触头电流小到毫安以下，为了保证接触电阻值小而稳定，要求触头表面光洁度要高。另外，光洁度高的触头不易受污染，也不易生成膜电阻。维修人员在修磨触头时，不要刮或锉削得太厉害，以免影响触头厚度，同时修整时不允许用砂布或砂轮修磨，以免石英砂粒嵌留在触头表面上，反而使触头不能保持良好接触。

2. 触头磨损

触头在使用过程中，其厚度越用越薄，这就是触头的磨损。触头的磨损有两种：一种是电磨损，是由于触头间电弧或电火花的高温使触头金属气化和蒸发所造成的；另一种是机械磨损，是由于触头闭合时的撞击及触头接触面的相对滑动摩擦所造成的。触头磨损到什么程度必须进行更换呢？通常可以按下列任一原则来衡量：当触头接触部分磨损至原有厚度的2/3（指铜触头）或3/4（指银或银基合金）时，应更换新触头；另外，触头超行程（指从动、静触头刚接触的位置算起，假想此时移去静触头，动触头所能继续向前移动的距离）不符合规定，也应更换新触头。若发现触头磨损过快，应查明原因。

3. 触头熔焊

动、静触头接触面熔化后被焊在一起而断不开的现象，称为触头的熔焊。当触头闭合时，由于撞击和产生振动，在动、静触头间的小间隙中产生短电弧，电弧的温度很高（达3000～6000℃），高温使触头表面被灼伤甚至烧熔，熔化的金属液便将动、静触头焊在一起。

发生触头熔焊的常见原因有：选用不当，触头容量太小，负载电流过大；操作频率过高；触头弹簧损坏，初压力减小。

触头熔焊后，只有更换新触头，同时还要找出触头熔焊原因并予以排除。

【任务实施】

1. CJ20-40 接触器触头的检修

(1) 地点　动力实训室、实训基地。

(2) 设备　控制开关柜、实验台、CJ20-40 接触器等，每类设备3～4台。

(3) 分组　4～6人一组，指定组长，每小组成员始终固定，严禁串岗。

(4) 实施步骤

① 学习安全操作规程，警示安全注意事项。

② CJ20-40 接触器触头的检修步骤：

a. 外观检查。接触器外观是否完整无损，固定是否松动。

b. 灭弧罩检查。取下灭弧罩仔细查看有否破裂或严重烧损；灭弧罩内的栅片有否变形或松脱，栅孔或缝隙是否堵塞；清除灭弧室内的金属飞溅物和颗粒。

c. 触头检查。清除触头表面上烧毛的颗粒；检查触头磨损的程度，严重时应更换。

d. 铁芯的检查。铁芯端面定期擦拭，清除油垢保持清洁；检查有否变形。

e. 线圈的检查。观察线圈外表是否因过热而变色；接线是否松脱；线圈骨架是否有裂痕。

f. 活动部件的检查。检查可动部件是否卡阻；紧固体是否松脱；缓冲件是否完整等。

③ 学生提出问题，教师答疑并引导学生归纳总结，编写实训报告。

2. 车间配电柜电路设计（参观车间配电柜）

(1) 地点　生产车间。

(2) 设备　车间配电柜。

(3) 分组　4～6人左右一组，指定组长，每小组成员始终固定，严禁串岗。

(4) 实施步骤

① 学习安全操作规程，警示安全注意事项。

② 由指导教师结合实际配电柜介绍其组成、设计步骤、技术要求等。

③ 学生结合参观实物，画出车间配电柜的原理图和设备布置图。

④ 学生应知各组成部分的作用和技术要求。

⑤ 学生提出问题，教师答疑并引导学生归纳总结，编写实训报告。

⑥ 多参观几个车间，比较车间配电柜电路设计的不同。

【知识拓展】

1. 热继电器

热继电器使用日久，应定期检验它的动作是否正确可靠。此外，在设备发生事故而引起巨大短路电流后，应检查热元件和双金属片有无显著变形。若已变形，则需通电试验，因双金属片变形或其他原因致使动作不准确时，只能调整其可调部件，而绝不能弯折双金属片。

热继电器动作脱扣后，不要立即手动复位，因此时双金属片尚未冷却复原。按复位按钮时，不要用力过猛，否则会损坏操作机构。

2. 速度继电器的故障及维修

速度继电器的故障一般表现为电动机断开电源后不能迅速制动。

这种故障的原因主要是触头接触不良、绝缘顶块断裂或与小轴的连接松脱：另外尚有支架断裂、定子短路、绕组开路或转子失磁等。

查出故障后，对症处理。

3. 电磁铁的故障及维修

电磁铁的常见故障一般为电磁铁不产生吸力或吸力不足，交流电磁铁噪声大且有振动；有电磁吸力而制动器不起制动作用。前者为电磁机构故障，其原因有衔铁与铁芯经过长期吸合撞击后，接触面磨损或变形；接触面上积有锈斑、油污、灰尘；衔铁歪斜等。后者为制动器故障，多为制动杠杆连接螺栓松脱、弹簧失效或闸瓦磨损等。

为了保证电磁铁能可靠地工作，要求定期检查和维修，维修周期应根据具体情况来确定。维修要点如下：

① 可动部分经常加油润滑。

② 定期检查衔铁行程的大小并进行调整。

③ 更换闸片后应重新调整衔铁行程及最小间隙。

④ 检查各部紧固螺栓及线圈接线螺钉。

⑤ 检查可动部件的磨损程度。

任务6.4　电动机的故障诊断、修理措施与操作步骤

【任务描述】

电动机的使用寿命是有一定限制的，电动机在运行过程中其绝缘材料会逐渐老化、失

表 6-6　三相异步电动机常见故障检查与排除

序号	故障现象	故障原因	处理方法
1	电动机不能启动	①电源未接通 ②绕组断路、短路、接地、接线错误 ③熔体烧断 ④绕线转子电动机启动时误操作 ⑤过电流继电器整定值过小 ⑥启动开关油杯缺油 ⑦控制设备接线错误	①检查开关、熔体、各触点及电动机引线，并修复 ②采用仪表检查，并进行修理处理 ③查出故障后，按电动机规格配新熔体 ④检查集电环短路装置及启动变阻器位置，启动时隔开短路装置、串接变阻器 ⑤适当进行调大 ⑥加新油，达到油面线止 ⑦校正接线
2	电动机接入电源后熔体被烧断或断路器跳闸	①电动机缺相启动 ②定、转子绕组接地或短路 ③电动机负载过大或被机械部分卡住 ④熔体截面积过小 ⑤绕线转子电动机所接的启动电阻太小或被短路 ⑥电源至电动机之间连接线短路	①检查电源线、电动机引出线、熔断器、开关各触点，找出断线或虚接故障后，进行修复 ②采用仪表检查，进行修理处理 ③将负载调至额定，排除被拖动机构的故障 ④按电动机容量重新选择熔体 ⑤消除短路故障或增大启动电阻 ⑥检查短路点后，进行修复
3	电动机通电后，不启动并嗡嗡响	①极数改变，重绕的电动机槽配合选择不当 ②定、转子绕组断路 ③绕组引出线始末端接错或绕组内部接反 ④电动机负载过大或被卡住 ⑤三相电源未能全部接通 ⑥电源电压过低 ⑦小型电动机的润滑脂过硬、变质或轴承装配过紧	①选择合理绕组形式和节距；适当车小转子直径；重新计算绕组系数 ②查明断路点，进行修复；检查绕组转子电刷与集电环接触状态；检查启动电阻是否断路或电阻过大 ③检查绕组始末端，判定绕组始末端是否正确 ④对负载进行调整，并排除机械故障 ⑤更换熔断的熔丝，紧固松动的接线螺钉；用万用表检查电源线一相断线或虚接故障，进行修复 ⑥配线电压降太大时，应改用粗电缆线 ⑦更换合格的润滑脂；检查轴承装配尺寸，并使之合理
4	电动机外壳带电	①电源线与接地线搞错 ②电动机绕组受潮、绝缘严重老化 ③引出线与接线盒接地 ④线圈端部接触端盖接地	①纠正接线错误 ②电动机进行干燥处理；老化的绝缘应更新或绕组重绕 ③包扎或更新引出线绝缘，修理接线盒 ④拆下端盖，检查绕组接地点；将接地点绝缘加强，端盖内壁垫以绝缘纸
5	电动机空载或负载时，电流表指针不稳、摆动	①绕线转子电动机有一相电刷接触不良 ②绕线转子集电环短路装置接触不良 ③笼形转子的笼条开焊或断条 ④电源电压不稳 ⑤绕线转子绕组一相断路	①调整刷压和改善电刷与集电环的接触面质量 ②检查和修理集电环短路装置 ③采用开口变压器或用其他方法检查，并予修复 ④检查调整电源电压 ⑤用万用表检查断路处，并排除故障
6	电动机启动困难，加额定负载后，电动机的转速比额定转速低	①电源电压过低 ②电动机绕组三角形接线误接成星形接线 ③绕线转子电刷或启动变阻器接触不良 ④定、转子绕组有局部线圈接错或接反 ⑤绕组重绕时，匝数过多 ⑥绕线转子一相断路 ⑦电刷与集电环接触不良	①用电压表检查电动机输入端电源电压，确认电源电压过低后进行调整 ②改为三角形接线 ③检修电刷和启动变阻器的接触部位 ④检查出故障线圈后进行正确接线 ⑤按正确的匝数重绕 ⑥用万用表检查断路处，排除故障 ⑦改善电刷与集电环的接触面积，研磨电刷工作面、调刷压和车削滑环表面等
7	绝缘电阻低	①绕组受潮或被水淋湿 ②绕组绝缘沾满粉尘、油垢 ③电动机接线板损坏，引出线绝缘老化破裂 ④绕组绝缘老化	①进行加热烘干处理 ②清洗绕组油污，并经干燥、浸渍处理 ③重包引线绝缘，更换或修理出线盒及接线板 ④经鉴定可重绕线圈，如能继续使用时，要经清洗、干燥绝缘处理

续表

序号	故障现象	故障原因	处理方法
8	电动机振动	①轴承磨损,轴承间隙不合要求 ②气隙不均匀 ③机壳强度不够 ④铁芯变椭圆形或局部突出 ⑤转子不平衡 ⑥基础强度不够,安装不平,重心不稳 ⑦风扇片不平衡 ⑧绕线转子绕组短路 ⑨定子绕组故障(短路、断路、接地、接错) ⑩转轴弯曲 ⑪铁芯松动 ⑫联轴器或带轮安装不符合要求 ⑬齿轮接合松动 ⑭电动机地脚螺栓松动	①更换轴承 ②调整气隙,使之符合规定 ③找出薄弱点,加固并增加机械强度 ④车或磨铁芯内、外圆 ⑤紧固各部螺钉,清扫加固后进行校动平衡工作 ⑥加固基础,将电动机地脚找平固定,重新找正,使重心平稳 ⑦校正几何尺寸,找平衡 ⑧用开口变压器检查短路点,并进行处理 ⑨采用仪表检查,并处理好故障 ⑩矫直转轴 ⑪紧固铁芯和压紧冲片 ⑫重新找正,必要时重新安装 ⑬检查齿轮接合,进行修理,并使其符合要求 ⑭紧固电动机地脚螺栓,或更换不合格的地脚螺栓
9	电动机空载运行时电流不平衡,相差很大	①三相绕组匝数分配不均 ②绕组首末端接错 ③电源电压不平衡 ④绕组有故障(匝间短路、线圈组接反) ⑤绕组接头有局部虚接或断线处	①重绕并改正 ②查明首末端,并改正 ③测量三相电压,查出不平衡原因并消除 ④解体检查绕组故障,并消除 ⑤测直流电阻或通大电流查找发热点,并消除
10	断轴	①安装时定中心不一致 ②紧固螺钉松动 ③传动带张力过大 ④轴头伸出太长 ⑤转轴材质不良	①定好中心或采用弹性联轴器 ②紧固松动的螺钉 ③调整传动带张力 ④调整轴头伸出长度 ⑤更换合格的轴料重新车制
11	三相空载电流平衡,但均大于正常值	①重绕时,线圈匝数少 ②星形接线错接为三角形接线 ③电源电压过高 ④电动机装配不当 ⑤气隙不均或增大 ⑥拆线时烧损铁芯,降低了导磁性能 ⑦电网频率降低或60Hz电动机使用在50Hz电源上	①重绕线圈,加大匝数 ②改正接线 ③测量电源电压,并设法降低电压 ④检查装配质量,消除故障 ⑤调整气隙使其均匀,过大的气隙可调整线圈匝数 ⑥修理铁芯,或重绕线圈增加匝数 ⑦检查电源质量,并与电动机铭牌一致
12	集电环过热,出现刷火	①集电环椭圆或偏心 ②电刷压力太小或刷压不均 ③电刷被卡在刷握内,使电刷与集电环接触不良 ④电刷牌号不符合要求 ⑤集电环表面有污垢,表面粗糙度不符合要求,导电不良 ⑥电刷数目不够或截面积过小	①将集电环磨圆或车光 ②调整刷压,使其符合要求 ③修磨电刷,使电刷在刷握内配合间隙正确 ④采用制造厂规定的牌号电刷或选性能符合制造厂要求的电刷 ⑤清除污物,用干净布沾汽油擦净集电环表面,并消除漏油故障 ⑥增加电刷数目或增加电刷接触面积,使电流密度符合要求

序号	故障现象	故障原因	处理方法
13	电动机运行时噪声大	①重绕改变极数时，槽配合不当 ②转子擦绝缘纸或槽楔 ③轴承间隙过度磨损，轴承有故障 ④定、转子铁芯松动 ⑤电源电压过高或三相不平衡 ⑥定子绕组接错 ⑦绕组有故障(如短路等) ⑧线圈重绕时，每相匝数不均 ⑨轴承缺少润滑油 ⑩风扇碰风罩或风道堵塞 ⑪气隙不均匀，定转子相擦	①校正定、转子槽配合 ②应修剪绝缘纸及检修槽楔 ③检修或更换新轴承 ④紧固铁芯冲片或重新叠装 ⑤检查原因，并进行处理 ⑥用仪表检查后进行处理 ⑦检查后，对故障线圈进行处理 ⑧重新绕线，改正匝数，使三相绕组匝数相等 ⑨清洗轴承，填加适量润滑脂(一般为轴承室的1/2～2/3) ⑩修理风扇和风罩，使其几何尺寸正确，清理通风道 ⑪调整气隙，提高装配质量
14	轴承发热超过规定值	①润滑油(脂)过多或过少 ②油质不好，含有杂质 ③轴承与轴颈配合过松或过紧 ④轴承与端盖轴承室配合过松或过紧 ⑤油封太紧 ⑥轴承内盖偏心与轴承相擦 ⑦电动机两侧端盖或轴承盖没有装平 ⑧轴承有故障、磨损，轴承内含有杂物 ⑨电动机与传动机构连接偏心，或传动带拉力过大 ⑩轴承型号选小、过载，滚动体承载过重 ⑪轴承间隙过大或过小 ⑫滑动轴承的油环转动不灵活	①拆下轴承盖，调整油量，要求油脂填充轴承室容积的1/2～2/3 ②更换新油 ③过松时，可采用胶黏剂处理；过紧时，适当车细轴颈，使配合公差符合要求 ④在轴承室内涂胶黏剂，解决过松问题；过紧时，可车削端盖轴承室 ⑤更换或修理油封 ⑥修理轴承内盖，使之与转轴间隙适合 ⑦按正确工艺将端盖或轴承盖装入止口内，然后均匀紧固螺钉 ⑧更换轴承，对于含有杂质的轴承要彻底清洗，换油 ⑨校准电动机与传动机构连接的中心线，并调整传动带的张力 ⑩更换合适的新轴承 ⑪更换新轴承 ⑫检修油环，使油环尺寸正确，校正平衡
15	电动机过热或冒烟	①电源电压过高，使铁芯过饱和，造成电动机温升超限 ②电源电压过低，在额定负载下电动机温升过高 ③拆线圈时，铁芯被烧伤，使铁损耗增大 ④定、转子铁芯相擦 ⑤线圈表面沾满污垢或油泥，影响电动机散热 ⑥电动机过载或拖动的机械设备阻力过大 ⑦电动机频繁起制动和正反转 ⑧笼形转子断条、绕线转子绕组接线开焊，电动机在额定负载下转子发热使温升过高 ⑨绕组匝间短路和相间短路以及绕组接地 ⑩进风或进水温度过高 ⑪风扇有故障，通风不良 ⑫电动机两相运行 ⑬绕组重绕后，绝缘处理不好 ⑭环境温度增高或电动机通风道堵塞 ⑮绕组接线错误	①与供电部门联系，解决电源过高问题 ②如果因电压降引起，应更换较粗的电源线；如果电源本身电压低，可与供电部门联系解决 ③做铁损耗试验，检修铁芯，排除故障 ④查找并排除故障(如更换新轴承，调轴，处理铁芯变形等) ⑤清扫或清洗绝缘表面污垢 ⑥排除机械故障，减少阻力，或降低负载 ⑦更换合适的电动机，或减少正反转和起制动次数 ⑧查明断条和开焊处，重新补焊 ⑨用开口变压器和绝缘电阻表检查，并排除 ⑩检查冷却水装置是否有故障，检查环境温度是否正常 ⑪检查电动机风扇是否有损伤，扇片是否破损和变形 ⑫检查熔丝、开关触点，并排除故障 ⑬采取浸二次以上绝缘漆，最好采取真空浸漆处理 ⑭改善环境温度，采取降温措施；隔离电动机附近的高温热源，使电动机不在日光下曝晒 ⑮星形接线绕组误接成三角形或方向相反，均要改正过来

效，电动机轴承将逐渐磨损，使用一段时间后，轴承因磨损必须进行更换。但一般来说，电动机结构是相当牢固的，在正常情况下使用，电动机寿命是比较长的。电动机在使用过程中受到周围环境的影响，如油污、灰尘、潮气、腐蚀性气体的侵蚀等，使电动机的寿命缩短。再如由于电动机过载，将会使电动机过热造成绝缘老化，甚至烧毁。为了避免这些情况的发生，正确使用电动机，及时发现电动机运行中的故障隐患是十分重要的。

【任务分析】

三相异步电动机广泛应用在动力设备中，尤其在重工业（如矿山、钢铁企业）中，电动机故障频繁，电动机烧毁非常严重。常见故障检查与排除如表 6-6 所示。

【知识准备】

1. 三相异步电动机工作原理分析

三相异步电动机的定子绕组通入三相电流，便产生旋转磁场并切割转子导体，在转子电路中产生感应电流，载流转子在磁场中受力产生电磁转矩，从而使转子旋转。所以，旋转磁场的产生是转子转动的先决条件。

(1) 定子的旋转磁场　为了便于说明问题，把分布在定子圆周上的三相绕组用三个单匝线圈代替。这三个线圈在定子铁芯的内圆周上是对称排列的，即它们的始端 U_1、V_1、W_1（或末端 U_2、V_2、W_2）在空间位置上互相差别 120°，如图 6-20(a) 所示。把三个线圈接成星形，并接到三相电源上，于是三相线圈中便出现对称的三相电流，如图 6-20(b) 所示。

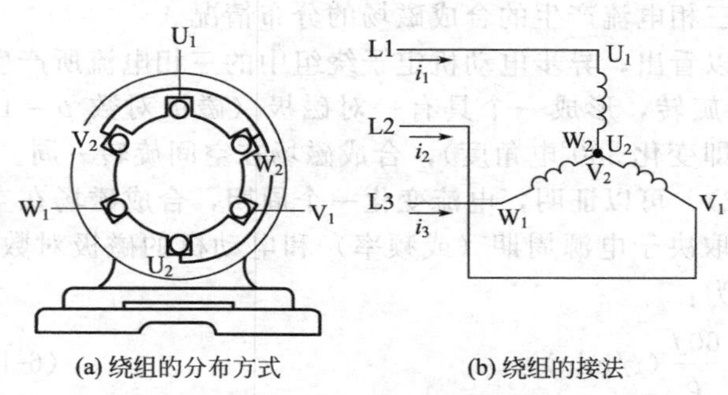

图 6-20　简化的三相定子绕组

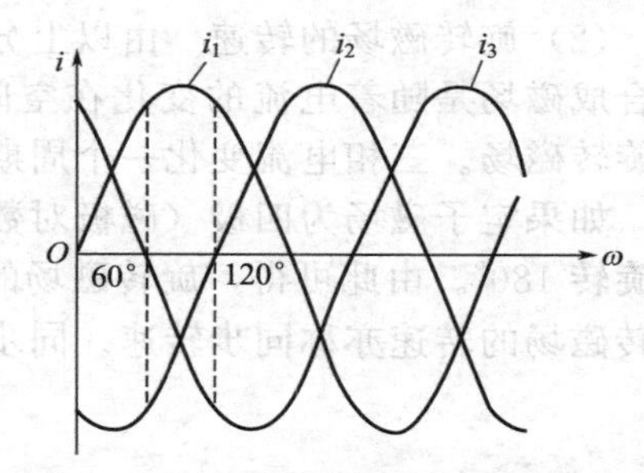

图 6-21　定子绕组中的三相电流波形

习惯上规定，电流的参考方向是从线圈的首端指向末端。设以 L1 相电流 i_1 为参考量，则三相电流可表示为：

$$i_1 = I_m \sin\omega t$$
$$i_2 = I_m \sin(\omega t - 120°)$$
$$i_3 = I_m \sin(\omega t - 240°)$$

三相电流的波形如图 6-21 所示。

当 $\omega t = 0$ 时，$i_1 = 0$，即 L1 相绕组中电流为零；i_2 为负，其实际方向与所设参考方向相反，即电流 i_2 由 V_2 端流向 V_1 端；i_3 为正，其实际方向与参考方向相同，即电流 i_3 由 W_1 端流向 W_2 端。图 6-22(a) 画出了各相绕组中的电流实际方向，根据右手螺旋定则，可以确定这一时刻三相电流所形成的合成磁场，如图 6-22(a) 所示。如果把定子铁芯看成一个电磁铁，此时它的上部相当于 N 极，下部相当于 S 极。

当 $\omega t = 60°$时，i_1 为正值，其实际方向与参考方向相同，即由 U_1 端流向 U_2 端；i_2 为负值，其实际方向与参考方向相反，即由 V_2 端流向 V_1 端；$i_3 = 0$，L3 相绕组中电流为零。

用右手螺旋定则确定这一时刻由三相电流产生的合成磁场，其方向如图 6-22(b) 所示。与 $\omega t=0$ 时刻的磁场方向相比，合成磁场在空间顺时针转过了60°。

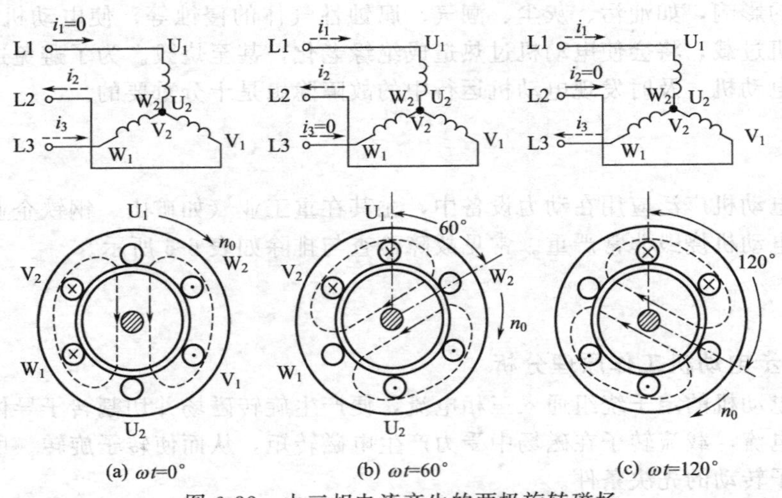

(a) ωt=0°　(b) ωt=60°　(c) ωt=120°

图 6-22　由三相电流产生的两极旋转磁场

当 $\omega t=120°$时，i_1 为正值，电流由 U_1 端流向 U_2 端；$i_2=0$，L2 相绕组中无电流；i_3 为负值，电流由 W_2 端流向 W_1 端，这时的合成磁场如图 6-22(c) 所示，与 $\omega t=0$ 时刻比，合成磁场在空间顺时针转过了120°。

同样方法，可以分别确定其他瞬时由三相电流产生的合成磁场的分布情况。

(2) 旋转磁场的转速　由以上分析可以看出，异步电动机定子绕组中的三相电流所产生的合成磁场是随着电流的变化在空间不断旋转，形成一个具有一对磁极（磁极对数 $p=1$）的旋转磁场。三相电流变化一个周期 T（即变化360°电角度），合成磁场在空间旋转一周。

如果定子磁场为四极（磁极对数 $p=2$），可以证明，电流变化一个周期，合成磁场在空间旋转 180°。由此可得，旋转磁场的转速取决于电源周期（或频率）和电动机的磁极对数。旋转磁场的转速亦称同步转速。同步转速为：

$$n_0=\frac{60f}{p}(\mathrm{r/min}) \tag{6-1}$$

(3) 旋转磁场的方向　旋转磁场的旋转方向与三相绕组中的电流相序有关。在图 6-19 中，L1、L2、L3 三相绕组顺序通入三相电流 i_1、i_2、i_3，其旋转方向与电流相序（L1—L2—L3）一致，为顺时针方向。如果要改变旋转磁场的方向，可将定子绕组与三相电源连接的三根导线中的任意两根对调位置。如将 L2、L3 两相接线互换，即 i_1 仍送入 Ll 相绕组，但 i_3 送入 L2 相绕组，i_2 送入 L3 相绕组，可以判定这时旋转磁场是按逆时针方向旋转。

(4) 转子转动原理　图 6-23 是两极三相异步电动机转动原理示意图。设磁场以同步转速 n_0 逆时针方向旋转，转子与磁场之间有相对运动，即相当于磁场不动、转子导体以顺时针方向切割磁力线，于是在导体中产生感应电动势，其方向由右手定则确定。由于转子导体的两端由端环连通，　形成闭合的转子电路，在转子电路中便产生了感应电流。载流的转子导体在磁场中受电磁力 F 的作用（电磁力的方向可用左手定则确定）形成一电磁转矩，在此转矩的作用下，转子沿旋转磁场的方向转动，其转速用 n 表示。

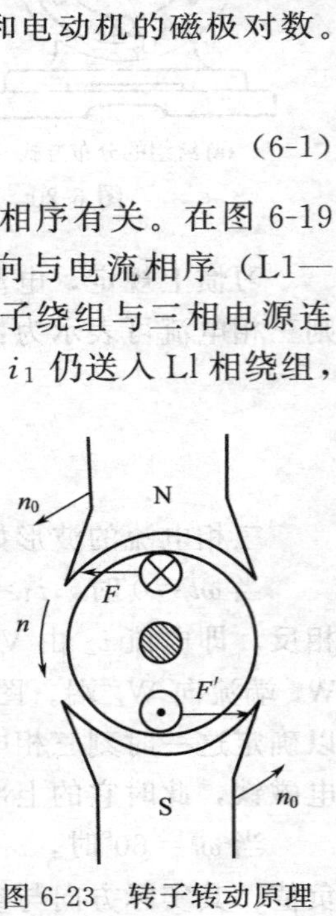

图 6-23　转子转动原理

转速 n 总是要小于旋转磁场的同步转速 n_0，否则，两者之间没有相对运动，就不会产生感应电动势及感应电流，电磁转矩也无法形成，电动机不可能旋转。这就是异步电动机名称的由来。又因转子中的电流是感应产生的，故又称感应电动机。

通常，把同步转速 n_0 与转子转速 n 的差值称为转差，转差与 n_0 的比值称为异步电动机的转差率，用 s 表示，即 $s=(n_0-n)/n_0$，转差率 s 是描绘异步电动机运行情况的一个重要物理量。在电动机启动瞬间，$n=0$，$s=1$，转差率最大。空载运行时，转子转速最高，转差率最小，$s<0.5\%$。额定负载运行时，转子额定转速较空载转速要低。

三相异步电动机额定转速为：

$$n_N=(1-s)\frac{60f}{p}\ (\text{r/min}) \tag{6-2}$$

2. 三相异步电动机的结构

(1) 三相交流异步电动机结构特点　Y 系列三相异步电动机为一般用途的笼形自扇风冷式电动机，目前已生产 Y3 系列。该系列电动机的额定电压为 380V、额定频率为 50Hz。电动机结构如图 6-24 所示。

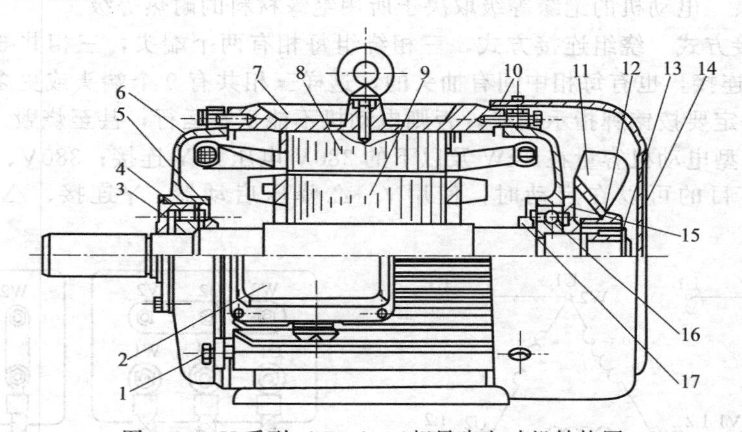

图 6-24　Y 系列（IP44）三相异步电动机结构图

1—前轴承固定螺栓；2—接线盒；3—前轴承外盖；4—前轴承；5—前轴承内盖；6—前端盖；7—机座；8—定子铁芯；9—转子；10—风扇罩；11—外风扇；12—键；13—轴承挡圈；14—外风扇罩；15—后轴承盖；16—后轴承；17—后轴承内盖

(2) 三相交流异步电动机铭牌数据的意义　电动机铭牌是使用和维修电动机的依据，必须按照铭牌上给出的额定值和要求去使用和维修。三相异步电动机铭牌如图 6-25 所示。

① 额定频率　额定频率指电动机电源频率在符合铭牌要求时的频率。我国工频为 50Hz。

电动机在额定工况下运行时，转轴上输出的机械功率称为额定功率，单位用 kW 表示。当实际输出功率大于额定功率时，电动机过载；当实际输出功率小于额定功率时，叫欠载。电动机的负载处于额定功率的 75%～100%时，电动机效率和功率因数较高。

② 额定电压　额定电压是指施加在三相电动机定子绕组上的线电压。要求电源电压波动不可超过±5%的额定电压。电压过低，启动困难；电压过高，电动机过热。

③ 额定电流　额定电流是指当电动机在额定状态下运行时，定子绕组的线电流称为额定电流。实际电流大于额定电流，说明电动机过载，电动机发热；小于额定电流，说明电动机欠载。

当电动机接入额定电压、额定频率和频定负载时，电动机转轴上的转速称为额定转速。

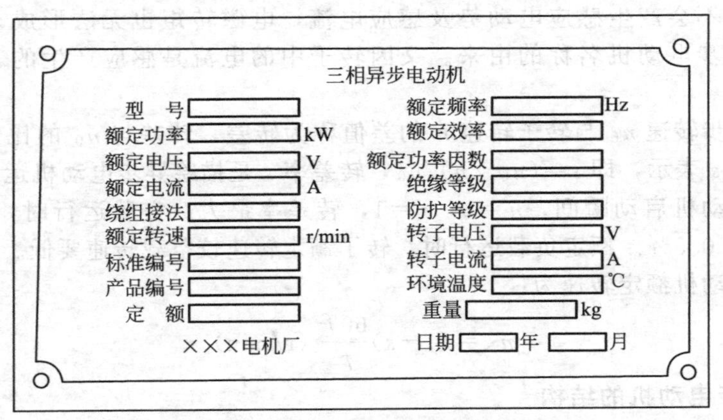

图 6-25 三相异步电动机铭牌

电动机过载时，转速降低；欠载时（空载时）转速比额定时稍高些。

④ 绝缘等级 电动机的绝缘等级取决于所用绝缘材料的耐热等级。

⑤ 绕组连接方式 绕组连接方式，三相绕组每相有两个端头，三相共 6 个端头，可以接成△连接和Y连接，也有每相中间有抽头的，这样三相共有 9 个端头或更多，可以连接成双速电动机。一定要按铭牌指示接线，否则电动机不能正常运行，甚至烧毁。

我国低压小型电动机容量在 3kW 及以下的 380V 电压为 Y 连接；380V、3kW 以上的电动机为△连接，目的可以在启动时，使用Y—△降压启动器。Y连接、△连接如图 6-26 所示。

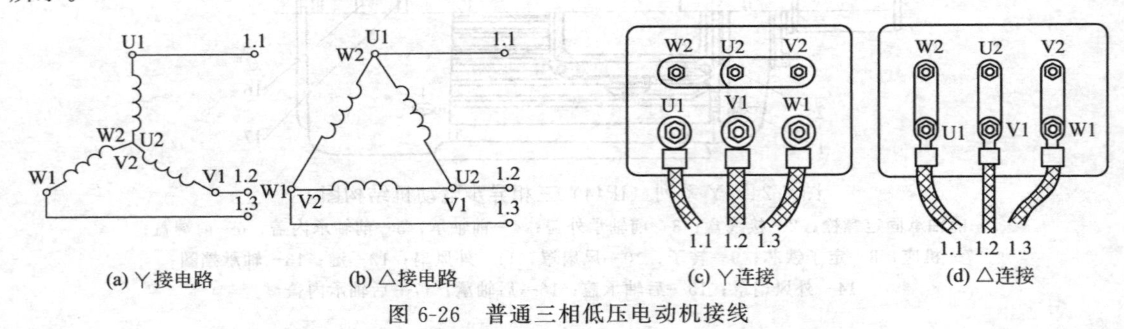

图 6-26 普通三相低压电动机接线

⑥ 额定功率 当电动机在额定负载下运行时，轴上输出的机械功率为电动机额定输出功率 P_N，而从电源供给电动机的电功率为额定时的输入功率，用 P_1 表示，从电功率转化为输出的机械功率时要产生损耗 $\sum P$，主要是热能损耗，所以 $P_1 > P_N$，其比值称为电动机的效率 η，当额定运行时额定效率 η_N。

⑦ 额定功率因数 当电动机在额定工况下运行时，定子相电压与相电流之间的相位差，即 $\cos\phi_N$。

3. 电动机的拆卸与装配

修理或维护保养电动机时，有时需要把电动机拆开，如果拆得不好，会把电动机拆坏，或使修理质量得不到保证。因此，必须掌握正确拆卸和装配电动机的技术。

(1) 电动机的拆卸 拆卸前应将工具和检修记录准备好，在线头、端盖、刷握等处做好标记，以便于装配；在拆卸过程中，应同时进行检查和测试。如测量定子和转子间的气隙和电动机绝缘电阻，以便检修后做比较。三相笼形异步电动机的解体结构如图 6-27 所示。

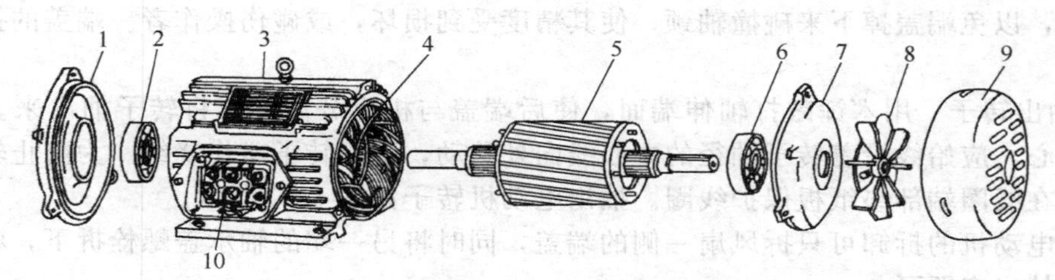

图 6-27　三相笼形异步电动机的解体结构

1—前端盖；2—前轴承；3—机座；4—定子铁芯绕组；5—转子；6—后轴承；

7—后端盖；8—外风扇；9—风罩；10—接线盒

① 拆卸联轴器或皮带轮　取下联轴器或带轮的螺钉或定位销，装上拉具，将拉具丝杠尖端对准电动机转轴中心，转动丝杠，慢慢将联轴器或带轮拉出，如图 6-28 所示。

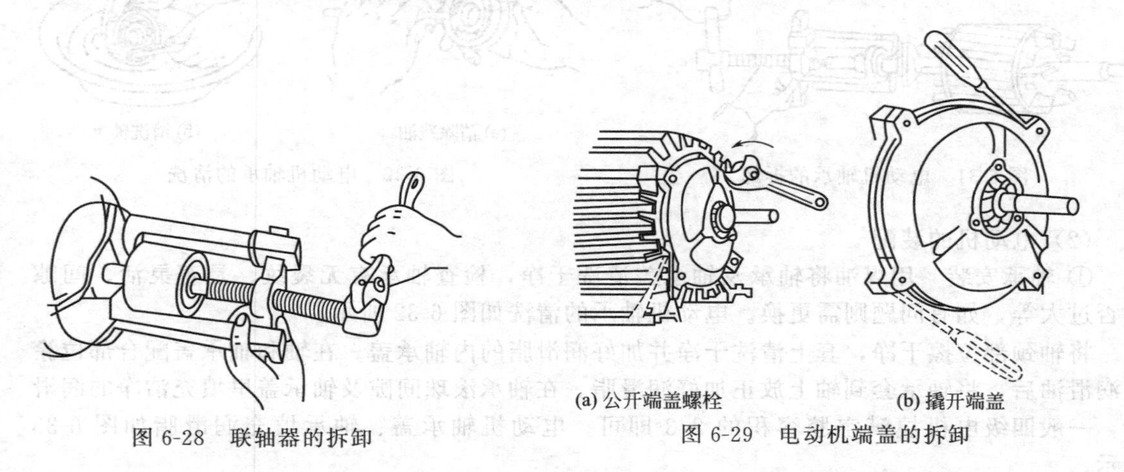

图 6-28　联轴器的拆卸　　图 6-29　电动机端盖的拆卸

② 拆除风扇罩及风扇叶轮　将固定风扇罩的螺钉拧下来，用木锤在与轴平行的方向从不同的位置上向外敲打风扇罩。风扇罩逐渐外移，最后和电动机脱开。松开风扇叶轮的顶丝，小心地将风扇叶轮向外撬出，直至脱离电动机轴。

③ 拆卸轴承盖　卸下轴承盖的螺栓，用旋具放在轴承盖和端盖的间隙中，将轴承盖撬下来。

④ 拆卸端盖　在端盖与机座接缝处做好复位标记。把电动机两端端盖的螺栓拧下来，用木锤均匀向下敲打前端盖四周，使端盖与机座之间露出缝隙。用扁铲对准缝隙，用木锤敲打，使端盖渐渐下移，直到与机座脱离为止。在拆卸端盖过程中，要采取垫木板和用托架扶

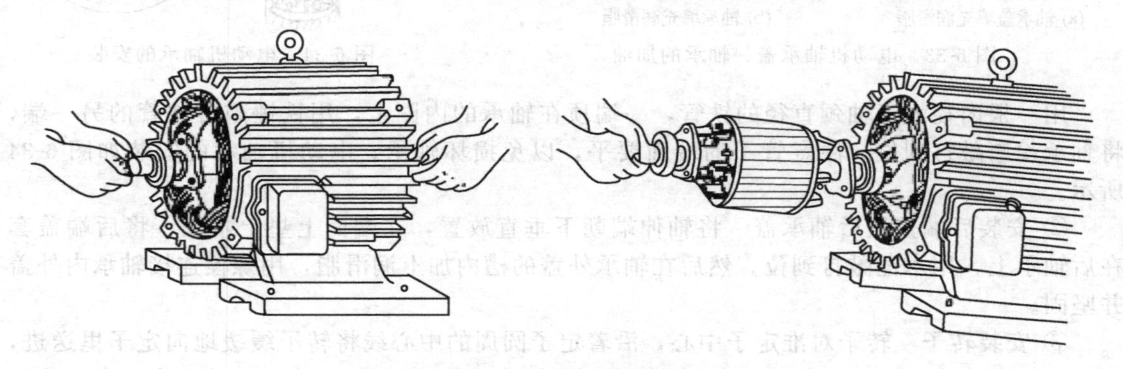
图 6-30　抽出电动机转子

持等措施，以免端盖掉下来碰撞轴颈，使其精度受到损坏，或碰伤操作者。端盖的拆卸如图 6-29 所示。

⑤ 抽出转子　用木锤敲打轴伸端面，使后端盖与机座分离。再将转子抽出来。抽出转子时要小心，应始终沿着转子轴径的中心线向外移动，防止转子碰伤绕组。为防止转子碰伤绕组，可在线圈端部垫纸板保护线圈。抽出电动机转子如图 6-30 所示。

小型电动机的拆卸可只拆风扇一侧的端盖，同时将另一端的轴承盖螺栓拆下，将转子与端盖一起抽出来即可。

⑥ 拆卸轴承　选用大小合适的拉具，其丝杠中心对准电动机的转轴中心，将轴承慢慢拉出。拆卸轴承如图 6-31 所示。

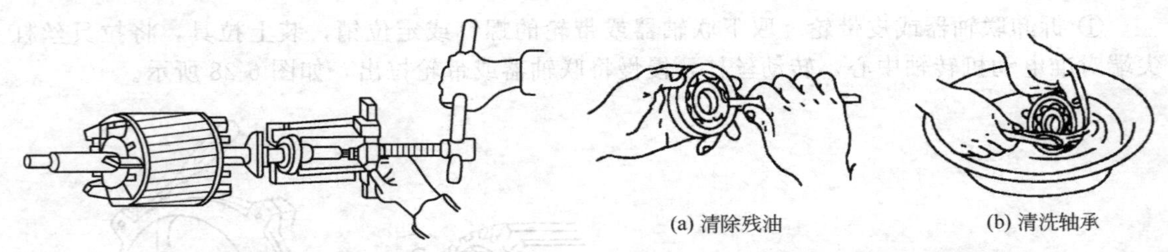

(a) 清除残油　(b) 清洗轴承

图 6-31　电动机轴承的拆卸　　图 6-32　电动机轴承的清洗

(2) 电动机的装配

① 轴承安装　用煤油将轴承及轴承盖清洗干净，检查轴承有无裂纹、是否灵活、间隙是否过大等，如有问题则需更换。电动机轴承的清洗如图 6-32 所示。

将轴颈部位擦干净，套上清洗干净并加好润滑脂的内轴承盖。在轴和轴承盖配合部位涂上润滑油后，将轴承套到轴上放正加好润滑脂。在轴承滚珠间隙及轴承盖里填充洁净的润滑脂，一般四级电机填满空腔容积的 2/3 即可。电动机轴承盖、轴承填充润滑脂如图 6-33 所示。

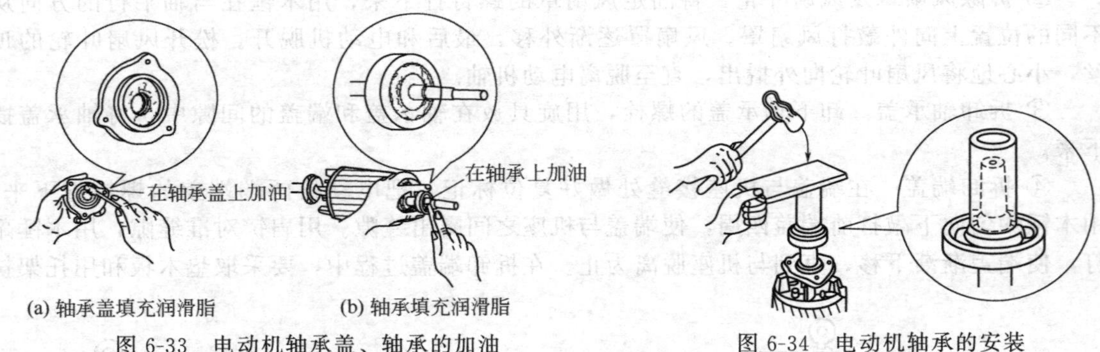

(a) 轴承盖填充润滑脂　(b) 轴承填充润滑脂

图 6-33　电动机轴承盖、轴承的加油　　图 6-34　电动机轴承的安装

用一根内径大于轴颈直径的铁管，一端顶在轴承的内圈上，用铁锤敲打铁管的另一端，将轴承逐渐敲打到位。注意管子的端面要平，以免损坏轴承。电动机轴承的安装如图 6-34 所示。

② 安装后端盖及后轴承盖　将轴伸端朝下垂直放置，在端面上垫上木块，将后端盖套在后轴承上，用木锤敲打到位。然后在轴承外盖的槽内加上润滑脂，用螺栓连接轴承内外盖并坚固。

③ 安装转子　转子对准定子中心，沿着定子圆周的中心线将转子缓缓地向定子里送进，送进过程中不得碰擦定子绕组。同样，可以在线圈端部垫纸板保护线圈，并在合拢之前将所

垫纸板抽出。当端盖与机座合拢时，应将拆卸时所做的标记对齐，然后装上端盖螺栓并拧紧。

④ 安装前端盖及前轴承盖　安装前轴承盖之前，先用一根一头与轴承内螺纹相配的一端弯钩穿心钢丝穿过端盖，钩在轴承内盖上，然后将前轴承外盖套入轴颈，并将钢丝穿入任一螺孔。外盖与端盖合拢后，在另一个螺孔内先拧上一个螺栓。抻出穿心钢丝，再将其余螺栓依次旋上拧紧。前端盖及前轴承盖的安装如图 6-35 所示。

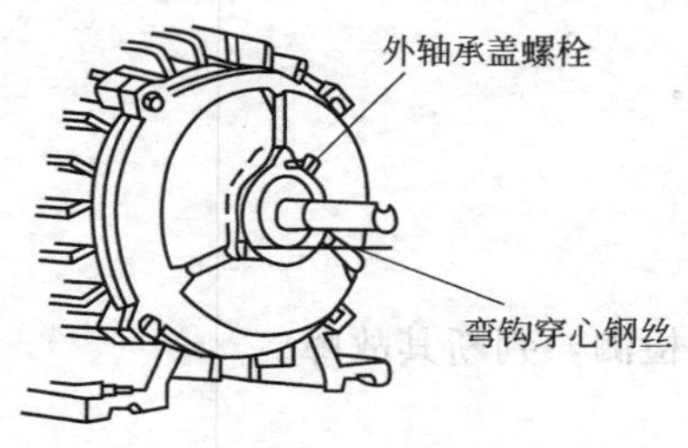

图 6-35　电动机前端盖的安装

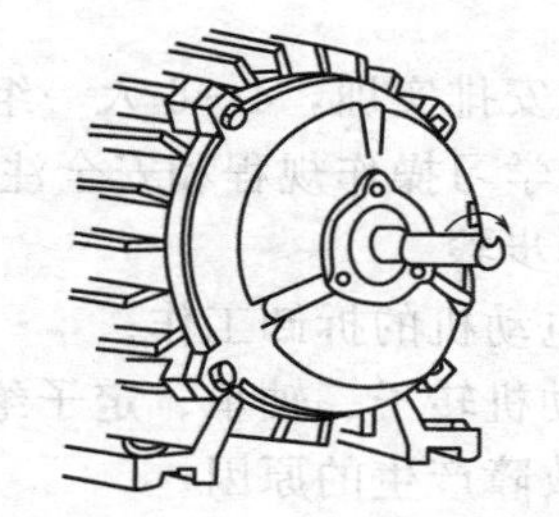

图 6-36　电动机转动情况检查

将前端盖与机座的标记对齐后，用木锤均匀敲打端盖四周，直至与机座合拢。然后装上螺栓，按对角线逐步拧螺栓，使端盖与机座完全贴合后将螺栓拧紧。

⑤ 检查转动情况　用手转动转轴，检查转子转动是否灵活、均匀，有无停滞或偏重现象。转动情况的检查如图 6-36 所示。

⑥ 安装联轴器或带轮　先将轴和联轴器或带轮的内孔擦干净，再将键槽和定位螺钉对准，然后在端面上垫上木块，用锤子轻轻打入。联轴器或带轮的安装如图 6-37 所示。

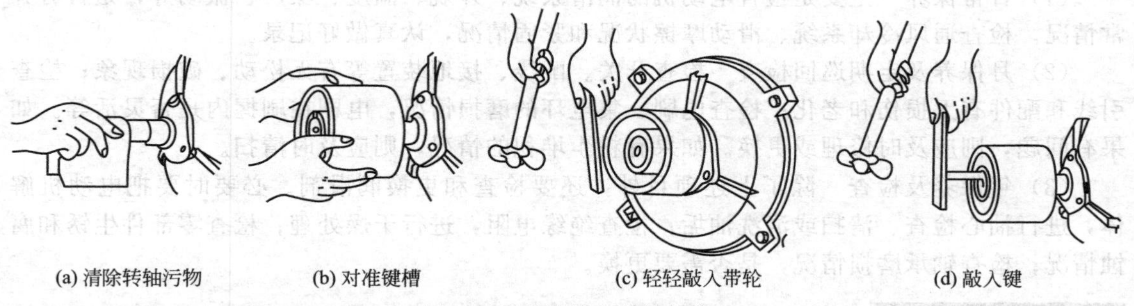

(a) 清除转轴污物　(b) 对准键槽　(c) 轻轻敲入带轮　(d) 敲入键

图 6-37　联轴器或带轮安装

【任务实施】

1. 电动机的拆装

(1) 地点　在实训室或实训基地进行。

(2) 准备工具　铁锤、木槌、退卸器、拉拔工具、扳手、垫铁等。

(3) 分组安排实训，4～6 人一组，指定小组长。

(4) 组织学习操作规程和安全注意事项。

(5) 操作步骤

① 拆卸机罩及整形。

② 拆卸端盖及清理尘埃。

③ 拆卸转子。检查轴上轴承质量。

④ 检查定子绝缘。

⑤ 安装。安装顺序与拆装顺序相反。

⑥ 手动盘转检查。

⑦ 总结电动机拆装程序，老师答疑，学生编写实训报告。

2. 电动机的故障诊断与检修操作

(1) 地点　在实训室或实训基地进行。

(2) 准备工具　万用表、接地电阻摇表、铁锤、木槌、退卸器、拉拔工具、扳手、垫铁等。

(3) 分组安排实训，4～6 人一组，指定小组长。

(4) 组织学习操作规程和安全注意事项。

(5) 操作步骤

① 完成电动机的拆卸工作。

② 对电动机转子、轴承、定子绝缘等部件进行检测，判断其故障。

③ 分析故障产生的原因。

④ 提出解决措施和实施方案，并建立维修档案。

⑤ 按拆装逆顺序装配。

⑥ 教师对学生动手能力进行指导，并引导学生归纳总结，解答学生的问题，指导学生编写实训报告。

【知识拓展】

☆ 电动机的维护与保养 ☆

(1) 日常保养　主要是检查电动机的润滑系统、外观、温度、噪声、振动等，是否有异常情况。检查通风冷却系统、滑动摩擦状况和紧固情况，认真做好记录。

(2) 月保养及定期巡回检查　检查开关、配线、接地装置等有无松动、破损现象；检查引线和配件有无损伤和老化；检查电刷、集电环的磨损情况，电刷在刷握内是否灵活等。如果有问题，则应及时修理或更换。如果有粉尘堆积的情况，则应及时清扫。

(3) 年保养及检查　除了上述项目外，还要检查和更换润滑剂。必要时要把电动机解体，进行抽心检查、清扫或清洗油垢；检查绝缘电阻，进行干燥处理；检查零部件生锈和腐蚀情况；检查轴承磨损情况，是否需要更换。

任务 6.5　综合实训：数控机床的电气故障诊断、修理措施与操作步骤

【任务描述】

以数控机床为例。数控机床在机加工行业中愈来愈广泛地被使用，其具有加工精度高、运行稳定、工作效率高等特点，如果出现电气方面故障，一时很难排除，需要具有多年的现场修理经验，因此，学习和掌握数控机床的电气故障维修愈来愈被重视。

【任务分析】

1. 直流主轴传动系统的故障及排除

直流主轴传动系统的故障及排除见表 6-7。

表 6-7　直流主轴传动系统常见故障现象和故障原因

序号	直流主轴传动系统故障现象	发生故障的可能原因
1	主轴电动机不转	印制线路板过脏；触发脉冲电路故障，没有脉冲产生；主轴电动机动力线断线或与主轴控制单元连接不良；高/低挡齿轮切换用的离合器切换不好；机床负载太大；机床未给出主轴旋转信号
2	电动机转速异常或转速不稳定	D/A 变换器故障；测速发电机断线；速度指令错误；电动机有故障；过载；印制线路板故障；励磁环节故障
3	主轴电动机振动或噪声太大	电源缺相或电源电压不正常；伺服单元上的增益电路和颤抖电路调整不好；电流反馈回路未调整好；三相输入的相序不对；电动机轴承故障；主轴齿轮啮合不好或主轴负载太大
4	发生过流报警	电流极限设定错误；同步脉冲紊乱；主轴电动机电枢线圈内部短路
5	给定转速与实际转速偏差过大	负载太大
6	熔丝熔断	印制线路板故障；电动机故障；测速发电机故障
7	热继电器跳闸	过载
8	电动机过热	过载
9	过电压吸收器烧坏	由于干扰或外加电压过高引起
10	运转停止	电源电压过低或控制电源混乱
11	速度达不到最高转速	励磁电流太大；励磁控制回路不工作
12	主轴在加/减速时工作不正常	减速极限电路调节不准确；加/减速回路时间常数设定和负载转动惯量不匹配；传动链连接不良
13	电动机电刷磨损严重，或电刷上有火花痕迹，或电刷滑动面上有深沟	过载；换向器表面有伤痕或过脏；电刷上沾有大量的切削液

2. 交流主轴传动系统的故障及排除

交流主轴传动系统的故障及排除见表 6-8。

表 6-8　交流主轴传动系统常见故障现象和故障原因

序号	交流主轴传动系统故障现象	发生故障的可能原因
1	电动机转速异常或转速不稳定	负载过大；转矩极限设定太小；功率晶体管损坏；速度反馈信号错误；连接线断线或接触不良
2	电动机过热	电动机过载；冷却系统太脏或风扇短路
3	熔丝熔断	晶体管模块损坏；印制电路板损坏；交流电源输入端的浪涌吸收器损坏；二极管模块或晶闸管模块损坏；主电路绝缘损坏
4	电动机转速过高	印制线路板设定不正确；印制线路板损坏
5	主轴电动机震动或噪声太大	反馈电压不正确；主轴电动机与主轴之间的齿轮比不合适；主轴电动机尾部的脉冲发生器不良；主轴电动机不良；安装松动；润滑不良

【知识准备】

☆ 数控机床主轴传动系统 ☆

主轴传动系统主要用于控制机床的主轴旋转运动，是机床最核心的关键部件之一，其输出性能对数控机床的整体水平是至关重要的。机床要求主轴在很宽的范围内速度连续可调，并在各种速度下提供足够的切削功率。数控机床主轴传动系统按其所使用的电动机来分，可分为直流主轴传动系统和交流主轴传动系统两大类。20 世纪 70 年代使用较多的是直流主轴传动系统，这是由于直流电动机调速性能好，输出转矩大，过载能力强，精度高，控制简单，易于调整。直流主轴传动系统中又分晶闸管整流方式和晶体管脉宽调制方式两种。进入

20 世纪 80 年代后，随着微电子技术和大功率晶体管的高速发展，开始推出交流主轴传动系统。由于交流驱动系统保持了直流驱动系统的优越性，而且交流电动机维护量小且简单，便于制造，不受恶劣环境影响，所以目前直流驱动系统已逐渐被交流驱动系统所取代。初期是采用模拟式交流传动系统，而现在传动系统的主流是数字式交流传动系统。交流传动系统走向数字化，传动系统中的电流环、速度环的反馈控制已全部数字化，系统的控制模型和动态补偿均由高速微处理器实时处理，增强了系统的自诊断能力，提高了系统的快速性和精度。

1. 直流主轴传动系统

（1）直流主轴传动系统的工作原理　直流主轴电动机结构与普通直流电动机的结构基本相同。它是由定子与转子组成的，其中转子由转子绕组与换向器组成，定子由主磁极与换向极组成。有的主轴电动机在定子上除了有主励磁绕组、换向绕组之外，为了改善换向，还加了补偿绕组。

从表面看，直流主轴电动机与普通直流电动机相同，但实际上是不相同的，它主要是能在很宽的范围内调速，又要求过载能力强，所以在结构上应是加强强度的结构。为了提高过载能力，一方面要提高结构的机械强度，另一方面就是采取了尽可能完善的换向措施。尤其是主轴电动机还要经常正反转与立即停车，这些都是非常苛刻的工作条件。主轴电动机为了满足这些方面的要求，在换向器上也采取了相应的加强措施。总之，主轴电动机与普通直流电动机不同，普通直流电动机用在主轴上，使用寿命是不会太长的。

主轴电动机的另一个特点就是加强了冷却的措施，即采用强迫通风冷却或热管冷却技术，防止电动机把热量传到主轴上，引起主轴变形。主轴电动机的外壳一般均采用密封式结构，以适应加工过程中铁屑、油、切削液的侵蚀。

（2）调速系统　直流主轴传动系统类似于直流调速系统，多采用晶闸管调速的方式，其控制电路是由速度环和电流环构成的双环调速系统，其内环为电流环，外环为速度环。主轴电动机为他励直流电动机，如图 6-38 所示。

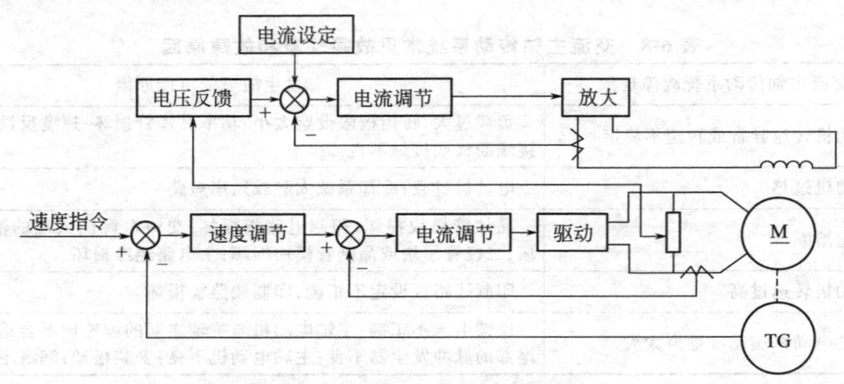

图 6-38　直流主轴电动机驱动控制

在双闭环直流调速系统中，系统可以随时根据速度指令的模拟电压信号与实际转速反馈电压的差值控制电动机的转速。当电压差值大时，电动机转矩大，速度变化快，电动机的转速很快达到给定值。当转速接近给定值时，可以使电动机的转矩自动地减小，避免过大的超调量，保证转速的稳态无静差。当系统受到外来干扰时，电流环能迅速地做出抑制干扰的响应，保证系统具有最佳的加速和制动过渡特性。系统速度环中速度调节器的输出作为电流调节器的给定信号，来控制电动机的电流和转矩，所以速度调节器的输出限幅值就限定了电流环中的电流。在电动机启动过程中，电动机转矩和电枢电流急剧增加，电枢电流达到限定值，使电动机以最大转矩加速，转速线性上升，而当电动机的转速达到甚至超过了给定值时，速度反馈电压大于速度给定电压，速度调节器的输出从限幅值降下来，电流调节器的输入给定值也相应减小，使电枢电流下降，电动机的转矩也随之下降，开始减速。当电动机的转矩小于负载转矩时，电动机会再次加速，直到重新回到速度给定值，因此，双闭环直流调速系统对保证主轴的快速启停、保持稳定运行等功能是很重要的。

励磁电流设定电路、电枢电压负反馈电路及励磁电流负反馈电路组成磁场控制电路，该电路输出信号经电压比较后控制励磁电流。当电枢电压较低时，电枢负反馈电压也较低，磁场控制电路中电枢电压负反馈不起作用，只有励磁电流负反馈作用，维持励磁电流不变，实现调压调速；当电枢电压较高时，电枢负反馈电压也较高，励磁电流负反馈不起作用，电枢负反馈电压被引入。随着电枢电压的升高，调节器即对磁场电流进行弱磁升速，使转速上升。这样，通过速度指令，电动机转速从最小值到额定值对应电动机电枢的调压调速，实现恒转矩控制；从额定值到最大值对应电动机励磁电流减小的弱磁调速，实现恒功率控制。

直流主轴驱动装置一般具有速度到达、零速检测等辅助信号输出，同时还具有速度负反馈消失、速度偏差过大、过载及失磁等多项报警保护措施，以确保系统安全可靠工作。

数控机床直流主轴电动机功率较大，且要求正、反转及快速停止，因此，驱动装置的主电路往往采用三相桥式反并联逻辑无环流可逆调速系统，这样在制动时，除了缩短制动时间外，还能将主轴旋转的机械能转换成电能送回电网。逻辑无环流可逆系统是利用逻辑电路，使一组晶闸管在工作时，另一组晶闸管的触发脉冲被封锁，从而切断正、反两组晶闸管之间流通的电流（简称环流）。逻辑电路必须满足系统的需要，即同一时刻只向一组晶闸管提供触发脉冲；只有当工作的那一组晶闸管断流后才能撤销其触发脉冲，以防止晶闸管处于逆变状态时，未断流就撤销触发脉冲，导致出现逆变颠覆现象，造成故障；只有当原先工作的那一组晶闸管完全关断后，才能向另一组晶闸管提供触发脉冲，以防止出现过大的电流；任何一组晶闸管导通时，要防止晶闸管输出电压与电动机电动势方向一致，导致电压相加，使瞬时电流过大。

逻辑无环流可逆调速系统除了用在数控机床直流主轴电动机的驱动外，还可用在功率较大的直流进给伺服电动机的驱动上。

(3) 直流主轴传动系统的特点

① 简化变速机构。该系统简化了由恒定速度的交流异步电动机、离合器、齿轮等组成的传统主轴多级机械变速装置的结构。在直流主轴传动系统中通常只需设置高、低两级速度的机械变速机构，就能得到全部的主轴变换速度。电动机的速度由主轴传动系统进行控制，变速时间短；通过最佳切削速度的选择，可以提高加工质量和加工效率，进一步提高可靠性。

② 适合工厂环境的全封闭结构。数控机床采用全封闭结构的直流主轴电动机，所以能在有尘埃和切削液飞溅的工业环境中使用。

③ 主轴电动机采用特殊的热管冷却系统，外形小。在主轴电动机轴上装入了比铜的热传导率大数百倍的热管，能将转子产生的热量立即向外部发散。为了把发热限制在最小限度以内，定子内采用了独特方式的特殊附加磁极，减小了损耗，提高了效率。电动机的外形尺寸小于同等容量的开启式直流电动机，容易安装在机床上，且噪声很小。

④ 驱动方式性能好。主轴传动系统采用晶闸管三相桥式整流驱动方式，振动小，旋转灵活。

⑤ 主轴控制功能强，容易与数控系统配合。在与 NC 结合时，主轴传动单元配备了必要的 D/A 转换器、超程输入、速度计数器输出等功能。

⑥ 纯电式主轴定位控制功能。采用纯电式主轴定位控制，能用纯电式手段控制主轴的定位停止，故无需机械定位装置，可进一步缩短定位时间。

2. 交流主轴传动系统

(1) 交流主轴传动系统的工作原理　目前数控机床的主轴传动多采用交流主轴传动系统。交流主轴传动控制方式分为速度控制和位置控制两种。普通加工时为速度控制，主轴电动机轴上装有圆形的磁性传感器，用于速度反馈。位置控制就是控制主轴的转角或转位，用于主轴同步、主轴定向、刚性攻螺纹、C轴轮廓的控制。系统在轮廓控制时主轴要与其他轴插补，此时需在机床的主轴上装位置编码器，用于转角的测量与反馈。主轴控制单元采用单独的CPU控制，从CPU单元输出的控制指令用一条光缆送到主轴的控制单元，数据为串行传送，因此，可靠性比较高。

(2) 常用交流主轴电机类型　常用的交流主轴电动机有永磁式同步电动机和笼形异步电动机两种。根据主轴电动机情况的不同，交流主轴电动机多采用笼形异步电动机，这是因为一方面受永磁体的限制，当电动机容量做得很大时，永磁式同步电动机成本会很高，对数控机床来讲无法接受；另一方面数控机床的主轴传动系统采用成本低的异步电动机进行矢量闭环控制，完全可满足数控机床主轴的要求，不必像进给伺服系统那样要求如此高的性能。但对交流主轴异步电动机性能的要求与普通异步电动机又有所不同，要求交流主轴异步电动机的输出特性曲线（输出功率与转速关系）是在同步转速以下时为恒转矩区域，同步转速以上时为恒功率区域。

(3) 交流主轴控制单元　交流主轴控制单元有模拟式和数字式两种，现在所见到的国外交流主轴控制单元大多采用数字式，图6-39所示为交流主轴控制单元框图。

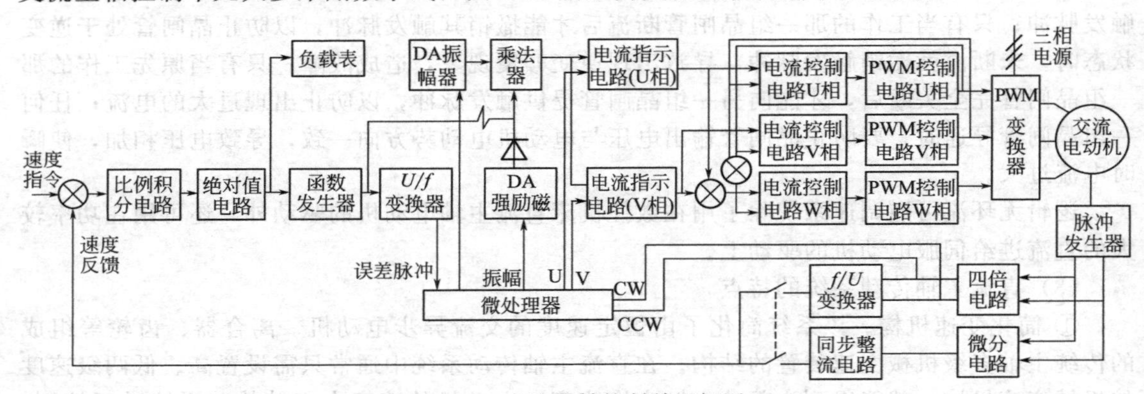

图6-39　交流主轴控制单元框图

该主轴控制单元工作过程如下：速度指令由数控系统发出（如10V时相当于6000r/min或4500r/min）与检测器的信号比较后，经比例积分电路将速度误差信号放大作为转矩指令电压输出，再经绝对值电路使转矩指令电压永远为正。经过函数发生器（它的作用是当电动机低速时提高转矩指令电压），送到U/f变换器，转换成误差脉冲（如10V相当于200kHz）。该误差脉冲输送到微处理器，并与四倍电路送来的速度反馈脉冲进行比较。与此同时，将预先写在微处理器部件ROM中的信息读出，分别送出振幅和相位信号，送到DA强励磁和DA振幅器。DA强励磁电路的作用是控制增加定子电流的振幅，而DA振幅器的作用是用于产生与转矩指令相对应的电动机定子电流的振幅。它们的输出值经乘法器之后形成定子电流的振幅，送给U相和V相的电流指示电路。另一方面，从微处理器输出的U、V两相的相位也被送到U相和V相的电流指示电路，它实际上也是一个乘法器，通过它形成了U相和V相的电流指令。这个指令与电动机电流反馈信号比较后的误差，经放大后送至PWM控制回路，转换成频率为3kHz的脉冲信号。I_U、I_V两信号合成产生W相信号。上述脉冲信号经PWM变换器控制电动机的三相交流电流。脉冲发生器是一个速度检测器，用来产生每转256个脉冲的正、余弦波形，然后经四倍电路变成1024个脉冲。它一方面送微处理器，另一方面经 f/U 变换器作为速度反馈送到比较器与速度指令进行比较。但在低速时，由于 f/U 变换器的线性度较差，所以此时的速度反馈信号由微分电路和同步整流电路产生。在电动机停止运行时则需速度指令为零，此时交流电动机依靠惯性继续旋转，而PWM变换器可将电动机的动能转换为电能回馈给电网，实现再生制动。如果向微处理器输入反转信号时，微处理器输出的U、V两个信号位置对调，即U相电流指示电路和V相指示电路位置对调，从而导致电流控制电路和PWM控制电路的U相和V相位置也发生相应的变化，由于W相为 I_U、I_V 两信号合成的，所以不发生变化，使PWM变换器输出的三相交流电流相序改变，交流电动机反转，实现可逆运行。

(4) 交流主轴传动系统的特点　交流主轴传动系统分为模拟式（模拟接口）和数字式（串行接口）两种，交流主轴传动系统的特点如下。

① 振动和噪声小。由于交流主轴传动系统采用了微处理器和最新的电气技术，所以能够在全部速度范围内平滑地运行，并且振动和噪声很小。

② 采用了再生制动控制功能。在直流主轴传动系统中，当电动机急停时，大多采用能耗制动。而在交流主轴传动系统中，采用再生制动的情况很多，可将电动机能量反馈回电网。

③ 交流数字式传动系统控制精度高。交流数字式传动系统与交流模拟式传动系统相比较，交流数字式传动系统由于采用数字直接控制，数控系统输出不需要经过D/A转换，所以控制精度高。

④ 交流数字式传动系统采用参数设定的方法调整电路状态。交流数字式传动系统与交流模拟式传动系统比较，交流数字式传动系统电路中不用电位器调整，而是采用参数数值设定的方法调整系统状态，所以比电位器调整准确，设定灵活，范围广，且可以无级设定。

【任务实施】

☆ 主轴传动系统的日常维护及故障检修 ☆

在实训室或实训基地进行，先组织学习操作规程和安全注意事项，分组安排实训。

1. 主轴传动系统日常维护

(1) 使用检查及日常维护　传动系统启动前应按下述步骤进行检查：

① 检查控制单元和电动机的信号线、动力线等的连接是否正确、是否松动以及绝缘是否良好。

② 强电柜和电动机是否可靠接地，电动机电刷的安装是否牢靠，电动机安装螺栓是否完全拧紧。

(2) 使用时的检查注意事项

① 强电柜门关闭后才能运行。

② 检查速度指令值与电动机转速是否一致，负载转矩指示（或电动机电流指示）是否正常。

③ 电动机是否有异常声音和异常振动。

④ 轴承温度是否有急剧上升的不正常现象。

⑤ 在电刷上是否有显著的火花发生痕迹。

2. 根据主轴电动机不转的故障现象进行检修和故障排除

根据表6-8中交流主轴传动系统常见故障现象和故障原因进行检修和故障排除。

【知识拓展】

☆ 数控机床的维护与保养 ☆

数控机床的日常维护，是对数控机床的定期检查和日常保养工作。如果这项工作做得很好，可以延长电器元件、功能模块的寿命和机械磨损周期，防止意外事故的发生。在日常维护中，必须注意以下几个问题。

1. 配备高素质的编程、操作和维护人员

数控机床是综合了计算机技术、自动控制技术、精密测量技术和机床设计等先进技术的典型机电一体化产品，其控制系统复杂、价格昂贵。因此配备的人员必须具备以下基本素质：一是应有高度的责任心和良好的职业道德；二是具有较广的知识面和勤学习、善思考、多动手的良好工作习惯。负责日常维护的人员，不仅要掌握计算机原理、电子电工技术、自动控制与电力拖动、测量技术、机械传动及切削加工工艺知识，而且要具有一定的英语基础和较强的动手实践能力，才能全面掌控数控机床，所以培养学生的综合素质和岗位技能，是实现数控设备良好运行的基本保障。

2. 建立数控设备的维护保养制度

数控机床的种类多，各类数控机床因其功能，结构及系统不同，各具不同的特性，其维护保养的内容和细则也各有其特色，具体应根据其机床种类、型号及实际使用情况，并参照机床使用说明书的要求，针对性地制定日常维护保养制度是非常必要的。日常维护工作可以分为每天检查、每周检查、每半年检查和不定期检查等各种检查周期。检查内容为常规检查内容。对一些频繁运动的元、部件（无论是机械传动部分还是驱动控制部分），都应该作为定期检查的对象，如重复定位精度，必须在每次技能鉴定前做重点检查，以保证学生在考核中得到较好的尺寸精度。另外对于储存器（CMOS）供电电池，应在数控系统通电状态下更换新电池，以确保存储参数不丢失，数控系统正常运行。

3. 重点抓好数控装置的维护

（1）注意数控装置的防尘　首先，除进行必要的检修外，平时应尽量少开柜门，因为柜门常开易使空气中飘浮的灰尘、油雾和金属粉末落在印制电路板上和电器接插件上，很容易造成元器件之间的绝缘电阻下降，从而引发故障甚至造成元器件损坏，所以加强数控柜和强电柜的密封管理很重要。有些数控机床的主轴速度控制单元安装在强电柜中，强电柜门关得不严是使电器元件损坏、数控系统控制失灵的一个原因。

其次，对一些已受外部灰尘、油雾污染的电路板和接插件可采用专用电子清洁剂喷洗。

（2）重视数控装置的散热　环境温度过高会使数控装置内温度升高，若散热条件不好会使数控系统工作不稳定，因此对数控装置的散热通风装置，必须经常检查，不能马虎。始终要保证冷却风扇的工作状态良好，要对过滤网定期进行清理，确保冷却风道的畅通。避免在高温天气里，打开数控柜门，用风扇对数控机床进行降温，这是不利于防尘的盲目举动。

4. 加强实训时的巡回指导

通常，在数控机床使用的第一年内，有1/3以上的故障是由于操作不当引起的。所以，学生训练时的巡回指导很重要，这项工作体现了实习指导教师高度的责任性和专业水准，如果做得好，既可以提高学生的编程与操作技能，又可以避免机床故障的发生。如学生在机械锁定的状态下，空运行检查程序是否有错误，当检查或修改完成后，解除机械锁定状态准备加工时，指导教师应及时提醒学生，使机床返回参考点，这样可以避免应对刀错误而引起的撞刀现象。

5. 做好机床排故工作

机床一旦出现报警，说明机床已出现故障或处在非正常工作状态。应该首先查明原因，然后才能继续运行。数控机床一旦停机，直接影响生产计划，后果非常严重。因此，维护人员必须要有高超的技术和严谨的工作作风，认真做好维修记录，对故障发生的原因进行科学的分析，发现故障的根源与规律，从而排除机床故障。

此外，应注意数控机床不宜长期封存，闲置过长会使电子元器件受潮，加快其技术性能下降或损坏，所以，对闲置的数控设备也应定期维护保养，保证机床每周通电1～2次，每次运行1h左右，防止机床电器元件受潮，并能及时发现有无电池报警信号，以免系统软件参数丢失。

6. 数控机床维护与保养的目的和意义

数控机床是一种综合应用了计算机技术、自动控制技术、自动检测技术和精密机械设计和制造等先进技术的高新技术的产物，是技术密集度及自动化程度都很高的、典型的机电一体化产品。与普通机床相比较，数控机床不仅具有零件加工精度高、生产效率高、产品质量稳定自动化程度极高的特点，而且它还可以完成普通机床难以完成或根本不能加工的复杂曲面的零件加工，因而数控机床在机械制造业中的地位显得愈来愈为重要。甚至可以这样说：在机械制造业中，数控机床的档次和拥有量，是反映一个企业制造能力的重要标志。但是，应当清醒地认识到，在企业生产中，数控机床能否达到加工精度高、产品质量稳定、提高生产效率的目标，这不仅取决于机床本身的精度和性能，很大程度上也与操作者在生产中能否正确地对数控机床进行维护保养和使用密切相关。与此同时，还应当注意到，数控机床维修的概念，不能单纯地理解为数控系统或者数控机床的机械部分和其他部分在发生故障时，仅仅依靠维修人员排除故障和及时修复，使数控机床能够尽早地投入使用就可以了，还应包括正确使用和日常保养等工作。综上两方面所述，只有坚持做好对机床的日常维护保养工作，才可以延长元器件的使用寿命，延长机械部件的磨损周期，防止意外恶性事故的发生，争取机床长时间稳定工作；也才能充分发挥数控机床的加工优势，达到数控机床的技术性能，确保数控机床能够正常工作，因此，无论是对数控机床的操作者，还是对数控机床的维修人员来说，数控机床的维护与保养就显得非常重要，必须给予高度重视。

【学习小结】

1. 修理前的调查研究，设备电气故障的分析、排除是进行设备电气故障诊断与维修的基础。

(1) 问　首先向电气设备的操作者了解故障发生的前后情况，故障是首次突然发生还是经常发生；是否有烟雾、跳火、异常声音和气味出现，有何失常和误动作等。因为电气设备的操作者最熟悉该设备的性能，最先了解故障发生的可能原因和部位，这样有利于修理人员在此基础上利用有关电气工作原理来判断故障发生地点和分析故障产生原因。

(2) 看　观察一下熔断器内的熔丝是否熔断；电气元件及导线连接处有无烧焦痕迹。

(3) 听　电动机、控制变压器、接触器、继电器在运行中声音是否正常。

(4) 摸　在电气设备运行一段时间后，切断电源用手背触摸有关电器的外壳或电磁线圈，试其温度是否显著上升，是否有局部过热现象。

2. 电气设备故障的诊断与维修方法：正确识读电气控制原理图，分析电气控制原理、故障原因诊断与检修步骤，仪器仪表的使用，在判断了故障可能发生的范围后，在此范围内对有关电器元件进行外表检查，这时常常能发现故障的确切部位。

3. 试验电路的动作顺序来检查故障：经外表检查未发现故障点时，则可采用通电试验控制电路动作顺序的办法来进一步查找故障点。具体做法是：操作某一只按钮或开关时，线路中有关的接触器、继电器将按规定的动作顺序进行工作。若依次动作至某一电器元件发现动作不符，即说明此元件或其相关电路有问题。再在此电路中进行逐项分析和检查，一般到此便可发现故障。

4. 利用电工测量仪表进行检查故障：利用各种电工测量仪表对电路进行电阻、电流、电压等参数的测量，以此进一步寻找或判断故障，是电器维修工作中的一项有效措施。如利用万用表、钳形电流表、兆欧表、试电笔等仪表来检查线路，能迅速有效地找出故障原因。

5. 检修注意事项：在通电试验时，必须注意人身和设备的安全。要遵守安全操作规程，不得随意触动带电部分。必须切断主电路电源，只在控制电路带电的情况下进行检查。

如需要电动机运转，则应先检查其机械部分，使电动机在空载下运行，避免机械运动部分发生误动作和碰撞；要暂时隔断有故障的电路，以免故障扩大，并预先充分估计到局部线路动作后可能发生的不良后果。

6. 认真做好数控机床维护与保养，掌握常见故障现象及产生的原因。

【自我评估】

一、填空题

1. 电气故障产生的原因主要有________、________。

2. 常用的电路分析方法有________、________、________。

3. 大型发电厂的交流发电机通常输出________kV 或________kV 的电压，而一般高压输电线路的电压为________、________、________、________、________kV。

4. 油浸式电力变压器的结构由________、________、________、________、________、________、________等主要部件组成。

5. 型号为 S7-315/10 的变压器，其含义为：此变压器为三相油浸自冷式铜绕组电力变压器，其容量为________，一次侧额定电压为________。

6. 变压器的额定温升是以环境温度为________℃作参考，规定在运行中允许变压器的温度超出参考环境温度的最大温升。我国标准规定，绕组的温升限值为________℃，上层油面的温升限值为________℃，确保变压器上层油面最高温度不超过________℃。

7. 电器开关触头的发热程度与流过触头的________及________有关。

8. 触头的磨损有两种：一种是________，是由于触头间电弧或电火花的高温使触头金属气化和蒸发所造成的；另一种是________。

9. 旋转磁场的转速取决于电源的________和电动机的________。

10. 电动机的负载处于额定功率的________时，电动机效率和功率因数较高。

11. 电动机在拆卸前应将工具和检修记录准备好，并在________、________、________等处做好标记，以便于装配。

12. 数控机床直流主轴传动系统有的主轴电动机在定子上除了有________、________之外，为了改善换向，还加了________。

13. 数控机床直流主轴传动系统类似于直流调速系统，多采用________的方式，其控制电路是由速度环和电流环构成的________，其内环为电流环，外环为速度环。

14. 数控机床位置控制就是控制主轴的转角或转位，用于主轴________、主轴________、C 轴轮廓的控制。

二、选择题

1. 金属切削机床的一级保养一般（　）进行一次。

A. 一个月　　B. 三个月　　C. 半年　　D. 一年

2. 短接法只适用于（　）之类的断路故障。

A. 电阻　　B. 线圈　　C. 绕组　　D. 导线及触头

3. 变压器在额定运行时的效率是相当高的，一般可达到（　）以上。

A. 80%　　B. 85%　　C. 90%　　D. 95%

4. 根据变压器容量，储油柜的形式有普通型和密封型两大类，变压器容量在（ ）及以下时为普通型储油柜并且无气体继电器。

A. 200kVA　B. 630kVA　C. 800～6300kVA　D. 8000kVA

5. 气体继电器 QJ4-25 型适用于有载分接开关，QJ2-50 型适用于（ ）变压器，QJ2-80型适用于 8000kVA 及以上变压器中。

A. 500kVA　B. 630kVA　C. 800～6300kVA　D. 8000kVA

6. 气体继电器 QJ4-25 型适用于有载分接开关，QJ2-80 型适用于（ ）及以上变压器中。

A. 500kVA　B. 630kVA　C. 800～6300kVA　D. 8000kVA

7. 用 1000V 兆欧表测量铁轭夹件穿心螺丝栓绝缘电阻是否合格，其数值应不小（ ）。

A. 2MΩ　B. 5MΩ　C. 7MΩ　D.50MΩ

8. 变压器的额定温升是以环境温度为＋40℃作参考，规定在运行中允许变压器的温度超出参考环境温度的最大温升。我国标准规定，绕组的温升限值为（ ），上层油面的温升限值为 35℃，确保变压器上层油面最高温度不超过 95℃。

A. 50℃　B. 65℃　C. 85℃　D. 105℃

9. 当变压器二次侧开路、一次侧施加额定电压时，流过一次绕组的电流为空载电流，用相对于额定电流的百分数表示，空载电流的大小主要取决于变压器的容量、磁路结构、硅钢片质量等因素，它一般为额定电流的（ ）。

A. 2%～3%　B. 3%～5%　C. 5%～8%　D. 5%～10%

10. 动、静触头接触面熔化后被焊在一起而断不开的现象，称为触头的熔焊。当触头闭合时，由于撞击和产生振动，在动、静触头间的小间隙中产生短电弧，电弧的温度高达（ ），高温使触头表面被灼伤甚至烧熔，熔化的金属液便将动、静触头焊在一起。

A. 1000～3000℃　B. 2000～5000℃　C. 3000～6000℃　D. 5000～8000℃

11. 当触头接触部分磨损至原有厚度的（ ）（指铜触头），应更换新触头。

A. 1/4　B. 3/4　C. 1/3　D. 2/3

12. 电动机的负载处于额定功率的（ ）时，电动机效率和功率因数较高。

A.75%～100%　B.80%～100%　C.85%～100%　D.90%～100%

13. 一般四级电机填满空腔容积的（ ）即可。

A. 1/4　B. 3/4　C. 1/3　D. 2/3

14. 我国低压小型电动机容量在 3kW 及以下的 380V 电压为（ ）联结。

A. Y　B. △　C. Y/△　D. Y/Y

三、简述题

1. 电气设备在检修前的调查研究内容有哪些？
2. 电气设备的结构不同，导致电气故障的因素有哪些？
3. 电气设备检修的注意事项有哪些？
4. 变压器运行中出现的不正常现象有哪些？
5. 变压器运行中的检查有哪些内容？
6. 变压器运行中出现的不正常现象有哪些？
7. 电动机旋转磁场的方向如何改变？
8. 电动机不能启动的原因及解决方法是什么？
9. 电动机接入电源后熔体被烧断或断路器跳闸的原因是什么？
10. 电动机通电后，电机不启动并嗡嗡作响的故障原因是什么？
11. 电动机外壳带电的原因及排除方法是什么？

12. 电动机空载运行时电流不平衡，相差很大如何解决？
13. 电动机运行时噪声大的原因是什么？
14. 绕线电动机集电环过热，出现刷火如何解决？
15. 根据图6-37简述直流主轴电动机的驱动控制过程。

【评价标准】

该情境评价分为两部分：

一是应知部分考核。要想掌握技能和提高实际操作能力，必须有一定的理论基础作奠基，才能实现目的。因此要考核必需的理论基础知识，可采取问答和笔试形式。

二是实际动手操作能力考核。主要包括：

① 电气设备的维护保养、检修；
② 控制开关的故障诊断、修理措施与操作步骤；
③ 变压器的故障诊断、修理措施与操作步骤；
④ 三相异步电动机常见故障检查与排除；
⑤ 数控机床电气故障诊断、修理措施与操作步骤；
⑥ 安全文明生产，5S管理。

1. 应知内容考核（表6-9）

表6-9 学习情境6应知考核内容

考核项目	考核内容
电气设备的维护保养、检修	正确检查电气设备故障的诊断与维修方法
	正确识读电气控制原理图
	分析电气控制原理、故障原因
	诊断与检修步骤
	工具的使用
	仪器、仪表的使用
控制开关的故障诊断、修理措施与操作步骤	分析控制开关原理、故障原因
	控制开关的故障诊断、修理措施
	控制开关的故障修理操作步骤
变压器的故障诊断、修理措施与操作步骤	变压器原理、结构
	变压器的常见故障分析
	变压器的空载实验
	变压器的故障诊断、修理措施
	变压器的故障维修操作步骤
三相异步电动机常见故障检查与排除	三相异步电动机原理、结构
	三相异步电动机常见故障分析
	三相异步电动机常见故障排除方法
	三相异步电动机的拆卸
	三相异步电动机的安装
数控机床电气故障诊断、修理措施与操作步骤	直流主轴传动系统的故障及排除
	交流主轴传动系统的故障及排除

2. 实际操作能力评价（表 6-10）

表 6-10　学习情境 6 实际操作能力考核

任务名称			任务评价				
					评分记录		
序号	评价要求	配分	权重	评价细则	学生自评 20%	小组评价 30%	教师评价 50%
1	电气设备的维护保养、检修	20	1	电气设备的维护保养、检修步骤完全符合要求			
			0.75	电气设备的维护保养、检修步骤符合要求			
			0.6	电气设备的维护保养、检修步骤基本符合要求			
			0.5	电气设备的维护保养、检修步骤不符合要求			
2	控制开关的故障诊断、修理措施与操作步骤	20	1	控制开关的故障诊断、修理措施与操作步骤完全符合要求			
			0.75	控制开关的故障诊断、修理措施与操作步骤符合要求			
			0.6	控制开关的故障诊断、修理措施与操作步骤基本符合要求			
			0.5	控制开关的故障诊断、修理措施与操作步骤不符合要求			
3	变压器的故障诊断、修理措施与操作步骤	20	1	变压器的故障诊断、修理措施与操作步骤完全符合要求			
			0.75	变压器的故障诊断、修理措施与操作步骤符合要求			
			0.6	变压器的故障诊断、修理措施与操作步骤基本符合要求			
			0.5	变压器的故障诊断、修理措施与操作步骤不符合要求			
4	三相异步电动机常见故障检查与排除	20	1	三相异步电动机常见故障检查与排除完全符合要求			
			0.75	三相异步电动机常见故障检查与排除符合要求			
			0.6	三相异步电动机常见故障检查与排除基本符合要求			
			0.5	三相异步电动机常见故障检查与排除不符合要求			
	数控机床电气故障诊断、修理措施与操作步骤	10	1	数控机床电气故障诊断、修理措施与操作步骤完全符合要求			
			0.75	数控机床电气故障诊断、修理措施与操作步骤符合要求			
			0.6	数控机床电气故障诊断、修理措施与操作步骤基本符合要求			
			0.5	数控机床电气故障诊断、修理措施与操作步骤不符合要求			
5	安全文明生产，5S 管理	10	1	安全文明操作，符合操作规程，工量具使用正确			
			0.75	操作过程中出现违章操作			
			0.6	经提示后再次出现违章操作			
			0	不经允许擅自操作，造成人身、设备事故			
备注				合计			
				总分			
开始时间		结束时间		学生签字			
				教师签字			

年　　月　　日

学习情境7

数控机床的故障诊断与排除

⑦

学习目标

主要学习数控机床日常维护与保养的相关知识，了解故障类型、掌握数控机床故障诊断原则、故障诊断步骤、故障诊断技术与排除方法，熟知数控机床的技术资料，掌握数控机床机械装置、数控机床液压与气动系统、数控系统、伺服系统的主要功能、结构特点以及常见故障诊断与排除思路及方法，培养对数控机床维护、常见故障诊断与排除的基本技能。

知识目标：

1. 熟悉数控机床技术资料，掌握数控机床日常维护内容；

2. 掌握数控机床机械装置、液压与气动装置用途、工作原理以及常见故障现象和故障诊断与排除方法；

3. 掌握数控系统基本组成、各部分功能以及常见故障现象和故障诊断与排除方法；

4. 掌握伺服系统工作原理、类型及特点，掌握主轴伺服系统及进给伺服系统常见故障现象和故障诊断与排除方法；

5. 掌握数控机床故障诊断原则及故障诊断技术与常见故障排除方法。

技能目标：

1. 能够查阅技术资料，完成数控机床日常维护与管理；

2. 能够利用维修设备及工具，正确分析故障现象并对故障进行分类；

3. 能够对数控机床常见故障进行诊断与排除。

能力目标：

1. 具有通过工具查阅图纸资料、搜集相关知识信息的能力；

2. 具有自主学习新知识、新技术和创新探索的能力；

3. 具有合理地利用与支配资源的能力；

4. 具有良好的协作工作能力；

5. 具有主动性工作的自觉性。

任务 7.1 数控机床的日常维护与故障诊断方法

【任务描述】

数控机床是采用了一种数字控制的机床，用来实现机械加工的高速度、高精度和高度自动化。数控机床的维护保养可以延长数控机床各元器件、数控系统和各种装置的使用寿命，可以预防故障及事故的发生。

数控机床故障发生的原因一般都比较复杂，故障的种类也多样。数控机床发生的故障主要从机械、液压与气动、电气等这三者综合反映出来，使得数控系统全部或部分丧失功能，设备无法正常工作。

为了便于故障分析和处理，提高数控机床的工作效率和使用寿命，本任务将归纳数控机床日常维护内容和数控机床常见故障诊断方法，从而使维修技术人员掌握数控机床的日常维护及保养的基本技能，以及故障诊断的基本方法和基本技能。

【任务分析】

数控机床的点检，就是按有关维护资料的要求和相关规定，对数控机床进行定点、定时的检查和日常维护保养。技术资料是机床维护保养及维修的指南，它在机床维护保养及维修工作中，可以提高维修工作效率和维修的准确性。

数控机床故障有很多类型，它可以按故障发生的部位、故障的性质、故障发生后有无报警、故障发生的原因、发生故障的后果等多种方法进行分类。其故障诊断方法有观察检查法、系统自诊断法、参数检查法、功能测试法、部件交换法、测量比较法和原理分析法等几种。

本任务将介绍数控机床相关技术资料及日常维护保养的内容、数控机床常见故障的类型、故障诊断的方法及故障检测维修原则，通过 CKA6150 型数控车床日常维护典型实例，学习数控机床的日常维护及数控机床常见故障诊断方法。

【知识准备】

1. 数控机床的组成及工作过程

(1) 数控机床的组成　数控机床一般是由控制介质、数控装置、伺服系统、检测反馈装置和机床本体等部分组成，其基本组成框图如图 7-1 所示。

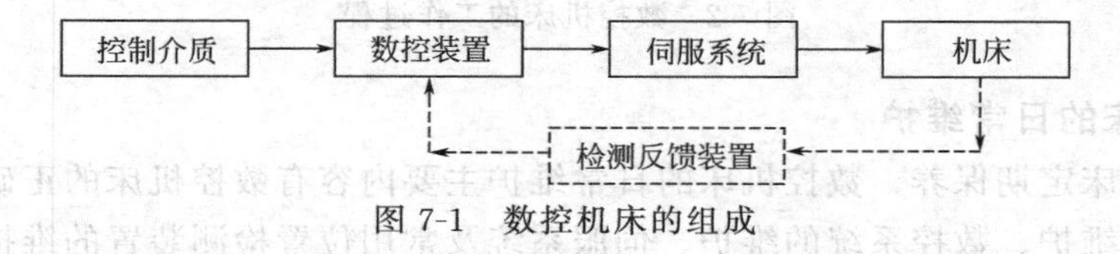

图 7-1　数控机床的组成

① 控制介质　控制介质是人与机床之间建立某种联系的信息载体的中间媒介物。它是用来记载零件加工的各种信息（如加工工艺过程、工艺参数和位移数据等），并将信息传送到数控装置，从而控制机床的运动，实现零件的机械加工。常用的控制介质有穿孔纸带、磁带、磁盘等。有些数控机床也可采用操作面板上的按钮和键盘直接输入加工程序；或通过串行口将计算机上编写的加工程序输入到数控系统中。

② 数控装置　数控装置是数控机床的核心，通常由输入装置、控制器、运算器和输出装置四大部分组成。它接收控制介质上的数字化信息，经过控制软件或逻辑电路进行编译、运算和逻辑处理后，输出各种信号和指令控制机床的各个部分，进行规定的、有序的动作。目前均采用微型计算机作为数控装置，用来完成数值计算、逻辑判断、输入输出控制等功能。

③ 伺服系统　伺服系统是数控系统的执行部分，它由伺服驱动电动机和伺服驱动装置组成。它将接受数控装置的指令信息，并按指令信息的要求控制执行部件的进给速度、方向和位移。指令信息是以脉冲信息体现的，每一脉冲使机床移动部件产生的位移量叫脉冲当量（常用的脉冲当量为 0.001～0.1mm）。

目前数控机床的伺服系统中，常用的位移执行机构有功率步进电动机、直流伺服电动机和交流伺服电动机，后两者均带有光电编码器等位置测量元件。

④ 机床本体　机床本体是数控机床的主体，是用于完成各种切削加工的机械部分，主要由机床的基础大件（如床身、底座）和各运动部件（如工作台、主轴）组成。如床身、底座、立柱、横梁、滑座、工作台、主轴箱、进给机构、刀架及自动换刀装置等，是数控机床的主体。

⑤ 检测反馈装置　检测反馈装置的作用是将机床的实际位置、速度等参数检测出来，转变成电信号，传输给数控装置，通过比较，校核机床的实际位置与指令位置是否一致，并由数控装置发出指令修正所产生的误差。检测反馈装置主要使用感应同步器、磁栅、光栅、激光测量仪等。

此外，数控机床还有一些辅助装置和附属设备，如电器、液压、气动系统与冷却、排屑、润滑、照明、储运等装置以及编程机、对刀仪等。

(2) 数控机床的工作过程　数控机床的工作过程如图 7-2 所示。加工零件时，应先根据零件加工图纸的要求确定零件加工的工艺过程、工艺参数和刀具位移数据，再按照编程的有关规定编写加工程序，然后制作信息载体并将记载的加工信息输入到数控装置，在数控装置内部的控制软件支持下，经过处理、计算后，发出相应的指令，通过伺服系统使机床按预定的轨迹运动，完成对零件的切削加工。

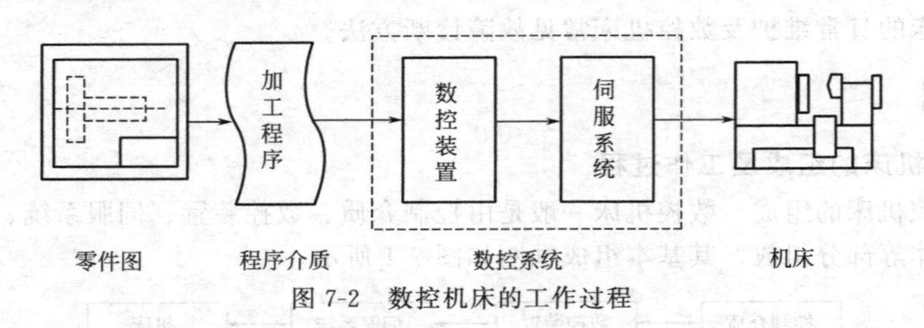

图 7-2　数控机床的工作过程

2. 数控机床的日常维护

(1) 数控机床定期保养　数控机床的日常维护主要内容有数控机床的正确使用、数控机床各机械部件的维护、数控系统的维护、伺服系统及常用位置检测装置的维护等。

对每台数控机床的维护保养要求，在该机床说明书上都有具体规定。

维修人员在维修前，应详细阅读数控机床有关技术资料（说明书），对数控机床进行正确维护与保养，及时排除故障和修理，保证机床正常无故障运行。

按照数控机床的维护保养要求，数控机床点检内容可以用定期维护检查顺序表格表示，见表 7-1。

表 7-1 某加工中心维护点检表

检查周期	序号	检查部位	检查要求
每天	1	导轨润滑油箱	检查油标、油量，及时添加润滑油，润滑泵能定时启动打油及停止
	2	X、Y、Z 轴向导轨面	清除切屑及脏物，检查润滑油是否充分，导轨面有无划伤损坏
	3	压缩空气气源压力	检查气动控制系统压力，应在正常范围
	4	气源自动分水滤气器和自动空气干燥器	及时清理分水器中滤出的水分，保证自动空气干燥器工作正常
	5	气液转换器和增压器油面	发现油面不够时及时补足油
	6	主轴润滑恒温油箱	工作正常，油量充足并调节温度范围
	7	机床液压系统	油箱、液压泵无异常噪声，压力表指示正常，管路及各接头无泄漏，工作油面高度正常
	8	液压平衡系统	平衡压力指示正常，快速移动时平衡阀工作正常
	9	CNC 的输入/输出单元	如光电阅读机清洁，机械结构润滑良好
	10	各种电气柜散热通风装置	备电柜冷却风扇工作正常，风道过滤网无堵塞
	11	各种防护装置	导轨、机床防护罩等应无松动、漏水
每半年	12	滚珠丝杠	清洗丝杠上旧的润滑脂，涂上新油脂
	13	液压油路	清洗溢流阀、减压阀、滤油器，清洗油箱箱底，更换或过滤液压油
	14	主轴润滑恒温油箱	清洗过滤器，更换润滑脂
每年	15	检查并更换直流伺服电动机炭刷	检查换向器表面，吹净炭粉，去除毛刺，更换长度过短的电刷，并应跑合后才能使用
	16	润滑液压泵，滤油器清洗	清理润滑油池底，更换滤油器
不定期	17	检查各轴导轨上镶条、压滚轮松紧状态	按机床说明书调整
	18	冷却水箱	检查液面高度，切削液太脏时需更换并清理水箱底部，经常清洗过滤器
	19	排屑器	经常清理切屑，检查有无卡住等
	20	清理废油池	及时取走滤油池中废油，以免外溢
	21	调整主轴驱动带松紧	按机床说明书调整

表 7-1 中仅列出了一些常规检查内容，对一些机床上频繁运动的元部件，无论是机械还是控制部分，都应作为重点定时检查对象。

(2) 数控机床故障诊断方法　对于数控机床发生的大多数故障，可采用如下几种方法来进行故障诊断。

① 直观检查法（观察检查法）　它是维修人员利用自身的感觉器官（如眼、耳、鼻、手等）查找故障的方法。这种方法在维修中是最常用的。它要求维修人员具有丰富的实践经验以及综合判断能力。这种用人的感觉器官对机床进行诊断的技术，称为“实用诊断技术”。

② 系统自诊断法　充分利用数控系统的自诊断功能，根据 CRT 上显示的报警信息及各模块上的发光二极管等器件的指示，可判断出故障的大致起因。进一步利用系统的自诊断功能，还能显示系统与各部分之间的接口信号状态，找出故障的大致部位，它是故障诊断过程中最常用、有效的方法之一。

③ 参数检查法　数控系统的机床参数是保证机器正常运行的前提条件，它们直接影响着数控机床的性能。

参数通常存放在系统存储器中，一旦电池不足或受到外界的干扰，可能导致部分参数的丢失或变化，使机床无法正常工作。通过核对、调整参数，有时可以迅速排除故障，特别是对于机床长期不用的情况，参数丢失的现象经常发生，因此，检查和恢复机床参数是维修中行之有效的方法之一。另外，数控机床经过长期运行之后，由于机械运动部件磨损，电气元件性能变化等原因，也需对有关参数进行重新调整。

④ 功能测试法　所谓功能测试法是通过功能测试程序，检查机床的实际动作，判别故障的一种方法。功能测试可以将系统的功能（如直线定位、圆弧插补、螺纹切削、固定循环、用户宏程序等），用手工编程方法，编制一个功能测试程序，并通过运行测试程序，来检查机床执行这些功能的准确性和可靠性，进而判断出故障发生的原因。

⑤ 部件交换法　所谓部件交换法，就是在故障范围大致确认，并在确认外部条件完全正确的情况下，利用同样的印制电路板、模块、集成电路芯片或匹配元件替换有疑点的部分的方法。部件交换法是一种简单、易行、可靠的方法，也是维修过程中最常用的故障判别方法之一。

⑥ 测量比较法　数控系统的印制电路板制造时，为了调整、维修的便利通常都设置有检测用的测量端子。维修人员利用这些检测端子，可以测量、比较正常的印制电路板和有故障的印制电路板之间的电压或波形的差异，进而分析、判断故障原因及故障所在位置。

⑦ 原理分析法　根据数控系统的组成及工作原理，从原理上分析各点的电平和参数，并利用万用表、示波器或逻辑分析仪等仪器对其进行测量、分析和比较，进而对故障进行系统检查的一种方法。

运用这种方法要求维修人员有较高的水平，对整个系统或各部分电路有清楚、深入的了解才能进行。对于具体的故障，也可以通过测绘部分控制线路的方法，通过绘制原理图进行维修。

除了以上介绍的故障检测方法外，还有插拔法、电压拉偏法、敲击法、局部升温法等，这些检查方法各有特点，维修人员可以根据不同的故障现象加以灵活应用，以便对故障进行综合分析，逐步缩小故障范围，排除故障。

【任务实施】

1. CKA6150 型数控卧式车床维护

(1) 场地及设备

① 场地　数控机床维修实训室、实训基地。

② 设备　CKA6150 型数控卧式车床或实验室模拟设备。

(2) CKA6150 型数控卧式车床维护与保养

1) 建立数控维修技术资料　下面从数控机床基本组成着手，建立数控机床日常维护及维修相关的技术资料。

① 控制介质部分的技术资料。做好数据和程序的备份。内容主要有系统参数、PLC 程序、PLC 报警文本，还有机床必须使用的宏指令程序、典型的零件程序、系统的功能检查程序等。对于一些装有硬盘驱动器的数控系统，应有硬盘文件的备份。

② 数控装置部分的技术资料。应有数控装置安装、使用（包括编程）、操作和维修方面的技术说明书，其中包括数控装置操作面板布置及其操作、装置内各电路板的技术要点及其外部连接图、系统参数的意义及其设定方法，装置的自诊断功能和报警清单，装置接口的分

配及其含义等。

③ PLC 装置部分技术资料。应有 PLC 装置及其编程器的连接、编程、操作方面的技术说明书，还应包括 PLC 用户程序清单或梯形图、I/O 地址及意义清单、报警文本以及 PLC 的外部连接图。

④ 伺服单元技术资料。应有进给和主轴伺服单元原理、连接、调整和维修方面的技术说明书，其中包括伺服单元的电气原理框图和接线图、主要故障的报警显示、重要的调整点和测试点、伺服单元参数的意义和设置。

⑤ 机床部分的技术资料。应有机床安装、使用、操作和维修方面的技术说明书，其中包括机床的操作面板布置及其操作，机床电气原理图、布置图以及接线图。对电气维修人员来说，还需要机床的液压回路图和气动回路图。

⑥ 其他技术资料。有关元器件方面的技术资料，如数控设备所用的元器件清单，备件清单以及各种通用的元器件手册。维修人员应熟悉各种常用的元器件，一旦需要，能较快地查阅有关元器件的功能、参数及代用型号。对一些专用器件可查出其订货编号。

另外，故障维修记录是十分有用的技术资料。维修人员在完成故障排除之后，应认真做好记录，将故障现象、诊断、分析、排除方法一一加以记录。

2）CKA6150 型数控卧式车床日常维护内容　CKA6150 型数控卧式车床检查部位与日常维护内容，见表 7-2、表 7-3。

表 7-2　CKA6150 型数控卧式车床的常规检查

序号	检查部位	检查内容	备　注
1	操纵面板	开关和手柄的功能是否正常，是否显示报警	
2	冷却风扇	控制箱及操作面板上的风扇是否转动	
3	安全装置	功能是否发挥正常	
4	床头润滑箱油位仪	是否有足够的油量	油量不足，请添加
	集中润滑器泊位仪	油是否有明显的污染	
5	导轨	润滑油量是否充足，刮屑板是否损坏	
6	移动件	是否有噪声和振动，移动是否平滑和正常	
7	外部电线、电缆线	有无断线处，绝缘包皮有无破损	
8	管路	是否有油泄漏，是否有冷却液泄露	
9	冷却液面	冷却液面是否合适	必要时应增添
		冷却液是否有明显的污染	必要时应更换
		油盘过滤器是否受堵	必要时应更换
10	电机、齿轮箱其他旋转部分	是否产生噪声或振动，是否有异常发热	
11	卡盘润滑	用润滑油润滑卡爪周围	每周一次
12	清扫	清扫卡盘表面、刀架、滑板及后防护罩，并清除切屑	工作结束时进行

2. CKA6150 型数控卧式车床通电检查

（1）数控机床通电试车　机床通电试车一般采用各部件分别供电试验，然后再做各部件全面供电试验。通电后首先观察各部分有无异常，有无报警故障，然后用手动方式陆续启动各部件，并检查安全装置是否起作用，能否正常工作，能否达到额定的工作指标。例如启动液压系统时，先判断液压泵电动机转向是否正确，系统压力是否可以形成，各液压元件是否正常工作，有无异常噪声，液压系统冷却装置能否正常工作等。

表 7-3　CKA6150 型数控卧式车床的定期检查

序号	检查部位		维护内容	周期
1	操纵面板	电气装置及接线螺钉	检查电气装置是否有异味、变色，接触面是否有磨损以及接触螺钉的松紧情况	6个月
			脏物检查并清理	1个月
2	内部装置的连接	控制箱、机床等各装置间的电气连接	检查并紧固各接线螺钉，检查并重新紧固继电器等接线端子上的螺钉	6个月
3	电气装置	限位开关、传感器、电磁阀	检查并重新紧固安装螺钉和接线螺钉	6个月
			通过具体的操作检查其功能和动作情况	1个月
4	X、Z 轴伺服电机	声音、温升	检查轴承等处的不正常声音，及不正常的温升情况	1个月
5	主电机	声音、振动、温升、绝缘电阻	检查轴承等处的不正常声音	6个月
6	三角皮带	皮带、皮带轮	外观检查，松紧度检查；清理皮带轮	6个月
7	卡盘	卡盘	拆卸并将卡盘内的切屑清理出去	1年
		回转油缸	回转油缸的漏油检查	3个月
8	X 轴和 Z 轴	间隙	用千分表测量间隙	6个月
9	润滑系统	润滑装置	清洗吸滤器	1年
		管路	检查管路是否漏油、堵塞及破裂	6个月
10	冷却装置	过滤器切屑盘磁铁	更换冷却液；清洗过滤器、磁铁和水箱；清理切屑盘	适时进行
11	基础	床身水平	用水平仪检查并调整床身的水平	1年

在数控系统与机床联机通电试车时，虽然数控系统已经确认，工作正常无任何报警，但为了预防万一，应在接通电源的同时，做好按压急停按钮的准备，以便随时准备切断电源。例如，伺服电动机的反馈信号线接反了或断线，均会出现机床“飞车”现象，这时就需要立即切断电源，检查接线是否正确。

（2）故障诊断步骤　故障诊断一般按下列步骤进行：

① 详细了解故障情况　例如当数控机床发生振动或超调现象时，要弄清楚是发生在全部轴还是某一轴。如果是某一轴，是全程还是某一位置，是一运动就发生还是仅在快速、进给状态某速度、加速或减速的某个状态下发生。为了进一步了解故障情况，要对数控机床进行初步检查，并着重检查 CRT 上的显示内容、控制柜中的故障指示灯、状态指示灯或作报警用的数码管。当故障情况允许时，最好开机试验，详细观察故障情况。

② 分析故障原因　当前的 CNC 系统智能化程度都比较低，系统尚不能自动诊断出发生故障的确切原因。往往是同一报警号可以有多种起因，不可能将故障缩小到具体的某一部件。因此，在分析故障的起因时，一定要思路开阔，可根据故障现象分析故障可能存在的位置，即哪一部分出现故障可能导致如此现象。

③ 由表及里进行故障源查找　根据故障情况进行分析，缩小范围，确定故障源查找的方向和手段。有些故障与其他部分联系较少，容易确定查找的方向，而有些故障原因很多，难以用简单的方法确定出故障源查找方向，这就要仔细查阅有关的数控机床资料，弄清与故障有关的各种因素，确定若干个查找方向，并逐一进行查找。

故障查找一般是从易到难，从外围到内部逐步进行。所谓难易，包括技术上的复杂程度和拆卸装配方面的难易程度。技术上的复杂程度是指判断其是否有故障存在的难易程度。在故障诊断的过程中，首先应该检查可直接接近或经过简单的拆卸即可进行检查的那些部位，然后检查要进行大量的拆卸工作之后才能接近和进行检查的那些部位。

【知识拓展】

☆ 故障诊断前的准备工作 ☆

1. 技术准备

维修人员应在平时充分了解系统的性能，为此，应熟读有关系统的操作说明书和维修说明书，掌握了解控制系统的框图、结构布置以及电路板上可供检测的测试点的正常电平值或波形。维修人员应妥善保存好数控系统现场调试之后的系统参数文件和 PLC 参数文件。另外，随机提供的 PLC 用户程序、报警文件、用户宏程序参数和刀具文件参数以及典型的零件程序等都与机床的性能和使用有关，都应妥善保存。

2. 工具准备

数控机床维修常用的测量仪器和仪表有万用表、逻辑测试笔、脉冲信号笔、示波器、离线 IC 测试仪、在线 IC 测试仪、短路追踪仪、逻辑分析仪、激光干涉仪和 PLC 编程器等。常用的维修工具有电烙铁、旋具、吸锡器、钳类工具和扳手等。

维修人员故障诊断前需准备的维修所用工具，如交流电压表、直流电压表、万用表、各种规格的螺丝刀、带有存储功能的双线示波器和逻辑分析仪等。

3. 备件准备

为了能及时排除故障，用户应准备一些常用的备件，如各种熔丝、晶体管模块、备用电路板等。

任务 7.2 数控机床的机械装置故障诊断与排除

【任务描述】

典型数控机床的机械结构主要由基础件、主传动系统、进给传动系统、回转工作台、自动换刀装置及其他辅助装置（如液压与气压传动装置、润滑系统、排屑装置等）组成，参见图 7-3。

数控机床的基础件通常是指床身、立柱、横梁、工作台、底座等结构件，它构成了机床的基本框架；数控机床主传动系统是用来实现机床主运动的，它将切削所需要的运动和动力传递给主轴，保证主轴具有切削所需要的切削力矩和切削速度；数控机床进给传动系统是进给伺服系统的重要组成部分，是实现加工运动所需的运动及动力的执行机构，它将伺服电动机的旋转运动，转化为刀架或工作台的直线运动；回转工作台分为数控回转工作台和分度工作台两种类型，数控回转工作台在加工过程中参与切削，相当于进给运动坐标轴，分度工作台只完成分度运动；加工中心自动换刀装置的功能是通过机械手完成刀具的自动更换，以满足工件在一次装夹后，可以连续、自动地完成多工序的加工。

本任务分析数控机床主传动系统、进给传动系统和自动换刀装置的故障现象、故障产生原因以及排除方法，掌握数控机床机械故障诊断与排除的基本技能。

【任务分析】

数控机床主传动系统一般采用直流或交流主轴电动机，通过皮带传动或主轴箱的变速齿轮带动主轴旋转。主传动系统大致可分为电动机与主轴直联的主传动、通过带传动的一级变速的主传动、带有变速齿轮的主传动、电机主轴等。

数控机床的进给系统一般由驱动控制单元、驱动元件、机械传动部件、执行元件和检测反馈环节等组成。驱动控制单元和驱动元件组成伺服驱动系统，机械传动部件和执行元件组成机械传动系统，其中，机械传动装置中丝杠螺母副是机床上常用的运动变换机构，它是将数控机床伺服电动机的旋转运动，转化为刀架或工作台的直线运动。

常见的自动换刀装置主要有回转刀架换刀、更换主轴头换刀、更换主轴箱换刀和带刀库的自动换刀系统等几种形式。

本任务将介绍数控机床主传动系统及主轴部件、进给传动系统及丝杠螺母副、导轨副的基本组成、带刀库及机械手的自动换刀装置工作原理，通过常见的故障诊断与排除案例，学习数控机床机械装置的维护、故障诊断与排除方法。

【知识准备】

☆ 数控机床的组成 ☆

1. 数控机床机械结构的组成

图 7-3 所示为 JCS-018A 型立式加工中心示意图。图中所示 10 是床身，其顶面的横向导轨支承着滑座 9，滑座沿床身导轨的运动为 Y 轴。工作台 8 沿滑座导轨的纵向运动为 X 轴。5 是主轴箱，主轴箱沿立柱导轨的上下移动为 Z 轴。1 为 X 轴的直流伺服电动机。2 是换刀机械手，它位于主轴和刀库之间。4 是盘式刀库，能储存 16 把刀具。3 是数控柜，7 是驱动电源柜，它们分别位于机床立柱的左右两侧，6 是机床的操作面板。

2. 数控机床主传动系统

(1) 数控机床主传动系统配置方式　目前数控机床主传动系统大致可以分为四种配置方

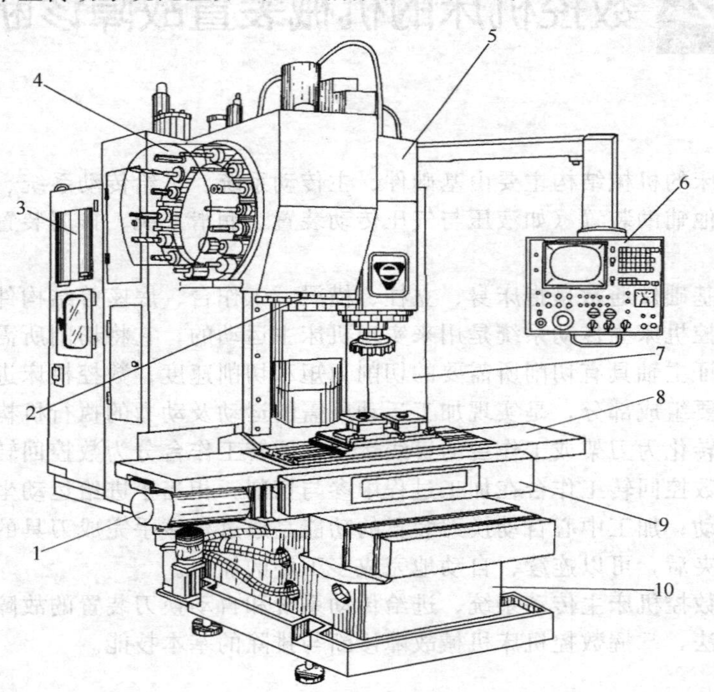

图 7-3　JCS-018A 型立式加工中心

1—X 轴直流伺服电动机；2—换刀机械手；3—数控柜；4—盘式刀库（16 把刀）；5—主轴箱；6—操作面板；7—驱动电源柜；8—工作台；9—滑座；10—床身

式，见表 7-4。

表 7-4　数控机床主传动系统配置方式

序号	配置方式	特　点	应　　用
1	带有变速齿轮的主传动[图 7-4(a)]	通过少数几对齿轮降速，使之成为分段无级变速，确保低速大转矩，以满足主轴输出转矩特性的要求；滑移齿轮的移位大都采用液压拨叉或直接由液压缸带动齿轮来实现	这种配置方式常用于大、中型数控机床
2	通过带传动的主传动[图 7-4(b)]	常用V带或同步带来完成，其优点是结构简单、安装调试方便，且在一定程度上能够满足转速与转矩输出要求，但主轴调速范围比仍与电动机一样，受电动机调速范围比的约束	适用于高速、低转矩、变速范围不大的机床
3	两个电动机分别驱动的主传动[图 7-4(c)]	用两个电动机分别驱动，高速时由一个电动机通过带传动；低速时，由另一个电动机通过齿轮传动。两个电动机不能同时工作，这也是一种浪费	
4	内装电动机主轴传动的主传动[图 7-4(d)]	电动机的转子装在主轴上，主轴就是电动机的轴，是用内置电动机实现主轴变速。它是近来高速加工中心主轴发展的一种趋势	多用在小型加工中心机床上

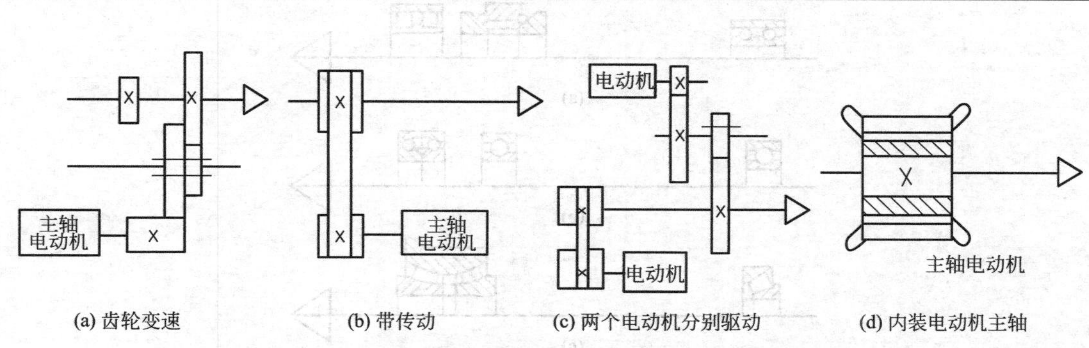

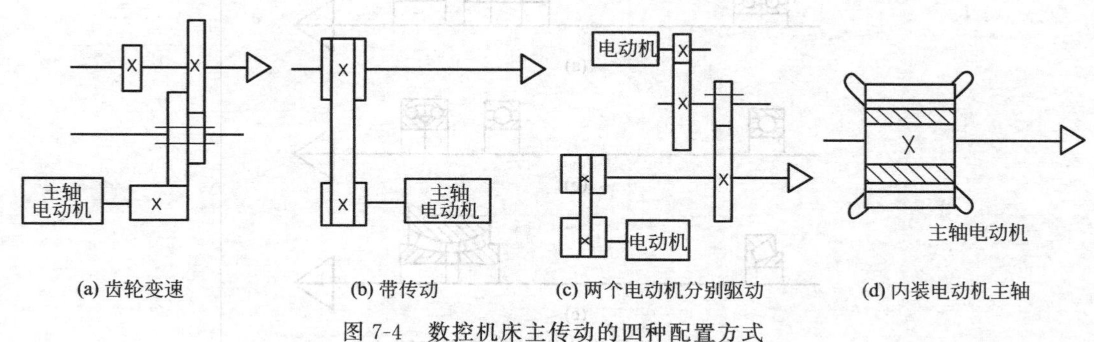

图 7-4　数控机床主传动的四种配置方式

(2) 数控机床主轴部件　数控机床的主轴部件包括主轴本体及密封装置、支承主轴的轴承、配置在主轴内部的刀具自动夹紧装置及吹屑装置、主轴的准停装置等。数控机床的主轴部件在结构上必须很好地解决刀具和工具的装夹、轴承的配置、轴承间隙调整、润滑密封等问题。

(3) 主轴轴承的配置形式　机床主轴带动刀具或夹具在支承中做回转运动，应能传递切削转矩承受切削抗力，并保证必要的旋转精度。目前，数控机床主轴轴承常见的配置形式主要有 3 种，见表 7-5。

(4) 数控机床进给传动系统　丝杠螺母副是机床上常用的运动变换机构，它是将数控机床伺服电动机的旋转运动，转化为刀架或工作台的直线运动。

按丝杠与螺母的摩擦性质不同，数控机床常用的丝杠螺母副可分为以下几种：

① 滑动丝杠螺母副，主要用于旧机床的数控化改造、经济型数控机床等；

② 滚珠丝杠螺母副，广泛用于中、高档数控机床；

③ 静压丝杠螺母副，主要用于高精度数控机床、重型机床。

这里主要介绍滚珠丝杠螺母副的结构组成及特点。

表 7-5 数控机床主轴轴承常见配置

序号	配置形式	特 点	应 用
1	图 7-5(a)	前支承采用双列圆柱滚子轴承和60°角接触双列向心推力球轴承组合，后支承采用成对安装的角接触球轴承： (1)使主轴获得较大的径向和轴向刚度，可以满足机床强力切削的要求； (2)前支承能承受轴向力时，后支承也可用圆柱滚子轴承	适用于各类数控机床的主轴，如数控车床、数控铣床、加工中心等
2	图 7-5(b)	前轴承采用高精度的双列角接触球轴承，后轴承采用单列(或双列)角接触球轴承： (1)这种配置提高了主轴的转速；(2)满足了这类机床转速范围大、最高转速高的要求；(3)为提高这种形式配置的主轴刚度，前支承可以用四个或更多个的轴承相组配，后支承用两个轴承相组配	适用于高速、轻载和精密的数控机床主轴，如立式、卧式加工中心等
3	图 7-5(c)	前后轴承采用双列和单列圆锥轴承： (1)能使主轴承受较重载荷(尤其是承受较强的动载荷)，径向和轴向刚度高，安装和调整性好；(2)这种配置限制了主轴最高转速和精度；(3)这种轴承径向和轴向刚度高，能承受重载荷，但这种配置限制了主轴的最高转速和精度	适用于中等精度、低速与重载的数控机床主轴

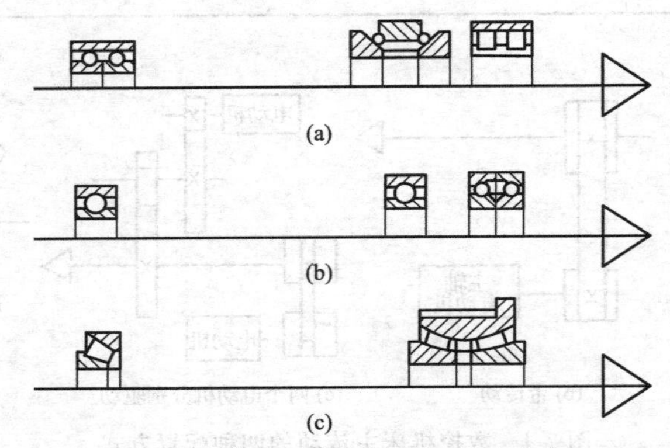

图 7-5 数控机床主轴轴承配置形式

3. 滚珠丝杠螺母副

滚珠丝杠螺母副是回转运动与直线运动相互转换的传动装置，它的结构特点是在具有螺旋槽的丝杠螺母间装有滚珠作为中间传动元件，以减少摩擦。

(1) 滚珠丝杠的结构组成 图 7-6 所示为滚珠丝杠螺母副的结构原理图。它主要由丝杠 3、螺母 1、滚珠 2 和滚珠回路管道 a 等四部分组成。在丝杠 3 和螺母 1 上都有半圆弧形的螺旋槽，当它们套装在一起时便形成了滚珠的螺旋滚道，滚道内装满滚珠 2。螺母 1 上有滚珠回路管道 a，将几圈螺旋滚道的两端连接起来，构成封闭的循环滚道。当丝杠旋转时，滚珠在滚道内既自转又沿滚道循环转动，因而迫使螺母（或丝杠）轴向移动。

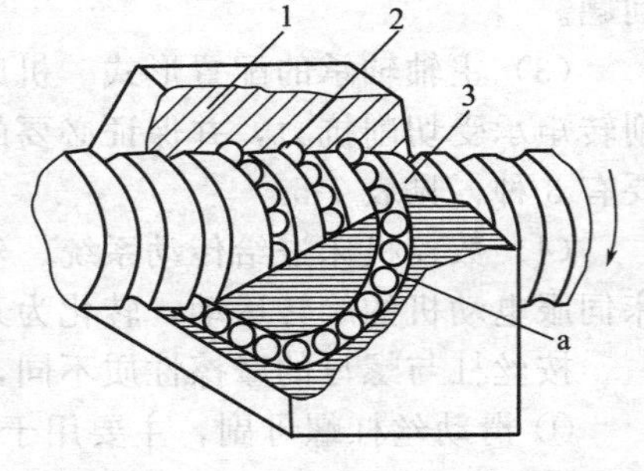

图 7-6 滚珠丝杠螺母副的结构原理

1—螺母；2—滚珠；3—丝杠；a—滚珠回路管道

(2) 滚珠丝杠的循环方式 当丝杠回转时，为保持丝杠螺母的连续工作，滚珠通过螺母上的返回装置——

滚珠回路管道完成循环。按照滚珠的循环方式，滚珠丝杠螺母副可分为内循环方式和外循环方式两种，如图 7-7 所示。

① 内循环方式，是指在循环过程中滚珠始终保持和丝杠接触的方式，如图 7-7(b) 所示。它是在螺母上开有侧孔，孔中装有接通相邻滚道的返向器使滚珠翻越丝杠齿顶而进入相邻滚道，完成内循环运动。其特点是螺母结构紧凑，定位可靠，刚性好，不易磨损，返回滚道短，不易产生滚珠堵塞，摩擦损失小。缺点是结构复杂、制造较困难。

② 外循环方式，是指在循环过程中滚珠与丝杠脱离接触的方式，如图 7-7(a) 所示，它与内循环的区别在于滚珠返回的方式不同，外循环滚珠经外滚道完成循环运动。其特点是制造工艺简单，应用广泛；螺母径向尺寸较大；但因用弯管端部作挡珠器，故刚性差、易磨损，且噪声较大。

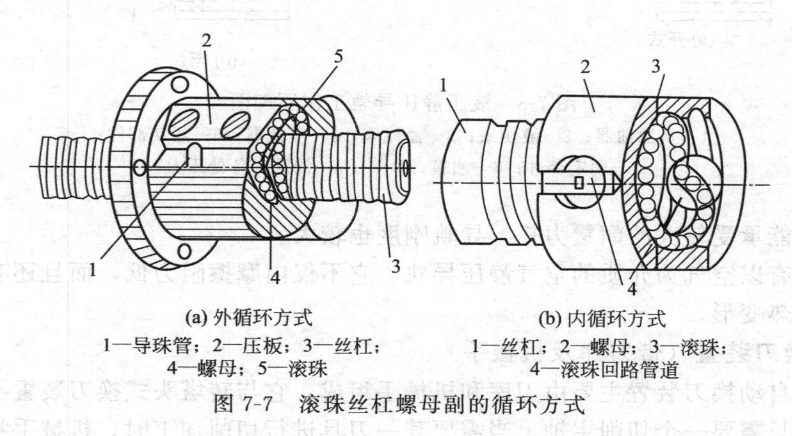

(a) 外循环方式
1—导珠管；2—压板；3—丝杠；4—螺母；5—滚珠

(b) 内循环方式
1—丝杠；2—螺母；3—滚珠；4—滚珠回路管道

图 7-7 滚珠丝杠螺母副的循环方式

4. 数控机床的导轨副

数控机床使用的导轨主要有塑料滑动导轨、滚动导轨和液压静压导轨三种。

(1) 塑料滑动导轨　塑料滑动导轨具有摩擦因数小，且动、静摩擦因数差值小；减振性好，具有良好的阻尼性；耐磨性好，有自润滑作用；结构简单、维修方便、成本低等特点。目前，数控机床所采用的塑料滑动导轨有铸铁对塑料滑动导轨和镶钢对塑料滑动导轨。

(2) 滚动导轨　滚动导轨的摩擦因数小，动、静摩擦因数差值小。其启动阻力小，能微量准确移动，低速运动平稳，无爬行，因而运动灵活，定位精度高。通过预紧可以提高刚度和抗振性，承受较大的冲击和振动，且寿命长，是适合数控机床进给系统应用的比较理想的导轨元件。

常用的滚动导轨有滚动导轨块和直线滚动导轨两种。

(3) 液压静压导轨　液压静压导轨是将具有一定压力的油液，经节流器输送到导轨面上的油腔中，形成承载油膜，将相互接触的导轨表面隔开，实现液体摩擦。这种导轨的摩擦因数小，机械效率高，能长期保持导轨的导向精度；承载油膜有良好的吸振性，低速时不易产生爬行，所以在机床上得到日益广泛的应用。

按承载方式的不同，液压静压导轨可分为开式和闭式两种。

图 7-8(a) 为开式液压静压导轨工作原理图，液压泵 2 启动后，油的压力 P_s 经节流器调节至 P_r（油腔压力)，油进入导轨油腔，并通过导轨间隙向外流出回油箱 8。油腔压力形成浮力将运动部件 6 浮起，形成一定的导轨间隙 h_0。当载荷增大时，运动部件下沉，导轨间隙减小，液阻增加，流量减小，从而油经过节流器时的压力损失减小，油腔压力 P_r 增大，直至与载荷 W 平衡。开式液体静压导轨只能承受垂直方向的负载，不能承受颠覆力矩。

图 7-8(b) 为闭式液压静压导轨工作原理图，闭式液压静压导轨各方向导轨面上都开有

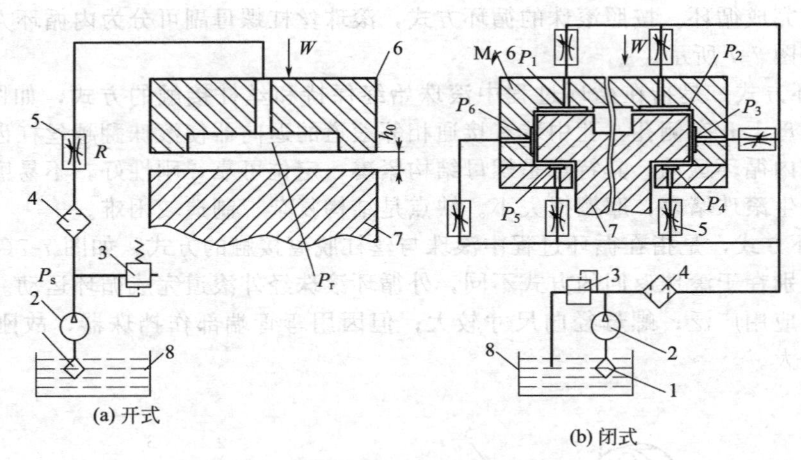

图 7-8　液压静压导轨工作原理图

1、4—滤油器；2—液压泵；3—溢流阀；5—节流器；6—运动部件；
7—固定部件；8—油箱；P_1～P_6—油腔内各处压力

油腔，所以它能承受较大的颠覆力矩，导轨刚度也较大。

另外，还有以空气为介质的空气静压导轨。它不仅内摩擦阻力低，而且还有很好的冷却作用，可减小热变形。

5. 自动换刀装置（带刀库及机械手）

加工中心自动换刀装置主要由刀库和机械手组成。它与转塔头式换刀装置不同的是，由于有了刀库，只需要一个切削主轴。当需要某一刀具进行切削加工时，机械手将自动地从刀库中调换到主轴上，切削完后又将用过的刀具自动地从主轴放回刀库。

(1) 刀库　刀库的功能是储存加工工序所需的各种刀具，并按程序指令，通过机械手实现与主轴上刀具的交换。刀库的储存量一般在 8～64 的范围内，多的可达 100～200 把。

根据刀库存放刀具的数目和取刀方式的不同，刀库可分为以下几种形式：

① 直线刀库。刀具在刀库中直线排列、结构简单，存放刀具的数量有限（一般 8～12 把），较少使用。

② 圆盘式刀库。存刀量一般少则 6～8 把，多则 50～60 把。在卧式、立式加工中心均可采用。侧挂型圆盘式刀库一般是挂在立式加工中心的立柱的侧面，或挂在无机械手换刀的卧式加工中心的立柱的正面。

③ 链式刀库。链式刀库是目前用得最多的一种形式，由一个主动链轮带动装有刀套的

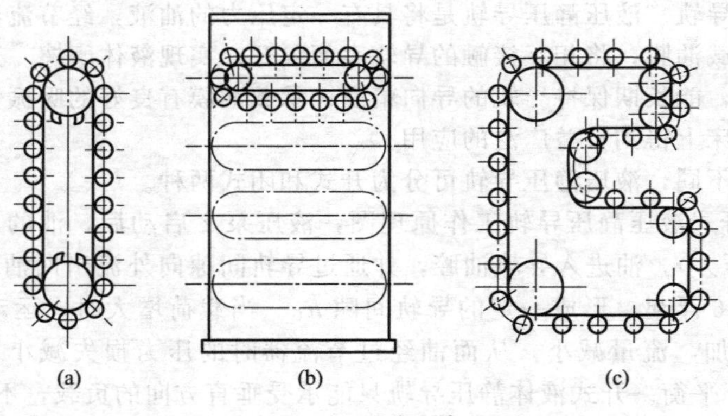

图 7-9　链式刀库

链条转动（移动），这种刀库刀座固定在链节上。常用的有单排链式刀库，如图 7-9(a) 所示，一般存刀量小于 30 把，个别达 60 把。若进一步增加存刀量，可采用多排链式刀库，如图 7-9(b) 所示，或采用加长链条的链式刀库，如图 7-9(c) 所示。

④ 其他刀库。刀库的形式还有很多，如转塔式刀库、格子箱式刀库等。格子箱式刀库容量较大，可以使整箱刀库与机外进行交换。

(2) 机械手　机械手是自动换刀装置的重要机构。它的功能是把用过的刀具送回刀库，并从刀库上取出新刀送入主轴。实现刀库与机床主轴之间传递和装卸刀具的装置称为刀具交换装置。加工中心的刀具的交换方式有无机械手换刀方式和有机械手换刀方式两大类。大多数加工中心都采用机械手换刀方式。

① 无机械手换刀结构。换刀系统一般是采用把刀库放在机床主轴可以运动到的位置，或整个刀库（或某一刀位）能移动到主轴箱可以到达的位置，同时，刀库中刀具的存放方向一般与主轴上的装刀方向一致。换刀时，由主轴运动到刀库上的换刀位置，利用主轴直接取走或放回刀具。某立式数控镗铣床无机械手换刀结构示意如图 7-10 所示。

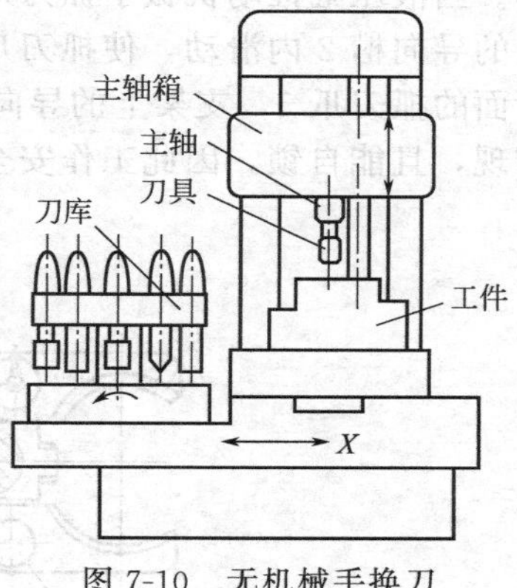

图 7-10　无机械手换刀结构示意图

这种换刀机构不需要机械手，结构简单、紧凑。由于交换刀具时机床不工作，所以换刀时间长，因受刀库尺寸的限制，刀库的容量相对少。这种换刀方式常用于中、小型加工中心。

② 机械手换刀。利用机械手进行刀具交换比较灵活，可以减少换刀时间。因此，这种刀具交换方式应用比较广泛。图 7-11 所示为 TH5632 型立式镗铣加工中心自动换刀过程。

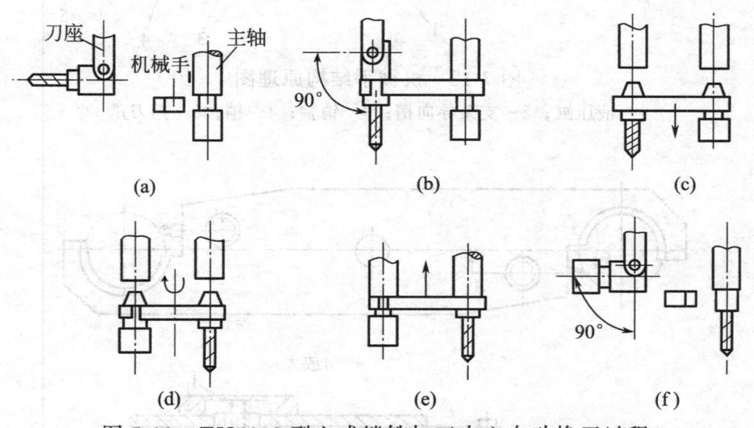

图 7-11　TH5632 型立式镗铣加工中心自动换刀过程

图 7-11(a) 中，刀库将准备更换的刀具转到固定的换刀位置，该位置处在刀库的最下方。

图 7-11(b) 中，刀库将换刀位置上的刀座逆时针转 90°，主轴箱上升到换刀位置后，机械手旋转 75°，分别抓住主轴和刀库刀座上的刀柄。

图 7-11(c) 中，待主轴自动放松刀柄后，机械手下降，同时把主轴孔内和刀座内的刀柄拔出。

图 7-11(d) 中，机械手回转 180°。

图 7-11(e) 中，机械手上升，将交换位置后的两刀柄同时插入主轴孔和刀座中，并

夹紧。

图 7-11(f) 中，机械手反方向回转 75°，回到初始位置，刀座带动刀具向上（顺时针）转动 90°，回到初始水平位置，换刀过程结束。

机械手的种类很多，按换刀机械手的形式不同大致可分为单臂单爪机械手、单臂双爪机械手、双臂回转式机械手、双机械手、双臂往复交叉式机械手、双臂端面夹紧式机械手等。

图 7-12 所示为双机械手结构原理图，机械手有两对抓刀爪 5，分别由液压缸 1 驱动其动作。当液压缸推动机械手抓刀爪外伸时，图中上面一对抓刀爪 5，抓刀爪上的销轴 3 在支架上的导向槽 2 内滑动，使抓刀爪绕销 4 摆动，抓刀爪合拢抓住刀具。当液压缸回缩时，图中下面的抓刀爪 5，支架上的导向槽 2 迫使抓刀爪张开，放松刀具。由于抓刀动作由机械机构实现，且能自锁，因此工作安全可靠。图 7-13 所示为手臂和手爪结构图。

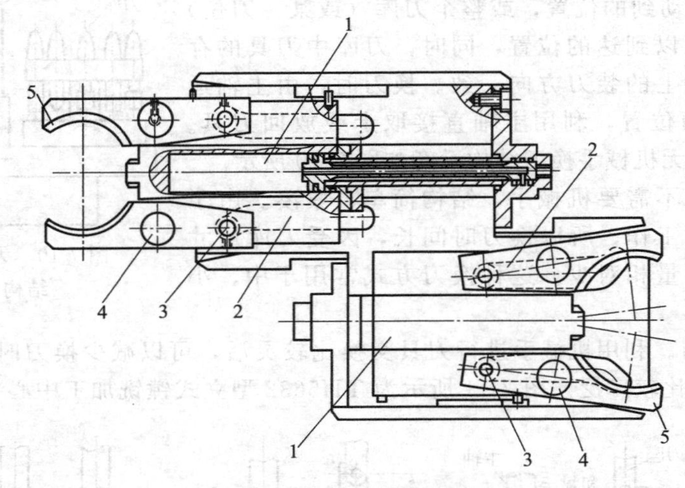

图 7-12　机械手结构原理图

1—液压缸；2—支架导向槽；3—销轴；4—销；5—抓刀爪

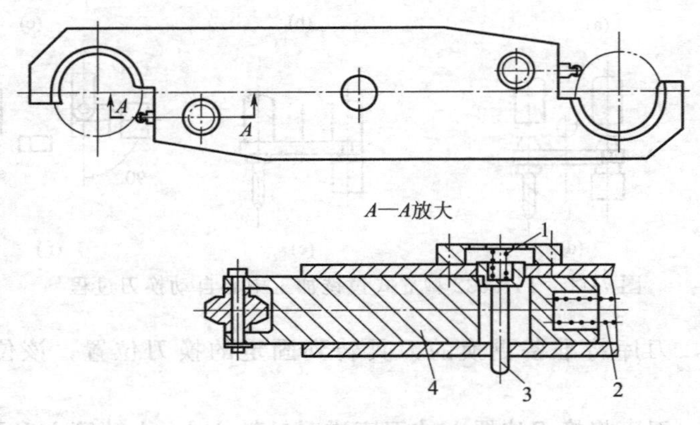

图 7-13　手臂和手爪结构

1、2—弹簧；3—锁销；4—活动销

6. 数控机床回转工作台

为了扩大数控机床的工艺范围，数控机床除了沿 X、Y、Z 三个坐标轴做直线进给外，往往还需要有绕 X、Y 或 Z 轴的圆周进给运动。一般由回转工作台来实现工作台的圆周进给。回转工作台除了用于各种圆弧加工与曲面加工外，还可以实现精确的自动分度，对工作台进行分度。

数控机床中常用的回转工作台有分度工作台和数控回转工作台两种。数控回转工作台主要用于数控铣床、数控镗床、加工中心等。

数控回转工作台按数控控制方式可分为开环数控和闭环数控两种。其外形和分度工作台十分相似，但其内部结构却具有数控进给驱动机构的许多特点。

分度工作台的分度、转位和定位工作，按照控制系统的指令自动地进行，通常分度运动只限于某些规定的角度（45°、60°、90°、180°等），但实现工作台转位的机构都很难达到分度精度的要求，所以要有专门的定位元件来保证。常用的定位元件有插销定位、反靠定位、齿盘定位和钢球定位等几种。

【任务实施】

☆ 数控机床主传动系统的常见故障诊断及排除 ☆

1. 场地及设备

（1）场地　数控机床维修实训室、实训基地。

（2）设备　各类数控机床或实验室模拟设备。

2. 数控机床主传动系统常见故障诊断及排除

（1）主传动系统常见故障诊断及排除　主传动系统常见故障诊断与排除方法见表7-6。

表7-6　主传动系统常见故障及其诊断维修

序号	故障现象	故障原因	排除方法
1	主轴发热	轴承研伤或损伤	修复或更换轴承
		主轴轴承预紧力过大	调整预紧力
		润滑油脏或有杂质	清洗主轴箱，重新换油
		轴承润滑油脂耗尽或润滑油脂过多	涂抹润滑油，每个轴承润滑油填充量约为轴承空间的1/3左右
2	主轴在强力切削时停转	电机与主轴连接的皮带过松	张紧皮带
		皮带表面有油	用汽油清洗后擦干净装上
		皮带使用过久失效	更换新皮带
		摩擦离合器调整过松或磨损	调整离合器，修磨或更换摩擦片
3	主轴噪声大	主轴部件动平衡不良	重做动平衡
		齿轮磨损	修理或更换齿轮
		轴承拉毛或损坏	更换轴承
		传动带松弛或磨损	调整或更换传动带
		润滑不良	调整润滑油量，保证主轴箱清洁度
		加工件不直，弯曲较大	对加工件进行校直处理
		滚珠丝杠间隙大	调整滚珠丝杠间隙
		工装夹具、刀具或切削参数选择不当	根据所加工工件重新选择刀具和切削参数
4	主轴润滑不良	油泵运行不良	修理或更换油泵
		油管或滤油器堵塞	清除堵塞物
		吸油管没有插入油箱的油面下	将吸油管插入油面2/3以下
		润滑油压力不足	调整供油压力

序号	故障现象	故障原因	排除方法
5	刀具不能加紧	碟形弹簧位移量较小	调整碟形弹簧位移量长度
		检查刀具松夹弹簧上的螺母是否松动	顺时针旋转刀具松夹弹簧的螺母，使其最大工作载荷为 13kN
6	刀具夹紧后不能松开	松刀弹簧压合过紧	逆时针旋转松夹刀具弹簧上的螺母，使其最大工作载荷不超过 13kN
		液压缸压力和行程不足	调整液压力和活塞行程开关位置
7	主轴无变速	变档液压缸压力不足	检测工作压力，若低于额定压力，应调整
		变档液压缸研损或卡死	修去毛刺和研伤，清洗后重装
		变档电磁阀卡死	检修电磁阀并清洗
		变档液压缸窜油或内泄	更换密封圈
		变档液压缸拨叉脱落	修复或更换
		变档复合开关失灵	更换新开关

（2）主轴部件常见故障诊断及排除　数控机床主轴部件常见故障及排除方法见表 7-7。

表 7-7　主轴部件常见故障及其诊断维修

序号	故障现象	故障原因	排除方法
1	加工精度达不到要求	机床在运输过程中受到冲击	检查对机床精度有影响的各部位，特别是导轨副，并按出厂精度要求重新调整或修复
		安装不牢固、安装精度低或有变化	重新安装调平、紧固
2	切削振动大	主轴箱和床身连接螺钉松动	恢复精度后紧固连接螺钉
		轴承预紧力不够、游隙过大	重新调整轴承游隙，但预紧力不宜过大，以免损坏轴承
		轴承预紧螺母松动，使主轴窜动	紧固螺母，确保主轴精度合格
		轴承拉毛或损坏	更换轴承
		主轴与箱体超差	修理主轴或箱体，使其配合精度、位置精度达到要求
		其他因素	检查刀具或切削工艺问题
		如果是车床，则可能是转塔刀架运动部位松动或压力不够而未卡紧	调整修理
3	主轴箱噪声大	主轴部件动平衡不好	重做动平衡
		齿轮啮合间隙不均匀或严重损伤	调整间隙或更换齿轮
		轴承损坏或传动轴弯曲	修复或更换轴承，校直传动轴
		传动带长度不一或过松	调整或更换传动带，不能新旧混用
		齿轮精度差	更换齿轮
		润滑不良	调整润滑油量，保持主轴箱的清洁度
4	齿轮和轴承损坏	变档压力过大，齿轮受冲击产生破损	按液压原理图，调整到适当的压力和流量
		变档机构损坏或固定销脱落	修复或更换零件
		轴承预紧力过大或无润滑	重新调整预紧力，并使之润滑充足

续表

序号	故障现象	故障原因	排除方法
5	主轴无变速	电器变档信号是否输出	电器人员检查处理
		压力是否足够	检测并调整工作压力
		变档液压缸研损或卡死	修去毛刺和研伤，清洗后重装
		变档电磁阀卡死	检修并清洗电磁阀
		变档液压缸拨叉脱落	修复或更换
		变档液压缸窜油或内泄	更换密封圈
		变档复合开关失灵	更换新开关
6	主轴不转动	主轴转动指令是否输出	电器人员检查处理
		保护开关没有压合或失灵	检修压合保护开关或更换
		卡盘未夹紧工件	调整或修理卡盘
		变档复合开关损坏	更换复合开关
		变档电磁阀体内泄漏	更换电磁阀
7	主轴发热	主轴轴承预紧力过大	调整预紧力
		轴承研伤或损坏	更换轴承
		润滑油脏或有杂质	清洗主轴箱，更换新油
8	液压变速时齿轮推不到位	主轴箱内拨叉磨损	选用球墨铸铁作拨叉材料
			在每个垂直滑移齿轮下方安装塔簧作为辅助平衡装置，减轻对拨叉的压力
			活塞的行程与滑移齿轮的定位相协调
			若拨叉磨损，予以更换

3. 进给传动系统故障诊断及排除

滚珠丝杠副故障诊断及排除方法见表 7-8。

表 7-8 滚珠丝杠副故障诊断及排除方法

序号	故障现象	故障原因	排除方法
1	加工件粗糙度值高	导轨的润滑油不足够，致使溜板爬行	加润滑油，排除润滑故障
		滚珠丝杠有局部拉毛或研损	更换或修理丝杠
		丝杠轴承损坏，运动不平稳	更换损坏轴承
		伺服电动机未调整好，增益过大	调整伺服电动机控制系统
2	反向误差大，加工精度不稳定	丝杠轴联轴器锥套松动	重新紧固并用百分表反复测试
		丝杠轴滑板配合压板过紧或过松	重新调整或修研，用 0.03mm 塞尺塞不入为合格
		丝杠轴滑板配合楔铁过紧或过松	重新调整或修研，使接触率达 70%以上，用 0.03mm 塞尺塞不入为合格
		滚珠丝杠预紧力过紧或过松	调整预紧力，检查轴向窜动值，其误差不大于 0.015mm
		滚珠丝杠螺母端面与结合面不垂直，结合过松	修理、调整或加垫处理
		丝杠支座轴承预紧力过紧或过松	修理调整
		滚珠丝杠制造误差大或轴向窜动	用控制系统自动补偿功能消除间隙，用仪器测量并调整丝杠窜动
		润滑油不足或没有	调节至各导轨面均有润滑油
		其他机械干涉	排除干涉部位

续表

序号	故障现象	故障原因	排除方法
3	滚珠丝杠在运转中转矩过大	二滑板配合压板过紧或研损	重新调整或修研压板，使 0.04mm 塞尺塞不入为合格
		滚珠丝杠螺母反向器损坏，滚珠丝杠卡死或轴端螺母预紧力过大	修复或更换丝杠并精心调整
		丝杠研损	更换
		伺服电动机与滚珠丝杠连接不同轴	调整同轴度并紧固连接座
		无润滑油	调整润滑油路
		超程开关失灵造成机械故障	检查故障并排除
		伺服电动机未被过热报警	检查故障并排除
4	丝杠螺母润滑不良	分油器是否分油	检查定量分油器
		油管是否堵塞	消除污物使油管畅通
5	滚珠丝杠副噪声	滚珠丝杠轴承压盖压合不良	调整压盖，使其压紧轴承
		滚珠丝杠润滑不良	检查分油器和油路，使润滑油充足
		滚珠产生破损	更换滚珠
		电动机与丝杠联轴器松动	拧紧联轴器锁紧螺钉

4. 刀架、刀库及换刀装置故障诊断及排除

刀架、刀库及换刀装置常见故障诊断与排除方法见表 7-9。

表 7-9　刀架、刀库及换刀装置常见故障诊断与排除方法

序号	故障现象	故障原因	排除方法
1	转塔刀架没有抬起动作	控制系统是否有 T 指令输出信号	如未能输出，请电器人员排除
		抬起电磁铁断线或抬起阀杆卡死	修理或清除污物，更换电磁阀
		压力不够	检查油箱并重新调整压力
		抬起液压缸研损或密封圈损坏	修复研损部分或更换密封圈
		与转塔抬起连接的机械部分研损	修复研损部分或更换零件
2	转塔转位速度缓慢或不转位	检查是否有转位信号输出	检查转位继电器是否吸合
		转位电磁阀断线或阀杆卡死	修理或更换
		压力不够	检查是否有液压故障，调整到额定压力
		转位速度节流阀是否卡死	清洗节流阀或更换
		液压泵研损卡死	检修或更换液压泵
		凸轮轴压盖过紧	调整调节螺钉
		抬起液压缸体与转塔平面产生摩擦、研损	松开连接盘进行转位试验；取下连接盘配磨平面轴承下的调整垫并使相对间隙保持在 0.04mm
		安装附具不配套	重新调整附具安装，减少转位冲击
3	转塔转位时碰牙	抬起速度或抬起延时时间短	调整抬起延时参数，增加延时时间
4	转塔不正位	转位盘上的撞块与选位开关松动，使转塔到位时传输信号超期或滞后	拆下护罩，使转塔处于正位状态，重新调整撞块与选位开关的位置并紧固
		上下连接盘与中心轴花键间隙过大产生位移偏差大，落下时易碰牙顶，引起不到位	重新调整连接盘与中心轴的位置；间隙过大可更换零件
		转位凸轮与转位盘间隙大	塞尺测试滚轮与凸轮，将凸轮调至中间位置；转塔左右窜量保持在二齿中间，确保落下时顺利咬合；转塔抬起时用手摆动，摆动量不超过二齿的 1/3
		凸轮在轴上窜动	调整并紧固固定转位凸轮的螺母
		转位凸轮轴的轴向预紧力过大或有机械干涉，使转塔不到位	重新调整预紧力，排除干涉

续表

序号	故障现象	故障原因	排除方法
5	转塔转位不停	两计数开关不同时计数或复置开关损坏	调整两个撞块位置及两个计数开关的计数延时,修复复置开关
		转塔上的24V电源断线	接好电源线
6	转塔刀重复定位精度差	液压夹紧力不足	检查压力并调到额定值
		上下牙盘受冲击,定位松动	重新调整固定
		两牙盘间有污物或滚针脱落在牙盘中间	清除污物保持转塔清洁,检修更换滚针
		转塔落下夹紧时有机械干涉(如夹铁屑)	检查排除机械干涉
		夹紧液压缸拉毛或研损	检修拉毛研损部分更换密封圈
		转塔座落在二层滑板之上,由于压板和楔铁配合不牢产生运动偏大	修理、调整压板和楔铁,用0.04mm塞尺塞不入为合格
7	刀具不能夹紧	风泵气压不足	使风泵气压在额定范围
		增压漏气	关紧增压
		刀具卡紧液压缸漏油	更换密封装置,卡紧液压缸不漏
		刀具松卡弹簧上的螺母松动	旋紧螺母
8	刀具夹紧后不能松开	松锁刀的弹簧压力过紧	调节松锁刀弹簧上的螺母,使其最大载荷不超过额定数值
9	刀套不能夹紧刀具	检查刀套上的调节螺母	顺时针旋转刀套两端的调节螺母,压紧弹簧,顶紧卡紧销
10	刀具从机械手中脱落	刀具超重,机械手卡紧销损坏	刀具不得超重,更换机械手卡紧销
11	机械手换刀速度过快	气压太高或节流阀开口过大	保证气泵的压力和流量,旋转节流阀至换刀速度合适
12	换刀时找不到刀	刀位编码用组合行程开关、接近开关等元件损坏、接触不好或灵敏度降低	更换损坏元件

5. 数控机床机械装置故障诊断与排除示例

【例 7-1】 变档滑移齿轮引起主轴停转的故障维修

故障现象:机床在工作过程中,主轴箱内机械变档滑移齿轮自动脱离啮合,主轴停转。

分析及处理过程:带有变速齿轮的主传动,采用液压缸推动滑移齿轮进行变速,液压缸同时也锁住滑移齿轮。变档滑移齿轮自动脱离啮合,原因主要是液压缸内压力变化引起的。控制液压缸的O形三位四通换向阀在中间位置时不能闭死,液压缸前后两腔油路相渗漏,这样势必造成液压缸上腔推力大于下腔,使活塞杆渐渐向下移动,逐渐使滑移齿轮脱离啮合,造成主轴停转。更换新的三位四通换向阀后即可解决问题;或改变控制方式,采用二位四通,使液压缸一腔始终保持压力油。

【例 7-2】 电动机过热报警的维修

故障现象:X 轴电动机过热报警。

分析及处理过程:电动机过热报警,产生的原因有多种,除伺服单元本身的问题外,还可能是切削参数不合理,亦可能是传动链上有问题。而该机床的故障原因是由于导轨镶条与导轨间隙太小,调得太紧。松开镶条防松螺钉,调整镶条螺栓,使运动部件运动灵活,保证0.03mm 的塞尺不得塞入,然后锁紧防松螺钉,故障排除。

【例 7-3】 刀库不停转的故障维修

故障现象:一台配套 FANUC 0MC 系统,型号为 XH754 的数控机床,刀库在换刀过程中不停转动。

分析及处理过程：拿螺钉旋具将刀库伸缩电磁阀手动钮拧到刀库伸出位置，保证刀库一直处于伸出状态，复位，手动将刀库当前刀取下，停机断电，用扳手拧刀库齿轮箱方头轴，让空刀爪转到主轴位置，对正后再用螺钉旋具将电磁阀手动钮关掉，让刀库回位。再查刀库回零开关和刀库电动机电缆正常，重新开机回零正常，MDI 方式下换刀正常。怀疑系干扰所致，将接地线处理后，故障再未出现过。

【知识拓展】

☆ 技术资料管理 ☆

技术资料是维修的指南，它在维修工作中起着至关重要的作用。借助于技术资料可以大大提高维修工作的效率与维修的准确性。一般来说，对于重大的数控机床故障维修，在理想状态下，应具备以下技术资料：

1. 数控机床使用说明书

它是由机床生产厂家编制并随机床提供的随机资料。机床使用说明书通常包括以下与维修有关的内容：

① 机床的操作过程和步骤；

② 机床主要机械传动系统及主要部件的结构原理示意图；

③ 机床的液压、气动、润滑系统图；

④ 机床安装和调整的方法与步骤；

⑤ 机床电气控制原理图；

⑥ 机床使用的特殊功能及其说明等。

2. 数控系统的操作、编程说明书（或使用手册）

它是由数控系统生产厂家编制的数控系统使用手册，通常包括以下内容：

① 数控系统的面板说明；

② 数控系统的具体操作步骤（包括手动、自动、试运行等方式的操作步骤，以及程序、参数等的输入、编辑、设置和显示方法）；

③ 加工程序以及输入格式、程序的编制方法、各指令的基本格式以及所代表的意义等。

在部分系统中它还可能包括系统调试、维修用的大量信息，如“机床参数”的说明、报警的显示和处理方法，以及系统的连接图等。它是维修数控系统与操作机床中必须参考的技术资料之一。

3. PLC 程序清单

它是机床厂根据机床的具体控制要求设计、编制的机床控制软件，PLC 程序中包含了机床动作的执行过程，以及执行动作所需的条件，它表明了指令信号、检测元件与执行元件之间的全部逻辑关系。借助 PLC 程序，维修人员可以迅速找到故障原因，它是数控机床维修过程中使用最多、最重要的资料。

在某些系统（如 FANUC 系统、SIEMENS802D 等）中，利用数控系统的显示器可以直接对 PLC 程序进行动态检测和观察，它为维修提供了极大的便利，因此，在维修中定要熟练掌握这方面的操作和使用技能。

4. 机床参数清单

它是由机床生产厂根据机床的实际情况，对数控系统进行的设置与调整。机床参数是系统与机床之间的“桥梁”，它不仅直接决定了系统的配置和功能，而且也关系到机床的动、静态性能和精度，因此也是维修机床的重要依据与参考。在维修时，应随时参考系统“机床参数”的设置情况来调整、维修机床；特别是在更换数控系统模块时，一定要记录机床的原始设置参数，以便于机床功能的恢复。

5. 数控系统的连接说明、功能说明

该资料由数控系统生产厂家编制通常只提供给机床生产厂家作为设计资料。维修人员可以从机床生产厂家或系统生产、销售部门获得。

系统的连接说明、功能说明书不仅包含了比电气原理图更为详细的系统各部分之间的连接要求与说明，而且还包括了原理图中未反映的信号功能描述，是维修数控系统，尤其是检查电气接线的重要参考资料。

6. 伺服驱动系统、主轴驱动系统的使用说明书

它是伺服系统及主轴驱动系统的原理与连接说明书，主要包括伺服、主轴的状态显示与报警显示、驱动器的调试、设定要点，信号、电压、电流的测试点，驱动器设置的参数及意义等方面的内容，可供伺服驱动系统、主轴驱动系统维修参考。

7. PLC 使用与编程说明

它是机床中所使用的外置或内置式 PLC 的使用、编程说明书。通过 PLC 的说明书，维修人员可以通过 PLC 的功能与指令说明、分析、理解 PLC 程序，并由此详细了解、分析机床的动作过程、动作条件、动作顺序以及各信号之间的逻辑关系，必要时还可以对 PLC 程序进行部分修改。

8. 机床主要配套功能部件的说明书与资料

在数控机床上往往会使用较多功能部件如数控转台、自动换刀装置、润滑与冷却系统、排屑器等。这些功能部件，其生产厂家一般都提供了较完整的使用说明书，机床生产厂家应将其提供给用户，以便功能部件发生故障时进行参考。

以上都是在理想情况下应具备的技术资料，但是在实际维修时往往难以做到这一点。因此在必要时，维修人员应通过现场测绘、平时积累等方法完善、整理有关技术资料。

任务 7.3 数控机床数控系统的故障诊断与排除

【任务描述】

数控机床使用数字化的信息来实现自动控制。它将与加工零件有关的信息，如工件与刀具相对运动轨迹的尺寸参数（进给尺寸）、切削加工的工艺参数（主运动和进给运动的速度、切削深度）、各种辅助操作（变速、换刀、冷却润滑、工件夹紧松开）等，用规定的文字、数字和字符组成的代码，按一定的格式编写加工程序单（数字化），再将加工程序通过控制介质输入到数控装置中，由数控装置经过分析处理后，发出与加工程序相对应的信号和指令控制机床进行自动加工。

数控机床控制系统的功能就是实现将输入的数控程序代码进行处理后输出各种信号和指令来控制机床的各部分进行规定的有序的动作。

作为一个好的数控设备维修人员，必须具备电子线路、元器件、计算机软硬件、接口技术、测量技术等方面的知识，对数控系统的硬件组成和工作原理有一个清晰的认识，同时，又必须懂得数控系统的软件控制原理、数控加工程序编制、各种参数的设置等。

【任务分析】

数控系统是由硬件控制系统和软件控制系统两大部分组成，其中硬件控制系统以微处理器为核心、采用大规模集成电路芯片、可编程控制器、伺服驱动单元、伺服电机、各种输入/输出设备（包括显示器、控制面板、输入/输出接口等）等可见部件组成。软件控制系统即数控软件，包括数据输入/输出、插补控制、刀具补偿控制、加减速控制、位置控制、伺服控制、键盘控制、显示控制、接口控制等控制软件及各种机床参数、PLC 参数、报警文本等组成，如图 7-14 所示。数控系统出现故障以后，就要分别对软、硬件部分进行分析、判断，定位故障并维修。

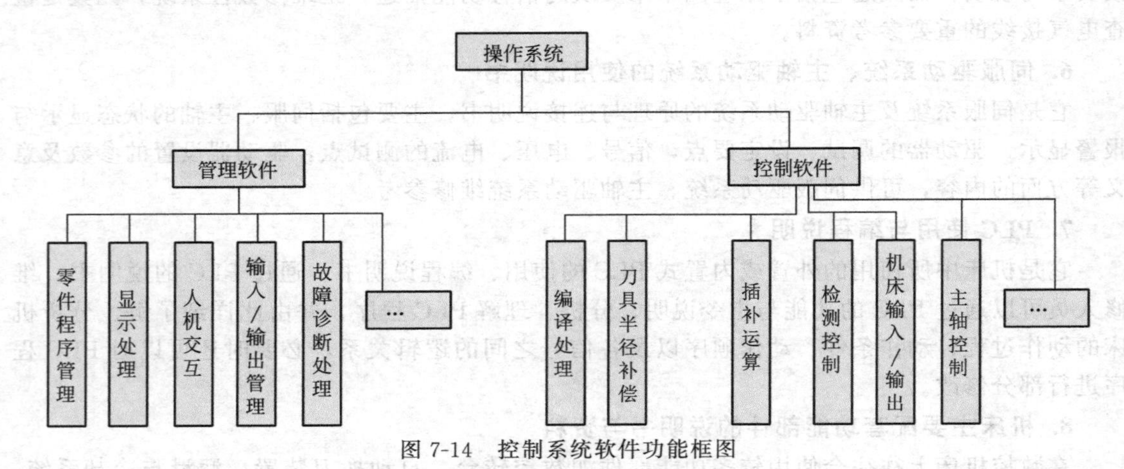

图 7-14　控制系统软件功能框图

本任务主要以 FANUC 数控系统为例，学习数控系统的组成、各部分的功能、数控系统的故障类型及故障诊断与排除方法，通过常见的故障诊断与排除案例，掌握数控系统的维护、故障诊断与排除的基本技能。

【知识准备】

1. FANUC 数控系统组成

数控机床一般由操作面板、输入/输出设备、CNC 装置（或称 CNC 单元）、伺服单元、驱动装置（或称执行机构）、可编程控制器 PLC 及电气控制装置、辅助装置、机床本体、测量装置组成。图 7-15 是数控机床的组成框图。其中除机床本体之外的部分统称为计算机数控系统（CNC）。

(1) FANUC 数控系统组成及各部分的功能　下面以日本 FANUC 公司 0iMA 系统为例介绍数控机床数控系统的组成及其功能，如图 7-16 所示。

① CNC 装置　CNC 装置是数控系统的核心部分。主要由主 CPU、各种存储器、主轴控制模块、伺服控制模块、PLC 控制模块及显示卡控制模块等组成。

主 CPU 通过总线（BUS）实现数据的算术运算和逻辑运算及指令的操作控制；存储器用来存储系统程序（CNC 控制软件、数字伺服控制软件、PLC 控制软件和梯形图、宏程序执行软件等）和用户程序（CNC 参数、PLC 参数、加工程序、刀具补偿量及用户宏变量等）；主轴控制模块通过子 CPU 实现对主轴的位置、转速及功能指令的控制；伺服控制模块由子 CPU（FANLC 系统的 1 个子 CPU 控制 2 个轴）通过 BUS 总线与数字伺服装置通信，实现对数控机床进给轴的位置、速度及电动机电流的控制；PLC 控制模块由 PLC 控制的 CPU、存储器、PLC 管理软件及控制电路等组成，FANUC 数控系统的 PLC 均采用内装

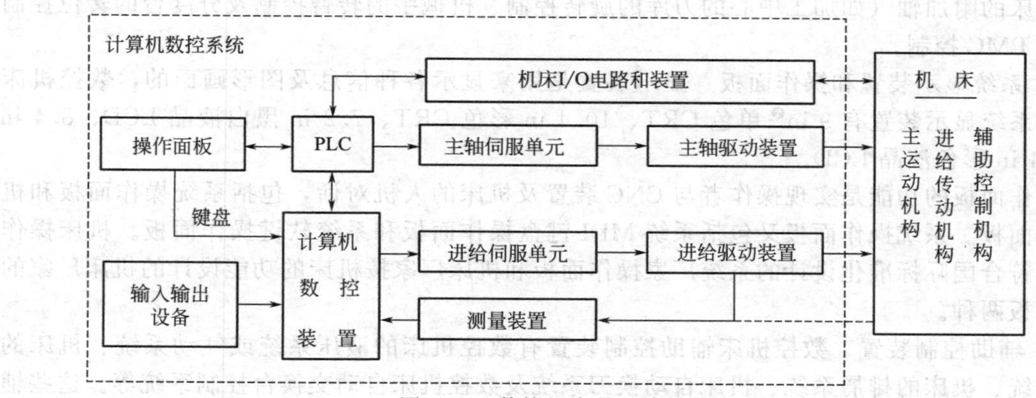

图 7-15 数控机床的组成框图

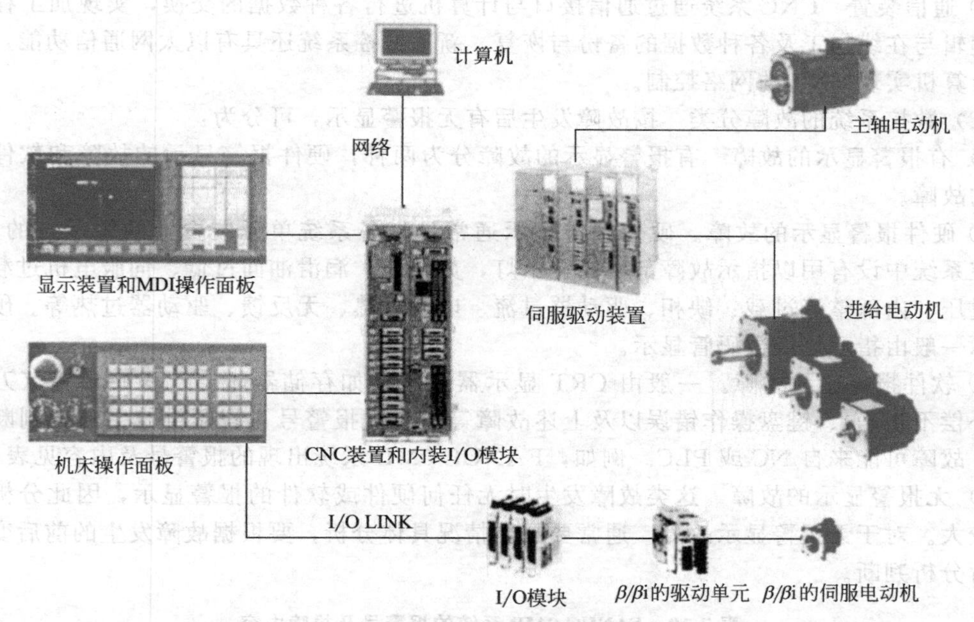

图 7-16 FANUC 数控系统组成框图

型 PLC（又称 PMC），通过 PMC 可实现数控机床的辅助控制及 PMC 轴的控制；显示卡控制模块为数控机床的显示装置（CRT/LCD）提供视频信号，新型数控系统把图形显示功能芯片及 MDI 信号信息功能芯片和显示卡做成一体，通过 FSSB 总线与 CNC 装置进行通信控制。

② 主轴驱动单元　主轴驱动单元一般包括主轴放大器、主轴电动机、主轴传动机构及主轴编码器等，实现数控机床主轴的速度和位置控制、主轴与进给轴的同步控制、主轴准停与定向控制等。

③ 进给伺服驱动单元　进给伺服驱动单元包括伺服放大器、伺服电动机、进给传动机构、机械负载（如工作台）及位置检测装置等，实现数控机床进给装置的速度与位置控制。

④ 可编程控制器（PMC）　FANUC 系统的可编程控制器为内装型 PMC（与系统做成一体），不同的系统 PMC 的类型不同，其控制功能也不同。PMC 接口又有内装型 I/O 模块和外接 I/O 的 I/O Link 模块。

数控机床的 PMC 除了实现机床的各种辅助功能的控制之外，新型数控系统还可以实现数控机床的附加轴（如加工中心的刀库的旋转控制、机械手的转臂控制及分度台的转位控制等）的 PMC 控制。

⑤ 系统显示装置和操作面板　显示装置是用来显示各种信息及图形画面的，数控机床常用的系统显示装置有 9 in[❶] 单色 CRT、10.4 in 彩色 CRT、7.2 in 黑白液晶 LCD、8.4 in 和 10.4 in 彩色液晶 LCD。

操作面板的功能是实现操作者与 CNC 装置及机床的人机对话，包括系统操作面板和机床操作面板。系统操作面板又包括系统 MDI 键盘操作面板和系统软键操作面板。机床操作面板有符合国际标准化设计的系统厂家操作面板和机床厂家按机床的功能设计的机床厂家的操作面板两种。

⑥ 辅助控制装置　数控机床辅助控制装置有数控机床的液压系统或气动系统、机床的润滑系统、机床的排屑系统、机床自动换刀系统及数控机床自动交换台控制系统等。这些辅助控制装置是用来实现数控机床的辅助功能的。

⑦ 通信装置　CNC 系统通过通信接口与计算机进行各种数据的交换，实现加工程序的在线编辑与在线加工及各种数据的备份与恢复。新型数控系统还具有以太网通信功能，可以通过计算机实现 CNC 的网络控制。

（2）数控系统的故障分类　按故障发生后有无报警显示，可分为：

1）有报警显示的故障　有报警显示的故障分为两种，硬件报警显示的故障和软件报警显示的故障。

① 硬件报警显示的故障。硬件报警显示通常是指各系统单元装置上的警示灯的显示。在数控系统中设有用以指示故障部位的警示灯，如超程、润滑油面过低、伺服电机过载、驱动器过压、内部整流过载、缺相、驱动器过流、电机过热、无反馈、驱动器过热等。硬件报警显示一般由指示灯或数码管显示。

② 软件报警显示故障。一般由 CRT 显示器显示，如存储器超出、程序出错（刀具干涉、补偿不正确）、键盘操作错误以及上述故障等。通过报警号，查阅维修手册，判断故障原因。故障可能来自 NC 或 PLC。例如，FANUC-0MD 系统出现的报警号及内容见表 7-10。

2）无报警显示的故障　这类故障发生时无任何硬件或软件的报警显示，因此分析诊断难度较大。对于无报警显示故障，通常要具体情况具体分析，要根据故障发生的前后变化状态进行分析判断。

表 7-10　FANUC-0MD 系统的报警号及故障内容

序号	报　警　号	故 障 内 容
1	010	指令使用了不能用的 G 代码
2	011	在切削中没有进给切削速度或速度指令使用不当
3	034	在 G02/G03 指令中开始或取消半径补偿
4	073	程序号重名
5	070	存储器的存储量不足
6	041	产生过切现象
7	101	数控系统锁定
8	700	主板过热
9	941	存储器板脱落
10	930	CPU 报警，更换主板
11	914	数字伺服系统上的局部 RAM 奇偶报警，更换轴卡

❶ 1in=0.0254m。

2. 数控系统故障诊断技术

绝大部分数控系统都有诊断程序，所谓诊断程序就是对数控机床各部分包括数控系统自身进行状态或故障检测的软件。当数控机床发生故障时，可利用该程序诊断出故障源所在范围或具体位置。故障自诊断技术是当今数控系统一项十分重要的技术，它的强弱是评价系统性能的一项重要指标。随着微处理机技术的快速发展，数控系统的自诊断能力越来越强，从原来的诊断朝着多功能和智能化方向发展。

(1) CNC系统的诊断方法　当前使用的各种CNC系统的诊断方法归纳起来大致可分为三类：

① 启动诊断　所谓启动诊断是指CNC系统每次从通电开始到进入正常的运行准备状态为止，系统内部诊断程序自动执行的诊断。诊断的内容为系统中最关键的硬件和系统控制软件。有的CNC系统启动诊断程序还能对配置进行检查，用以确定所有指定的设备、模块是否都已正常连接，甚至还能对某些重要的芯片是否插装到位、选择的规格型号是否正确进行诊断。只有当全部项目都确诊无误之后，整个系统才能进入正常运行的准备状态。否则，CNC系统将通过CRT画面或用硬件报警方式指出故障信息。

② 在线诊断　在线诊断是指通过CNC系统的内装程序，在系统处于正常运行状态时，对CNC系统本身以及与CNC装置相连的各个进给伺服单元、伺服电动机、主轴伺服单元和主轴电动机以及外围设备等进行自动诊断、检查。只要系统不停电，在线诊断就不会停止。

③ 离线诊断　当CNC系统出现故障或要判定系统是否真有故障时，往往要停止加工和停机做检查，这就叫离线诊断（或称脱机诊断），离线诊断的主要目的是故障导通和故障定位，力求把故障定位在尽可能小的范围内。离线诊断可以在现场，也可以在维修中心或CNC系统制造厂进行。现代CNC系统离线诊断用软件，一般多与CNC系统控制软件一起存在CNC系统中，维修人员可以随时用键盘调用这些程序并使之运行，在CRT上观察诊断结果。

(2) 现代诊断技术

① 通信诊断　通信诊断也称远程系统诊断或“海外诊断”。用户只需把CNC系统中专用“通信接口”连接到普通电话线路上，而在维修中心的专用通信诊断计算机的“数据电话”也连接到电话线路上，然后由计算机向CNC系统发送诊断程序，并将测试数据输入到计算机进行分析并得出结论。最后将诊断结论和处理办法通知用户。诊断程序除用于故障发生后的诊断外，还可为用户做定期的预防性诊断，维修人员不必亲临现场，只需按预定的时间对机床做一系列运行检查，在维修中心分析诊断数据，以发现可能存在的故障隐患。这类CNC系统必须具备远程诊断接口及联网功能。

② 自修复系统　所谓自修复系统就是在系统内设置有备用模块，在CNC系统的软件中装有自修复程序，当该软件在运行时一旦发现某个模块有故障时，系统一方面将故障信息显示在CRT上，同时自动寻找是否有备用模块。如有备用模块，则系统能自动使故障模块脱机而接通备用模块，从而使系统较快地进入正常工作状态。

③ 人工智能（AI）专家故障诊断系统　所谓专家系统是指这样的一种系统：a. 在处理实际问题时，本来需要有具有某个领域的专门知识的专家来，通过专家分析和解释数据并做出决定。为了像专家那样地解决问题，以计算机为基础的专家系统就是力求去收集足够多的专家知识。b. 专家系统利用专家推理方法的计算机模型来解决问题，并且得到的结论和专家相同，因此，专家系统的重要部分是推理，这也是专家系统不同于一般的资料库系统和知识库系统。在后者的系统中，只是简单地储存答案，人们可在机器中搜索，而在专家系统中储存的不只是答案，还应具有推理能力与知识。人

工智能专家系统，如图 7-17 所示。

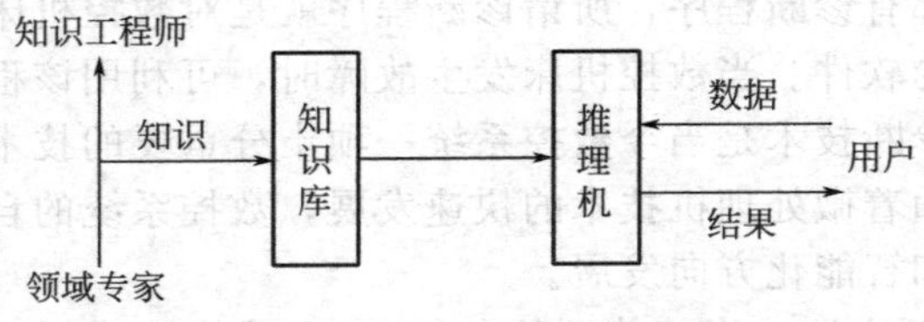

图 7-17　人工智能专家系统

(3) 返回参考点控制原理及开机回零方式　数控机床的返回参考点（回零）在数控机床控制操作中是最重要的功能环节之一。数控机床上电后，首先进行回零操作（使用相对编码器），这是由于一般数控机床每次断电后，对各个坐标轴的位置记忆自动遗失。因此开机后，必须让机床各坐标轴回到一个固定位置点上，即回到机床的坐标系零点，也称坐标系的原点或参考点，这一过程就称为机床回零或回参考点操作。

① 返回参考点控制原理　目前，数控机床多数采用带减速挡块的栅格信号返回参考点控制，控制原理如图 7-18 所示。

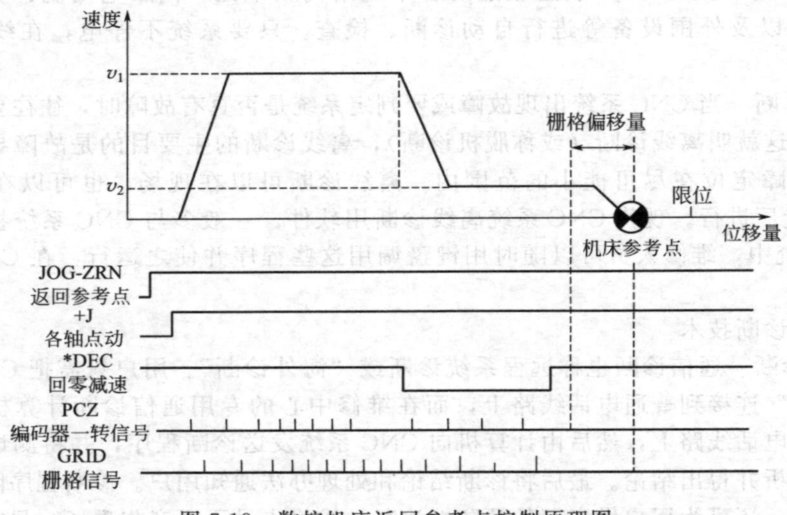

图 7-18　数控机床返回参考点控制原理图

系统在返回参考点状态（REF）下，按下各轴点动按钮（+J），机床以快移速度向机床参考点方向移动，当减速开关（*DEC）碰到减速挡块时，系统开始减速，以低速向参考点方向移动。当减速开关离开减速挡块时，系统开始找栅格信号（编码器一转信号），系统接收到一转信号后，以低速移动一个栅格偏移量（如果系统参数设定了栅格偏移量），准确停在机床的参考点上。

v_1 速度由系统参数 518（X 轴）、519（Z 轴）决定，设定范围为 30～24000mm/min，本机床分别设定为 4000mm/min 和 6000mm/min。v_2 速度由系统参数 534（所有轴）决定，设定范围为 6～15000mm/min，本机床设定为 200mm/min。栅格偏移量根据机床实际调整由系统参数 508（X 轴）、509（Z 轴）确定。

数控机床在下列情况需要返回参考点操作：机床首次开机；机床按下急停开关后；机床出现故障并修复后需要返回参考点操作一次。

② 数控机床回零方式　数控机床回零一般有以下四种方式，见表 7-11。

表 7-11　数控机床回零方式

回零方式序号	数控机床回零方式图	说　明
1	0　v_1　v_2　0 零点开关 零点开关脉冲 零点脉冲信号 机床零点	手动方式下坐标轴以较快速度 v_1 快速向零点靠近，接近零点后启动回零操作，数控系统便控制坐标轴以低速 v_2 继续向零点方向移动，当轴部压块压下零点开关后，系统开始查询脉冲编码器或光栅尺发出的零标志脉冲，当零标志脉冲出现时，便发出相对应的栅格脉冲控制信号控制回零轴制动停止，同时位移计数器清零，回零操作结束。此时所处位置便是数控机床的坐标系零点
2	0　v_1　v_2　0 零点开关 零点开关脉冲 零点脉冲信号 机床零点	坐标轴先以较快速度 v_1 快速向零点靠近，当轴部压块压下零点开关后，数控系统便控制坐标轴以低速 v_2 继续向零点方向移动，当越过零点开关后，系统开始查询零标志脉冲，当零标志脉冲出现时，发出相对应的栅格脉冲控制信号控制回零轴制动停止，回零结束
3	0　v_1　0　v_2　0 零点开关脉冲 零点脉冲信号 机床零点	坐标轴先以较快速度 v_1 快速向零点靠近，当轴部压块压下零点开关后，数控系统便控制坐标轴制动停止，然后以速度 v_2 反向移动，系统开始查询零标志脉冲，当零标志脉冲出现时，发出相对应的栅格脉冲控制信号控制回零轴制动停止，回零结束
4	0　v_1　v_3　v_2　0 零点开关 零点开关脉冲 零点脉冲信号 机床零点	坐标轴先以较快速度 v_1 快速向零点靠近，压下零点开关后，坐标轴制动停止，然后反向以微速 v_3 移动至越过零点开关后，又沿原方向以速度 v_2 向零点移动。当零点开关再次被压下时，系统开始查询零标志脉冲，当零标志脉冲出现时，发出相对应的栅格脉冲控制信号控制回零轴制动停止，回零结束

【任务实施】

1. 数控系统故障诊断与排除

（1）场地及设备

① 场地　数控机床维修实训室、实训基地。

② 设备　数控机床（如带 FANUC 数控系统的数控机床）或实验室模拟设备。

（2）常见的数控系统故障分类

① 电池报警故障　当数控机床断电时，为保存好机床控制系统的机床参数及加工程序，需靠后备电池予以支持。这些电池到了使用寿命其电压低于允许值时，就产生电池故障报警。当报警灯亮时，应及时予以更换，否则，机床参数就容易丢失。由于换电池容易丢失机床参数，因此应该在机床通电时更换电池，以保证系统能正常工作。

② 键盘故障　在用键盘输入程序时，若发现有关字符不能输入、不能消除、程序不能复位或显示屏不能变换页面等故障，应首先考虑有关按键是否接触不好，予以修复或更换。若不见成效或者所用按键都不起作用，可进一步检查该部分的接口电路、系统控制软件及电

缆连接状况等。

③ 熔丝故障　控制系统内熔丝烧断故障，多出现于对数控系统进行测量时的误操作，或由于机床发生了撞车等意外事故。因此，维修人员要熟悉各熔丝的保护范围，以便发生问题时能及时查出并予以更换。

④ 刀位参数的更改　一旦发现刀位不对时，应及时核对控制系统内存刀位号与实际刀台位置是否相符，若不符，参阅说明书介绍的方法，及时将控制系统内存中的刀位号改为与刀台位置一致。

⑤ 控制系统的“NOT READY（没准备好）”故障

a. 应首先检查 CRT 显示面板上是否有其他故障指示灯亮及故障信息提示，若有问题应按故障信息目录的提示去解决。

b. 检查伺服系统的电源装置是否有熔丝断、断路器跳闸等问题，若合闸或更换了熔丝后断路器再跳闸，应检查电源部分是否有问题；检查是否有电动机过热、大功率晶体管组件过电流等故障而使计算机监控电路起作用；检查控制系统各板是否有故障灯显示。

c. 检查控制系统所需各交流电源、直流电源的电压值是否正常。若电压不正常也可造成逻辑混乱而产生“NOT READY”故障。

机床参数的更改：对每台数控机床都要充分了解并掌握各机床参数的含义及功能，它除能帮助操作者很好地了解该机床的性能外，有的还有利于提高机床的工作效率或用于排除故障。

机床软超程故障：由于编程或操作失误而发生的软超程故障，有时以超程的反方向运动可以解除。

(3) 数控系统故障诊断与排除　现以全功能型数控机床选用 FANUC 6M 系统（用于铣床）为例，介绍报警信息不明或无报警信号的常见故障分析与排除方法，见表 7-12。

2. 数控机床的开机回零及其故障诊断与排除

(1) 数控机床返回参考点的调整　数控机床故障排除后（如各轴传动机械拆装、进给伺服电动机更换、位置检测装置修复等），都将导致机床参考点位置不准，需对机床的返回参考点进行调整。

通常机床参考点设计在机床刀架 X 轴正方向、Z 轴正方向上。如果机床的刀架在机床回零操纵中要求设定固定的位置，只用调整回零开关撞块的方法是不能实现的，必须调整控制机床的相应参数。

机床相应参数调整步骤如下：

① 预置参数 0508 项，X 轴栅格调整的预置值。由于 X 轴丝杠螺距为 6mm，所以预置值为 6000。

② 预置参数 0509 项，Z 轴栅格调整量的预置值。由于 Z 轴丝杠螺距为 6mm，所以预置值为 6000。

③ 调整参数 0010 项的第 7 位（APRS）为“0”，使手动回零完成后不执行自动坐标系设定。

④ 用手动方法使机床刀架回到机床参考点。

⑤ 机床回到零后，X、Z 位置显示与规定值进行比较。

当显示的坐标值大于规定值半个螺距时，先调整撞块使之接近规定值，重新将刀架移动到原起点，再进行第④步操作，反复调整撞块使显示值大于或小于规定值，但两值的绝对值之差要小于半个螺距。

将参数 0508 项与 0509 项预置值分别减去 X 轴、Z 轴显示值与规定值的差值，再以所得结果重新分别设置参数 0508 项和 0509 项（单位 0.001mm）。

表 7-12 控制系统故障诊断（FANUC 6M）

序号	故障现象	故障原因	排除方法
1	数控系统不能接通电源	电源变压器无输入(如熔断器熔断等)	检查电源输入或输入单元的熔断器
		直流工作电压(＋5V、＋24V)的负载短路	检查各直流工作电压的负载是否短路
		输入单元已坏	更换
2	电源接通后,CRT无辉度或无画面	与CRT有关的电缆接触不良	重新连线
		CRT单元输入电压(＋24V)异常	检查CRT单元输入电压是否为＋24V
		主机板上有报警信号显示	按报警信息处理
		无视频信号输入	测试CRT接口板VIDEO信号,若无信号则是接口板故障,更换
		CRT单元质量不良	调试或更换
3	CRT无显示,但输入单元报警灯亮	＋24V电源负载短路	排除短路现象
		连接单元接口板有故障	更换已损坏的元器件或接口板
4	CRT无显示,机床不能动作,主机板无报警指示	主机板有故障	更换
		控制ROM板不良	更换
5	CRT无显示,但手动或自动操作正常	系统控制部分能正常进行插补运算,仅显示部分有故障	更换CRT控制板
6	CRT显示无规律亮斑、线条或符号	CRT控制板有故障	更换
		主机板可能有故障	检查报警指示灯情况以确认主机板故障
7	CRT只能显示NOT READY,但能用JOG方式移动机床	有报警号显示	根据报警号处理
		磁泡存储器工作不正常	按操作说明书对磁泡存储器进行初始化处理后重新输入系统参数与PC参数
8	CRT显示位置画面但机床不能执行JOG方式操作	主机板报警	根据报警号处理
		系统参数设定有误	检查并重新设定有关参数
9	CRT只能显示位置画面	多为MDI(手动输入方式)控制板故障	更换MDI控制板
10	纸带阅读机不能正常输入信息	“纸带”方式系统参数设定有误	检查并重新设定
		纸带阅读机供电不正常	检查纸带阅读机电路板上的电源
		纸带阅读机故障或纸带不符合要求	纸带不能移动为阅读机故障;纸带能动为系统参数(000～005号)设定有误;否则纸带装反或不合要求
		主机板接口部分器件故障	更换
11	系统不能自动运转	系统状态参数设置错误	检查诊断号中的自动方式、启动、保持、复位等信号与M、S、T等指令状态参数设置是否有误
		连接单元接收器不良	若与连接单元有关诊断号参数不能置“0”时,更换连接单元
12	机床不能正常返回基准,且产生90号报警	脉冲编码器的每转信号未输入	检查脉冲编码器、连接电缆、抽头是否断线
			返回基准点的启动点离基准点太近
			脉冲编码器已坏
13	返回基准点系统显示NOT READY无报警	基准点的接触或减速开关失灵	检查、修复或更换
14	机床返回的停止位置与基准点不一致	减速挡块的长度及安装位置不正确	调整挡块位置;适当增加其长度
		外界干扰,脉冲编码器电压太低,伺服电动机与机床的联轴节松动	屏蔽线接地,脉冲编码器电缆独立以确保其电缆连接可靠,电缆损耗不大于0.2V,紧固联轴节
		脉冲编码器不良或主机板不良	更换脉冲编码器或主机板
		电缆瞬时断线、连接器接触不良,偏置值变化,主机板或速度控制单元不良	焊接电缆接头,更换不良电路板
15	手摇脉冲器不能工作	系统参数设置错误	检查诊断号中机床互锁信号、伺服断开信号和方式信号是否正确
		伺服系统故障	若CRT画面随手摇脉冲器变化而机床不动,则为伺服系统故障,排故见后
		手摇脉冲器或其接口不良	检查主机板,若正常则为手摇脉冲器或其接口不良,更换

规定零点坐标：X=260.000；Z=500.000。

回零后坐标显示：X=262.000；Z=501.000。

0508 项参数设定为 6000−(262.000−260.000)×1000=4000。

0509 项参数设定为 6000−501.000−500.000)×1000=5000。

⑥ 重新进行第④、⑤步操作，使机床刀架回零坐标值符合规定值。

⑦ 在系统参数 708 和 709 中分别输入 260000（直径编程坐标值）和 500000。

⑧ 将参数 0010 项的第 7 位设为“1”，使机床回零后执行自动坐标系设定显示回零值。

⑨ 机床断电重新送电，进行回零操作，转塔刀架就按规定的距离精确地回到零点，并在显示屏上显示出机床零点的坐标值。

（2）返回参考点故障诊断与排除

1）回零动作过程异常，根本找不到零点

① 零点开关损坏不能发出使控制系统减速的信号或系统将零点开关发出的信号丢失，导致未产生查询动作，而使得回零轴以较高的速度通过零点，直到碰到限位开关紧急停下。

② 检测元件损坏不能发出零标志脉冲信号或系统将零标志脉冲信号丢失，导致零点查询失败，直到碰到限位开关紧急停下。

③ 接口电路损坏不能接收零点开关信号或零点脉冲信号，导致回零操作失败，直到碰到限位开关紧急停下。

这类故障，应重点检查零点位置开关、检测元件以及接口电路的工作状态，可采用外部诊断仪器或 CNC 系统的 PLC 接口 I/O 状态指示来直接观察信号状态进行诊断。

【例 7-4】 一台 FANUC-OM 立式加工中心，发现对其进行回零操作时，Y 轴可以进行回零动作，但找不到零点，直至碰到轴限位开关才停下来，系统显示回零错误报警指示。经检查分析该机床 Y 轴能进行回零操作，说明控制系统和伺服系统基本无问题；经重点检查与回零操作直接有关的元器件，发现各元器件安装位置正常，无松动现象，通过对 I/O 接口状态指示观察，发现零点脉冲输入口根本无零点脉冲信号送入；经仔细检查判定测量元件脉冲编码器已损坏，无法发出零点脉冲信号，更换脉冲编码器后，故障消失。

2）回零动作过程正常，但所回零点不准确

① 零点开关位置不当，如松动、调整不当使得真正零点脉冲恰好出现在回零减速过程中，且查询速度跟不上运动速度，导致真正零点脉冲信号丢失，只得等到下一个零点脉冲出现才减速停下。此时表现为所停位置超过零点位置。

② 机械结构运动间隙影响，导致所停位置偏离零点位置微小距离，产生漂移现象。

③ 参数设置，如位移计数器、回零操作速度、栅格屏蔽量及零点偏移量等参数设置不当，导致所停零点的偏移。

这类故障，应重点检查零点开关、回零轴压块的位置以及机械结构的间隙状态和各项回零参数的设置是否正确，通过正确的调整和参数设置一般可使故障恢复。

【例 7-5】 一台由西门子 SINUMERIK 840C 数控系统控制的数控车削单元，发生 Z 轴方向加工尺寸不稳定，尺寸超差而且呈现无规律性，但系统又无任何报警指示，导致加工工件报废。

经检查，该机床采用方式 2 回零且回零动作正常，检查机械传动系统的传动间隙和控制系统的控制脉冲及伺服系统的稳定性发现均正常。于是对其回零机械控制结构进行检查，发现零点开关轴部压块紧固螺钉出现松动，使得压块位置产生无规律的移动，从而导致了所回零点的无规律漂移，致使 Z 轴位移尺寸超差，工件报废。经过重新调整紧固压块位置后，故障消失。

3. 数控机床操作中常见故障诊断与排除

现以FANUC-0i系统为例，分析数控机床操作中常见故障产生的原因及诊断方法。

(1) 机床手动和自动操作均无法执行　当手动操作和自动操作均无法执行时，要查看CRT（LCD）的位置坐标是否变化。

1) 位置坐标显示（相对、绝对、机械坐标）不变　故障原因可能是：

① 系统工作的状态不对。可以通过CRT(LCD) 显示（是否为JOG或MEM）或系统状态信号G43.0、G43.1、G43.2显示的状态是否正确进行判断，如果显示不变化则为状态开关或系统故障，多数原因为状态开关及接线故障。

② 系统处于急停状态（CRT显示“EMG”）。不同的数控厂家系统急停信号的编制方法有所不同，可以通过系统动态梯形图查看导致G8.4为“0”（正常为“1”）的原因。

③ 系统复位信号接通。原因可能是外部复位信号G8.7为“1”或系统MDI键盘的RESET键起作用（系统信号F1.1为“1”）。

④ 系统轴互锁信号接通。可以通过系统诊断号005 INTERLOCK/START LOCk是否为“1”进行判断。若该信号为1，则说明系统输入了轴互锁（禁止轴移动）启动信号。利用动态梯形图的信号G8.0（系统所有轴互锁）、G130.0、G130.1、G130.2、G130.3（分别为第1、2、3、4轴互锁）是否为“0”进行判断。若为0则说明系统输入了相应的互锁信号。当然上面系统互锁信号有效必须系统参数3003＃0（系统所有轴）、3003＃2（系统每个轴）设定为“0”时。

⑤ 系统进给倍率为0。可以通过系统诊断号013 JOG FEEDRATE OVERRIDE 0%是否为“1”进行判断。若为1则系统的进给倍率为0，原因可能是倍率开关位置不对或系统故障。

2) 位置坐标显示（相对、绝对、机械坐标）变化　故障原因可能是：机床输入了进给轴的机床锁住信号。可以通过系统动态梯形图信号G44.1（机床所有轴锁住信号）、G108.0、G108.1、G108.2、G108.3（分别为第1、2、3、4轴锁住信号）是否为“1”进行判断。若为1，则说明机床输入了轴锁住信号。

(2) 机床手动（JOG）或手摇脉冲（MPG）不执行而自动正常

1) 机床手动（JOG）操作无效

① 系统状态选择未在手动状态。可以通过系统动态梯形图的信号G43.0、G43.1、G43.2来判定系统是否在手动状态，原因可能是状态开关位置不对、状态开关及接线故障。

② 进给轴和方向选择信号未输入。通过系统动态梯形图可以判定哪一个轴进给方向选择信号未输入，即信号G100.0、G100.1、G100.2、G100.3（分别为第1、2、3、4轴的正方向选择信号），及G102.0、G102.1、G102.2、G102.3（分别为第1、2、3、4轴的负方向选择信号）。

③ 进给速度参数设定不正确。检查系统JOG进给速度参数1423（为各轴JOG速度参数）是否设定为“0”。

2) 手摇脉冲操作无效

① 系统状态未在手摇脉冲状态（MPG）。可以通过系统动态梯形图的信号G43.0、G43.1、G43.2来判定系统是否在手摇脉冲状态，原因可能是状态开关位置不对、状态开关及接线故障。

② 手摇脉冲轴选择信号未输入。通过系统动态梯形图诊断手摇脉冲轴选择信号G18.0、G18.1、G18.2、G18.3（分别为手摇脉冲第1、2、3、4轴选择信号）是否接通，若未接通则原因可能为手摇脉冲轴选择开关及接线故障。

③ 手摇脉冲本身及接线故障。可以通过图7-19所示的信号及连接图，检查控制信号是

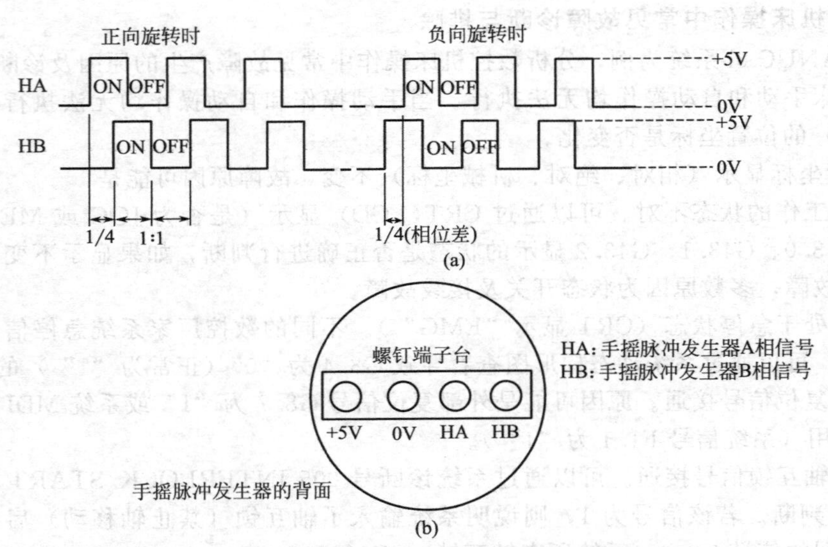

图 7-19 手摇脉冲发生器的信号及接线图

否正确及编码器接线是否良好。

3）自动操作无效而手动操作正常 当按下机床循环启动按钮时，查看循环指示灯是否亮来判定故障原因。

① 自动操作无效（循环启动指示灯不亮）

a. 系统状态选择信号不正确。通过系统动态梯形图查看系统状态信号 G43.0、G43.1、G43.2 是否在 MEM（或 MDI、RMT）状态，若状态信号不正确则为状态开关本身、接线或系统故障。

b. 系统循环启动信号未被输入。通过系统动态梯形图或系统诊断号 G7.2 查看循环启动信号是否被输入（循环启动信号为下降沿触发），若未被输入则为机床循环启动按钮本身及接线或系统 I/O 接口故障，如果系统循环启动信号被输入，则为系统本身故障。

c. 系统进给暂停信号被输入。通过系统动态梯形图查看信号 G8.5 是否为“0”，若信号为 0 则说明系统输入了进给暂停信号。故障原因可能是机床进给暂停按钮开关本身及接线故障。

② 自动操作无效（循环启动指示灯亮）

a. 机床进给倍率为零。通过系统诊断号 004 是否为“1”来判别，当诊断号 004 为“1”则为该故障。故障原因可能是进给倍率开关本身及接线不良或系统接口电路故障，如果前面故障排除后问题还存在，则需要更换系统轴板。

b. 系统输入了轴互锁信号。通过系统诊断号 005 是否为“1”来判别，当诊断号 005 为“1”则为该故障。故障可能原因是机床轴互锁信号开关接通或是系统参数设定错误（机床梯形图没有设计互锁控制而互锁功能参数设定为有效）。需要将系统轴互锁功能参数设定为 3003＃0、＃1、＃2（一般设定为“0”）。

【例 7-6】 一台配套 FANUC21M 数控系统的数控机床，在执行原点返回的 NC 程序时，当执行到“G91 G28 G00 Z0;”时，*Z* 轴无动作，CNC 状态栏显示为“MEM STRT MTN ＊＊＊”，即 *Z* 轴移动指令已发出。用功能键｜MESSAGE｜切换屏幕，并无报警信息。用功能键｜SYSTEM｜切换屏幕，按“诊断”键，这时 005(INTERLOCK/START-LOCK) 为“1”，即有伺服轴进入了互锁状态。

故障排除过程：进入梯形图程序显示功能屏幕，发现与 *Z* 轴对应的互锁信号 G130.0 的状态为“0”，即互锁信号被输入至NC，检查其互锁原因，发现是一传感器被铝屑污染。擦拭后，将G130.0置为“1”，互锁解除，重新启动原点返回的NC程序，动作正常，故障排除。

c. 系统等待主轴速度到达信号（程序中只是插补移动指令不执行）。通过系统诊断号006是否为“1”来判别，当诊断号006为“1”则为该故障。产生故障的可能原因有主轴位置编码器不良、系统参数设定错误（机床梯形图中没有设计主轴速度到达信号G29.4，而系统参数3708#0设定为检测主轴速度到达信号）。

【例7-7】 数控机床操作中的故障排除

故障现象：某配套FUNAC 0M的立式加工中心，在手动操作时发现显示变化，但实际坐标轴没有运动，系统无报警显示。

分析及处理过程：为了迅速判别坐标轴不运动的原因，首先检查在移动坐标轴时，电动机是否转动。

经观察，发现该机床各轴伺服电动机均未转动。考虑到FANUC 0M为闭环系统，对于这种结构出现显示变化，但伺服电动机不转，且系统无报警显示，其原因一般均为“机床锁住”信号生效而引起的，经进一步检查发现，该机床的MLK（G117.1）为“1”，使机床进入了“锁住”状态，取消该信号后机床即可正常工作。

【例7-8】 数控机床操作中的故障排除

故障现象：一台配套数控系统的数控机床，其加工程序编辑后无法保存。

分析及处理过程：经现场多次试验发现，机床可进行手动、手轮、MDI操作，但在编辑完程序、关机后重新启动，发现程序丢失，但系统参数仍然存在，因此可排除电池不良的原因，据初步诊断可能为存储器板损坏导致。与另一台机床上同规格的存储器板更换后，机床恢复正常。

【知识拓展】

1. 常用主轴驱动系统

（1）FANUC公司主轴驱动系统　FANUC公司主要采用交流主轴驱动系统，有S、H、P三个系列（1.5～37kW，1.5～22kW，3.7～37kW）。

主要特点：

① 采用微处理控制技术；

② 主回路采用晶体管PWM逆变器；

③ 具有主轴定向控制、数字和模拟输入。

（2）SIEMENS公司主轴驱动系统　SIEMENS公司主轴驱动系统的主要部分：

① 直流主轴电机有1GG5、1GF5、1GL5和1GH5四个系列及配套的6RA24、6RA27系列驱动装置（晶闸管）。

② 交流主轴电机有1PH5和1PH6两个系列及配套的6SC650、6SC611A系列的主轴驱动模块。

③ 主轴伺服系统故障有三种表现形式：

a. 在CRT或操作面板上显示报警内容或报警信息；

b. 在主轴驱动装置上用报警灯或数码管显示故障；

c. 无任何故障报警信息。

2. 常见进给驱动系统

（1）直流进给驱动系统

① FANUC公司直流进给驱动系统　小惯量L、中惯量M系列直流伺服电机，采用

PWM 速度控制单元；大惯量 H 系列直流伺服电机，采用晶闸管速度控制单元，均有过速、过流、过载等多种保护功能。

② SIEMENS 公司直流进给驱动系统 1HU 系列多种规格的永磁式直流伺服电机，与电机配套的速度控制单元有 6RA20（晶体管 PWM 控制）和 6RA26（晶闸管控制）两个系列，也均有过速、过流、过载等多种保护功能。

（2）交流进给驱动系统

1）FANUC 公司交流进给驱动系统

① 驱动装置：晶体管 PWM 控制的 a 系列交流驱动单元。

② 电机：S、L、SP 和 T 系列永磁式三相交流同步电机。

2）SIEMENS 公司交流进给驱动系统

① 驱动装置：晶体管 PWM 控制的 6SC610 和 6SC611A 系列交流进给驱动模块，还有用于数字伺服驱动的 611D 系列。

② 电机：LFT5 和 IFT6 系列永磁式三相交流同步电机。

（3）步进驱动系统 802S 数控系统配 STEPDRIVE 步进驱动装置及 IMP5 五相步进电机。

【学习小结】

1. 数控机床为了延长机械部件的磨损周期和使用寿命，按照机床说明书的要求及相关规定，对数控机床进行定点、定时的检查和维护。数控机床的日常维护主要内容有：数控机床的正确使用、数控机床各机械部件、数控系统、伺服系统及常用位置检测装置的维护等。

2. 故障诊断方法有观察检查法、系统自诊断法、参数检查法、功能测试法、部件交换法、测量比较法和原理分析法等几种。

3. 数控机床使用数字化的信息来实现自动控制。它将与加工零件有关的信息，由数控装置经过分析处理后，按指令控制机床进行自动加工。数控机床控制系统的主要功能就是将输入的数控程序代码进行处理后，输出各种信号和指令来控制机床的各部分进行规定的有序的动作。数控系统主要由硬件控制系统和软件控制系统两大部分组成，数控系统出现故障以后，就要分别对软、硬件部分进行分析、判断，定位故障并维修。

4. 数控机床的伺服系统是机床主体与数控装置的联系环节。它用来控制机床的进给运动和主轴转速。伺服系统按控制原理可分为开环、闭环和半闭环伺服系统。伺服驱动系统主要由伺服电动机、驱动控制系统和位置检测与反馈装置等组成。数控机床的驱动系统可分为进给驱动系统和主轴驱动系统，也可分为直流驱动和交流驱动两种。目前大多采用交流驱动。

【自我评估】

1. 数控机床主要由哪些部分组成？说明其功能。
2. 数控机床故障的诊断有几种方法？简要说明故障诊断的一般步骤。
3. 数控机床日常维护及保养主要包括哪几个方面？
4. 简述数控机床进给传动系统的功能及分类。
5. 数控机床常见的故障有哪些？
6. 维修数控机床前应做好哪些准备工作（资料及工具）？
7. 数控机床主轴的支承形式主要有哪几种？
8. 常见的自动换刀装置主要有哪几种形式？
9. 滚珠丝杠螺母副有哪些特点？

10. 数控机床主传动系统及主轴装置故障现象有哪些？如何排除？(举例说明)
11. 数控机床进给传动系统故障现象有哪些？如何排除？(举例说明)
12. 刀库及自动换刀装置故障现象有哪些？如何排除？(举例说明)
13. FANUC 数控系统有哪些部分组成？说明各部分的功能。
14. 数控系统故障诊断技术包括哪些内容？
15. 数控机床返回参考点常见的故障有几种？如何排除？
16. 数控机床为什么在开机时要回零？
17. 进给伺服系统及主轴伺服系统的故障有几种形式？
18. 加工中心中常见的换刀方式分为哪两大类？各有什么特点？

【评价标准】

本学习情境的评价内容包括专业能力评价、方法能力评价及社会能力评价等三个部分。其中自我评分占30%、组内评分占35%、教师评分占35%，总计为100%，见表7-13。

表 7-13　学习情境 7 综合评价表

种类	项目	内容	配分	考核要求	扣分标准	自我评价30%	组内评分35%	教师评分35%
专业能力评价	任务实施计划	1. 实训的态度及积极性；2. 实训方案制定及合理性；3. 安全操作规程遵守情况；4. 考勤遵守纪律情况；5. 完成技能训练报告	30	实训目的明确，积极参加实训，遵守安全操作规程和劳动纪律，有良好的职业道德和敬业精神；技能训练报告符合要求	实训计划占5分；安全操作规程占5分；考勤及劳动纪律占5分；技能训练报告完整性占10分			
	任务实施情况	1. 熟知　技术资料对数控机床的日常维护；2. 数控机床机械装置故障诊断与排除；3. 数控系统故障诊断与排除；4. 伺服系统故障诊断与排除；5. 任务的实施规范化，安全操作	30	能熟知技术资料，掌握数控机床日常维护内容；能分析主传动、进给传动系统、自动换刀系统、液压与气动系统，并能排除常见故障；能掌握数控系统工作原理，并能排除常见故障；能掌握伺服系统工作原理，并能排除常见故障；任务实施符合安全操作规程	任务相关系统的功能、工作原理分析占10分；故障诊断与常见故障排除占10分；任务实施步骤正确与完整性占10分			
	任务完成情况	1. 相关工具的使用；2. 相关知识点的掌握；3. 任务的实施完整	20	能正确使用相关工具；掌握相关的知识点；具有排除异常情况的能力并提交任务实施报告	工具的整理及使用占10分；知识点的应用及任务实施完整性占10分			
方法能力评价		1. 计划能力；2. 决策能力	10	能够查阅相关资料制定实施计划；能够独立完成任务	查阅相关资料能力占5分；选用方法合理性占5分			
社会能力评价		1. 团结协作；2. 敬业精神；3. 责任感	10	具有组内团结合作、协调能力；具有敬业精神及责任感	团结合作、协调能力占5分；敬业精神及责任心占5分			
合计			100					

年　　月　　日

学习情境8

机电设备的安装

学习目标

机械设备的安装是一项重要而复杂的工作，是一个庞大的系统工程。整个工作过程由选择地基、建筑基础、设备安装、调试和试运转等工序组成。安装质量直接影响机械设备的工作性能、使用寿命及经济寿命。该情境主要学习和掌握机电设备安装程序和每项工作的技术要求。

知识目标：

1. 掌握设备安装前的准备工作内容与技术要求；
2. 掌握设备到货验收项目与技术要求；
3. 掌握地基设计规范与技术要求；
4. 掌握施工工序编制技术；
5. 掌握设备安装完毕后的验收工作项目及要求。

技能目标：

1. 会地基尺寸设计；
2. 会编制简单设备的施工工序和劳动进度表。

学习情境 8

能力目标：

1. 具有通过工具查阅图纸资料、搜集相关知识信息的能力；
2. 具有自主学习新知识、新技术和创新探索的能力；
3. 具有合理地利用与支配资源的能力；
4. 具有良好的协作工作能力；
5. 具有主动性工作的自觉性。

任务 8.1 设备安装的准备工作

【任务描述】

机械设备安装工程的规模往往较大，要求多工种、多部门协调作业，因此必须充分做好施工准备工作和组织工作，做到科学施工，保证施工质量和施工安全。设备安装的准备工作是首要的工作，直接影响施工的质量、进度和安全。因此特别要重视这项基础工作。

【任务分析】

1. 功能分析

机械设备的安装工作首先要在详尽熟悉安装工作各类技术资料的基础上，编制具体的技术质量要求、设计安装工艺和编制安装步骤，保证安装工程保质保量按期竣工，在安全第一、兼顾劳动生产率和降低成本的原则下，科学地完成安装施工任务。由此可见，设备安装的准备工作是非常重要的基础工作。

2. 应用要求

设备安装的准备工作包括审阅图纸、设备开箱检查、编制施工工序和劳动进度表、安装设备、材料和工具的准备等工作项目。

随着各种安装设备、起重运输机械的发展和更新，新的测量、测试仪器及测试方法的广泛应用，各类先进的联络、指挥手段以及建立在系统工程基础上的科学施工方法，都给机械设备的安装工作带来了全新的变化。

【知识准备】

1. 熟悉设备施工的图纸，了解设备的工作性能

机械设备在安装前，有关人员要仔细审阅被安装机械设备的图纸，了解其工作性能和安装要求。

(1) 大型设备在安装时，一般是按组件或部件形式运到安装现场。在审阅图纸时，要了解设备零部件间的装配关系，确定安装方案和装配质量要求。

(2) 掌握机械设备的长、宽、高总体尺寸以及中心标高，再根据其附属设备，基本可以确定设备的安装空间。

(3) 根据设备图纸、设备安装图纸和设备实物进行核对。其主要内容是：

① 安装图纸的地脚螺栓孔是否与设备底座的安装孔一致；

② 安装图纸中的轴承座预埋位置的中心距、中心标高与设备主轴的中心距、中心标高是否一致；

③ 土建部门提供的安装图纸是否能保证设备的组装，是否有足够的安装空间；

④ 附属设备的安装位置是否符合设备的运转要求；

⑤ 安装图纸中管道、电缆沟等是否与设备的接口一致。

(4) 根据设备的图纸、结构特点、总体尺寸等技术参数，讨论和初定安装工序和安装进度。

(5) 根据设备的结构和总体尺寸，初步确定设备运输方案。

2. 设备开箱检查

设备到货后，设备管理部门要严格进行验收工作，主要内容有：

（1）设备技术文件是安装工作的重要技术资料，要送交档案部门归档。

（2）安装箱清单，检查设备组件、部件的数量和规格，特别要防止设备装箱错误，专用工具、特制螺栓等要严格检查。否则很可能在安装时，因缺少一个特制螺栓而影响安装进度。

（3）设备的部件在运输或保管中是否有碰伤、锈蚀等现象，发现后要及时处理或与制造厂家协商处理方案。大型设备的缺陷处理需要较长时间，处理不及时会影响安装工期。

（4）设备开箱后，应对零部件、附件、附属材料和工具进行编号分类，要有专人妥善保管。设备的防护包装，应在施工工序需要时拆除，不得过早拆除或乱拆，致使设备受损。对一时不能进行安装的设备，在检查后，应将箱板重新钉好，或采取其他措施，防止损失和丢失。

（5）设备的转动和滑动部件，在防锈油料未清除前，不得转动和滑动；由于检察而除去的防锈油料，在检查后应重新涂上。

（6）开箱检查记录要由管理部门认真填写并交档案部门存档，若在开箱检查中，发现设备的规格或性能与订货要求不符，要请技术监督部门检验，出具报告，作为索赔的依据。

【任务实施】

1. 编制施工组织设计

负责安装工程的领导和工程技术人员，要结合安装设备的实物，在熟读图纸及安装使用说明书的基础上，编写出施工组织设计，并组织安装人员学习，贯彻执行。

施工组织设计的内容主要有：

（1）施工程序　一般机械设备的安装顺序是地基建筑、安装中心线找正、设备部件运输、部件装配、整机装配与调试、设备试运行等，也可根据实际情况或安装工艺、安装设备的不同，采用不同的安装方法。例如，采用设备整体安装法时，可预先进行清洗、装配或试运转，然后安装到地基上。施工程序不是一成不变的，要注意采用先进的安装设备和安装工艺。

（2）施工进度表和劳动组织表　工种和工作人员数量可在进度表上列出，也可按工序进度单独列表表示。进度图表是以工期要求和施工程序进行制定的。

确定劳动组织时，要在保证安装质量的前提下，进行平行作业和交叉作业，要注意安装用工特点，防止窝工。

在超高、超宽特大型部件运输安装时，要提前与运输、交通部门协调。

对各工种人员，不但应有人员的数量要求，还必须有安装人员的技术等级要求，如焊接、设备吊装、设备的调试等。

（3）分部、分项的工程施工方法及质量要求　质量要求可按制造厂家提供的安装质量标准执行。各部件的安装质量技术标准要有量化指标，并且要有安装记录备查。

2. 安装中的安全技术措施及安全规程

机械设备的安装是多工种、多工序作业，防火与安全施工是十分重要的。在吊装及易燃易爆环境或在可能有有毒气体泄漏环境中的施工及高空作业和在施工环境下用电（特别是高压）等情况下，设备的搬运必须有严格的施工安全措施。

安全施工措施要依据国家标准和行业标准。施工时要有监测设备，施工单位必须要有专职的安全监察人员和相应的组织机构。

【知识拓展】

☆ 施工设备、工具、材料方面的准备 ☆

1. 施工设备

施工设备有滑轮、起重杆、滚木、稳车、绞盘、链式起重机、起重吊车（大型部件，如矿井提升设备天轮可采用大型汽车吊进行安装）等起重及运输机械；电、气焊设备、手电钻、手提砂轮机、风动设备、铆接设备；安装用临时电源（变压器、输配电装置、发电设备）等。

2. 仪器、量具

经纬仪、水准仪、方水平仪、长水平仪、框式水平仪、内外径千分尺、游标卡尺、千分表、深度尺、深度千分尺、万能游标角度尺、厚薄规、直角规、塞规、钢卷尺、盒尺、钢板尺、内外卡钳等。

3. 工具及刃具

大小铁锤、木槌、铜棒、铅块、铲（扁、尖、半圆、油槽）；划线工具；钻孔绞孔设备及工具、攻丝工具，各类扳手、管钳及管扣板牙架；各种锉刀、字头、大力钳、螺丝刀、钢丝刷、皮老虎、油壶、黄油枪、喷灯、行灯；各种绳套、刮刀、油石等。

4. 消耗材料

砂布、锯条、棉纱、旧布、煤油、汽油、润滑油、润滑脂、皮带蜡、研磨膏、显示剂、砂纸、安装所需的各类焊条、氧气、乙炔、青壳纸、石棉板、毡垫、薄铜皮、镀锌薄板、钢丝（0.5～1mm）、铅丝（14号～8号）、保险丝、麻绳、棕绳、钢丝绳套（用6×19或6×37钢丝绳做）；各类常用标准件，如垫圈（平垫、弹簧垫）、螺栓、螺母、开口销等；安装临时用电电缆、各种规格的电线、开关等；安装用的钢板、钢管、跳板、方木、滚木、水泥、沙子、石子、料石等；各种颜色的磁漆或调和漆、防锈漆、腻子等。

对施工用的设备、仪器、工具及刃具、消耗材料等，要根据所安装的设备和施工方法，提出名称、规格、数量；对临时用设备（如汽车吊）在施工图表上标出使用时间。设备材料计划既要保证施工需要又要注意节约，降低安装成本。

任务 8.2 机器和基础的连接

【任务描述】

机械设备安装时，要有牢固的地基，因此地基尺寸设计是保证设备安全运行的保证条件之一。地基尺寸满足要求，可以降低设备的振动，提高设备运行的安全性和可靠性。

【任务分析】

设备安装地基尺寸主要是深槽的长、宽、高三个重要参数。通过设备外观尺寸、重量和运行要求，设计合理的地基尺寸。因此，本任务主要引导和掌握地基尺寸设计，以及设计中考虑了哪些因素，掌握地脚安装的技术要求。

【知识准备】

☆ 地基尺寸的设计 ☆

1. 基础的简易计算

机械设备的基础是承受机器和设备的全部重量，并与基础本身的重量均匀地传布到土壤。基础可以承受、消除或减弱机器在工作时产生的振动。基础的设计与施工直接关系到设备的安装质量和运转状态。

（1）地基　地基分天然的和人工的两种。在建筑基础时，支撑基础底面的土壤保持其天然状态，称为天然地基。当天然地基的强度和稳定不够时，则必须采用人工地基。

当建筑基础时，必须使地基（或土壤）所承受的压力不超过土壤的允许承载力，以免因此产生基础的下沉和变形。表 8-1 是受静载荷作用的土壤的基本容许承载力。

表 8-1　土壤的容许承载能力

土壤类别	土壤名称	承载能力/(kN/m²)
Ⅰ	软质土壤(孔隙比较大的可塑性黏土、中密很湿的饱和的细砂及粉砂、密实饱和的粉砂)	≤150
Ⅱ	中等坚硬土壤(黏质砂土、砂质黏土、孔隙比较小的可塑性黏土、孔隙比较大的坚硬黏土、中密实的砾砂和粗砂、密实很湿饱和的细砂、密实稍湿和很湿的粉砂、中密实稍湿的砂粉)	≤350
Ⅲ	坚硬土壤(坚硬黏土、孔隙比较小的坚硬黏土、密实的砾砂和粗砂、角砾和圆砾、孔隙为砂填充碎石和卵石)	≤600
Ⅳ	岩质地基	>600

如果建筑基础的地基是能够承受较大负荷的大岩块岩石、碎石或砂岩的土质（天然成层），只需铲平即可。如果是软土，地基松软，则松土放出或吸收水分而收缩或膨胀，使基础变形产生裂缝，引起整个机器损坏或发生事故。对于松软的土壤，必须打桩加固。

(2) 砌筑基础　在强度可以满足的条件下，可采用砖基础，并且只允许建筑在地下水位以上。要采用高质量的砖，强度等级不小于 MU15。水泥砂浆采取水泥和砂子的混合比为 1∶3，重要的为 1∶1（体积比）。在砌筑砖基础前，必须将砖用水浸泡，因为干砖能大量吸收水分。

混凝土有无钢筋混凝土和钢筋混凝土两种。混凝土的强度等级一般采取 C10，对重载荷的基础，强度等级提高到 C15。各类机器应采用的混凝土强度等级列在表 8-2 中。

表 8-2　各类机器采用的混凝土强度等级

机器的种类	混凝土强度等级
一般机器的基础：金属切削机床，一般电机及其他均匀转速工作机器	C10
重型和不均匀转速工作机器的基础：压缩机、内燃机、蒸汽机、锻压机械、破碎机、球磨机、小型透平机、重型金属切削机床	C10～C15
重型、重要的和产生大的振动的机器基础：大型透平机组、大功率的水泵、通风机、高精度的金属切削机床(磨床、齿轮精整机床等)	C15～C20

钢筋混凝土的标号不应小于 C15。各种标号的混凝土按一定的成分配成。在实际应用中，建筑机器基础的混凝土，一般的成分比可不计算，按经验配比，即水泥∶砂子∶石子为 1∶3∶6，重要的用 1∶2∶4（体积比）。

浇注混凝土时，一般要求一次不间歇地浇灌成。向模板内浇灌混凝土时，应分层摊平和普遍捣实。浇灌后，要有专人养护。在养护期间，用草袋遮盖，保持湿润，洒水期为 5～7 天。混凝土由浇注到安装机器，一般不少于 7～14 天。整个过程要有良好的技术监督。为了使基础不致在机器安装后因工作产生振动而下沉，建筑完毕的基础可进行加压试验，加压的重量为机器重量的 1.5 倍，时间为 3～5 天。机器安装到基础后，一般至少应该经 15～30 天的时间才能开动机器工作。

机器的基础不允许与厂房的墙或其他基础相连，否则会将机器的振动传到墙上，用时也会引起基础发生不平衡的下沉。

(3) 机器基础尺寸的选择计算　合理的机器基础，设计时应满足强度、稳定性和没有很大的振动三个要求。机器基础的结构通常为整块式，一般都有足够的强度，除非有特殊的要求，通常不进行强度计算。

基础尺寸的正确选择，应满足工作的可靠性和结构的经济性两个原则。机械基础的主要尺寸为基础的底面尺寸和基础的最小高度，其他的尺寸根据机器结构的要求确定。

$$W_{基}=\alpha W_{机} \tag{8-1}$$

式中 $W_{基}$——基础的重量，N；

$W_{机}$——机器的重量，N；

α——系数，见表8-3。

表8-3 各类机器的 α 值

机器的分类	α	机器的种类	α
卧式活塞机器，活塞速度：$v=1m/s$	2.0	透平发电机组	5.0
$v=2m/s$	2.5	电机：无制动和逆转	10.0
$v=3m/s$	3.5	有制动经常反转且载荷不稳定	20.0
$v=4m/s$	4.5	水泵和通风机	10.0

基础的体积 $V(m^3)$ 为：

$$V=\frac{W_{基}}{P} \tag{8-2}$$

式中 P——$1m^3$ 基础的重量，砖砌基础，$P=19kN/m^3$；混凝土基础，$P=24kN/m^3$。

基础的长 A 与宽 B 取决于设备机架的尺寸，基础要大于机架，每边为150～250mm。基础的高度 $H(m)$ 为

$$H=\frac{V}{AB} \tag{8-3}$$

确定基础的最小高度主要取决于地脚螺栓的固定要求、管路埋设的位置、土壤的冻结深度和地下水位等。一般情况下，基础的高度对设备运转的稳定性和减小振动的要求，除某些基础（如锻锤基础）外，影响并不大。基础螺栓的长度和基础的高度间互相影响要加以适当选取。基础螺栓长度加大时固然可以增大机器固定的可靠性，但如果过长，而使基础高度增加过大，也是不经济的。

土壤的冻结能使地基变形，只有小型和允许偏斜的基础才允许在冻结土壤上构筑基础，具有一定精度要求的机器必须安装在坚固的基础上，因为必须将地基的冻结土壤铲去。而重型的机器应该将基础构筑在冻结深度以下的标高上。

基础应该构筑在地下水位以上，当基础必须构筑在地下水位以下时，应该采取排水降低和其他措施。

2. 基础的验收

在机械设备安装就位前，要对设备基础进行验收，以保证安装工作的顺利进行。其检查项目和验收标准如下。

① 安装部门要检查以下技术文件是否齐全：附有材料表的基础施工图；基础标高测量图表；基础定位图表；大型设备或高精度设备及冲压设备的基础，还要提供基础预压记录及沉降观测点；基础质量合格记录。

② 所有基础表面的模板、地脚螺栓固定架及露出基础外的钢筋、铁条等必须拆除。杂物和积水要清除干净。拆除模板，以及铲成必要的麻面。放垫铁的部位要用1：2水泥砂浆研平。

③ 基础的几何尺寸，必须符合设计要求，基础各部分允许误差见表8-4。

④ 根据设计图纸的要求，检查所有预埋件（包括预埋地脚螺栓）的数量和位置是否正确。

表 8-4　混凝土设备基础的允许偏差表

序号	项目	允差/mm	序号	项目	允差/mm
1	坐标位置(纵横轴线)	±20	6	基础垂直面的铅垂度:①每米 ②全高	5 10
2	基准点的标高	±0.5	7	预埋地脚螺栓:①标高(顶端) ②中心距(在根部和顶端两处测量)	+20 ±2
3	平面外形尺寸 凸台上平面外形尺寸 凹穴尺寸	±20 −20 +20	8	预留地脚螺栓孔:①中心位置 ②深度 ③孔壁铅垂度	+10 +20 10
4	不同平面的标高	−20	9	预埋活动地脚螺栓锚板: ①标高 ②中心位置 ③水平度(带槽沟锚板) ④水平度(带螺纹孔的锚板)	 +20 ±5 5 2
5	平面的水平度(包括地坪上需安装设备的部分): ①每米 ②全长	 5 10			

⑤ 基础混凝土的强度应符合设计要求。

⑥ 基础表面应无蜂窝、裂痕及露筋等缺陷。用手锤敲击基础检查密实度，不得有空洞的声音。

3. 轨座的形式

通常机器都直接安装在基础上，但有些设备为便于修理和调试，保证安装质量，采用轨座固定在基础上的安装方式。轨座的形式见图 8-1。轨座可用灰铸铁和型钢制成。

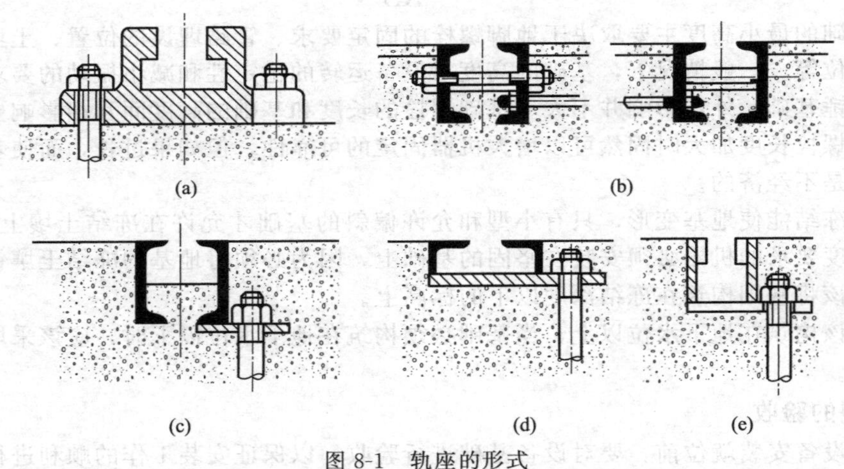

图 8-1　轨座的形式

(a) 灰铸铁的轨座；(b)、(c) 由槽钢制成的轨座；(d) 由角铁制成的轨座；(e) 由钢板制成的轨座

轨座放到基础上后应该进行位置调整和找平找正，然后进行二次灌浆，使其牢固地固定在基础上，最后将机器安装在轨座上。

【任务实施】

1. 地脚螺栓规格与长度的选择计算

地脚螺栓的作用是将机器或设备与基础牢固地连接起来，以免机器或设备工作时发生位移和倾斜。

地脚螺栓、螺母和垫圈通常随设备配套供应，且在设备说明书中有明确的说明。

地脚螺栓、螺母和垫圈的规格可按照设备技术文件的规定选取。若无规定，可按下列原则选择：

① 按照设备底座（或轨座）上的地脚螺栓孔确定地脚螺栓的直径，见表 8-5。

表 8-5 地脚螺栓直径与设备底座地脚螺栓孔的关系 单位：mm

孔径	12～13	13～17	17～22	22～27	27～33	33～40	40～48	48～55	55～65
螺栓直径	10	12	16	20	24	30	36	42	48

② 地脚螺栓长度的选择。地脚螺栓的总长度（图 8-8）按下式确定：

$$L=I+H_1+H_2+H_3+H_4 \tag{8-4}$$

式中 I——埋入的总深度（包括垫板厚度），一般取螺栓直径的 15～20 倍，不超过 1～1.5m，最小埋入深度不小于 0.4m；

H_1——装地脚螺栓部位的机座厚度；

H_2——垫圈厚度；

H_3——螺母厚度；

H_4——地脚螺栓螺纹露出螺母的长度（一般为 1.5～5 个螺距）。

③ 一般地脚螺栓的形式和尺寸按 GB 799—76 选取。

④ 地脚螺栓一般应配一个螺母和一个平垫圈，螺母按 GB 55—76 选取，平垫圈按 GB 95—76 或 GB 97—76 选取。

⑤ 地脚螺栓上应加防松装置（如锁紧螺母或弹簧垫圈等）。

2. 地脚螺栓安装方式的选择

（1）根据地脚螺栓的长度分类

① 短地脚螺栓。短地脚螺栓用来固定轻的、没有剧烈振动和冲击的设备，其长度为 100～1000mm。

② 长地脚螺栓。长地脚螺栓用来固定重的、有强烈振动感和冲击力的重型机器，大多和锚板一起使用（图 8-2），其长度一般为 1000～4000mm。锚板用钢板或铸铁铸造。

（2）根据地脚螺栓与基础的连接形式分类

① 固定地脚螺栓。固定地脚螺栓往往与基础浇灌在一起，用来固定工作时没有剧烈振动和冲击的中小型设备。其长度一般在 100～1000mm 之间，属于短地脚螺栓（图 8-3）。头部形状一般为开叉和带钩的样式。带钩的固定地脚螺栓有时在钩孔中穿入横杆，以防扭转和增大抗拔能力。

② 活地脚螺栓。活地脚螺栓便于拆卸，不与基础浇灌在一起。基础内预留地脚螺栓孔，并在孔下埋入锚板，如图 8-2 所示。当移动设备或更换地脚螺栓时，可以方便地取出活地脚螺栓。

活地脚螺栓一般用来固定工作时有剧烈振动和冲击的重型设备，它的长度一般为 1～4m，属于长地脚螺栓。它有两种形状，一种是圆盘式，与它配套的是两头都有螺纹的螺栓，安装时必须拧紧，以免松动；另一种顶端有螺纹，下端呈“T”字形，或是方形底面有矩形孔，螺栓头位矩形，如图 8-2 所示。安装时，螺栓顶端面打上方向性记号，插入锚板后，根据记号，将螺栓转动 90°，使矩形头正确地放入锚板槽内。材质一般为灰口铸铁。

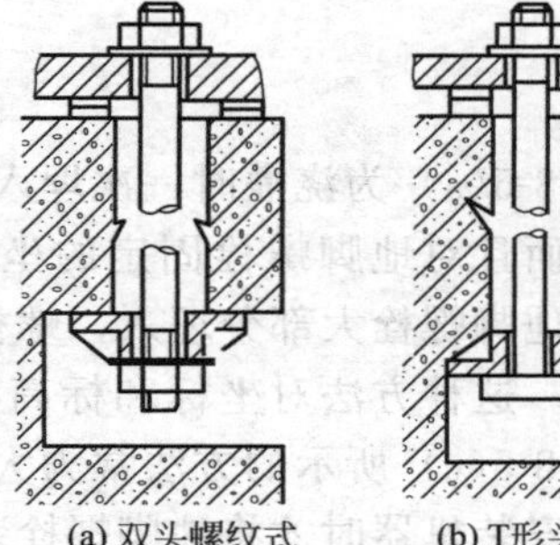

图 8-2 活地脚螺栓

③ 锚固定式地脚螺栓（膨胀螺栓）。这是一新型地脚螺栓，结构见图 8-4。此种地脚螺栓结构较复杂，制作成本高。多用于在基础无地脚螺栓或预留孔的情况下，这时可在基础上钻出螺纹孔，安装锚固定地脚螺栓。

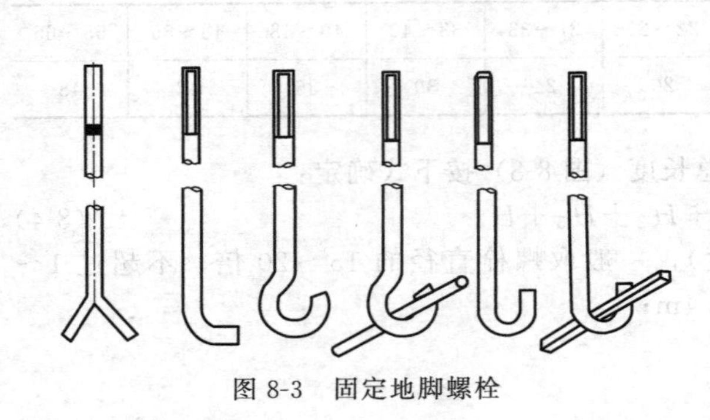

图 8-3 固定地脚螺栓

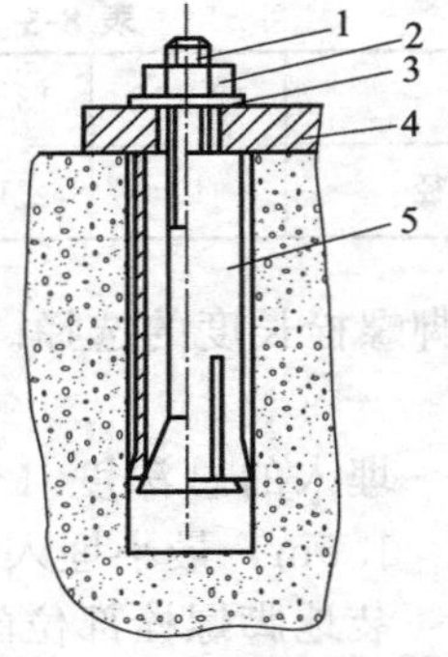

图 8-4 锚固定式地脚螺栓

1—螺杆；2—螺母；3—垫圈；4—设备底座；5—带口套管

(3) 地脚螺栓的固定方式

① 地脚螺栓的固定方法一般有全部埋入法、预留调整孔法和预留全部基础螺栓孔法三种，如图 8-5 所示。

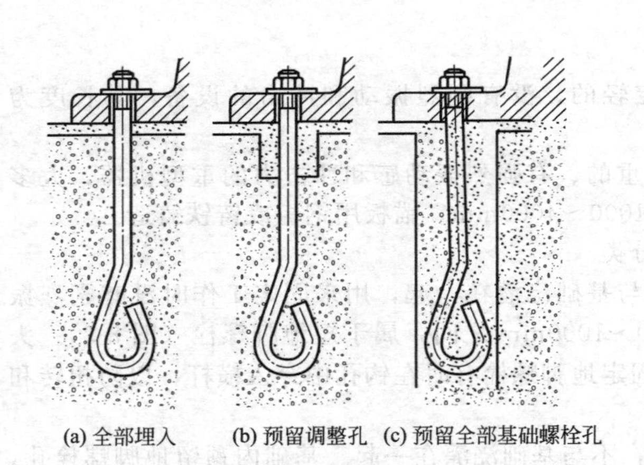

(a) 全部埋入 (b) 预留调整孔 (c) 预留全部基础螺栓孔

图 8-5 地脚螺栓的固定方法

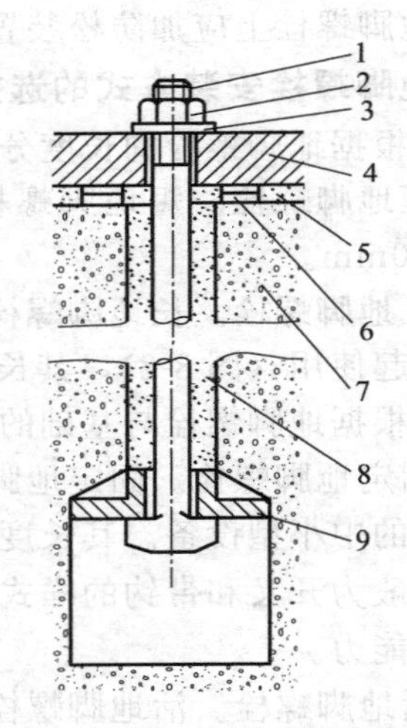

图 8-6 锚板式地脚螺栓的固定方法

1—地脚螺栓；2—螺母；3—垫圈；4—机座；5—二次灌浆；6—垫板；7—混凝土基础；8—充填干砂子；9—锚板

图 8-5(a) 为浇灌时一次埋入，可增加地脚螺栓的稳定性、固定性和抗振性，但不便于调整，而且对地脚螺栓固定的坐标和标高要求高。图 8-5(b) 所示的方法，是在浇灌基础时，将地脚螺栓大部分埋入，螺栓上端留有 100mm×100mm×(200～300)mm 方孔，作为调整孔。这种方法对坐标和标高要求较高。在设备找平找正后，地脚螺栓可一次紧固和灌浆。图 8-5(c) 所示的方法常为大型设备所采用。在浇灌基础时，预留 100mm×100mm 方孔，在安装机器时才将地脚螺栓装入，然后对预留孔进行灌浆。待灌浆凝固一定强度时，再次对机器设备进行找平找正，并紧固地脚螺栓。

② 锚板式可拆卸地脚螺栓的固定方法，如图 8-6 所示。在浇灌基础时，将地脚螺栓孔和锚板孔均留出。安装时先将锚板固定住，将地脚螺栓沿锚板方向放入地脚螺栓孔内。待设备放到基础后，将地脚螺栓转 90°上提与机器底座固定。

③ 在混凝土楼板上固定地脚螺栓的方法，如图 8-7 所示。图 8-7(a) 为一般预埋套管法。图 8-7(b) 所示的方法用在安装时凿孔遇到钢筋，可将地脚螺栓焊在钢筋上，然后在灌浆。图 8-7(c) 所示的方法用在预留孔或安装时凿孔，在楼板下加设大型垫板，然后灌浆。

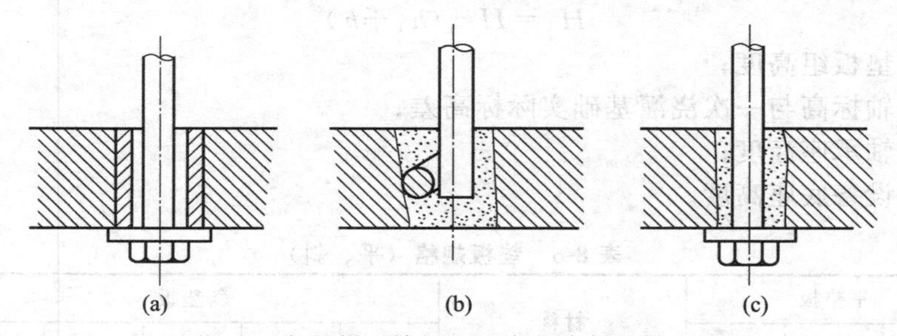

图 8-7　在混凝土楼板上固定地脚螺栓的方法

④ 锚固式地脚螺栓的固定。锚固式地脚螺栓在安装时，首先在已完工的基础上钻螺栓孔，孔的直径比螺杆最粗部分大，比膨胀后的直径小。然后装入地脚螺栓并锚固，最后灌入以环氧树脂为基料的胶黏剂。

基础或构件有裂纹的部位不能用膨胀螺栓作地脚螺栓。螺栓的中心至基础或构件边缘的距离不得小于 $7d$（d 为膨胀螺栓直径），底端至基础底面不得小于 $3d$，且不能小于 30mm，相邻两根螺栓中心距离不小于 $10d$，螺栓埋入深度一般为 $4d$～$7d$。

(4) 安装地脚螺栓的技术要求

① 地脚螺栓的铅垂允差为 0.01mm；

② 地脚螺栓离基础地脚螺栓孔壁的距离 a 要大于 15mm，如图 8-8 所示；

③ 地脚螺栓弯钩的底端不应碰孔底；

④ 地脚螺栓在安装时螺纹部分要涂润滑油脂，杆件部分上的油脂和污垢应清除干净；

⑤ 固定地脚螺栓的混凝土凝固达到设计强度的 75%后，再拧紧地脚螺栓的螺母；

⑥ 螺母、垫圈、设备底座间的接触均应良好；

⑦ 拧紧螺母时要注意用力均匀、次序对称，并要分几次拧紧；

⑧ 设备在安装时要均匀下落，不要碰伤地脚螺栓的螺纹部分；

⑨ 螺母紧固后，螺栓必须露出螺母 1.5～5 个螺距。

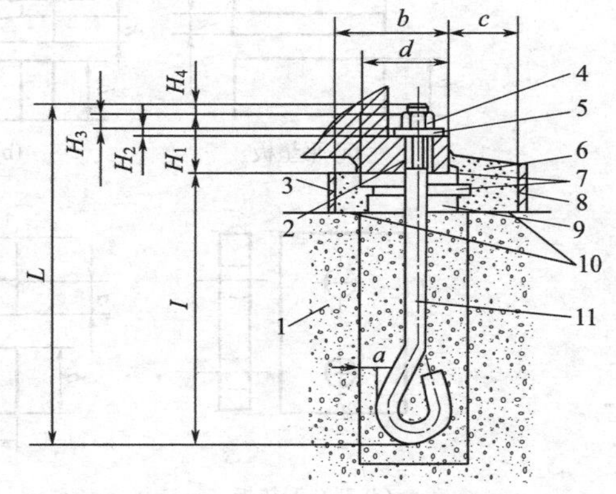

图 8-8　地脚螺栓、垫板和灌浆部分示意图

1—地坪或基础；2—设备底座地面；3—内模板；4—螺母；5—垫圈；6—灌浆层；7—钩头或成对斜板；8—外膜板；9—平垫板；10—麻面；11—地脚螺栓

【知识拓展】

1. 垫板

各种机器的安装，在机座与基础之间都要加设垫板，其作用是调整机器的标高和水平，使设备底座与基础之间有一定的距离，便于二次浇灌，机器的重量通过垫板能够均匀地传布

到基础上。

(1) 垫板的形式及规格 一般常用的垫板形式如图 8-9 所示。图 8-9(a)、(b) 为最常用的垫板形式，其规格见表 8-6。图 8-9(c)、(d) 所示形式的垫板，适用于金属结构。图 8-9(e)所示的形式为钩头斜垫板，当通过灌浆层固定时可不焊，其尺寸可根据实际需要确定，其中：$g=d+10\text{mm}$；$h=b+10\text{mm}$。

垫板组高度，参照图 8-10，由下式确定：

$$H_1=H-(h_1+h) \tag{8-5}$$

式中 H_1——垫板组高度；

H——轴标高与一次浇灌基础实际标高差；

h_1——轴承座高度；

h——设备底座高度。

表 8-6 垫板规格（平、斜）

项次	平垫板			材料	斜垫板					材料
	代号	L/mm	b/mm		代号	L/mm	b/mm	c/mm	a/mm	
1	平 1	90	60	低碳钢或灰铸铁	斜 1	100	50	3	4	低碳钢
2	平 2	10	70		斜 2	120	60	4	6	
3	平 3	25	85		斜 3	140	70	5	8	

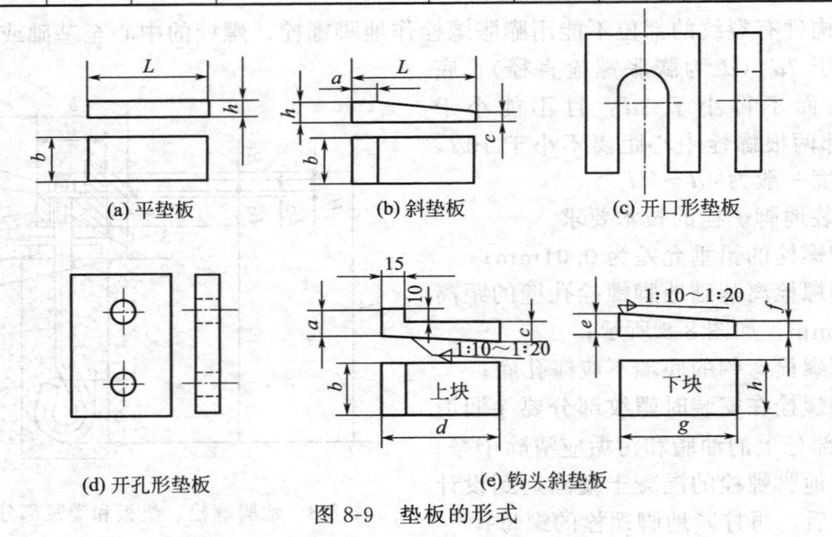

(a) 平垫板 (b) 斜垫板 (c) 开口形垫板

(d) 开孔形垫板 (e) 钩头斜垫板

图 8-9 垫板的形式

(2) 垫板的安放

① 要布置在地脚螺栓的两侧。

② 承受负荷较大的部分下面（如轴承座下）要布置垫板（图 8-10）。

③ 一组垫板最下面一块要放平垫板，且与基础接触良好（与基础研平），一组平垫板块数一般不超过 3 块，最多不超过 5 块。垫板厚度从下而上减薄。大型设备多为平垫板与斜垫板同时使用。同时使用时，平垫板要在下面，上面放一对斜垫板，两块斜垫板的斜面要相对。设备找平后，一对斜垫板要点焊住。

根据实际垫板组的高度和现有钢板库存情况，确定斜垫板所用规格。大型设备斜垫板采用宽度为 70～80mm，斜度为 1/20 或 1/40，长度要比机座与基础接触宽度长 10～50mm。按图 8-11 所示，一对斜垫板高度 $H_3=H_4+c$，平垫板高度 $H_2=H_1-H_3$。

④ 相邻两垫板组间距一般为 500～1000mm，如图 8-12 所示。若大于此数时还要增加一

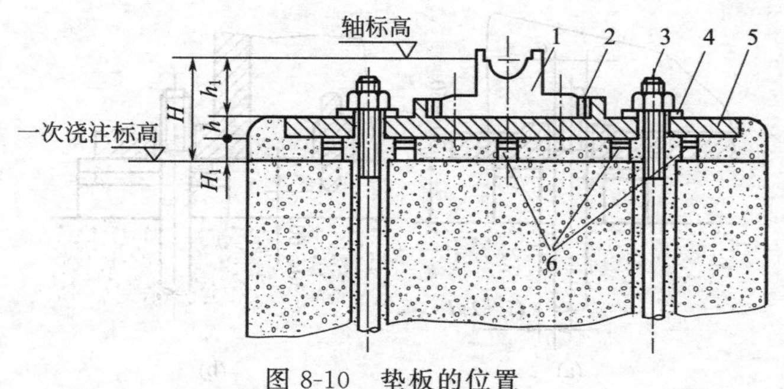

图 8-10　垫板的位置

1—轴承座；2—楔铁；3—地脚螺钉；4—垫圈；5—机座；6—垫板组

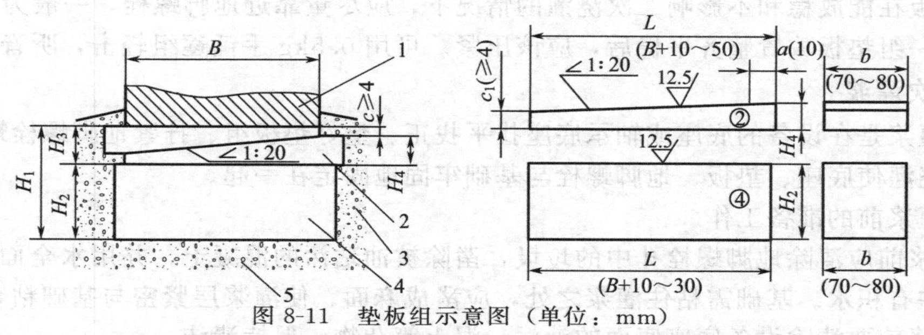

图 8-11　垫板组示意图（单位：mm）

1—机座；2—斜垫板；3—二次灌浆；4—平垫板；5—混凝土基础

组垫板。

⑤ 设备找平后，垫板应露出机器底座底面的外缘。平垫板要露出 10～30mm，斜垫板应露出 10～50mm。垫板组（不包括单块斜垫板）伸入设备底座面的长度应超过设备地脚螺栓孔［图 8-12(f)］。

⑥ 为便于二次浇灌水泥浆砂，垫板组的总厚度要保持在 30～60mm 之间，重型设备可增大到 100～150mm（图 8-13）。

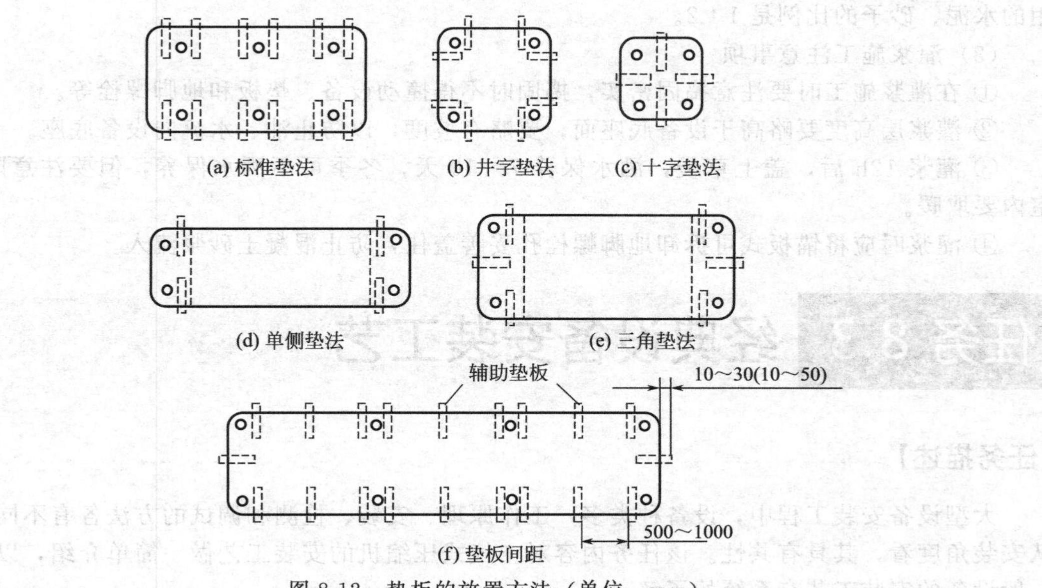

图 8-12　垫板的放置方法（单位：mm）

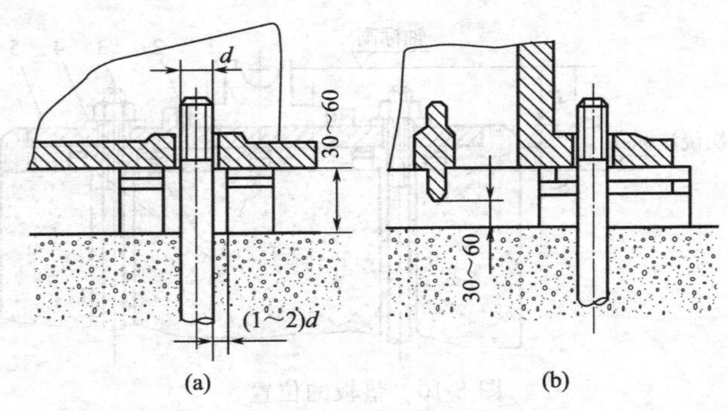

图 8-13 垫板的装设（单位：mm）

⑦ 垫板在能放稳和不影响二次浇灌的情况下，应尽量靠近地脚螺栓，一般为（1～2）d。

⑧ 每一组垫板放置整齐平稳后，应该压紧。可用 0.5kg 手锤逐组轻击，听音检查。

2. 二次灌浆

二次灌浆是在设备的底座或轴承底座找平找正、垫好垫板组、拧紧地脚螺栓螺母后进行的。二次浇灌使底座、垫板、地脚螺栓与基础牢固地固定在一起。

（1）灌浆前的准备工作

① 灌浆前应清除地脚螺栓孔中的垃圾，凿除被油玷污的混凝土，并用水全面刷洗干净，凹穴处不许有积水。基础需粘住灌浆之处，应凿成麻面，使灌浆层紧密与基础粘合。

② 灌浆前要清除设备底座底面的油污、泥土等杂物，保持清洁。

③ 灌浆前要设好模板，外模板与设备底座外缘间的距离 c 不小于 60mm，其高度视具体需要而定。当设备底座底面不全部灌浆，且灌浆层需要承受设备负荷时，应安装内模板。内模板至设备底座底面外缘的距离 b 要大于 100mm，并不应小于底座底面宽 d，高度均应等于底座底面至基础面或平面的距离（图 8-8）。

④ 灌浆用的砂子、碎石子要用水冲洗，除去泥土杂物。

（2）二次灌浆的材料　二次灌浆混凝土的标号要比基础混凝土标号高一级。碎石子粒度为 5～10mm，一般在现场水泥可用 425 号。水泥、砂子、石子三者的比例为 1∶2∶3，抹面用的水泥、砂子的比例是 1∶2。

（3）灌浆施工注意事项

① 在灌浆施工时要注意捣固密实，捣固时不得撞动设备、垫板和地脚螺栓等。

② 灌浆层高度要略高于设备底座面，要略有坡度，以防止油、水流向设备底座。

③ 灌浆 12h 后，盖上草袋，洒水保养 7～10 天，冬季可不洒水保养，但要注意防冻，室内要取暖。

④ 灌浆时应将锚板式可拆卸地脚螺栓孔妥善盖住，防止混凝土砂浆流入。

任务 8.3　经典设备安装工艺

【任务描述】

大型设备安装工程中，设备种类多，工作原理、安装、检测和调试的方法各有不同。但从安装角度看，其具有共性。该任务内容对空气式压缩机的安装工艺做一简单介绍，以求对一般设备的安装工艺有系统的了解。

【任务分析】

1. 功能分析

通过空气压缩机的安装工艺，引导其他设备的安装，空气压缩机属于大型设备，安装程序较为复杂，熟悉空压机的安装，对其他设备安装有一定的指导意义。

2. 空压机安装程序

空压机安装程序主要包括安装前的技术准备、设备开箱验收、设备清洗检修、设备组装调试、设备入库、地基建筑、地脚螺栓安装、部件安装、整机安装、调试运行等步骤。

【知识准备】

1. 安装前的准备工作

(1) 技术准备　安装前要具备如下技术资料和图纸：产品使用说明书和产品检验记录、预装配及测试资料，随机备件和工具清单，安装基础图、安装图、设备主体图及有关工艺图等。

(2) 编制施工方案　压缩机安装前，要根据技术资料和《机械设备安装工艺及验收规范》编制施工方案。

压缩机的施工方案主要内容有：设备安装概述，设备安装步骤、方法及技术要求，施工平面布置图，施工设备、机具、工具及检测仪表，施工组织及劳力配备，施工材料计划，施工进度图表，施工安全措施，工程预算等。

(3) 施工现场准备　施工现场要通水、通电，运输道路通畅，消防设施齐全，压缩机厂房、设备安装基础强度符合设计要求，夏季施工的防汛、冬季施工的防寒防冻设施齐全。

2. 压缩机的开箱验收和保管

① 压缩机的各零部件应按照安装顺序运抵施工现场，一般不要全部堆放在工地，以免保管不当或妨碍施工。

② 设备的零部件开箱检查和验收，要在有关人员共同参与下进行，并做好验收记录。其内容有开箱人、开箱日期、箱号、箱数、包装情况、运输损伤情况、全部零部件和附件、工卡具数量、型号、规格以及随箱图纸、资料等。

③ 对已开箱的零件要进行检查验收，检查是否有加工质量问题。对国外引进的重要零件（如曲轴、活塞杆、连杆螺栓等）要进行超声波探伤检查，如发现问题，要将探伤报告交由供货部门及时处理。

④ 施工部门要妥善保管已开箱的零部件，防止丢失、损坏和锈蚀。贵重材料、精密加工的零部件、仪表以及易丢失、损坏和锈蚀的零部件等，应有专门仓库上架保管。切削加工的表面不得随意敲击，不得直接放在地面上。

⑤ 安装现场要保清洁干燥，禁止在施工现场和存放零部件处进行混凝土搅拌、焊接及木工作业。要有防火、防止落物击伤设备的措施。

3. 基础验收

基础检查验收主要有四项：

① 进行基础外观检查，移交安装的基础不得有裂纹、蜂窝、孔洞、露筋等缺陷，预埋件要齐全合格；

② 复测压缩机基础的轴线、标高、各部分几何尺寸是否符合设计要求；

③ 核查设备部件的组成，备件清单；

④ 核查设备清单、说明书、设备维修手册、专用工具等技术资料。

机组安装就位前，基础上平面要铲成麻面，以便二次灌浆层能牢固地与基础结合在一起。可用风镐或手工工具在每 $100cm^2$ 范围内铲出3～5个深10～20mm的小坑，铲后将基础表面冲洗干净。

【任务实施】

☆ 压缩机安装程序 ☆

1. 垫铁和地脚螺栓

(1) 垫铁　活塞压缩机的垫铁，在安装过程中起着调整设备和找平找正的作用，垫铁留出的空间为二次灌浆提供了方便。垫铁承担机组全部重量，并通过地脚螺栓将机组产生的不平衡力传递给基础。压缩机安装中使用的垫铁，一般为平垫铁和成对斜垫铁联合使用。垫铁的总面积可根据设备的重量、基础的抗压强度和地脚螺栓的预紧力计算得出。此外，还要根据垫铁的布置方案和设备平面的形状等因素进行综合考虑。垫铁的组数视具体情况而定，一般在主轴承下面应放一组垫铁；若因机身底面的筋条不宜放垫铁时，可在主轴承下面、筋条两侧各放一组垫铁；地脚螺栓两侧应各放一组垫铁；其他部位垫铁组间距一般为300～400mm。斜垫铁要成对使用。下面一块是厚度大的一端在里面，厚度小的一端在外面；上面一块反之。错开部分应小于垫铁面积的25%。垫铁应平整、无毛刺和卷边等现象。总高度为50～80mm。设备安装好并用地脚螺栓紧固后，用手锤敲打检查各层垫铁应无松动现象，声响清脆，各组受力均匀。垫铁应露出机身底面边缘，平垫铁为10～30mm，斜垫铁为10～50mm；垫铁伸入机身的长度应超过地脚螺栓孔中心。

(2) 地脚螺栓　大型压缩机因振动较大，地脚螺栓在长期使用后需更换，采用活地脚螺栓；中型以下的压缩机采用固定地脚螺栓。活地脚螺栓在安装前应根据图纸检查其质量和几何尺寸，螺纹处应完好无损并涂上防锈油，螺杆部分应刷红丹漆以防锈蚀。活地脚螺栓孔内不能浇灌混凝土，而在基础内的一段地脚螺栓身上，套以薄铁皮制作的套管。其直径为螺栓的1.2～1.3倍，两端以油毡或棉纱封闭，螺栓套管在基础孔四周的间隙不少于15mm，应充填砂子。

2. 机体的安装

(1) 机体的试漏　机体安装前应进行机体试漏。首先将机体垫高，然后清洗机体上的污垢、铁屑、垃圾等，并擦拭干净。在油箱以下的外表面以及底面涂以白垩粉，以便检查机体的渗漏情况。再将煤油装入机体内，其深度为润滑油的最高位置，经过8h不应有渗漏现象。

(2) 机体就位　在各级垫铁调平后，根据基础上事先划好的主轴中心线、机体和汽缸中心线，将部件和机体吊装就位组装。此时应注意使机体划好的中心线、汽缸中心线与基础上的墨线相重合。其中心线和标高允差为±5mm。吊装就位要注意轻吊轻放，不得碰坏地脚螺栓的螺纹，不得将垫铁组撞散。

(3) 机体的找平　机体正确就位后，可用精度为0.02mm/m的方水平仪找平。其纵向和横向水平允差为0.05mm/m。对称平衡型和卧式压缩机纵向水平度测量应在机体滑道上进行。测量时宜在滑道上放一平尺，可在滑道前、中、后三处测量，每处测量两次。两次测量水平放置方向相反，以消除水平仪自身的误差。以前后两次测量的数据为准，中间部位测量数据仅供参考。横向水平应在曲轴轴承座上测量。立式压缩机的水平度应在曲轴箱接合面上测量。L型压缩机应在机体法兰面上测量。机体水平度检查合格后，应拧紧地脚螺栓，并复查其水平度。

3. 电动机的安装

大型活塞式压缩机常用大型同步电动机拖动，它主要由定子、转子和底座组成。定子和转子可分为整体式和对开式。施工时根据不同的结构形式制定不同的施工方案。其安装步骤如下：

(1) 底座的安装　除按垫铁布置原则布置垫铁外，要在载荷集中处增设垫铁组。如轴承座、定子在底座上的固定部位要增设垫铁，尽量将垫铁布置在底座带有筋板的部位。底座吊装就位要进行初步找平。其水平度允差为0.10mm/m，中心线允许差为5mm/m，标高允许偏差±0.5mm/m。精确调整要在轴承、转子、定子等部件安装后，与找正中心一并进行。

(2) 电机轴承座的安装

① 轴承的检查、清洗和渗漏与主轴承相同。

② 轴承座与底座之间的接触面应平整无毛刺，接触严实。期间允许放置垫片，以调整轴承座的高度。

③ 轴承座的安装找正。安装时要将轴承座与台板的定位销孔对准并将轴承紧固，使轴承的中心与机组主轴线重合。找正的方法与机组主轴承的找正方法相同。

(3) 对开式大型电动机的安装顺序　电动机的安装顺序是定子下半部、转子下半部、转子轴、转子上半部、定子上半部。为防止在吊装定子下半部时开口处变形，常在定子开口处放置木撑，以便调整定子与转子的气隙。定子下半部吊装时，在定子的两个底座下加3～4mm的垫片组，然后将定子下半部吊装底座上。初步找正中心后，即可拧紧地脚螺栓。清理干净定子内表面后，铺5～7mm的橡胶板或石棉板，防止损坏电动机的绝缘。然后，吊起下半部分转子放在下半部定子上，再将转子轴放在下半部转子上，最后吊装转子上部。

在吊装前，先在两半定子对口处放薄的绝缘片，这样上下两半定子的硅钢片不致因互相接触而损坏。上部定子应与下部定子牢固连接，连接处应无缝隙。转子与轴之间的切向键用涂色法检查，其两侧面的接触面积应达60%以上，键槽上部有0.5～1mm的间隙。

4. 整体定子的装配

(1) 不垫高定子套装法　将定子吊至底座上并使之靠向一个轴承座，以便于穿套。然后在转子中心处吊起穿入定子，至伸出部分便于支撑和设立吊点为止，用道木托住转子［图8-14(a)］再采用横吊梁吊起转轴两端，撤去道木，缓缓穿入定子中，使轴颈落入轴承中。最后将定子移回到安装位置［图8-14(b)］。

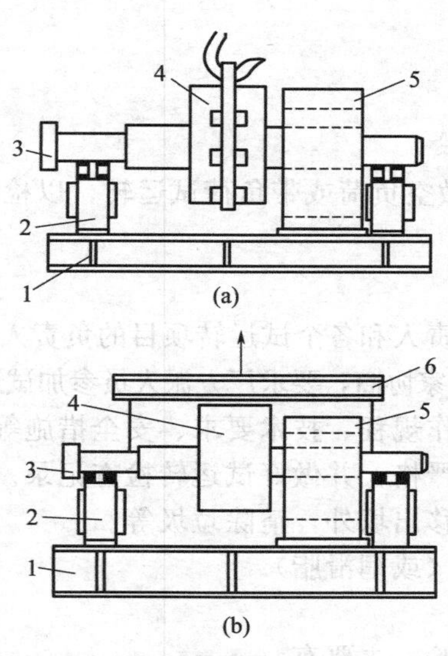

图8-14　不垫高定子套装法

1—底座；2—轴承座；3—转子轴；4—转子；5—定子；6—吊梁

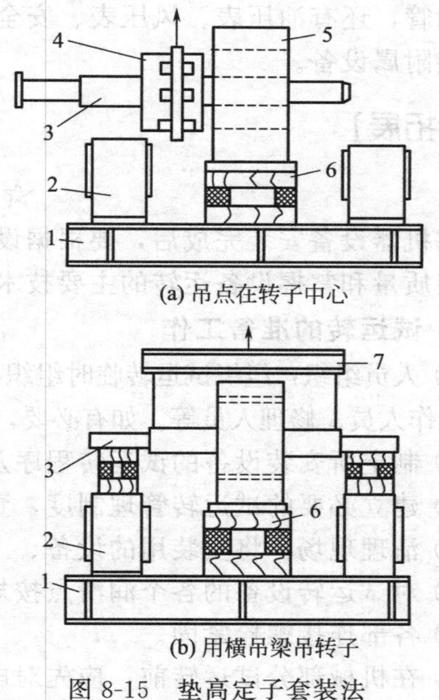

图8-15　垫高定子套装法

1—底座；2—轴承座；3—转子轴；4—转子；5—定子；6—道木；7—吊梁

采用此法装配比较简单，但必须在两个轴承座之间有能同时容纳转子和定子的空间，而且在吊装时必须注意不能碰撞。

(2) 垫高定子套装法（图 8-15） 此法不受两轴承空间狭小的限制。安装时先将定子吊在垫高的道木上，然后吊起转子，使轴穿入定子中。垫好转子轴，改用横吊梁吊起转轴两端，将转子穿入定子中。最后，同时吊起定子和转子，慢慢放下定子和转子。使定子落到底座上，轴颈落入两端轴承座中。该方法装配较为可靠，尤其适用于要求气隙较小的异步电动机的安装。

5. 电机气隙的检查

电机气隙的不均匀度不应超过基准值的10%，其偏差方向应使上部气隙较下部气隙小3%～5%，长期运转会使上部气隙增大。气隙的调整，可通过增减定子底部与支架间垫片厚度及移动定子前后左右位置实现。

以上各项调整工作完成后，拧紧定子支架与底座的连接螺栓，安装定位销，并电焊点牢，检查各螺栓并拧紧。

6. 二次灌浆

在二次灌浆前，根据找平找正记录，参考机体各部分进行全面复查。将垫铁、小千斤顶或调整螺栓的位置、尺寸、数量做出隐藏工程记录。在二次灌浆前，必须有监督部门及安装部门的人员在场，保证二次灌浆的质量。不得使已经找正找平的设备受到影响。二次灌浆层经过一段时间保养后，方可安装压缩机组的其他部件。

7. 润滑系统的安装

润滑系统的油路、阀门、过滤器、油冷却器等，要分别进行气密性试验和强度试验。油管用酸溶液或碱溶液清洗，然后用清水冲洗干净。油管路不允许有硬弯、折扭和压扁等现象，要排列整齐。安装位置要准确，运转良好。

8. 附属设备的安装

附属设备包括冷却水泵及冷却塔等设施，管路及附属部件，吸风管、排风管、冷却水管、油管，还有油压表、风压表、安全阀、压力调节装置等。待主要部件安装完毕后，再安装这些附属设备。

【知识拓展】

☆ 设备试运转 ☆

在机器设备安装完成后，要根据设备的结构特点做空负荷或带负荷试运转，以检查设备的安装质量和掌握设备运转的主要技术参数。

1. 试运转的准备工作

① 人员组织：组织试运转临时组织机构，确定总负责人和各个试运转项目的负责人和各工种的操作人员、修理人员等。如有必要，应与设备制造厂家协商，要求厂方派人员参加试运转。

② 制定所安装设备的试运转程序及相应过程的操作规程、技术要求、安全措施等。

③ 建立必要的试运转管理制度，责任明确，管理严格，并做好试运转检查记录。

④ 清理现场：将安装用的设备、工具及剩余材料移出场外，清除垃圾等。

⑤ 对试运转设备的各个润滑点按规定加注润滑油（或润滑脂）。

⑥ 各部连接螺栓紧固。

⑦ 在机械部分试运转前，应先对电气部分进行试验，主要有：

a. 电动机、变压器、电缆的耐压试验，电动机的旋转方向；

b. 电控系统的调试；

c. 信号装置、示警及监控设施的运行等。

⑧ 设备启动前，对设备上的运转部位，应先人工盘车，确认无阻碍和震动等反常现象后方可正式启动。

2. 试运转中的检查和注意事项

① 首次启动时，先用随开随停的办法做数次试验，观察各部分工作状态，认为正常后，方可正式运转，并由低速逐渐增加至额定转速。注意在此过程中设备运转的噪声和震动，并分析其原因。

② 润滑、冷却、压缩气体等系统是否有泄漏现象，要找出原因并及时处理。

③ 齿轮传动不得有冲击噪声和其他反常噪声。

④ 滚动轴承不得有冲击音响。

⑤ 要检查各轴的窜动量不得超过允许值。

⑥ 检查各部的连接螺栓及固定螺栓不得松动。

⑦ 各操作杆件、离合器的动作应灵活可靠，在运转中不得过分发热，对有干摩擦的离合器严防油、水进入。

⑧ 在运转中要试验安全措施、制动系统是否准确可靠。

⑨ 设备在试运转时，要重点检查各部轴承的温度是否超过允许值。

3. 压缩机的试运转

根据压缩机的型号、规格，按照制造厂家所规定的程序进行压缩机的试运转。其步骤如下：

(1) 循环润滑油系统的试运转　试运转的要求是：各连接处严密，无泄漏；油冷却器、油过滤器效果良好；油泵机组工作正常；油泵安全阀在规定压力范围内工作；润滑油的温度和压力指示正确；油压报警装置灵敏可靠。

(2) 汽缸填料注油系统的试运转　要求各系统连接处严密无泄漏；阀门工作正确灵敏；注油器工作正常，无噪声和发热现象；各注油口处滴出的油清洁无垢。

(3) 冷却供水系统的试运转　保持工作水压 4h 以上，检查汽缸、冷却器各连接处无泄漏，供水系统畅通无阻，水量充足，阀门动作灵敏。

(4) 通风系统的试运转　要求运行平稳，风压、风量正常，连接处无泄漏。

(5) 电动机的试运转　通过调整使电动机的旋转方向符合压缩机的要求，不允许反转。电动机要做耐压试验，符合电气要求。电动机在试运转前要人工盘车，检查有无碰撞和摩擦，然后点动电动机，旋转方向正确且各部位无障碍后，方可开机运转。启动运转 5min 后，停车检查；在运转 30min，无异常，可连续运转 1h 后，停车检查。主轴承温度不超过 60℃，电动机温度不超过 70℃，电压、电流应符合铭牌上的规定值。

(6) 压缩机各部位检查和准备。

(7) 无负荷试运转　其主要检查内容如下：

① 各运动部件有无异常音响；

② 油路是否畅通，油压、油量是否符合规定，在空载试运行时进行调整；

③ 冷却水路是否畅通，水量是否分配合理，各出水口水温应符合要求；

④ 开车运转 30min，若无不正常的响声、发热、振动，则可连续运转 8h，然后停车检查，填料温度不超过 60℃，十字头滑道温度不超过 60℃，主轴承温度不超过 55℃，电动机温升不超过 70℃；

⑤ 压缩机组的振动幅度在规定范围之内；

⑥ 各处不得有漏气现象；

⑦ 在试运转过程中，要对运转情况全面监视，及时处理异常情况，每 30min 填写一次试运转记录。

(8) 压缩机负荷试运转　负荷试运转按额定压力的 25%、50%、75%及 100%分四步进行。前一步合格才能进行下一步试运转，每一步实验时间不少于 1h，最后一步试验时间可根据具体情况延长。除继续检查空载试验内容外，还应试验下列各项：

① 各级排气温度，单缸不大于 190℃，双缸不大于 160℃，二次冷却后排气温度 40℃，冷却回水温度 40℃，滚动轴承温度 70℃；

② 安全阀、压力调节器、释压阀是否灵活，动作准确；

③ 在额定压力下测试排气量及比功率分别不低于设计值的 90%和 95%；

④ 在基础上测试振动，其振幅不超过表 8-7 之规定；

表 8-7　基础上振幅

转速/(r/min)	≤200	>200～400	>400
振幅/min	<0.25	<0.20	<0.15

⑤ 上述试车合格后，应进行不少于 24h 额定压力下的连续运转，每隔 30min 做一次记录，各数据应在规定范围内，并运转平稳。

压缩机经过上述的试运转过程，若运转平衡，技术参数符合技术文件的规定，说明安装质量合格，可移交生产。

【学习小结】

1. 设备安装的准备工作。主要包括：熟悉设备施工图纸，了解设备工作性能，设备开箱检查，编制施工方案，编制安全技术措施及安全规程，准备施工设备、仪器、量具、工具、刃具和消耗材料。

2. 机器和基础的连接。主要包括：基础的简易计算，基础的验收，地脚螺栓规格与长度的选择计算，地脚螺栓安装方式的选择，垫板规格的选择，二次灌浆技术要求。

3. 经典设备安装工艺。主要包括：安装前的准备工作，压缩机的开箱验收和保管，基础验收，垫铁和地脚螺栓，机体的安装，电动机的安装，整体定子的装配，电机气隙的检查，二次灌浆，润滑系统的安装，附属设备的安装。

【自我评估】

1. 设备安装前应做哪几项工作？主要内容是什么？
2. 从设备图纸中能熟知哪些信息？
3. 设备开箱检查的主要内容是什么？
4. 施工组织设计的主要内容是什么？
5. 依据哪些因素编制施工工序？
6. 调查和研讨施工进度表的内容和要求？
7. 设备安装需要准备哪些施工设备、仪器、量具、工具、刃具和消耗材料？
8. 怎么确定设备基础尺寸？设备基础检查、验收的标准是什么？
9. 简述二次灌浆前的准备工作和施工注意事项。
10. 怎样进行压缩机机体的渗漏试验？怎样安装压缩机的机体？
11. 试运转的准备工作有哪些？试运转中的检查和注意事项是什么？
12. 怎样进行压缩机的试运转？

【评价标准】

机电设备的安装对重点知识、技能的考核项目及评分标准进行分析，见表 8-8。

表 8-8　学习情境 8 技能考核表

序号	考核项目	配分	权重	评价细则	评分记录		
					学生自评20%	小组评价30%	教师评价50%
1	审阅设备图纸	20	1	审阅设备图纸完全达到要求			
			0.75	审阅设备图纸达到要求			
			0.6	审阅设备图纸基本达到要求			
			0.5	审阅设备图纸没达到要求			
2	设备开箱检查验收	30	1	设备开箱检查验收完全达到要求			
			0.75	设备开箱检查验收达到要求			
			0.6	设备开箱检查验收基本达到要求			
			0.5	设备开箱检查验收没达到要求			
3	编制设备安装工序、进度表	40	1	编制设备安装工序、进度表正确合理			
			0.75	编制设备安装工序、进度表合理			
			0.6	编制设备安装工序、进度表基本合理			
			0.5	编制设备安装工序、进度表不合理			
4	编制安全操作规程	10	1	编制安全操作规程齐全、完整、正确，达到要求			
			0.75	编制安全操作规程基本达到要求			
			0.5	编制安全操作规程不齐全、不完善			
			否决项	编制安全操作规程缺项、不符合要求			
备注				合计			
				总分			
开始时间		结束时间		学生签字			
				教师签字			
				年　　月　　日			

参 考 文 献

[1] 王修斌，程良骏主编．机械修理大全//第1卷．沈阳：辽宁科学技术出版社，1993.
[2] 陈冠国编．机械设备维修．第2版．北京：机械工业出版社，2003.
[3] 郁君平主编．设备管理．北京：机械工业出版社，2001.
[4] 李葆文编著．设备管理新思维新模式．北京：机械工业出版社，2003.
[5] 2009年全国职业院校技能大赛“数控机床装配、调试与维修”项目资料．www.chinaskill.org.
[6] 徐灏主编．机械设计手册．北京：机械工业出版社，1991.
[7] 中国机械工程学会设备维修专业学会主编．机修手册．北京：机械工业出版社，1993.
[8] 唐殿全，郭振中主编．煤矿机械修安装．北京：煤炭工业出版社，1993.
[9] 张佐清编著．矿山设备维修安装．北京：机械工业出版社，1976.
[10] 李子东编著．实用胶粘技术．北京：新时代出版社，1992.
[11] 武维承，王叶青主编．机械维修与安装．徐州：中国矿业大学出版社，2000.
[12] 劳动和社会保障部培训就业司与职业技能鉴定中心编著．机修钳工．东营：中国石油大学出版社，2002.
[13] 国家职业资格培训教材编审委员会编著．黄涛勋主编．钳工．北京：机械工业出版社，2008.
[14] 机械工业职业技能鉴定指导中心编著．机修钳工．北京：机械工业出版社，2009.
[15] 雷天觉主编．液压工程手册．北京：机械工业出版社，1990.
[16] 刘延俊主编．液压系统使用与维修．北京：化学工业出版社，1990.
[17] 陈立群主编．液压传动与气动技术．北京：中国劳动社会保障出版社，2006.
[18] 章宏甲，黄谊主编．机床液压传动．北京：机械工业出版社，1993.
[19] 中国机械工程学会设备与维修分会，机械设备维修问答丛书编委会．液压与气动设备维修问答//机械设备维修问答丛书．北京：机械工业出版社，2002.
[20] 张应龙主编．液压维修技术问答．北京：化学工业出版社，2008.
[21] 陆全龙主编．机电设备故障诊断与维修．北京：科学出版社，2008.
[22] 廖传华，朱廷风，柴本银编著．设备检修与维护．北京：中国石化出版社，2008.
[23] 张麦秋编著．化工机械安装修理．北京：化学工业出版社，2007.
[24] 朱学敏．起重机械．北京：机械工业出版社，2003.
[25] 宫本智．葫芦式起重机．天津：天津科学技术出版社，1994.
[26] 马志伟．机修手册//第6卷（桥式起重机电气设备的修理）．北京：机械工业出版社，1993.
[27] 王凤喜等．电梯使用和维修问答．北京：机械工业出版社，2003.
[28] 中国机械工程学会设备维修分会编．设备工程实用手册．北京：中国经济出版社，1999.
[29] 贾继赏主编．机械设备维护工艺．北京：机械工业出版社，1996.
[30] 劳动部培训司组织编写．赵仁良主编．电力拖动控制线路．北京：中国劳动出版社，1988.
[31] 劳动和社会保障部教材办公室组织编写．赵国良主编．维修电工．北京：中国劳动社会保障出版社出版，2007.
[32] 《数控机床维修技师手册》编委会编．数控机床维修技师手册．北京：机械工业出版社，2007.
[33] 《数控加工设备控制系统维修技术大全》编委会编．数控加工设备控制系统维修技术大全．北京：电子工业出版社，2006.
[33] 刘永久主编．数控机床故障诊断与维修技术．北京：机械工业出版社，2006.
[34] 余仲裕主编．数控机床维修．北京：机械工业出版社，2001.
[35] 刘永久主编．数控机床故障诊断与维修技术．北京：机械工业出版社，2006.
[36] 王忠峰主编．数控机床故障诊断与维修事例．北京：国防工业出版社，2006.
[37] 杜国臣，王士军主编．机床数控技术．北京：中国林业出版社；北京大学出版社，2006.
[38] 孙汉卿主编．数控机床维修技术．北京：机械工业出版社，2000.
[39] 朱文艺主编．数控机床故障诊断与维修．北京：科学出版社，2006.

欢迎订阅化工版“全国高职高专工作过程导向规划教材”

本套教材涉及机械专业、电气专业、汽车专业。机械专业的具体书目已在本书的前言和封底有具体的介绍，电气专业和汽车专业的具体书目如下。

电气专业

- ■ 自动生产线安装、调试与维护
- ■ 电机控制与维修
- ■ 电子技术
- ■ 电机与电气控制
- ■ 变频器应用与维修
- ■ PLC技术应用——西门子S7-200
- ■ 单片机系统设计与调试
- ■ 工厂供配电技术
- ■ 自动检测仪表使用与维护
- ■ 集散控制系统应用
- ■ 液压气动技术与应用（非机类）

汽车专业

- ● 汽车发动机构造与维修
- ● 汽车发动机电控系统维修
- ● 汽车底盘电控系统
- ● 汽车底盘维修
- ● 汽车自动变速器维修
- ● 汽车电器检修
- ● 汽车检测与故障诊断
- ● 汽车性能与使用
- ● 汽车保险与理赔
- ● 汽车涂装
- ● 汽车车身修复
- ● 汽车专业英语
- ● 汽车市场营销
- ● 汽车4S店运营管理
- ● 汽车机械基础
- ● 汽车电工电子技术
- ● 汽车液压、气压与液力传动
- ● 汽车消费心理学
- ● 汽车机械识图